普通高等工科院校创新型应用人才培养系列教材

数控加工技术

主　编　李东君　吕　勇

副主编　刘跃峰　谢云峰　张栋梁

参　编　孙乃刚　刘银龙　朱万成

机械工业出版社

本书以培养学生数控技术工程应用能力和创新能力为核心，是依据教育部应用型本科教学要求、国家卓越工程师培养计划及国家相关职业标准规定的知识技能要求，按职业岗位能力需要的原则编写的。教学内容按照分析工艺、拟订工艺路线、编写加工程序、仿真加工验证、检测零件、机床加工的顺序编排。全书以企业典型案例为载体，突出训练学生的综合应用能力。

本书包括数控系统与原理、数控车削加工技术、数控铣削加工技术、数控电火花加工技术共4个项目，计25个任务。项目一主要介绍数控系统与原理，包括认识数控系统、逐点比较法直线插补、逐点比较法圆弧插补、数字积分（DDA）法直线插补、数字积分（DDA）法圆弧插补共5个任务；项目二主要介绍数控车削加工技术，包括认识数控车削加工、车削加工外圆柱/圆锥类零件、车削加工外圆弧类零件、车削加工螺纹类零件、车削加工孔类零件、车削加工综合类零件、FANUC系统数控车床宏程序编程、SIEMENS 802S/c系统数控车床加工简介、数控车床操作共9个任务；项目三主要介绍数控铣削加工技术，包括认识数控铣削加工技术、铣削加工平面类零件、铣削加工轮廓类零件、铣削加工型腔类零件、铣削加工孔类零件、铣削加工综合类零件、FANUC系统数控铣宏程序编程、SIEMENS系统数控铣削加工简介、数控铣床/加工中心操作共9个任务；项目四主要介绍数控电火花加工技术，包括数控电火花线切割加工技术、数控电火花成形加工技术共2个任务。

本书可作为应用型本科院校、高职院校机械制造与自动化、机电一体化技术等专业的教材，也可作为成人高等学校的同类专业教材，以及作为从事机械设计与制造行业工程技术人员的参考书和培训用书。

本书配有电子课件，凡使用本书作为教材的教师可登录机械工业出版社教育服务网 www.cmpedu.com 注册后下载。咨询电话：010-88379375。

本书是江苏省精品课程的配套教材，建成的精品资源共享网站已使用多年，资源丰富，效果良好，网址为：http://mooc1.chaoxing.com/course/80737931.html。

图书在版编目（CIP）数据

数控加工技术/李东君，吕勇主编. —北京：机械工业出版社，2018.4（2024.2重印）

普通高等工科院校创新型应用人才培养系列教材

ISBN 978-7-111-59318-8

Ⅰ.①数… Ⅱ.①李… ②吕… Ⅲ.①数控机床-加工-高等学校-教材 Ⅳ.①TG659

中国版本图书馆 CIP 数据核字（2018）第 041701 号

机械工业出版社（北京市百万庄大街 22 号　邮政编码 100037）
策划编辑：王英杰　责任编辑：王英杰　武　晋　刘良超
责任校对：张晓蓉　封面设计：鞠　杨
责任印制：张　博
北京雁林吉兆印刷有限公司印刷
2024 年 2 月第 1 版第 5 次印刷
184mm×260mm·20.75 印张·509 千字
标准书号：ISBN 978-7-111-59318-8
定价：49.80 元

电话服务　　　　　　　　网络服务
客服电话：010-88361066　机　工　官　网：www.cmpbook.com
　　　　　010-88379833　机　工　官　博：weibo.com/cmp1952
　　　　　010-68326294　金　书　网：www.golden-book.com
封底无防伪标均为盗版　机工教育服务网：www.cmpedu.com

前言

党的二十大报告明确指出"深入实施人才强国战略""坚持尊重劳动，尊重知识，尊重人才，尊重创造"，本书在修订中进一步融入育人元素、新知识、新技术、新工艺、新标准以及创新思维等，培养适应时代发展的高技术技能人才。

本书的编写以高等学校应用型人才培养目标为依据，结合教育部关于高等职业教育人才培养要求，注重基础性、实践性、科学性、先进性和通用性。本书融理论教学、技能操作、企业项目为一体，是以项目引领，以工作过程为导向，以具体任务为驱动，按照数控加工职业岗位的工作内容及工作过程，参照数控技术国家相关职业标准编写的。本书包括4个项目共25个任务，通过由浅入深的项目任务学习和训练，最后完成综合类零件的工艺设计、程序编制和加工操作。同时，针对数控车削、数控铣削等进行综合训练，符合企业对数控人才的技能需求。

本书经多年教学实验，产教融合特色鲜明，教学实施方便，具有以下突出特点：

1）突出大国工匠思想，落实立德树人为根本。

2）以项目引领，以工作过程为导向，以典型任务为驱动。大部分任务选自企业实际生产中的加工内容。

3）教学内容注重职业能力和综合应用能力的培养，并与职业标准相结合，高度契合教育部关于高职和应用本科实施"1+X证书制度"的精神。

本书参考学时为120学时，建议采用理实一体化教学模式，4周完成。

本书由南京交通职业技术学院李东君、桂林航天工业学院吕勇任主编，桂林电子科技大学刘跃峰和桂林航天工业学院谢云峰、张栋梁任副主编，南京伟亿精密机械制造有限公司孙乃刚、南京乔丰汽车工装技术开发有限公司刘银龙、苏州新火花机床有限公司朱万成参与了本书编写。

本书在编写过程中参考和借鉴了诸多同行的相关资料、文献，在此表示诚挚的感谢！

由于编者水平、经验有限，书中难免有疏漏之处，敬请读者不吝赐教，以便修正。

编　者

目　录

项目一 数控系统与原理

技能目标

（1）分析计算机数控系统结构、组成、作用及数控机床故障常用诊断方法

（2）逐点比较法及数值积分（DDA）法的直线、圆弧插补运算能力

素养目标

（1）培养学生积极、主动、创新精神

（2）坚持德技并修，进一步培养学生德才兼备，培养社会主义新时期建设人才。

学习资源导入：《创新中国》《大国重器》等案例，工信部官网（https://wap.miit.gov.cn/）；央视网（www.cctv.com）等

知识目标

（1）了解数控软硬件系统、数控机床伺服驱动系统、可编程序控制器、检测装置等内容组成与含义

（2）了解数控机床故障诊断的常用方法

（3）掌握应用逐点比较法插补直线与圆弧的流程、原理及运算方法

（4）掌握应用数字积分法插补直线与圆弧的流程、原理及运算方法

项目导读

本项目主要从了解数控系统的概念与数控插补原理入手，分析数控机床、数控系统与数控原理的基本概念、种类、组成与应用特点，同时介绍了数控机床伺服驱动系统、常用的检测装置及 PLC 控制装置，介绍了数控系统的常用接口、通信技术及数控机床一般故障诊断方法，重点分析了逐点比较法与 DDA 法的直线与圆弧插补原理，并结合案例进行详细分析。学习过程为：了解概念→分析插补原理→明确插补流程→进行插补有关计算→案例插补验证→独立完成相关项目任务。

任务一 认识数控系统

技能目标

（1）能分析数控机床概念及发展趋势

（2）能正确认识数控机床分类

（3）能分析数控系统的结构
（4）会正确分析数控机床伺服系统的性能、组成与分类
（5）能够联系实际来应用数控机床故障诊断一般方法

知识目标

（1）了解数控机床概念及发展趋势
（2）掌握数控机床分类
（3）掌握数控系统的结构
（4）掌握数控机床伺服系统的性能、组成与分类
（5）了解数控机床的 PLC 与检测装置，以及数控机床故障诊断一般方法

任务导入——分析数控机床按伺服控制方式的分类及其区别

任务描述

分析数控机床按伺服控制方式的分类及其区别。

知识链接

一、概述

1. 数控机床

数控即数字控制（Numerical Control，NC），是一种自动控制技术，是用数字化信息对机械运动及加工过程实现控制。现代数控系统都采用计算机控制，因此也称为计算机数控（Computerized Numerical Control，CNC），即采用计算机来完成主要的数字控制任务。数字控制是相对于模拟控制而言的，数字控制系统中的控制信息是数字量，其变化在时间上和数量上都是不连续的。模拟控制系统中的控制信息是模拟量，其变化无论是在时间上还是在数量上都是连续的。数字控制与模拟控制相比有许多优点。

数控系统（Numerical Control System）是对数字化信息实现控制的硬件和软件的整体，其核心是数控装置（Numerical Controller）。在数控机床中，数控系统是计算机数字控制装置、可编程序控制器、进给驱动与主轴驱动装置等相关设备的总称。一般所说的数控装置指的是计算机数控装置。

数控机床（Numerical Control Machine Tools）是采用数控技术进行控制的机床，简称 NC 机床。数控加工过程是将零件加工过程中所需的各种操作和步骤以及刀具与工件之间的相对位移量等用数字化的代码记录在程序介质上，将其输入计算机或数控系统，经过译码、运算及处理，控制机床的刀具与工件的相对运动，加工出所需要的零件。这类机床即为数控机床。数控机床是集机械制造技术、计算机技术、微电子技术、自动控制技术及精密测量技术等多种技术于一体的典型机电一体化产品，是现代制造技术的基础。

数控机床是机械加工自动化的基本设备，分布式数控（Distributed Numerical Control，DNC）系统、柔性加工单元（Flexible Manufacturing Cell，FMC）、柔性制造系统（Flexible

Manufacturing System，FMS）、计算机集成制造系统（Computer Integrated Manufacturing System，CIMS）等综合自动化系统都必须由数控机床作为基本单元。

2. 数控机床的组成

数控机床一般由控制介质、数控系统（装置）、伺服系统（装置）、机床本体及辅助控制装置等组成。

（1）控制介质　数控机床工作时，在人和数控机床之间建立某种联系的媒介物称为控制介质（或称程序介质、输入介质、信息载体）。控制介质可以是穿孔纸带、穿孔卡、磁带、磁盘及可以存储代码的载体。

（2）数控系统　数控系统是数控机床的中枢，在普通数控机床中一般由输入装置、存储器、控制器、运算器和输出装置组成。数控系统接收输入介质的信息，并将其代码加以识别、储存、运算，然后输出相应的指令脉冲，以驱动伺服系统，进而控制机床动作。在计算机数控机床中，数控装置的作用由一台计算机来完成。计算机数控系统的基本工作过程是：信息输入→译码转换→数据处理→轨迹插补→伺服驱动→程序管理。

（3）伺服系统　伺服系统是数控系统与机床本体之间的电传动联系环节，包括进给轴伺服驱动装置和主轴伺服驱动装置。伺服系统的作用是把来自数控装置的脉冲信号转换为机床移动部件的运动，使工作台（或滑板）精确定位或按规定的轨迹做严格的相对运动，最后加工出符合图纸要求的零件。常用的伺服驱动元件有功率步进电动机、电液脉冲马达、直流伺服电动机和交流伺服电动机等。

（4）机床本体　机床本体是数控机床的机械结构实体。

（5）辅助控制装置　辅助控制装置是介于数控装置和机床机械、液压部件之间的控制系统。辅助控制的内容主要包括主轴运动部件的变速、换向和启停、刀具的选择和交换、冷却和润滑装置的启动和停止、工件和机床部件的松开和夹紧、分度工作台的转位分度等开关辅助动作。

零件加工的基本操作过程是：程序编制→数控机床通电初始化→程序输入→加工相关参数输入→运行加工程序→完成零件的数控加工。

3. 数控机床的分类

（1）按加工方式分类

1）切削机床。例如数控车床、数控铣床、数控镗床、数控钻床和加工中心等。

2）成形机床。例如数控压力机、数控弯管机、数控折弯机等。

3）特种加工机床。例如数控电火花加工机床、数控线切割机床、数控激光加工机床等。

4）其他机床。例如数控等离子切割机、数控火焰切割机、数控点焊机、三坐标测量机等。

（2）按运动控制方式分类

1）点位控制数控机床。点位控制数控机床只要求控制机床的移动部件从某一位置移动到另一位置的准确定位，对于两位置之间的运动轨迹不做严格要求，在移动过程中刀具不进行切削加工，如图 1-1 所示。具有点位控制功能的数控机床有数控钻床、数控压力机、数控坐标镗床及数控点焊机等。

2）点位直线控制数控机床。点位直线控制数控机床的特点是除了控制点与点之间的准确定位外，还要保证两点之间移动的轨迹是一条与机床坐标轴平行的直线，而且对移动的速度也要进行控制，因为这类数控机床在两点之间移动时要进行切削加工，如图 1-2 所示。具有点位直线控制功能的数控机床有简易数控车床、数控铣床及数控磨床等。很少有单纯用于直线控制的数控机床。

3）轮廓控制数控机床。轮廓控制又称连续轨迹控制。这类数控机床能够对两个或两个以上的运动坐标的位移及速度进行连续相关的控制，因而可以进行曲线或曲面的加工，如图 1-3 所示。具有轮廓控制功能的数控机床有数控车床、数控铣床、加工中心及电加工机床等。

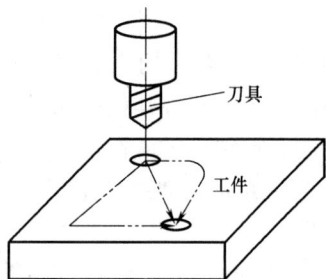

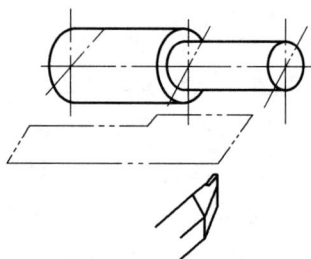

图 1-1　点位控制　　　　　图 1-2　点位直线控制　　　　　图 1-3　轮廓控制

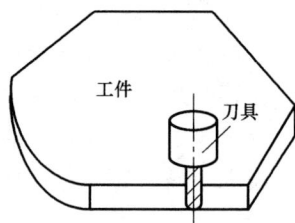

（3）按伺服控制方式分类

1）开环控制数控机床。数控装置发出的信号流是单向的（数控装置→进给系统），所以系统稳定性好。也正是由于信号的单向流程，它对机床移动部件的实际位置不做检验，所以这类机床加工精度不高，其精度主要取决于伺服系统的性能。开环控制系统不带检测装置，也无反馈电路，以步进电动机为驱动元件，其框图如图 1-4 所示。CNC 装置输出的指令进给脉冲经驱动电路进行功率放大，转换为控制步进电动机各定子绕组依次通电/断电的电流脉冲信号，驱动步进电动机转动，再经机床传动机构（变速箱、丝杠等）带动工作台移动。这种方式控制系统结构简单、工作稳定、调试方便、维修简单、价格低廉，一般用于经济型数控机床。

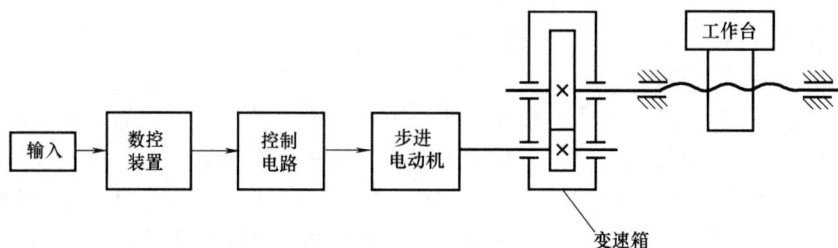

图 1-4　开环控制系统框图

2）闭环控制数控机床。闭环控制系统中，位置检测装置安装在机床工作台上，用以检测机床工作台的实际运行位置（直线位移），并将其与 CNC 装置计算出的指令位置（或位移）相比较，用差值进行控制，其控制系统框图如图 1-5 所示。这类控制方式下，位置采样点从工作台引出，可直接对最终运动部件的实际位置进行检测，位置控制精度很高。但由于丝杠螺母副及机床工作台这些大惯性环节位于闭环内，调试时，系统稳定状态很难达到。闭环控制的优点是精度高、速度快，但是系统不稳定，安装调试和维修比较复杂。

3）半闭环控制数控机床。半闭环控制方式下，位置检测元件安装在电动机轴端或丝杠

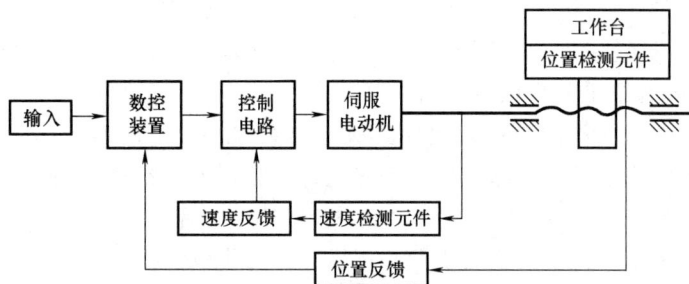

图 1-5 闭环控制系统框图

轴端，通过对角位移的测量间接计算出机床工作台的实际运行位置（直线位移），并将其与
CNC 装置计算出的指令位置（或位移）相比较，用差值进行控制，半闭环控制系统框图如
图 1-6 所示。由于半闭环控制系统的环路内不包括丝杠螺母副、齿轮侧隙及机床工作台等环
节，由这些环节造成的误差不能由环路校正，其控制精度与稳定性比闭环控制系统差，比开
环控制系统好，但其结构简单、调试方便，因此在实际应用中被广泛采用。

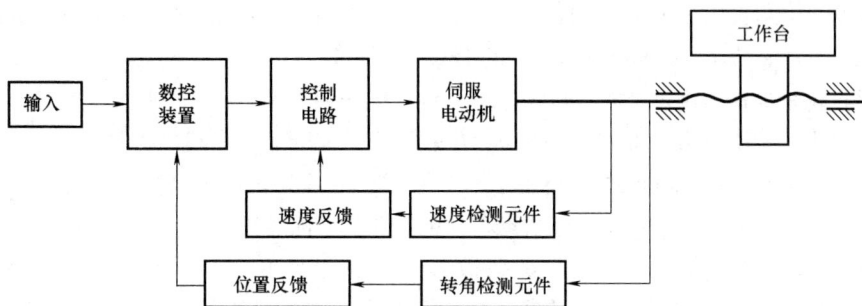

图 1-6 半闭环控制系统框图

4）开环补偿型数控机床。在
开环系统的基础上发展的一种开环
补偿型数控系统，是将上述三种控
制方式的特点有选择地集中起来而
形成的大型数控机床混合控制方
案。由于大型数控机床需要高的进
给速度和返回速度，又需要相当高
的精度，如果只采用全闭环的控
制，机床传动链和工作台全部置于

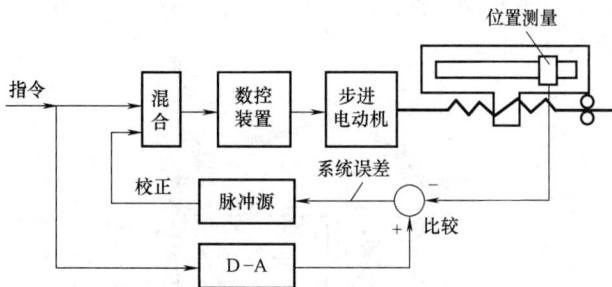

图 1-7 开环补偿型控制系统框图

控制环节中，影响因素十分复杂，尽管安装调试多经周折，仍然困难重重。为了避开这些矛
盾，可以采用这种混合控制方式。图 1-7 所示为开环补偿型控制系统框图。它的特点是：基
本控制选用步进电动机驱动的开环控制伺服机构，附加一个校正伺服电路，通过装在工作台
上的位置测量元件的反馈信号来校正机械系统的误差。

（4）按实现数控逻辑功能控制的数控装置分类　数控机床若按其实现数控逻辑功能控
制的数控装置来分，有硬线（件）数控机床和软线（件）数控机床两种。

1）硬线数控（普通数控，即 NC）机床。这类机床数控系统的输入、插补运算、控制等功能均由集成电路或分立元件等元器件实现。一般来说，数控机床不同，其控制电路也不同，因此系统的通用性较差。因其全部由硬件组成，所以功能和灵活性也较差。

2）软线数控（计算机数控或微型计算机数控，即 CNC 或 MNC）机床。这类机床的系统中，CNC 装置由中、大规模及超大规模集成电路组成，或由微型计算机与专用集成芯片组成，其主要的数控功能几乎全都由软件来实现，对于不同的数控机床，只需编制不同的软件即可，而硬件几乎可以通用。因此，软线数控机床的灵活性和适应性强，也便于批量生产，模块化的软、硬件提高了系统的质量和可靠性。现代数控机床都采用 CNC 装置。

4. 现代数控机床的发展趋势

现代数控机床向高速度、高精度、复合化、智能化、小型化、网络化、开放化、高可靠性方向发展。新一代机床的发展趋势是进一步满足超精密加工、超高速加工、激光加工和细微加工等新工艺提出的高性能和高集成度的要求。为此，全球机床制造业都在积极探索和研究新型的制造设备和制造模式，并提出许多新颖的设计理念，其中并联机床的出现和迅速发展就是典型的例子。

5. 并联机床简介

并联机床（Parallel Machine Tools），又称并联结构机床（Parallel Structured Machine Tools）、虚拟轴机床（Virtual Axis Machine Tools），也曾被称为六条腿机床、六足虫（Hexapod）。并联机床是由机械机构学原理引用过来的。机构学里，将机构分为串联机构和并联机构，串联机构的典型代表是机器人，传统机床的布局实际上也是串联机构。理论上，串联机构具有工作范围大、灵活性好等特点，但精度低、刚度差，应用于机床上时，为提高机床的精度和刚度，不得不将床身、导轨等制造得宽大厚实，由此导致机床活动范围和灵活性能的下降。

图 1-8 所示为并联机床的原理，从结构布局上看主要由机床框架（固定平台）、伸缩杆、主轴部件、动平台、工作台、刀头点等部件组成。并联机床布局的基本特点是：以机床框架为固定平台的若干杆件组成空间并联机构，主轴部件安装在并联机构的动平台上，改变杆件长度或移动杆件支点，按照并联运动学原理形成刀头点的加工表面轨迹。图 1-9 所示为并联机床。

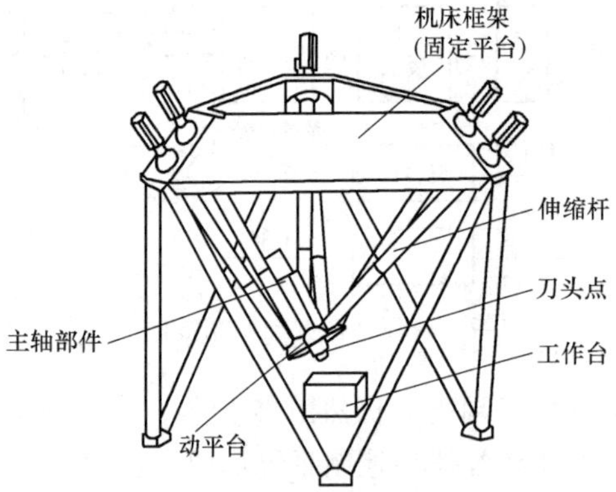

图 1-8　并联机床的原理

图 1-9　并联机床

二、计算机数控系统

1. 计算机数控系统的组成

（1）概述　在数控机床中，数控系统是计算机数字控制装置、可编程序控制器、进给驱动与主轴驱动装置等相关设备的总称。一般所说的数控装置指的是计算机数控装置。

计算机数控系统（简称 CNC 系统）是在硬件数控的基础上发展起来的，它是一种包含有计算机在内的数字控制系统，根据计算机存储的控制程序执行部分或全部数控功能。依照美国电子工业协会（EIA）属下的数控标准化委员会的定义，CNC 系统是用一个存储程序的计算机，按照存储在计算机读写存储器中的控制程序去执行部分或全部功能的数控系统，在计算机之外的唯一装置是接口。目前在计算机数控系统中所用的计算机已不再是小型计算机，而是微型计算机，用微型计算机控制的系统称为 MNC 系统，也可统称为 CNC 系统。

计算机数控系统由硬件和软件两部分构成，其核心是计算机数字控制装置。它通过系统控制软件配合系统硬件，合理地组织、管理数控系统的输入、数据处理、插补和输出信息，控制执行部件，使数控机床按照操作者的要求进行自动加工。各种数控机床的 CNC 系统一般包括以下几个部分：中央处理单元（CPU）、存储器（ROM/RAM）、输入/输出（I/O）设备、操作面板、显示器和键盘、可编程序控制器（PLC）等。

现代数控系统已不需要穿孔纸带，而由计算机直接控制，它是用一台小型通用计算机或个人计算机直接控制一台机床，机床的控制程序存储在计算机的内存中，容易修改和扩充功能。计算机数控系统具有灵活、通用、可靠、易于实现许多复杂的功能、使用维修方便等特点。

（2）系统硬件　计算机数控系统的硬件主要由计算机、电源、面板接口和显示接口、开关量 I/O 接口、内装型 PLC 部分、伺服输出和位置反馈接口、主轴控制接口、外设接口等构成。

（3）系统软件　控制软件是为完成 CNC（或 MNC）系统特定的各项功能所编制的专用软件，又称为系统软件（或系统程序）。系统程序的设计与各项功能的实现及其将来的扩展有最直接的关系，是整个 CNC 系统研制工作中关键性的部分和工作量最大的部分。系统软件一般由输入、译码、数据处理（预计算）、插补运算、速度控制、输出控制、管理程序及诊断程序等构成。

1）输入。CNC 系统中，一般通过纸带阅读机、磁带机、磁盘及键盘输入零件加工程序，且其输入大都采用中断方式。

2）译码。译码是将输入的零件加工程序数据段翻译成本系统能识别的语言。输入的零件加工程序主要包含零件的轮廓信息（线型、起点和终点坐标）、加工速度以及其他辅助信息（换刀、切削液开停等）。在译码过程中，还要完成对程序段的语法检查，若发现语法错误便立即报警。

3）数据处理。数据处理即预计算，通常包括刀具长度补偿计算、刀具半径补偿计算、象限及进给方向判断、进给速度换算和机床辅助功能判断等。

4）插补运算。在实际的 CNC 系统中，常采用粗、精插补相结合的方法，即把插补功能分为软件插补和硬件插补两部分。计算机控制软件把刀具轨迹分为若干段，而硬件电路再在这些段的起点和终点之间进行数据的密化，使刀具轨迹处于允许的误差范围之内，即软件实现粗插补，硬件实现精插补。

5）输出控制。输出控制的功能是：进行伺服控制；当进给脉冲改变方向时，进行反向

数控加工技术

间隙补偿处理；进行丝杠螺距补偿；输出 M、S、T 等辅助功能。

6）管理程序与诊断程序。一般 CNC 系统中的管理软件只涉及 CPU 管理和外部设备管理。在实际 CNC 系统中，通常采用一个主程序将整个加工过程串起来，主控程序对输入的数据进行分析判断后，转入相应的子程序处理，处理完毕后再返回对数据的分析、判断、运算……在主程序空闲时（如延时），可以安排 CPU 执行预防性诊断程序，或对尚未执行程序段的输入数据进行预处理等。CNC 系统是一个专用的实时多任务计算机系统，在它的控制软件中融合了当今计算机软件技术中的许多先进技术，其中最突出的是多任务并行处理和多重实时中断。

2. 数控系统常用接口

（1）开关量 I/O 接口　一般情况下，接收机床操作面板上的开关、按钮信号及机床的各种开关信号，把某些工作状态显示在操作面板的指示灯上，把控制机床的各种信号送到强电柜等工作都要经过 I/O 接口扫描完成。因此，I/O 接口是 CNC 装置和机床、操作面板之间信号交换的转换接口。

（2）模拟量输入/输出接口　数控机床中的被测量（如位移、速度、温度、力矩等）往往是连续变化的模拟信号，执行机构（如电动机）也需要用模拟量来驱动，因此模拟量输入/输出接口是数控系统中一种重要的接口。被测模拟量输入接口电路即 A-D 转换接口电路，被测模拟量（实际位置和速度）经过信号调理后输入模拟量输入接口，由 A-D 转换器转换为数字量后才能被数控装置的计算机控制电路接受；模拟量输出接口电路即 D-A 转换接口电路，数控系统送往执行机构的控制信号（位置命令或速度命令）应经过模拟量输出接口的 D-A 转换和信号调理后才能被执行机构接受。

（3）DNC 通信接口　目前使用的分布式数控（Distributed Numerical Control，DNC）系统的通信接口大多是 RS-232C 串行通信接口。图 1-10 所示的是 FANUC 0i 数控系统的通信接口。

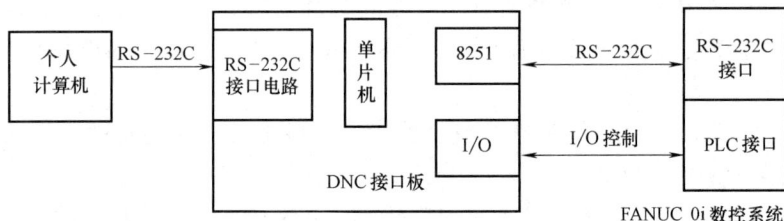

图 1-10　FANUC 0i 数控系统的通信接口

（4）现场总线接口　目前，常见的有 SERCOS 和 Profibus 这两种现场总线。

1）SERCOS 总线。SERCOS（Serial Real Time Communication Specification）是一种用于数字伺服和传动系统的现场总线接口和数据交换协议，利用它能够实现工业控制计算机与数字伺服系统、传感器和可编程序控制器的 I/O 接口之间的实时数据通信。

2）Profibus 总线。Profibus 总线标准是 1991 年 4 月在 DIN 19245 标准中发表的。Profibus 总线有三个组成部分：①Profibus-FMS（Field Message Specification）总线主要用来解决车间级通用性通信任务。②Profibus-DP（Decentralized Periphery）总线是一种经过优化的高速和便宜的通信总线，它是专门为自动控制系统与分散的 I/O 设备级之间进行通信设计的，总线周期一般小于 10ms。③Profibus-PA（Process Automation）是专门为过程自动化设计的，采用标准的本质安全传输技术。

Profibus 总线用于电磁干扰很大的环境中时，可使用光纤导体以增加高速传输的最大距离。许多厂商提供专用总线插头，可将 RS485 信号转换成光信号或将光信号转换成 RS485 信号，这样就为 RS485 和光纤传输技术在同一系统上使用提供了一套开关控制的十分简便的方法。

3. 数控机床的通信技术

（1）数据传输　在现代制造系统中，CNC 装置作为分布式数控（DNC）系统、柔性制造系统（FMS）以及计算机集成制造系统（CIMS）等现代制造系统的一个组成部分，要通过计算机网络或有关的通信设备与上位机及其他的控制设备相连接，传输有关的控制信号和数据，进行数据交换。

在数据传输的过程中，为了保证数据能够被正确地接收，接收方就必须知道它所接收信息的每一位的开始时间和持续时间。也就是说，接收方应按照发送方信息发送的频率及起始时间来接收信息。

（2）网络标准与协议　当系统进行关于用户应用程序、文件传输信息包、数据库管理系统和电子邮件等的互相通信时，必须事先约定一种规则，如交换信息的代码、格式以及如何交换等。这种规则称为协议。准确地说，协议就是为实现网络中的数据交换而建立的规则标准或约定。目前的标准有开放系统互联参考模型（OSI/RM）、传输控制协议/网际协议（TCP/IP）、IEEE 802 标准（美国电气和电子工程师协会局域网络标准委员会所提出的局域网络标准）。

三、数控机床伺服驱动系统

数控机床伺服驱动系统是指以机床移动部件（如工作台、动力头等）的位置和速度作为控制量的自动控制系统，又称为拖动系统。在数控机床上，伺服驱动系统接收来自插补装置或插补软件生成的进给脉冲指令，经过一定的信号变换及电压、功率放大，将其转化为机床工作台相对于切削刀具的运动。目前，数控机床的伺服运动主要通过对交、直流伺服电动机或步进电动机等进给驱动元件的控制来实现。

1. 伺服驱动系统的性能要求

1）进给速度范围大。需满足低速（如 5mm/min）与高速（如 1000mm/min）切削进给的要求。

2）位移精度高。伺服系统的位移精度是指指令脉冲要求机床工作台进给的位移量和该指令脉冲经伺服系统转化为工作台实际位移量之间的符合程度。两者误差越小，伺服系统的位移精度越高。目前，高精度的数控机床伺服驱动系统位移精度可达到在全程范围内 $\pm 5\mu m$。通常，插补器或计算机的插补软件每发出一个进给脉冲指令，伺服驱动系统将其转化为一个相应的机床工作台位移量，称为机床的脉冲当量。一般机床的脉冲当量为 $0.01 \sim 0.005mm$/脉冲，高精度的 CNC 机床其脉冲当量可达 $0.001mm$/脉冲。脉冲当量越小，机床的位移精度越高。

3）跟随误差小。即伺服驱动系统的响应速度快。

4）伺服驱动系统的工作稳定性好。要具有较强的抗干扰能力，保证进给速度均匀、平稳，从而使得数控机床能够加工出表面粗糙度值低的零件。

2. 数控机床伺服驱动系统的基本组成

数控机床伺服驱动系统的基本组成如图 1-11 所示，主要由比较控制环节、驱动控制单元、执行元件、反馈检测单元和机床等组成。驱动控制单元的作用是将进给指令转化为驱动执行元件所需要的信号形式，执行元件则将该信号转化为相应的机械位移。

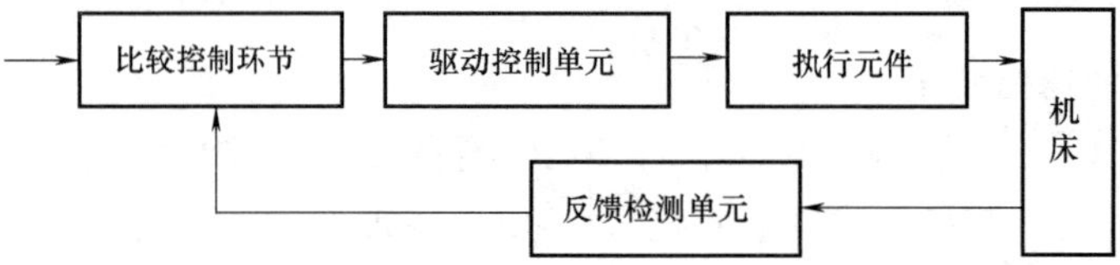

图 1-11 数控机床伺服驱动系统的基本组成

3. 数控机床伺服驱动系统的分类

（1）按用途和功能分类 分为进给驱动系统与主轴驱动系统。

进给驱动系统是用于数控机床工作台坐标或刀架坐标控制的驱动系统，它控制机床各坐标轴的切削进给运动，并提供切削过程中所需要的力矩。其主要评价指标有力矩大小、调速范围大小、调节精度高低、动态响应的快慢。进给驱动系统一般包括速度控制环和位置控制环。

主轴驱动系统用于控制机床主轴的旋转运动，为机床主轴提供驱动功率和所需的切削力。其主要评价指标包括是否有足够的功率、宽的恒功率调节范围及速度调节范围。主轴驱动系统仅仅是一个速度控制系统。

（2）按控制原理分类 分为开环伺服系统、闭环伺服系统和半闭环伺服系统。

开环伺服系统中一般以功率步进电动机作为伺服驱动元件，无位置反馈，精度不高。开环伺服系统一般用于经济型数控机床。

闭环伺服系统中有反馈控制系统，位置采样点从工作台引出，从理论上讲，机床运动精度只取决于检测装置的精度，与传动链误差无关。由于位置环内的许多机械传动环节的摩擦特性、刚性和间隙都是非线性的，故很容易造成系统的不稳定，使闭环系统的设计、安装和调试都相当困难。闭环伺服系统主要用于精度要求很高的数控镗铣床、超精数控车床、超精数控磨床以及较大型的数控机床等。

半闭环伺服系统的位置采样点是从伺服电动机或丝杠的端部引出，通过采样旋转角度进行位置检测，不是直接检测最终运动部件的实际位置。半闭环环路内不包括或只包括少量机械传动环节，因此可获得稳定的控制性能。其系统的稳定性虽不如开环系统，但比闭环伺服系统要好；其精度较闭环伺服系统差，较开环伺服系统好，但可对这类误差进行补偿，因而仍可获得满意的精度，因此，半闭环伺服系统在现代 CNC 机床中得到了广泛应用。

（3）按驱动执行元件的动作原理分类 分为电液伺服驱动系统和电气伺服驱动系统。

电液伺服驱动系统中使用电液脉冲马达和电液伺服马达。其优点是在低速下可以得到很高的输出力矩，刚性好、时间常数小，反应快，速度平稳；缺点是液压系统需要供油系统，体积大，有噪声，漏油等。

电气伺服驱动系统中使用伺服电动机，如步进电动机、直流电动机和交流电动机等。其优点是操作维护方便，可靠性高。电气伺服驱动系统又分为直流伺服驱动系统和交流伺服驱动系统。

直流伺服进给运动系统中采用大惯量宽调速永磁直流伺服电动机和中小惯量直流伺服电动机；主运动系统采用他励直流伺服电动机。其优点是调速性能好；缺点是有电刷，速度不高。交流伺服进给运动系统采用交流感应异步伺服电动机（一般用于主轴伺服系统）和永磁同步伺服电动机（一般用于进给伺服系统）。

4．主轴控制

（1）数控机床对主轴控制的要求

1）调速范围大。

2）旋转精度和运动精度高。主轴的旋转精度是指装配后，在无载荷、低速转动条件下测量主轴前端和距离前端300mm处的径向圆跳动和轴向圆跳动。主轴在工作速度旋转时测量所得的上述两项精度称为运动精度。

3）能够实现无级变速。数控机床主轴的变速是依指令自动进行的，目前主轴驱动装置的调速范围已达1：100，这对中小型数控机床已经够用了。对于中型以上的数控机床，如果要求调速范围超过1：100，则需通过齿轮换档的方法解决。

4）恒功率范围宽。要求主轴在整个范围内均能提供切削所需功率，并尽可能在全速度范围内提供主轴电动机的最大功率，即恒功率范围要宽。

5）具有四象限驱动能力。要求主轴在正、反向转动时均可进行自动加减速控制，即要求具有四象限驱动能力，并且加减速时间短。

6）具有高精度的准停控制。

7）车削中心主轴具有旋转进给轴（C轴）的控制功能。

为满足上述要求，数控机床常采用直流主轴驱动系统。但由于直流电动机受机械换向的影响，其使用和维护都比较麻烦，并且其恒功率调速范围小。现在，绝大多数数控机床均采用笼型交流电动机配置矢量变换变频调速的主轴驱动系统。

（2）主轴变速控制　主轴变速分为有级变速、无级变速和分段无级变速三种形式。其中，有级变速仅用于经济型数控机床，大多数数控机床均采用无级变速或分段无级变速。无级变速数控机床一般采用直流或交流主轴伺服电动机实现主轴无级变速。

交流主轴电动机及交流变频驱动装置（笼型感应交流电动机配置矢量变换变频调速系统）由于没有电刷，不产生火花，所以使用寿命长，且性能已达到直流驱动系统的水平，甚至在噪声方面还有所降低，因此目前应用较为广泛。

（3）主轴准停控制　主轴准停功能又称为主轴定位功能（Spindle Specified Position Stop），即当主轴停止时，控制其停于固定的位置，这是自动换刀所必需的功能。在自动换刀的加工中心上，切削转矩通常是通过刀杆的端面键来传递的。这就要求主轴具有准确定位于圆周上特定角度的功能。当加工阶梯孔或精镗孔后进行退刀时，为防止刀具与小阶梯孔碰撞或拉毛已精加工的孔表面，必须先让刀，再退刀，而让刀要求刀具必须具有准停功能。

主轴准停常用的方法有机械准停和电气准停。主轴驱动装置包括主轴转速的控制与其他开关量动作的控制两部分。高速电主轴可以大大提高切削速度，降低表面粗糙度值。

四、数控机床用可编程序控制器

1．可编程序控制器的组成

数控机床用可编程序控制器（Programmable Logic Controller，PLC）实质上是一种计算机控制系统，主要由中央处理器（CPU）、存储器、输入/输出模块、编程器、电源单元和外部设备组成。PLC内部通过总线相连，其控制系统示意如图1-12所示。

中央处理器是PLC的核心，可使用通用微处理器、单片微处理器或位片式微处理器等。它不断地通过输入模块采集现场信号，执行用户程序，刷新系统的输出，以控制外部设备。

PLC的存储器分为系统程序存储器和用户存储器。系统程序相当于个人计算机的操作系统，是控制和完成PLC各种功能的程序，包括监控程序、模块化应用子程序、指

图 1-12　PLC 控制系统示意

令解释程序、故障自诊断程序和各种管理程序等。系统程序由PLC生产厂家设计并固化在只读存储器（ROM）内，用户不能直接读取。用户存储器用于存放用户程序和工作数据。

输入模块用来接收和采集从按钮、选择开关、数字拨码开关、限位开关、接近开关、光电开关、压力继电器等来的开关量输入信号及由电位器、热电偶、测速发电机、各种压力变送器提供的连续变化的模拟量输入信号。

PLC通过输出模块控制接触器、电磁阀、电磁铁、调节阀、调速装置等执行器及指示灯、数字显示装置和报警装置等。

根据信号特点，输入/输出模块又可分为直流开关量输入模块、直流开关量输出模块、交流开关量输入模块、交流开关量输出模块、继电器输出模块、模拟量输入模块和模拟量输出模块等。

编程器可用来输入、编辑、调试、运行用户应用程序，并可监视PLC运行时各种编程元件的工作状态。

电源单元的作用是将外部提供的交流电或直流电转换为PLC内部各模块所需的直流电源，有些PLC还可以为输入电路和外部电子检测装置（如接近开关）提供24V直流电源。驱动现场执行机构的交、直流电源一般由用户提供。

PLC要在上述硬件环境下运行，还需有相应的软件系统支持。

PLC中通常不采用微型计算机专用语言编制程序，而是常用梯形图编程、语句表编程及计算机的通用语言（如C语言、Basic语言、Pascal语言、Fortran语言等，其中C语言采用较多）编程。另外，还有顺序功能图、逻辑方程式（布尔代数式）、功能块图等方法。PLC具有可靠性高、抗干扰能力强、编程简单易学、功能强、性价比高、适应性强、灵活性好、便于实现机电一体化等优点。

2. PLC装置的控制内容

PLC装置的主要控制内容是：操作面板上的M、S、T控制，机床外部的按钮、行程开关等的控制，继电器、接触器或液压、气动电磁阀对刀库、机械手和回转工作台等装置的控制，另外还有冷却、润滑和液压泵电动机等的控制，报警处理的控制等。

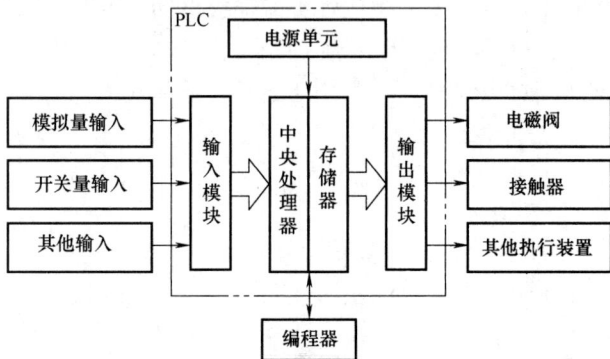

五、检测装置

1. 检测装置的分类

数控机床上的位置检测装置通常安装在机床的工作台或丝杠上，相当于普通机床的刻度盘和人的眼睛，不断地检测工作台的位移量并反馈给控制系统。高精度数控机床的加工精度和定位精度主要取决于检测装置。一般来说，数控机床上使用的检测装置应该满足以下要求：工作可靠，抗干扰性强；能满足精度和速度的要求；使用维护方便，适合机床的工作环境；成本低。

通常，检测装置的检测精度为$\pm(0.001\sim0.02)\text{mm}$，分辨率为$0.001\sim0.01$，能满足机床工作台以$1\sim10\text{m/min}$的速度移动。表1-1是位置检测装置的分类。

表1-1　位置检测装置的分类

类别	数字式位置检测装置		模拟式位置检测装置	
	增量式位置检测装置	绝对式位置检测装置	增量式位置检测装置	绝对式位置检测装置
回转型	圆光栅	编码盘	旋转变压器、圆感应同步器、圆磁栅	多极旋转变压器
直线型	长光栅、激光干涉仪	编码尺	直线感应同步器、磁栅、容栅	绝对值式磁尺

2. 常见的检测装置

数控系统常见的检测装置有旋转变压器、感应同步器、光栅、磁栅等。

旋转变压器是一种常用的转角检测元件，由于它结构简单，工作可靠，且其精度能满足一般的检测要求，因此广泛应用在数控机床上。

感应同步器是一种电磁式位置检测元件，按其结构特点一般分为直线式和旋转式两种。其中，直线感应同步器用于直线位移测量，圆感应同步器用于角位移测量。它们的工作原理都与旋转变压器相似。感应同步器具有检测精度比较高、抗干扰性强、寿命长、维护方便、成本低、工艺性好等优点，广泛应用于数控机床及各类机床数显改造。

光栅是利用光的透射、衍射现象制成的光电检测元件，它利用光学原理进行工作，因而不需要复杂的电子系统。常见的光栅从形状上可分为圆光栅和长光栅。其中，圆光栅用于角位移的检测，长光栅用于直线位移的检测。光栅的检测精度较高，可达$1\mu\text{m}$以上。

磁栅是一种利用电磁特性和录磁原理对位移进行检测的装置。它一般分为磁性标尺、拾磁磁头以及检测电路三部分。磁栅按其结构特点可分为直线式和角位移式，分别用于长度和角度的检测。磁栅具有精度高、复制简单以及安装调整方便等优点，而且在油污、灰尘较多的工作环境使用时，仍具有较高的稳定性。磁栅作为检测元件可用在数控机床和其他测量机上。

六、数控机床故障诊断方法

1. 数控机床故障诊断一般步骤

数控机床是涉及多个应用学科的十分复杂的系统，在实际操作中，数控机床故障诊断的一般步骤如下：详细了解故障；根据故障情况进行分析，缩小可能的故障源范围，确定故障源的查找方向和手段；由表及里进行故障源查找。

2. 数控机床故障诊断的一般方法

（1）根据报警号进行故障诊断　计算机数控系统大都具有很强的自诊断功能，当机床发生故障时，可对整个机床包括数控系统自身进行全面的检查和诊断，并将诊断到的故障或错误以报警号（或错误代码）的形式显示在阴极射线管（Cathode Ray Tube，CRT）显示器上。

报警号（或错误代码）一般包括下列几方面的故障（或错误）信息内容：①程序编制错误或操作错误；②存储器工作不正常；③伺服系统故障；④可编程序控制器故障；⑤连接故障；⑥温度、压力、液位等不正常；⑦行程开关（或接近开关）状态不正确。

（2）根据控制系统发光二极管（LED）或数码管的指示进行故障诊断　控制系统的 LED 或数码管指示是另一种自诊断指示方法。如果和故障报警号同时报警，综合二者的报警内容，可更加明确地指示出故障的位置。在 CRT 显示器上的报警号未出现或 CRT 显示器不亮时，LED 或数码管指示就是唯一的报警内容了。

（3）根据计算机状态或梯形图进行故障诊断　现在的数控机床上使用计算机控制器，有的计算机与 NC 系统合并起来，统称为 NC 部分。但在大多数数控机床上，二者还是相互独立的，通过接口互相联系。无论其形式如何，计算机控制器的作用却是相同的，主要进行开关量的管理与控制，控制对象一般是换刀系统、工作台板转换系统，以及液压、润滑、冷却系统等。这些系统具有大量的开关量测量反馈元件，发生故障的概率较大。例如，有的系统用计算机控制器输入/输出板上的 LED 指示灯表示其输入/输出状态，灯亮为 1，灯灭为 0，由此可十分方便地确定出计算机控制器的输入/输出状态。

（4）根据机床参数进行故障诊断　机床参数也称为机床常数，是通用的数控系统与具体的机床相匹配时所确定的一组数据，它实际上是 NC 程序中未定的数据或可选择的方式。机床参数通常储存在随机存取存储器（RAM）中，由厂家根据所配机床的具体情况进行设定，部分参数还要通过调试来确定。机床参数大都随机床以参数表或参数纸带的形式提供给用户。

由于误操作、参数纸带不良等，RAM 中的机床参数可能发生改变甚至丢失而引起机床故障。在维修过程中，有时也要利用某些机床参数对机床进行调整，有时还要根据机床的运行情况及状态对某些参数进行必要的修正。

（5）用诊断程序进行故障诊断　绝大部分数控系统都有诊断程序。所谓诊断程序就是对数控机床各部分包括数控系统本身进行状态或故障检测的软件。当数控机床发生故障时，可利用该程序诊断出故障源所在范围或具体位置。诊断程序一般分为三种，即启动诊断、在线诊断（或称后台诊断）和离线诊断。

随着科学技术的发展及 CNC 技术的成熟与完善，出现了更高层次的诊断技术，如自修复、专家诊断系统和通信诊断系统等。

任务实施

一、数控机床按伺服控制方式分类

数控机床按伺服控制方式分类如下：①开环控制数控机床；②闭环控制数控机床；③半闭环控制数控机床；④开环补偿型数控机床。

二、区别

（1）开环控制数控机床　开环数控系统不带检测装置，也无反馈电路，以步进电动机为驱动元件；精度较低；控制简单，价格比较低廉，广泛应用于经济型数控机床。

（2）闭环控制数控机床　闭环数控系统有检测反馈装置，通常选用交直流伺服电动机驱动；位置检测装置安装在机床工作台上。这类控制系统的位置控制精度很高，速度快；但是调试和维修比较复杂。

（3）半闭环控制数控机床　半闭环数控系统有检测反馈装置，选用交直流伺服电动机驱动；位置检测元件安装在电动机轴端或丝杠端；其控制精度介于闭环控制数控系统和开环控制系统之间，调试却比闭环数控系统方便。

（4）开环补偿型数控机床　开环补偿型数控系统是在开环数控系统的基础上发展的，它是将上述三种控制方式的特点有选择地集中起来而组成的大型数控机床混合控制方案。控制系统既有较高的进给速度和返回速度，又具有很高的精度。开环补偿型数控机床的控制系统选用步进电动机驱动的开环控制伺服机构，附加一个校正伺服电路，通过装在工作台上的直线位移测量元件的反馈信号来校正机械系统的误差。

习　　题

一、填空题

1. 数控即数字控制，是一种自动控制技术，是用_____对机械运动及加工过程实现控制的一种方法。

2. 数控机床一般由_____、_____、_____及_____等部分组成。

3. 数控系统是数控机床的中枢，在普通数控机床中一般由_____、_____、_____、运算器和_____组成。

4. 数控机床按加工方式分类，可分为_____、_____、_____及其他机床类。

5. 现代数控机床向_____、_____、_____、_____、_____、_____、高可靠性方向发展。

6. 并联机床又称_____，是由机械机构学原理引用过来的。机构学里将机构分为串联机构和并联机构，串联机构的典型代表是_____，传统机床的布局实际上也是串联机构。并联机床的控制系统必须是_____。

7. 计算机数控系统简称_____，微型计算机控制的系统称为_____。

8. 数控机床伺服驱动系统是指以机床移动部件（如工作台、动力头等）的_____和_____作为控制量的自动控制系统，又称为_____。

9. 数控机床用PLC实质上是一种计算机控制系统，主要由中央_____、_____、_____、_____和_____组成。

10. 常见的检测装置有_____、_____、_____和_____等。

二、选择题

1. 在数控机床的组成中，数控机床的中枢部分是（　　）。

A. 控制介质　　　B. 数控系统　　　C. 伺服系统　　　D. 机床本体

2. 下面哪种数控系统不是按数控系统的运动控制方式分类（　　）。

A. 点位控制数控系统　　　　　　　B. 点位直线控制数控系统

C. 轮廓控制数控系统　　　　　　　D. 闭环控制数控系统

3. FMS表示（　　）

A. 计算机辅助设计　B. 柔性制造单元　C. 计算机辅助制造　D. 柔性制造系统

4. （　　）属于数字增量式位置检测装置。

A. 激光干涉仪　　B. 编码盘　　　C. 旋转变压器　　D. 磁栅

5. （　　）属于模拟绝对式位置检测装置。

A. 容栅　　　　　B. 编码盘　　　C. 圆光栅　　　　D. 多极旋转变压器

6. （　　）不是CNC系统中零件加工程序的一般输入方式。

A. 语音输入　　　B. 磁带机　　　C. 磁盘　　　　　D. 纸带阅读机

7. 伺服单元和（　　）合称为进给伺服驱动系统。

A. 步进电动机　　B. 进给驱动装置　C. 交流伺服电动机　D. 计算机数控装置

8. 数控机床有很多特点，其中不正确的是（   ）。

A. 具有很大的柔性   B. 通用性

C. 适合单品种大批量产品生产   D. 可靠性

9. 微型计算机数控系统的英文缩写是（   ）。

A. CNC   B. FMS   C. CIMS   D. MNC

10. 闭环控制系统和半闭环控制系统在结构上的一个区别是（   ）。

A. 采用的驱动电动机不同   B. 位置检测元件及其安装位置不同

C. 速度检测元件及其安装位置不同   D. 电流检测元件及其安装位置不同

三、名词解释

1. 计算机数控

2. 数控机床

3. 计算机数控系统

4. 数控机床伺服驱动系统

四、简答题

1. 简述数控机床组成及功能。

2. 简述数控机床的分类情况。

3. 简述计算机数控系统的软硬件系统组成。

4. 简述数控机床伺服驱动系统的主要性能要求。

5. 数控机床用 PLC 的组成与特点是什么？

6. 一般数控机床报警号故障信息包含的内容是什么？

任务二　逐点比较法直线插补

技能目标

（1）能分析插补原理、逐点比较法概念

（2）会应用逐点比较法原理进行第 I 象限直线逐点比较插补

（3）能正确绘制插补轨迹

知识目标

（1）掌握插补概念

（2）掌握逐点比较法的含义及 4 个工作节拍

（3）掌握逐点比较法插补步骤

任务导入——第 I 象限逐点比较法直线插补

任务描述

如图 1-13 所示第 I 象限直线 OA，已知起点为坐标原点 $O(0,0)$，终点坐标为 $A(7,3)$。试用逐点比较法对该直线进行插补计算，并在图 1-13 中画出插补轨迹。

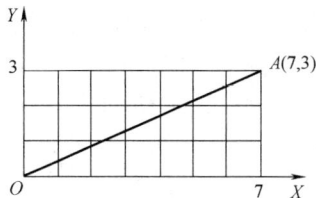

图 1-13 第 I 象限直线 OA

知识链接

一、基本概念

1. 插补含义

所谓插补是指数据密化的过程。对数控系统输入有限坐标点（如起点、终点）的情况下，计算机根据线段的特征（直线、圆弧、椭圆等），运用一定的算法，自动地在有限坐标点之间生成一系列的坐标数据，即所谓数据密化，从而自动地对各坐标轴进行脉冲分配，完成整个线段的轨迹运行，以满足加工精度要求。

2. 插补种类

插补类型众多，按其插补工作由硬件电路完成还是由软件完成，分为硬件插补和软件插补。硬件插补只要给出参数及插补命令，整个过程就由芯片自动控制，不需要软件的任何干预。硬件插补可实现高速微米级控制。软件插补速度略慢，但其灵活易变，结构简单，现代数控系统多采用软件插补。

从插补计算输出的数值形式来分，插补可分为基准脉冲插补（又称为脉冲增量插补或行程标量插补）和数据采样插补（又称为数字增量插补或时间标量插补）。基准脉冲插补的特点是每次插补结束时，数控装置向每个坐标输出基准脉冲系列，每个脉冲插补的实现方法较简单（只有加法和移位），可以用硬件实现。基准脉冲插补仅适用于一些中等精度和中等速度要求的经济型计算机数控系统。数据采样插补的特点是数控装置产生的不是单个脉冲，而是标准的二进制字，插补运算分为粗插补和精插补两步。一般粗插补称为插补，用软件实现；而精插补可以用软件实现，也可以用硬件实现。数据采样插补适用于闭环、半闭环以直流和交流伺服电动机为驱动装置的位置采样系统。基准脉冲插补方法有数字乘法器插补法、逐点比较法、数字积分法、矢量判别法等；数据采样插补方法有直接函数法、扩展数字积分法等。

从产生的数学模型来分，插补可分为直线插补、二次曲线插补等。在 CNC 系统中，除了可采用上述基准脉冲插补法中的各种插补原理外，还可采用各种数据采样插补方法。

3. 逐点比较法

所谓逐点比较法，就是每走一步都要和给定轨迹比较一次，系统根据比较结果来决定下一步的进给方向，使刀具向减小偏差的方向并趋向终点移动，刀具轨迹和给定轨迹接近。逐点比较法是我国数控机床中广泛采用的一种插补方法，它能实现直线、圆弧和非圆二次曲线的插补，插补精度较高，一般情况下最大偏差不超过一个脉冲当量。逐点比较法的 4 个工作节拍如下：

（1）偏差判别　判别加工点对规定几何轨迹的偏离位置。

（2）进给控制　根据判别结果控制某坐标工作台进给一步。

（3）新偏差计算　计算新的加工点对规定轨迹的偏差。

（4）终点判别　判别是否到达规定轨迹的终点，到达则停止插补，否则返回第一步。

二、逐点比较法直线插补原理

1. 第 I 象限逐点比较法直线插补

偏差计算是逐点比较法关键的一步。下面以第 I 象限直线为例导出其偏差计算公式。

如图 1-14 所示，假定直线 OA 的起点为坐标原点，终点 A 的坐标为 $A(X_e, Y_e)$，点 $P(X_i, Y_j)$ 为加工点，若点 P 正好处在直线 OA 上，那么有

$$X_e Y_j - X_i Y_e = 0$$

若任意点 $P(X_i, Y_j)$ 在直线 OA 的上方（严格地说，在直线 OA 与 Y 轴所成夹角区域内），那么有

$$\frac{Y_j}{X_i} > \frac{Y_e}{X_e}$$

即

$$X_e Y_j - X_i Y_e > 0$$

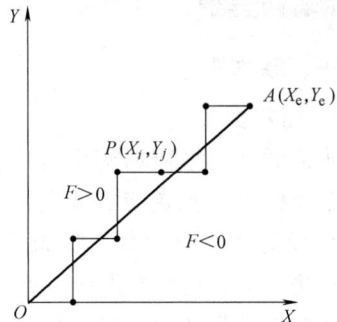

图 1-14　第 I 象限直线插补过程

由此可以得到偏差判别函数 $F_{i,j}$ 为

$$F_{i,j} = X_e Y_j - X_i Y_e$$

逐点比较法的直线插补过程为每走一步要进行以下 4 个工作节拍（步骤）：

（1）偏差判别　根据偏差值确定刀具位置是在直线的上方（或线上），还是在直线的下方。

由 $F_{i,j}$ 的数值（称为"偏差"）就可以判别出点 P 与直线的相对位置。即当 $F_{i,j} = 0$ 时，点 $P(X_i, Y_j)$ 正好落在直线上；当 $F_{i,j} > 0$ 时，点 $P(X_i, Y_j)$ 落在直线的上方；当 $F_{i,j} < 0$ 时，点 $P(X_i, Y_j)$ 落在直线的下方。

（2）进给控制　根据判别的结果，决定控制哪个坐标（X 或 Y）移动一步。

$F_{i,j} \geq 0$，向 $+X$ 方向发出一个脉冲（$F_{i,j} = 0$ 时，既可以向 $+X$ 方向发出一个脉冲，也可以向 $+Y$ 方向发出一个脉冲，通常归于 $F_{i,j} > 0$ 一类）；$F_{i,j} < 0$，向 $+Y$ 方向发出一个脉冲。

（3）新偏差计算　计算出刀具移动后的新偏差，提供给下一步，作为判别依据。

当开始加工时，一般是以人工方式将刀具移到加工起点，即所谓"对刀"，这一点当然没有偏差，所以开始加工点的 $F_{i,j} = 0$。

若 $F_{i,j} \geq 0$ 时，则向 $+X$ 轴发出一个进给脉冲，刀具从该点即（X_i, Y_j）点向 $+X$ 方向前进一步，到达新加工点 $P(X_{i+1}, Y_j)$，$X_{i+1} = X_i + 1$，因此新加工点 $P(X_{i+1}, Y_j)$ 的偏差值为

$$F_{i+1,j} = X_e Y_j - X_{i+1} Y_e = X_e Y_j - (X_i + 1)Y_e = X_e Y_j - X_i Y_e - Y_e = F_{i,j} - Y_e$$

即

$$F_{i+1,j} = F_{i,j} - Y_e$$

若 $F_{i,j} < 0$，则向 $+Y$ 轴发出一个进给脉冲，刀具从这一点向 $+Y$ 方向前进一步，新加工点 $P(X_i, Y_{j+1})$ 的偏差值为

$$F_{i,j+1} = X_e Y_{j+1} - X_i Y_e = X_e(Y_j + 1) - X_i Y_e = X_e Y_j - X_i Y_e + X_e = F_{i,j} + X_e$$

即

$$F_{i,j+1} = F_{i,j} + X_e$$

（4）终点判别　在计算偏差的同时，还要进行一次终点比较，以确定是否到达终点。若已经到达，就不再进行运算，并发出停机或转换新程序段的信号。

据偏差判别函数值，就可以获得图 1-14 所示的折线段那样的近似直线。

终点判别通常采取以下三种方法：①单向计数，取 X_e 和 Y_e 中较大的作为计数长度；②双向计数，将 X_e 和 Y_e 的长度之和，作为计数长度；③分别计数，既计 X，又计 Y，直到 X 减到 0，Y 也减到 0，停止插补。

2. 各象限逐点比较法直线插补公式

各象限逐点比较法直线插补公式见表 1-2。

表 1-2　各象限逐点比较法直线插补公式

象　限	$F_{i,j} \geq 0 (i=0,1,2\cdots)$	$F_{i,j} < 0 (j=0,1,2\cdots)$
第Ⅰ象限	走 $(+\Delta X)$，$F_{i+1,j}=F_{i,j}-Y_e$，$X_{i+1}=X_i+1$，$Y_j=Y_j$	走 $(+\Delta Y)$，$F_{i,j+1}=F_{i,j}+X_e$，$X_i=X_i$，$Y_{j+1}=Y_j+1$
第Ⅱ象限	走 $(-\Delta X)$，$F_{i+1,j}=F_{i,j}-Y_e$，$X_{i+1}=X_i-1$，$Y_j=Y_j$	走 $(+\Delta Y)$，$F_{i,j+1}=F_{i,j}+\lvert X_e\rvert$，$X_i=X_i$，$Y_{j+1}=Y_j+1$
第Ⅲ象限	走 $(-\Delta X)$，$F_{i+1,j}=F_{i,j}-\lvert Y_e\rvert$，$X_{i+1}=X_i-1$，$Y_j=Y_j$	走 $(-\Delta Y)$，$F_{i,j+1}=F_{i,j}+\lvert X_e\rvert$，$X_i=X_i$，$Y_{j+1}=Y_j-1$
第Ⅳ象限	走 $(+\Delta X)$，$F_{i+1,j}=F_{i,j}-\lvert Y_e\rvert$，$X_{i+1}=X_i+1$，$Y_j=Y_j$	走 $(-\Delta Y)$，$F_{i,j+1}=F_{i,j}+\lvert X_e\rvert$，$X_i=X_i$，$Y_{j+1}=Y_j-1$

3. 象限与坐标变换

对于不同象限的直线，其插补计算公式和脉冲进给方向都是不同的。为了将各象限直线的插补公式统一于第Ⅰ象限的公式，需要将坐标和进给方向根据象限等的不同而进行变换，这样，不管哪个象限的直线都可按第Ⅰ象限直线进行插补计算。而进给脉冲的方向则按实际象限来决定，采用逻辑电路或程序将进给脉冲分别发到 +X、−X、+Y、−Y 四个通道上去，以控制机床工作台沿 X 向和 Y 向的运动。图 1-15 所示为直线在不同象限的走向，用 L1、L2、L3、L4 分别表示第Ⅰ、Ⅱ、Ⅲ、Ⅳ象限的直线。

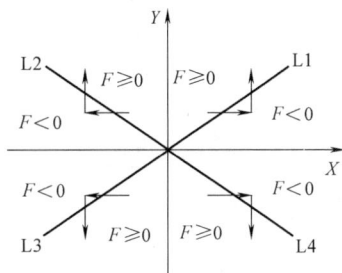

图 1-15　直线在不同象限的走向

任务实施

一、插补运算

终点判别值可取为 $E=X_e+Y_e=7+3=10$，开始时偏差 $F_{0,0}=0$。加工过程的插补运算结果见表 1-3。

表 1-3　加工过程中的插补运算结果

序　号	偏差判别	进给控制	偏差计算	终点判别
1	$F_{0,0}=0$	$+\Delta X$	$F_{1,0}=F_{0,0}-Y_e=0-3=-3$	$E=10-1=9$
2	$F_{1,0}(=-3)<0$	$+\Delta Y$	$F_{1,1}=F_{1,0}+X_e=-3+7=4$	8
3	$F_{1,1}(=4)>0$	$+\Delta X$	$F_{2,1}=F_{1,1}-Y_e=4-3=1$	7
4	$F_{2,1}(=1)>0$	$+\Delta X$	$F_{3,1}=F_{2,1}-Y_e=1-3=-2$	6
5	$F_{3,1}(=-2)<0$	$+\Delta Y$	$F_{3,2}=F_{3,1}+X_e=-2+7=5$	5
6	$F_{3,2}(=5)>0$	$+\Delta X$	$F_{4,2}=F_{3,2}-Y_e=5-3=2$	4
7	$F_{4,2}(=2)>0$	$+\Delta X$	$F_{5,2}=F_{4,2}-Y_e=2-3=-1$	3
8	$F_{5,2}(=-1)<0$	$+\Delta X$	$F_{5,3}=F_{5,2}+X_e=-1+7=6$	2
9	$F_{5,3}(=6)>0$	$+\Delta X$	$F_{6,3}=F_{5,3}-Y_e=6-3=3$	1
10	$F_{6,3}(=3)>0$	$+\Delta X$	$F_{7,3}=F_{6,3}-Y_e=3-3=0$	0

二、插补轨迹

起点为坐标原点，终点坐标为 $A(7,3)$ 的直线插补轨迹如图 1-16 所示。

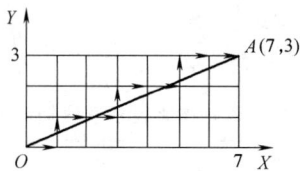

图 1-16　直线插补轨迹

习　题

如图 1-17 所示，要加工第 I 象限直线 OM，其终点坐标为 $M(5,6)$，试用逐点比较法对该直线进行插补计算，并画出插补轨迹。

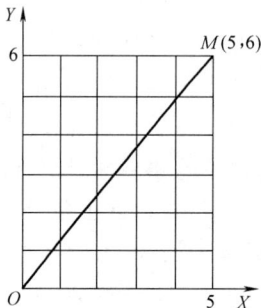

图 1-17　起点为原点，终点坐标为 $M(5,6)$ 的直线

任务三　逐点比较法圆弧插补

🔲 技能目标

（1）能分析逐点比较法圆弧插补的 4 个工作节拍
（2）会推导第 I 象限逆时针方向圆弧插补公式
（3）能应用插补公式进行第 I 象限逆时针方向圆弧插补并能绘制插补轨迹

🔲 知识目标

（1）了解逐点比较法圆弧插补的 4 个工作节拍
（2）掌握逐点比较法圆弧插补原理
（3）掌握第 I 象限逆时针方向圆弧插补公式
（4）了解其他象限逐点比较法圆弧插补公式
（5）了解逐点比较法圆弧插补的坐标转换

任务导入——第Ⅰ象限逐点比较法逆时针方向圆弧插补

任务描述

插补图 1-18 所示的第Ⅰ象限逆时针方向圆弧 AE，圆弧起点坐标为 $A(4,3)$，终点坐标为 $E(0,5)$，圆心在坐标原点。试用逐点比较法对该圆弧进行插补计算，并画出插补轨迹。

知识链接

一、逐点比较法圆弧插补原理

以第Ⅰ象限逆时针方向圆弧为例导出其偏差计算公式。加工图 1-19 所示第Ⅰ象限逆时针方向圆弧 AE，半径为 R，以原点为圆心，起点坐标为 $A(X_0,Y_0)$，圆弧上任一加工点的坐标设为 $P(X_i,Y_j)$，点 P 与圆心的距离 R_P 的平方为 $R_P^2=X_i^2+Y_j^2$。现在讨论这一加工点的加工偏差。

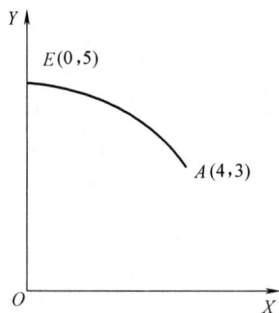

图 1-18 第Ⅰ象限逆时针方向圆弧 AE

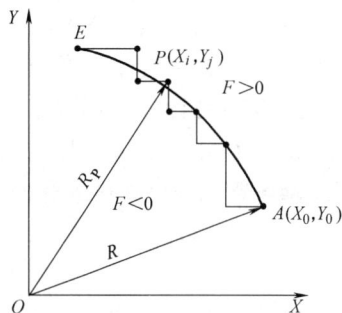

图 1-19 逆时针方向圆弧插补过程

根据 R_P 值与 R 值的关系有

$$X_i^2+Y_j^2=X_0^2+Y_0^2=0\,(R_P=R,加工点在圆弧上)$$

$$(X_i^2-X_0^2)+(Y_j^2-Y_0^2)>0\,(R_P>R,加工点在圆弧外侧)$$

$$(X_i^2-X_0^2)+(Y_j^2-Y_0^2)<0\,(R_P<R,加工点在圆弧内侧)$$

取加工偏差判别式为 $F_{i,j}=(X_i^2-X_0^2)+(Y_j^2-Y_0^2)$

运用上述法则，利用偏差判别式，即获得图 1-19 中折线所示的近似圆弧。

1. 圆弧插补的 4 个工作节拍

（1）偏差判别 $F_{i,j}=0$，加工点在圆弧上；$F_{i,j}>0$，加工点在圆弧外侧；$F_{i,j}<0$，加工点在圆弧内侧。

（2）进给控制 $F_{i,j}\geq0$ 时，向 $-X$ 轴发出一个进给脉冲（$-\Delta X$），即向圆弧内走一步；$F_{i,j}<0$ 时，向 $+Y$ 轴发出一个进给脉冲（$+\Delta Y$），即向圆弧外走一步。

（3）新偏差计算 当 $F_{i,j}\geq0$ 时，走 $-\Delta X$，新偏差为 $F_{i+1,j}=(X_i^2-1)^2-X_0^2+Y_j^2-Y_0^2=F_{i,j}-2X_i+1$，动点（加工点）坐标为 $X_{i+1}=X_i-1$，$Y_j=Y_j$；当 $F_{i,j}<0$ 时，走 $+\Delta Y$，新偏差为 $F_{i+1,j}=X_i^2-X_0^2+(Y_j+1)^2-Y_0^2=F_{i,j}+2Y_j+1$，动点坐标为 $X_i=X_i$，$Y_{j+1}=Y_j+1$。

（4）终点判别　采用当前点与终点的关系来判别是否到达终点，具体方法见后文详述。

2. 各象限逆时针方向圆弧插补公式

各象限逐点比较法逆时针方向圆弧插补公式见表1-4。

表1-4　各象限逐点比较法逆时针方向圆弧插补公式

象　限	$F_{i,j} \geq 0 (i = 0, 1, 2 \cdots)$	$F_{i,j} < 0 (i = 0, 1, 2 \cdots)$
第Ⅰ象限	走$(-\Delta X)$，$F_{i+1,j} = F_{i,j} - 2X_i + 1, X_{i+1} = X_i - 1, Y_{j+1} = Y_j$	走$(+\Delta Y)$，$F_{i+1,j} = F_{i,j} + 2Y_j + 1, X_{i+1} = X_i, Y_{j+1} = Y_j + 1$
第Ⅱ象限	走$(-\Delta Y)$，$F_{i+1,j} = F_{i,j} - 2Y_j + 1, X_{i+1} = X_i, Y_{j+1} = Y_j - 1$	走$(-\Delta X)$，$F_{i+1,j} = F_{i,j} - 2X_i + 1, X_{i+1} = X_i - 1, Y_{j+1} = Y_j$
第Ⅲ象限	走$(+\Delta X)$，$F_{i+1,j} = F_{i,j} + 2X_i + 1, X_{i+1} = X_i + 1, Y_{j+1} = Y_j$	走$(-\Delta Y)$，$F_{i+1,j} = F_{i,j} - 2Y_j + 1, X_{i+1} = X_i, Y_{j+1} = Y_j - 1$
第Ⅳ象限	走$(+\Delta Y)$，$F_{i+1,j} = F_{i,j} + 2Y_j + 1, X_{i+1} = X_i, Y_{j+1} = Y_j + 1$	走$(+\Delta X)$，$F_{i+1,j} = F_{i,j} + 2X_i + 1, X_{i+1} = X_i + 1, Y_{j+1} = Y_j$

二、坐标转换和终点判别

1. 象限与坐标变换

对于不同象限、不同走向的圆弧来说，其插补计算公式和脉冲进给方向都是不同的。为了将不同象限、不同走向的8种圆弧的插补公式统一于第Ⅰ象限逆时针方向圆弧插补的计算公式，需要将坐标和进给方向根据象限等的不同而进行变换，这样，不管哪个象限的圆弧和直线都可按第Ⅰ象限逆时针方向圆弧和直线对其进行插补计算。而进给脉冲的方向则按实际象限来确定，采用逻辑电路或程序将进给脉冲分别发到+X、−X、+Y、−Y四个通道上去，以控制机床工作台沿X向和Y向的运动。如图1-20所示，用SR1、SR2、SR3、SR4分别表示第Ⅰ、Ⅱ、Ⅲ、Ⅳ象限的顺时针方向圆弧，用NR1、NR2、NR3、NR4分别表示第Ⅰ、Ⅱ、Ⅲ、Ⅳ象限的逆时针方向圆弧。

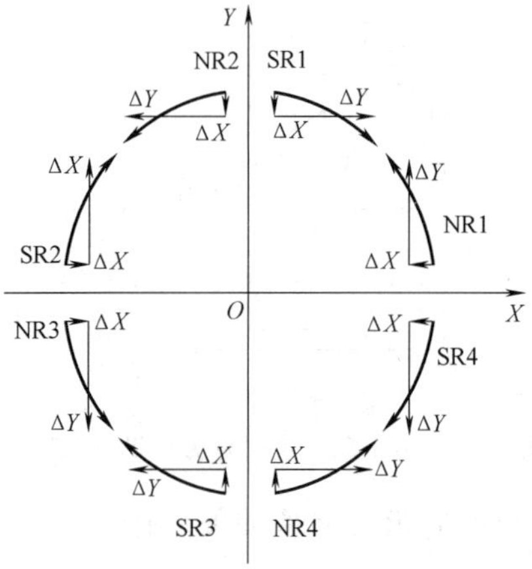

图1-20　直线和圆弧不同象限的走向

从图1-20可以看出，对第Ⅰ象限逆时针方向圆弧NR1进行插补运算时，如果将X轴的进给反向，即可加工出第Ⅱ象限顺时针方向圆弧SR2；将Y轴的进给反向，即加工出SR4；将X和Y轴两者进给都反向，即加工出NR3。此时NR1、NR3、SR2、SR4四种圆弧都取相同的偏差运算公式，无须改变。

从图1-20还可以看出，对NR1圆弧进行插补时，把运算公式的坐标X和Y对调，以X作为Y，以Y作为X，就可以得到SR1圆弧的插补。按上述原理，应用SR1同一运算公式，通过适当改变进给方向，也可获得其余圆弧SR3、NR2、NR4的插补。

这就是说，若针对不同象限建立类似于第Ⅰ象限的坐标，就可得到与第Ⅰ象限逆时针方向圆弧的类似情况，从而可以用统一公式进行插补计算，然后根据象限的不同发出不同方向的脉冲。图1-20所示分别为8种圆弧的坐标建立情况。

2. 逐点比较法的终点判别

逐点比较法的终点判别方法大致有下列几种：单向计数，取X_e和Y_e中较大的作为计数长度；双向计数，将X_e和Y_e的长度相加的和作为计数长度；分别计数，既计X_e又计Y_e，直到X_e减到0，Y_e减到0，停止插补。

逐点比较法除可用于直线插补和圆弧插补之外，还可用于椭圆、抛物线和双曲线等二次曲线插补。此法进给速度平稳，精度较高，无论是在普通 NC 系统还是在 CNC 系统中都有着非常广泛的应用。

任务实施

一、插补运算

图 1-18 中的第 I 象限逐点比较法逆时针方向圆弧插补运算结果见表 1-5。

表 1-5　第 I 象限逐点比较法逆时针方向圆弧插补运算结果

序　号	偏差判别	进给控制	新偏差计算	终点判别	当前坐标
0			$F_{0,0}=0$	(0,5)	(4,3)
1	$F_{0,0}=0$	$-\Delta X$	$F_{1,0}=F_{0,0}-2X_0+1=-7$ $X_1=4-1=3,Y_1=3$		(3,3)
2	$F_{1,0}(=-7)<0$	$+\Delta Y$	$F_{2,1}=F_{1,0}+2Y_1+1=0$ $X_2=3,Y_2=3+1=4$		(3,4)
3	$F_{2,1}=0$	$-\Delta X$	$F_{3,2}=F_{2,1}-2X_2+1=-5$ $X_3=3-1=2,Y_3=4$		(2,4)
4	$F_{3,2}(=-5)<0$	$+\Delta Y$	$F_{4,3}=F_{3,2}+2Y_3+1=4$ $X_4=2,Y_4=4+1=5$		(2,5)
5	$F_{4,3}(=4)>0$	$-\Delta X$	$F_{5,4}=F_{4,3}-2X_4+1=1$ $X_5=2-1=1,Y_5=5$		(1,5)
6	$F_{5,4}(=1)>0$	$-\Delta X$	$F_{6,5}=F_{5,4}-2X_5+1=0$ $X_6=1-1=0,Y_6=5$	(0,5)	(0,5)

二、插补轨迹

对第 I 象限逆时针方向圆弧 *AE* 进行逐点比较法插补时的轨迹如图 1-21 所示。

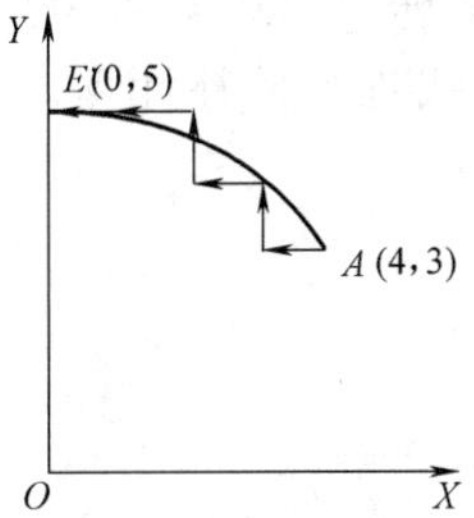

图 1-21　对第 I 象限逆时针方向圆弧 *AE* 用逐点比较法插补时的轨迹

习　题

插补图 1-22 所示的第二象限逆时针方向圆弧 *AE*，圆弧起点坐标为 $A(0,4)$，终点坐标为 $E(-4,0)$，圆心在坐标原点。试用逐点比较法对该圆弧进行逆时针方向插补计算，并在图中画出插补轨迹。

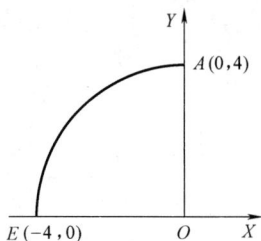

图 1-22　第二象限逆时针方向圆弧 AE

任务四　数字积分（DDA）法直线插补

技能目标

（1）能分析 DDA 法直线插补原理

（2）会应用 DDA 法进行第 I 象限直线插补并能绘制插补轨迹

知识目标

（1）掌握 DDA 法直线插补原理及插补流程

（2）掌握 DDA 法第 I 象限直线插补运算

（3）了解其他象限 DDA 法直线插补运算

任务导入——第 I 象限 DDA 法直线插补

任务描述

插补图 1-23 所示的直线，起点坐标为原点 $O(0,0)$，终点坐标为 $A(5,6)$。试用 DDA 法对该直线进行插补计算，并在图中画出插补轨迹。

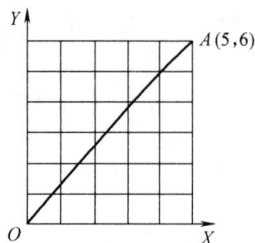

图 1-23　第 I 象限直线 OA

知识链接

一、数字积分法概念

数字积分法又称为 DDA（Digital Differential Analyzer）法、数字微分分析器，它是在数字积分器的基础上建立起来的一种插补算法。其优点是：脉冲分配均匀，易于实现多坐标联动或描绘平面上各种函数曲线，较容易实现二次曲线、高次曲线的插补，运算速度快，精度也能满足要求，所以应用非常广泛。

二、DDA 法的基本原理

如图 1-24 所示，求函数 $Y=f(t)$ 对 t 的积分运算，从几何概念上讲，就是求此函数曲线

所包围的面积 F，即

$$F = \int_a^b Y \mathrm{d}t = \lim_{n \to \infty} \sum_{i=0}^{n-1} Y(t_{i+1} - t_i)$$

若把自变量的积分区间 $[a,b]$ 等分成许多有限的小区间 Δt（其中 $\Delta t = t_{i+1} - t_i$），这样，求面积可以转化成求有限个小区间面积之和，运算时，一般取一个脉冲当量 $\Delta t = 1$，则

$$F = \sum_{i=0}^{n-1} Y_i$$

因此，函数的积分运算变成了变量的求和运算。当所选取的积分间隔 Δt 足够小时，则用求和运算代替求积运算所引起的误差可以不超过允许的值。假设对 XOY 平面上的直线进行脉冲分配，直线起点为坐标原点 O，终点为 $E(X_e, Y_e)$，如图 1-25 所示。

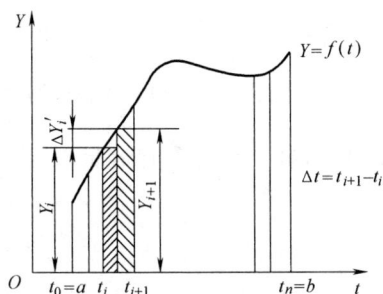

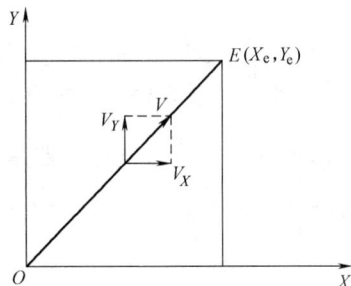

图 1-24　函数的积分　　　　　　图 1-25　合成速度与分速度的关系

假定 v_X 和 v_Y 分别表示动点在 X 方向和 Y 方向的移动速度，则在 X 方向和 Y 方向上的移动距离微小增量 ΔX 和 ΔY 应为

$$\Delta X = v_X \Delta t, \Delta Y = v_Y \Delta t$$

对直线函数来说，v_X 和 v_Y 是常数，则下式成立：

$$\frac{v_X}{X_e} = \frac{v_Y}{Y_e} = K$$

式中　K——比例系数。

在 Δt 时间内，X 向和 Y 向位移增量的参数方程为

$$\begin{cases} \Delta X = v_X \Delta t = K X_e \Delta t \\ \Delta Y = v_Y \Delta t = K Y_e \Delta t \end{cases}$$

动点从原点走向终点的过程，可以看作是各坐标每经过一个单位时间间隔 Δt 分别以增量 $K X_e$ 和 $K Y_e$ 同时累加的结果。经过 m 次累加后，X 和 Y 分别都到达终点 $E(X_e, Y_e)$，即下式成立：

$$\begin{cases} X = \sum_{i=1}^m K X_e \Delta t = m K X_e = X_e \\ Y = \sum_{i=1}^m K Y_e \Delta t = m K Y_e = Y_e \end{cases} \tag{1-1}$$

则

$$mK = 1 \text{ 或者 } m = 1/K$$

式（1-1）表明，比例系数 K 和累加次数 m 的关系是互为倒数。因为 m 必须是整数，所以 K 一定是小数。在选取 K 时主要考虑每次增量 ΔX 或 ΔY 不大于 1，以保证坐标轴上每次分配进给脉冲不超过一个单位步距，即

$$\Delta X = KX_e < 1$$
$$\Delta Y = KY_e < 1$$

公式中 X_e 和 Y_e 的最大允许值受控制机的位数及用几个字节存储坐标值所限制。例如用 TP801（Z80）单板机作为控制机，用两个字节存储坐标值时，因该单板机为 8 位机，故 X_e 和 Y_e 的最大允许寄存容量为 $2^{16}-1=65535$。为满足 $KX_e < 1$ 及 $KY_e < 1$ 的条件，即

$$KX_e = K(2^{16}-1) < 1$$
$$KY_e = K(2^{16}-1) < 1$$

则

$$K < \frac{1}{2^{16}-1}$$

如果取 $K < \dfrac{1}{2^{16}}$，则 $\Delta X = KX_e = \dfrac{2^{16}-1}{2^{16}} < 1$，即满足 $KX_e < 1$ 的条件。这时累加次数为 $m = \dfrac{1}{K} = 2^{16}$ 次。一般情况下，若假定寄存器是 n 位，则 X_e 和 Y_e 的最大允许寄存容量应为 $2n-1$（各位全 1 时），若取

$$K < \frac{1}{2^n}$$

则

$$KX_e = \frac{1}{2^n}(2^n-1) = \frac{2^n-1}{2^n}$$
$$KY_e = \frac{1}{2^n}(2^n-1) = \frac{2^n-1}{2^n} \tag{1-2}$$

显然，由式（1-2）确定的 KX_e 和 KY_e 是小于 1 的，这样不仅确定了系数 $K\left(K=\dfrac{1}{2^n}\right)$，而且保证了 ΔX 和 ΔY 小于 1 的条件。因此，刀具从原点到达终点的累加次数 m 为

$$m = \frac{1}{K} = 2^n$$

当 $K = \dfrac{1}{2^n}$ 时，对二进制数来说，KX_e 与 X_e 的差别只在于小数点的位置不同，将 X_e 的小数点左移 n 位即为 KX_e。因此在 n 位的内存中存放 X_e（X_e 为整数）和存放 KX_e 的数字是相同的，只是认为后者的小数点出现在最高位数 n 的前面。

当用软件来实现数字积分法直线插补时，只要在内存中设定几个单元，分别用于存放 X_e 及其累加值 $\sum X_e$ 和 Y_e 及其累加值 $\sum Y_e$。将 $\sum X_e$ 和 $\sum Y_e$ 赋一初始值，在每次插补循环过程中，进行以下求和运算：

$$\sum X_e + X_e \rightarrow \sum X_e$$
$$\sum Y_e + Y_e \rightarrow \sum Y_e$$

将运算结果的溢出脉冲 ΔX 和 ΔY 用来控制机床进给，就可得到所需的直线轨迹。

综上所述，可以得到下述结论：数字积分法插补器的关键部件是累加器和被积函数寄存

器，每一个坐标方向需要一个累加器和一个被积函数寄存器。一般情况下，插补开始前，累加器清零，被积函数寄存器分别寄存 X_e 和 Y_e；插补开始后，每来一个累加脉冲 Δt，被积函数寄存器里的内容在相应的累加器中相加一次，相加后的溢出作为驱动相应坐标轴的进给脉冲 ΔX（或 ΔY），而余数仍寄存在累加器中；当脉冲源发出的累加脉冲数 m 恰好等于被积函数寄存器的容量 $2n$ 时，溢出的脉冲数等于以脉冲当量为最小单位的终点坐标，刀具运行到终点。

第 I 象限直线 DDA 法插补流程如图 1-26 所示。

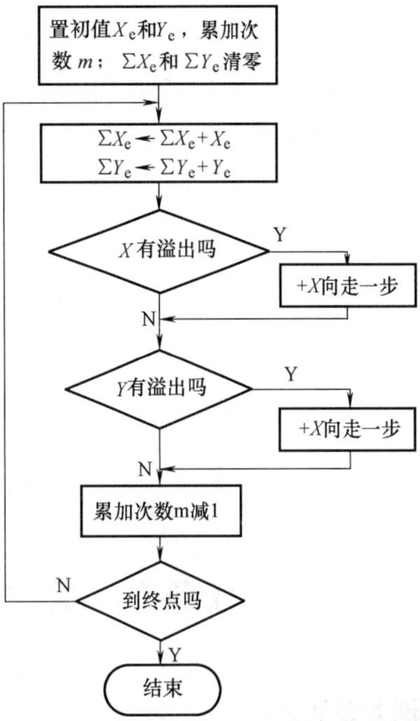

图 1-26　第 I 象限直线 DDA 法插补流程

任务实施

一、插补运算

用 DDA 法对第 I 象限直线 OA（图 1-23）进行插补运算的结果见表 1-6。

表 1-6　用 DDA 法对第 I 象限直线 OE 进行插补运算的结果

累加次数 n	X 积分器		Y 积分器		终点计数器 J_E
	$J_{RX}+J_{vX}$	溢出 ΔX	$J_{RY}+J_{vY}$	溢出 ΔY	
1	000+101=101	0	000+110=110	0	001
2	101+101=010	1	110+110=100	1	010
3	010+101=111	0	100+110=010	1	011
4	111+101=100	1	010+110=000	1	100
5	100+101=001	1	000+110=110	0	101
6	001+101=110	0	110+110=100	1	110
7	110+101=011	1	100+110=010	1	111
8	011+101=000	1	010+110=000	1	000

二、插补轨迹

对第 I 象限 OA 直线用 DDA 法插补时的轨迹如图 1-27 所示。

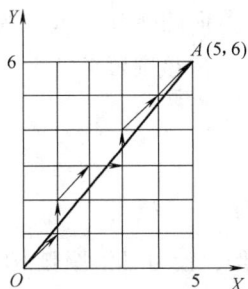

图 1-27　对第 I 象限直线 OA 用 DDA 法直线时的轨迹

习　题

如图 1-28 所示，第 Ⅰ 象限直线 OP，起点 $O(0,0)$，终点 $P(5,4)$，寄存器为三位二进制，用 DDA 法插补直线 OP。要求：①列出插补运算表；②画出插补轨迹。

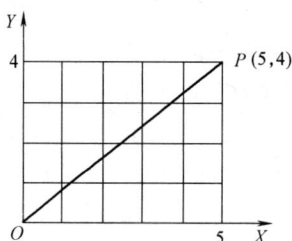

图 1-28　第 Ⅰ 象限直线 OP

任务五　数字积分（DDA）法圆弧插补

技能目标

（1）能分析 DDA 法圆弧插补原理
（2）会应用 DDA 法进行第 Ⅰ 象限逆时针方向圆弧插补并能绘制插补轨迹

知识目标

（1）掌握 DDA 法圆弧插补原理及插补流程
（2）掌握 DDA 法第 Ⅰ 象限逆时针方向圆弧插补运算
（3）了解其他象限 DDA 法圆弧插补运算

任务导入——第 Ⅰ 象限逆时针方向圆弧 DDA 法插补

任务描述

图 1-29 所示为第 Ⅰ 象限逆时针方向圆弧 AB，起点为 $A(5,0)$，终点为 $B(0,5)$，选用四位二进制寄存器，应用 DDA 插补法完成该圆弧插补。

知识链接

一、DDA 法圆弧插补基本原理

以第 Ⅰ 象限逆时针方向圆弧为例，设刀具沿圆弧 AB 移动，半径为 R，刀具的切向速度为 v，$P(X,Y)$ 为动点，如图 1-30 所示。

则有下述关系：

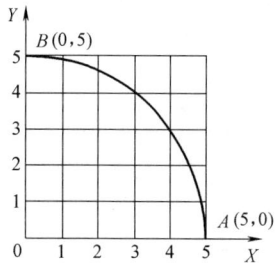

图 1-29　第Ⅰ象限逆时针方向圆弧 AB

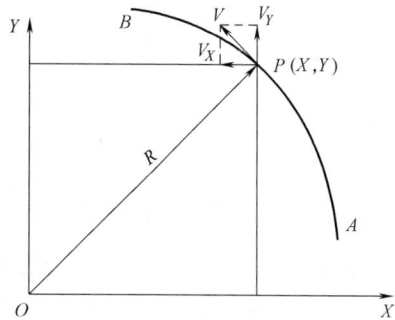

图 1-30　DDA 法圆弧插补

$$\frac{v}{R}=\frac{v_X}{Y}=\frac{v_Y}{X}=K$$

式中　K——比例常数。

因为半径 R 为常数，切向速度 v 为匀速，所以 K 可认为是常数。

在单位时间增量 Δt 内，X 向和 Y 向位移增量的参量方程可表示为

$$\left.\begin{array}{l}\Delta X=v_X\Delta t=KY\Delta t\\\Delta Y=v_Y\Delta t=KX\Delta t\end{array}\right\}\qquad(1\text{-}3)$$

根据式（1-3），仿照直线插补方案，用两个积分器来实现圆弧插补，如图 1-31a 所示。图中系数 K 的省略原因和直线插补时类同。但必须指出：第一，坐标值 X 和 Y 存入寄存器 J_{vX} 和 J_{vY} 的对应关系与直线插补时不同，恰好位置互换，即 Y 存入 J_{vX}，而 X 存入 J_{vY} 中；第二，J_{vX} 和 J_{vY} 寄存器中寄存的数值与直线插补时还有一个本质的区别，即直线插补时 J_{vX}（或 J_{vY}）寄存的是终点坐标 X_e（或 Y_e），是个常数，而在圆弧插补时寄存的是动点坐标，是个变量。因此，在刀具移动过程中必须根据刀具位置的变化来更改速度寄存器 J_{vX} 和 J_{vY} 中的内容。在起点时，J_{vX} 和 J_{vY} 分别寄存起点坐标值 X_0 和 Y_0；在插补过程中，J_{RY} 每溢出一个 ΔY 脉冲，J_{vX} 寄存器应该加"1"；反之，当 J_{RX} 溢出一个 ΔX 脉冲时，J_{vY} 应该减"1"。减"1"的原因是刀具在做逆时针方向圆弧运动时 X 坐标须做负方向进给，动坐标不断减少。图 1-31 中，用"+"和"−"表示修改动点坐标时这种加"1"或减"1"的关系。图 1-31b 所示为第Ⅰ象限逆时针方向圆弧 DDA 法插补的数字积分器符号。

其他象限的顺时针方向圆弧、逆时针方向圆弧插补运算过程和积分器结构基本上与第Ⅰ象限逆时针方向圆弧是一致的。其不同之处是控制各坐标轴的 ΔX 和 ΔY 的进给方向不同，

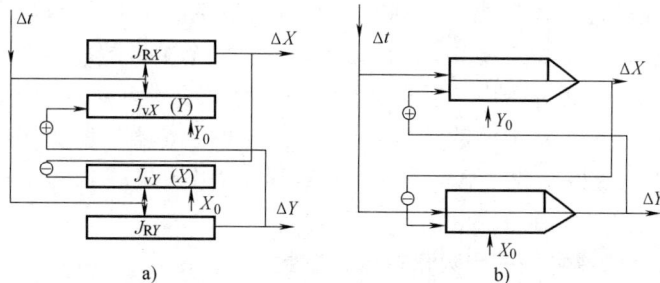

图 1-31　DDA 法圆弧插补运算框图及符号

以及修改 J_{vX} 和 J_{vY} 内容时是"+"还是"-"，要由 Y 坐标和 X 坐标的增减而定，见表 1-7。

表 1-7　DDA 法圆弧插补时的坐标修改情况

	SR1	SR2	SR3	SR4	NR1	NR2	NR3	NR4
ΔX	+	+	−	−	−	−	+	+
$J_{vY}(X)$	+1	−1	+1	−1	−1	−1	+1	+1
ΔY	−	+	+	−	+	−	−	+
$J_{vX}(Y)$	−1	+1	−1	+1	+1	−1	+1	−1

DDA 法圆弧插补的终点判别可以利用两个终点减法计数器，把 X 坐标和 Y 坐标所需输出的脉冲数 $|X_e-X_0|$ 和 $|Y_e-Y_0|$ 分别存入这两个计数器中，X 积分器或 Y 积分器每输出一个脉冲，相应地减法计数器减 1，当某一坐标计数器为零时，说明该坐标已到达终点，这时，该坐标停止迭代。当两个计数器均为零时，圆弧插补结束。

二、改进 DDA 法插补质量的措施

使用 DDA 法插补时，其插补进给速度 v 不仅与系统的迭代频率 f_g（即脉冲源频率）成正比，而且还与余数寄存器的容量 N 成反比，与直线段的长度 L（或圆弧半径 R）成正比。它们之间有下述关系：

$$v = 60\delta \frac{L}{N} f_g$$

式中　v——插补进给速度；

δ——系统脉冲当量；

L——直线段的长度；

N——寄存器的容量；

f_g——迭代频率。

显然，即使编制同样大小的速度指令，但针对不同长度的直线段，其进给速度是变化的（假设 f_g 和 N 为固定），必须设法加以改善。常用的改善方法是左移规格化和进给速率编程（FRN）。

1. 进给速度的均匀化措施——左移规格化

数字积分器溢出脉冲的频率与被积函数寄存器中的存数成正比。用 DDA 法直线插补时，每个程序段的时间间隔是固定不变的，因为不论加工行程长短，都必须同样完成 $m=2^n$ 次的累加运算。即行程长，走刀快；行程短，走刀慢。因此，各程序段的进给速度是不一致的。这样会影响加工表面质量，特别是行程短的程序段生产率低。为了克服这一缺点，使溢出脉冲均匀，溢出速度提高，通常采用左移规格化处理。

所谓左移规格化处理，是指当被积函数的值比较小时，如被积函数寄存器有 i 个前零时，如果直接迭代，那么至少需要 2^i 次迭代，才能输出一个溢出脉冲，致使输出脉冲的速率下降，因此在实际的数字积分器中，需把被积函数寄存器中的前零移去。经过左移规格化的数就成为规格化数——寄存器中的数其最高位为"1"时，该数即称为规格化数；反之最高位为"0"的数称为非规格化数。显然，规格化数累加两次必有一次溢出，而非规格化数必须做两次以上或多次累加才有一次溢出。

2. 提高插补精度的措施——余数寄存器预置数

DDA 法直线插补的插补误差小于一个脉冲当量，但是 DDA 法圆弧插补的插补误差有可

能大于一个脉冲当量，为了减小插补误差，提高插补精度，可以把积分器的位数增多，从而增加迭代次数。这相当于把矩形积分的小区间 Δt 取得更小。这样做可以减小插补误差，但是进给速度却降低了，所以不能无限制地增加寄存器的位数。在实际的积分器中，常常应用一种简便而行之有效的方法——余数寄存器预置数。即在 DDA 法插补之前，余数寄存器 J_{RX} 和 J_{RY} 预置某一数值（不是零），这一数值可以是最大容量，即 $2n-1$，也可以是小于最大容量的某一个数，如 $2n/2$。常用的是预置最大容量值（称为置满数或全加载）和预置 0.5（称为半加载）两种。

　　"半加载"是在 DDA 法迭代前，余数寄存器 J_{RX} 和 J_{RY} 的初值不是置零，而是置 $1000\cdots$ 000（即 0.5），也就是说，把余数寄存器 J_{RX} 和 J_{RY} 的最高有效位置 "1"，其余各位均置 "0"，这样，只要再叠加 0.5，余数寄存器就可以产生第一个溢出脉冲，使积分器提前溢出。这在被积函数较小，迟迟不能产生溢出的情况时，有很大的实际意义，因为它改善了溢出脉冲的时间分布，减小了插补误差。"半加载"可以使直线插补的误差减小到半个脉冲当量以内，若直线 OA 的起点为坐标原点，终点坐标是 $A(15,1)$，没有"半加载"时，X 积分器除第一次迭代没有溢出外，其余 15 次迭代均有溢出；而 Y 积分器只有在第 16 次迭代时才有溢出脉冲，如图 1-32a 所示。若采取"半加载"措施，则 X 积分器除第 9 次迭代没有溢出外，其余 15 次均有溢出；而 Y 积分器的溢出提前到第 8 次迭代有溢出，这就改善了溢出脉冲的时间分布。

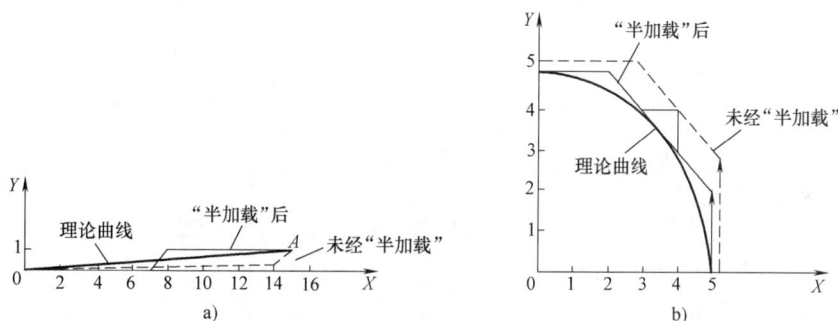

图 1-32　"半加载"后的轨迹

　　"半加载"使圆弧插补的精度得到明显改善。从图 1-32b 所示的采取"半加载"后得到的插补轨迹可以看出，"半加载"使 X 积分器的溢出脉冲提前，从而提高了插补精度。

　　所谓"全加载"，是在 DDA 法迭代前将余数寄存器 J_{RX} 和 J_{RY} 的初值置为该寄存器的最大容量值（当为 n 位时，即置为 $2n-1$），这会使得被积函数值很小的坐标积分器提早产生溢出，插补精度得到明显改善。

　　图 1-33 所示为使用"全加载"后得到的插补轨迹，由于被积函数寄存器和余数寄存器均为三位，置为最大数 7（111）。

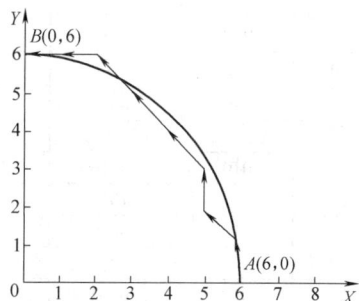

图 1-33　使用"全加载"后得到的插补轨迹

任务实施

一、插补运算

因起点 $X_0=5$，$Y_0=0$；终点 $X_e=0$，$Y_e=5$，所以终点计数器 $J_{EX}=|X_e-X_0|=|0-5|=5$，$J_{EY}=|Y_e-Y_0|=|5-0|=5$，插补运算见表 1-8。

表 1-8　用 DDA 法插补第 I 象限逆时针方向圆弧 AB 时的插补运算表

累加次数 Δt	X 积分器				Y 积分器			
	X 被积函数寄存器 $J_{vX}=Y_i$	X 余数寄存器 J_{RX}	溢出 ΔX	终点计数器 J_{EX}	Y 被积函数寄存器 $J_{vY}=X_i$	Y 余数寄存器 J_{RY}	溢出 ΔY	终点计数器 J_{EY}
0	0000	0000	0	0101	0101	0000	0	0101
1	0000	0000	0	0101	0101	0101	0	0101
2	0000	0000	0	0101	0101	1010	0	0101
3	0000	0000	0	0101	0101	1111	0	0101
4	0000	0000	0	0101	0101	0100	1	0101
	0001							
5	0001	0001	0	0101	0101	1001	0	0100
6	0001	0010	0	0101	0101	1110	0	0100
7	0001	0011	0	0101	0101	0011	1	0011
	0010							
8	0010	0101	0	0101	0101	1000	0	0011
9	0010	0111	0	0101	0101	1101	0	0011
10	0010	1001	0	0101	0101	0010	1	0010
	0011							
11	0011	1100	0	0101	0101	0111	0	0010
12	0011	1111	0	0101	0101	1100	0	0010
13	0011	0010	1	0100	0101	0001	1	0001
	0100				0100			
14	0100	0110	0	0100	0100	0101	0	0001
15	0100	1010	0	0100	0100	1001	0	0001
16	0100	1110	0	0100	0100	1101	0	0001
17	0100	0010	1	0011	0100	0001	1	0000
	0101				0011	Y 坐标达到终点，Y 积分器停止迭代		
18	0101	0111	0	0011	0011			
19	0101	1100	0	0011	0011			
20	0101	0001	1	0010	0011			
					0010			
21	0101	0110	0	0010	0010			
22	0101	1011	0	0010	0010			
23	0101	0000	1	0001	0010			
					0001			
24	0101	0101	0	0001	0001			
25	0101	1010	0	0001	0001			
26	0101	1111	0	0001	0001			
27	0101	0100	1	0000	0001			
	X 坐标达到终点，圆弧插补结束				0000			

二、插补轨迹

用DDA法插补第Ⅰ象限逆时针方向圆弧AB时，插补轨迹如图1-34所示。

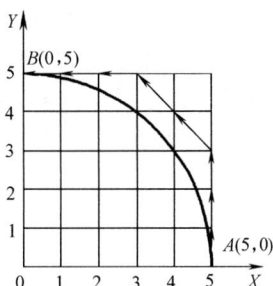

图1-34 第Ⅰ象限逆时针方向圆弧AE

习 题

插补图1-35所示的第Ⅰ象限逆时针方向圆弧AE，圆弧起点坐标为$A(4,3)$，终点坐标为$E(0,5)$，圆心在坐标原点。若被积函数寄存器J_{vX}和J_{vY}、余数寄存器J_{RX}和J_{RY}，以及终点减法计数器J_{EX}、J_{EY}均为三位二进制寄存器，试用DDA法对该圆弧进行插补计算，并在图中画出插补轨迹。

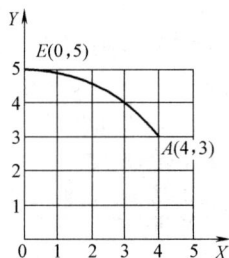

图1-35 插补轨迹

项 目 小 结

本项目主要介绍数控系统的概念与数控插补原理，分析数控机床、数控系统与数控原理的基本概念、种类、组成与应用特点，同时介绍了数控机床伺服驱动系统、常用的检测装置及PLC控制装置，介绍了数控系统的常用接口、通信技术及数控机床一般故障诊断方法，重点分析了逐点比较法与DDA法直线与圆弧的插补原理，并结合实例进行详细分析，帮助读者快速、高效地理解并掌握关键知识点。

项目二 数控车削加工技术

项目导读

本项目从认识数控车削加工开始，分别介绍数控车削加工外圆柱/圆锥类零件、外圆弧类零件、螺纹类零件、孔类零件、综合类零件加工、FANUC 系统宏程序编程等，并简要介绍了 SIEMENS 系统编程加工，最后介绍数控车床操作。从分析车削工艺、拟订车削路线、同时利用数控仿真软件同步体验，由浅入深地分类介绍数控车削编程技术与仿真加工，最后到实际机床操作加工，直接体验数控车削加工的真实过程。本项目精选企业加工实例，遵循教、学、做的理实一体化教学原则，融入国家职业技能鉴定标准，按照"分析工艺→编写数控程序→仿真加工验证→实际机床加工→检测工件→技能认证"的学习过程展开内容，充分体现并突出实践技能培养的职教理念。

任务一　认识数控车削加工

技能目标

（1）能分析数控车床的结构

(2) 能分析车削工艺
(3) 会对刀、设立刀补并确定相关加工坐标系
(4) 会使用数控车床仿真软件

知识目标

(1) 了解数控车床的结构与车削工艺
(2) 掌握机床坐标系的确定原则
(3) 了解并掌握车床原点与参考点
(4) 熟悉工件坐标系及其设定
(5) 熟悉数控车床仿真软件
(6) 熟悉数控车床仿真加工操作步骤

任务导入——数控车削仿真加工

任务描述

完成图 2-1 所示零件的数控车削仿真加工，毛坯为 ϕ25mm 棒料。

知识链接

一、数控车床概述

1. 数控车床的结构组成

数控车床主要由数控系统（装置）、伺服系统、检测装置、辅助装置和车床主体等组成。图 2-2 所示为数控车床的功能图，其结构如图 2-3 所示。

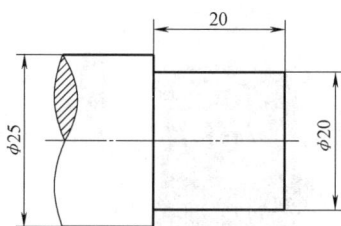

图 2-1 阶梯轴

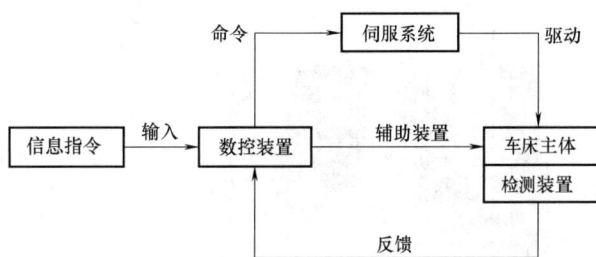

图 2-2 数控车床的功能图

（1）数控系统（装置） 数控系统是数控车床控制系统的核心，现代数控系统通常是带有专用软件的专用计算机，在数控车床中起指挥作用。数控装置接收加工程序等送来的各种信息，经处理和调配后，向驱动机构发出各种指令信息。在执行过程中，其驱动机构、检测装置等同时将有关信息反馈给数控系统，以便经处理后发出新的执行命令。

（2）伺服系统 伺服系统是数控车床的执行机构，由驱动和执行两大部分组成。它接收数控系统发出的脉冲指令信息，并按脉冲指令信息的要求控制执行部件的进给速度、方向和位移等，每个脉冲使机床移动部件产生的位移称为脉冲当量。

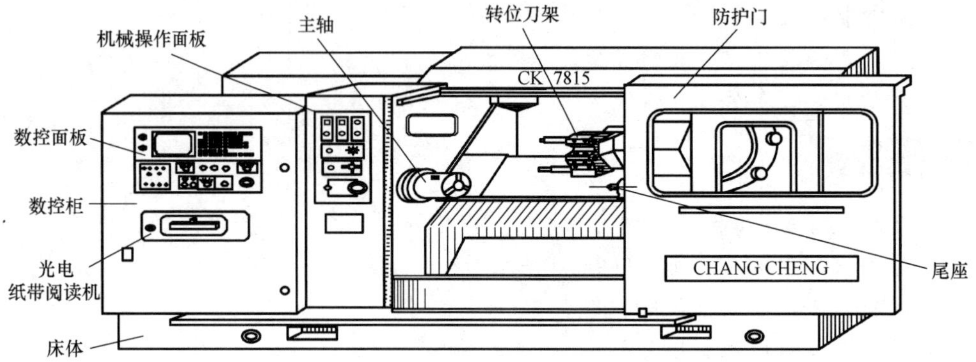

图 2-3 数控车床的结构

（3）检测装置 检测装置通过位置传感器将伺服电动机的角位移或数控车床执行机构的直线位移转换成电信号，输送给数控装置，使之与指令信号进行比较，并由数控装置发出指令，纠正所产生的误差，使数控车床按加工程序要求的进给位置和速度完成加工。

（4）辅助装置 辅助装置是数控车床中一些为加工服务的配套部分，如液压装置、气动装置、冷却装置、照明装置、润滑装置、防护装置和排屑装置等。

（5）车床主体 车床主体是数控机床的机械部件，主要包括主传动系统、进给传动系统等。与普通车床相比，数控车床的主体结构具有刚度高、精度高、可靠性好、热变形小等特点。

2. 数控车床的类型

（1）卧式数控车床（水平床身） 卧式数控车床如图 2-4 所示，有单轴卧式数控车床和双轴卧式数控车床之分。

（2）立式数控车床 立式数控车床如图 2-5 所示，分单柱立式数控车床和双柱立式数控车床。

图 2-4 卧式数控车床

图 2-5 立式数控车床

（3）斜床身数控车床 卧式斜床身数控车床如图 2-6 所示，主机床身采用整体斜床身结构（床身底座一体化结构），导轨向后倾斜呈 45°，造型美观大方，便于排屑。

（4）多坐标数控车床 例如图 2-7 所示的四轴联动数控车床，可进一步扩大数控车床的工艺范围。

（5）车削中心 图 2-8 所示为 CH6145A 型车削中心的结构。车削中心是一种以车削加

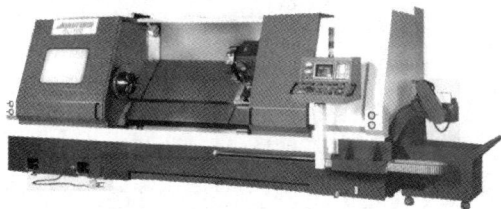

图 2-6 卧式斜床身数控车床

图 2-7 四轴联动数控车床

工模式为主、添加铣削动力头后又可进行铣削加工的车铣合一的切削加工机床，如图 2-9 所示的七轴五联动立式车铣复合加工中心。

图 2-8 CH6145A 型车削中心

（6）各种专用数控车床 图 2-10 所示为轮胎模专用数控车床，此外还有数控卡盘车床、数控管子车床等。

图 2-9 七轴五联动立式车铣复合加工中心

图 2-10 轮胎模专用数控车床

3. 数控车床的加工特点

随着控制系统性能不断提高，机械结构不断完善，数控车床已成为一种高度自动化、高度柔性的加工设备。图 2-11 所示为用数控车床加工的零件。数控车床具有以下特点：

1）加工精度高、质量稳定。数控车床的机械传动系统和结构都具有较高的精度、刚度和热稳定性。数控车床的加工精度基本不受零件复杂程度的影响，零件加工精度和质量由机床保证，消除了操作者的人为误差，而且同一批零件加工尺寸一致性好，加工质量稳定。

2）加工效率高。数控车床结构刚度好，功率大，能自动进行切削加工，所以可采用较大的、合理的切削用量，可以在一次装夹中完成全部或大部分工序。随着新刀具材料的应用

图 2-11 数控车床加工的零件

和机床机构的不断完善，数控车床的加工效率也在不断提高，是普通车床的 2~5 倍，且加工零件形状越复杂，越能体现数控车床高效率的特点。

3）适应范围广，灵活性好。数控车床能自动完成轴类及盘类零件内外圆柱面、圆锥面、圆弧面、螺纹以及各种回转曲面的切削加工，并能进行切槽、钻孔、扩孔和铰孔等工作。

例如由非圆曲线或列表曲线（如流线型曲线）构成其旋转面的零件、各种非标螺距的螺纹或变螺距螺纹等多种特殊旋转类零件，以及表面粗糙度要求非常均匀、Ra 值又很小的变径表面类零件，都可以通过数控车床所具有的同步运行和恒线速度等功能保证其精度要求。加工程序可以根据加工零件的要求而变化，所以数控车床的适应性和灵活性好，可以加工普通车床无法加工的形状复杂的零件。

4. 数控车床的加工对象

结合数控车削的特点，与普通车床相比，数控车床适合于车削具有以下要求和特点的回转体零件。

1）轮廓形状特别复杂或难以控制尺寸的回转体零件。

2）精度要求高的回转体零件。数控车床刚度好，制造和对刀精度高，能方便和精确地进行人工补偿和自动补偿，所以能加工尺寸精度要求较高的零件，尺寸精度可达 0.001mm 或更小，几何轮廓精度可达 0.0001mm，表面粗糙度值 Ra 达 0.02μm。通过恒线速度切削功能，数控车床还可用于加工表面精度要求高的各种变径表面类零件等。

3）特殊的螺旋零件。如图 2-12 所示，这些特殊的螺旋零件是指特大螺距（或导程）、变（增/减）螺距、等螺距与变螺距或圆柱与圆锥螺旋面之间平滑过渡的螺旋零件，以及高精度的模数螺旋零件（如圆柱蜗杆、圆弧蜗杆）和端面（盘形）螺旋零件等。

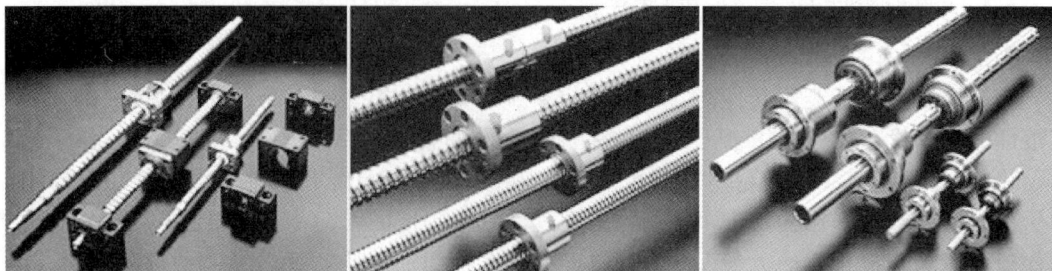

图 2-12 特殊的螺旋零件

在数控车床上车螺纹时，主轴转向不必像普通车床上车螺纹时那样交替变换，它可以一刀接一刀不停地循环，直到完成螺纹加工，因此效率很高。由于数控车床有精密螺纹切削功能，再加上一般采用硬质合金成形刀片，可以使用较高的转速，所以车削出来的螺纹精度高、表面粗糙度值小。

4）淬硬工件的加工。在大型模具加工中，有不少尺寸大而形状复杂的零件，这些零件经热处理后的变形量较大，磨削加工有困难，此时可以用陶瓷车刀在数控车床上对淬硬工件进行车削加工，以车代磨，提高加工效率。

二、数控车床坐标系

为了确定工件在数控机床中的位置，准确描述机床运动部件在某一时刻所在的位置以及运动的范围，就必须要给数控机床建立一个几何坐标系。数控机床坐标轴的指定方法已标准化，我国执行的 GB/T 19660—2005《工业自动化系统与集成 机床数值控制 坐标系和运动命名》与国际标准 ISO 841：2001 及对应的 EIA 标准等效，即数控机床的坐标系采用右手笛卡儿直角坐标系。它规定直角坐标系中 X、Y、Z 三个直线坐标轴，围绕 X、Y、Z 各轴的旋转运动轴分别为 A、B、C 轴，用右手螺旋法则判定 X、Y、Z 三个直线坐标轴与 A、B、C 三个旋转轴的关系及其正方向。图 2-13 所示为数控机床的右手笛卡儿直角坐标系。

1. 数控机床坐标系

（1）坐标轴和运动方向的命名原则

1）永远假定工件静止，刀具相对运动。

2）按国际标准化组织规定为右手笛卡儿直角坐标系。

3）增大刀具与工件距离的方向即为各坐标轴的正方向。

（2）右手笛卡儿直角坐标系 标准机床坐标系中，X、Y、Z 坐标轴的相互关系用右手笛卡儿直角坐标系确定，如图 2-13 所示。

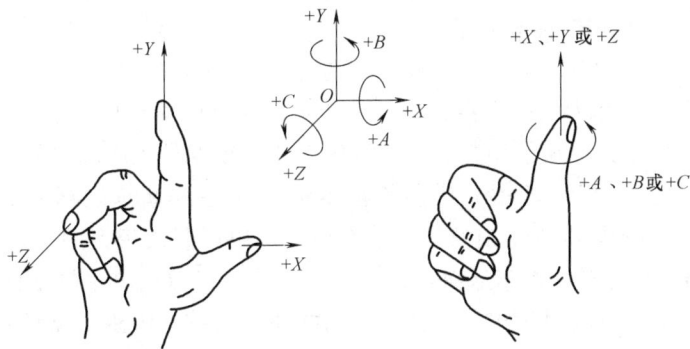

图 2-13 右手笛卡儿直角坐标系

1）伸出右手的大拇指、食指和中指，并互为 90°。则大拇指代表 X 坐标轴，食指代表 Y 坐标轴，中指代表 Z 坐标轴。

2）大拇指的指向为 X 坐标轴的正方向，食指的指向为 Y 坐标轴的正方向，中指的指向为 Z 坐标轴的正方向。

3）围绕 X、Y、Z 坐标轴旋转的旋转坐标轴分别用 A、B、C 表示。根据右手螺旋法则，大拇指的指向为 X、Y、Z 坐标轴中任意轴的正方向，则其余四指的旋转方向即为旋转坐标

轴 A、B、C 的正方向。

（3）坐标轴方向的确定　判断顺序为：Z 坐标轴→X 坐标轴→Y 坐标轴。

1）Z 坐标轴。Z 坐标轴的运动方向是由传递切削动力的主轴所决定的，即平行于主轴轴线的坐标轴即为 Z 坐标轴，其正方向为刀具离开工件的方向。如果机床上有几个主轴，则选一个垂直于工件装夹平面的主轴方向为 Z 坐标轴方向；如果主轴能够摆动，则选垂直于工件装夹平面的方向为 Z 坐标轴方向；如果机床无主轴，则选垂直于工件装夹平面的方向为 Z 坐标轴方向。

2）X 坐标轴。X 坐标轴平行于工件的装夹平面，一般在水平面内。确定 X 坐标轴的方向时，要考虑以下两种情况：

① 如果工件做旋转运动，则刀具离开工件的方向为 X 坐标轴的正方向。

② 如果刀具做旋转运动，则分为两种情况：Z 坐标轴水平时，观察者沿刀具主轴向工件看时，$+X$ 运动方向指向右方；Z 坐标轴垂直时，观察者面对刀具主轴向立柱看时，$+X$ 运动方向指向右方。

3）Y 坐标轴。在确定 X、Z 轴的正方向后，可以用按照右手坐标系来确定 Y 坐标轴的正方向。

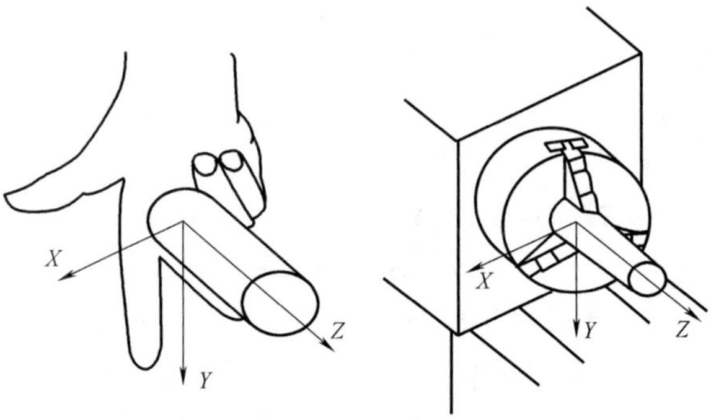

数控机床坐标轴的方向取决于机床的类型和各组成部分的布局，数控车床坐标系如图 2-14 所示，Z 坐标轴平行于主轴轴线，以刀架沿着离开工件的方向为正方向；X 坐标轴垂直于主轴轴线，以刀架沿着离开工件的方向为正方向。

图 2-14　数控车床坐标系

2. 数控机床坐标系与工件坐标系

（1）机床坐标系和机床原点　机床坐标系是机床上固有的坐标系，并设有固定的坐标原点，即机床原点，又称为机械原点，也就是 $X=0$、$Y=0$、$Z=0$ 的点。从机床设计的角度来看，该点位置可任选，但从使用某一具体机床来说，该点是机床固定的点。与机床原点不同但又很容易混淆的另一个概念是机床参考点（零点），它是机床坐标系中一个固定不变的极限点，如图 2-15 所示。在加工前及加工结束后，可用控制面板上的"回零"按钮使部件（如刀具）退离到该点。对数控车床而言，机床零点是指车刀退离主轴端面和中心线最远而且是某一固定的点。该点在机床出厂时就已经调好并记录在机床使用说明书中，供用户编程时使用，一般情况下不允许随意变动。

（2）工件坐标系和工件原点　编程时，为了编程方便，需要在零件图纸上适当位置选定一个编程原点，即程序原点（或称程序零点）。以这个原点作为坐标系的原点，再建立一个新的坐标系，称为编程坐标系或工件坐标系，故此原点又称为工件原点（工件零点）。与机床坐标系不同，工件坐标系是人为设定的。图 2-16 所示为数控车床工件坐标系的设定，工件原点一般设在工件的左或右端面中心。

为了建立机床坐标系和工件坐标系的关系，需要设立对刀点。所谓对刀点就是用刀具加工零件时，刀具相对于工件运动的起点。一般来说，对刀点就是编程起点，它既可选在工件

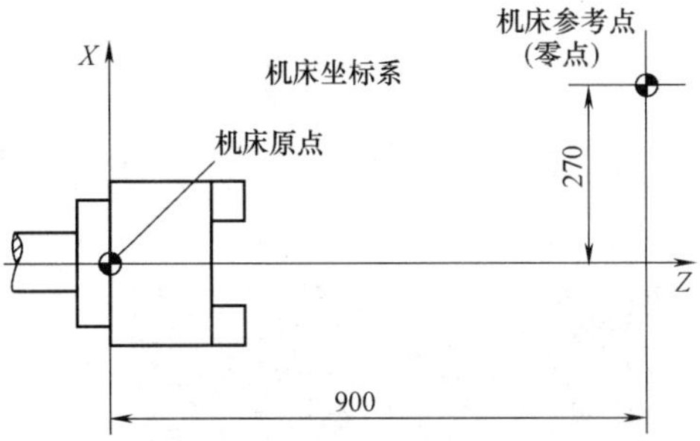

图 2-15　机床原点和机床参考点 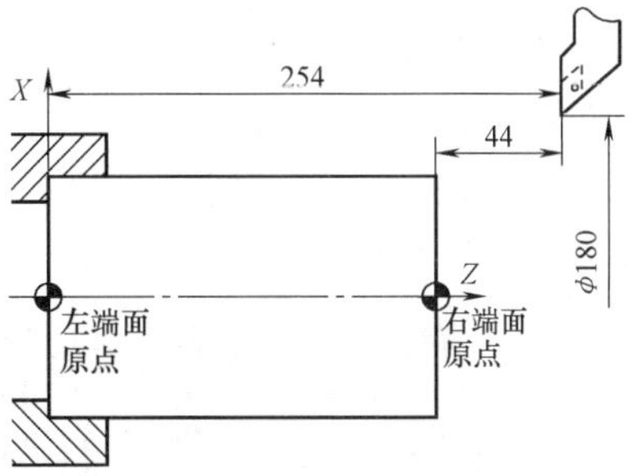　　　　　　图 2-16　数控车床工件坐标系的设定

上，也可选在工件外面，如夹具上或机床上，但最基本的一条是它必须与零件的定位基准有一定的尺寸关系，这样才能确定机床坐标系与工件坐标系的关系。

三、数控车床仿真软件的操作

图 2-17 所示为 FANUC 0i 系统数控车床仿真软件界面。

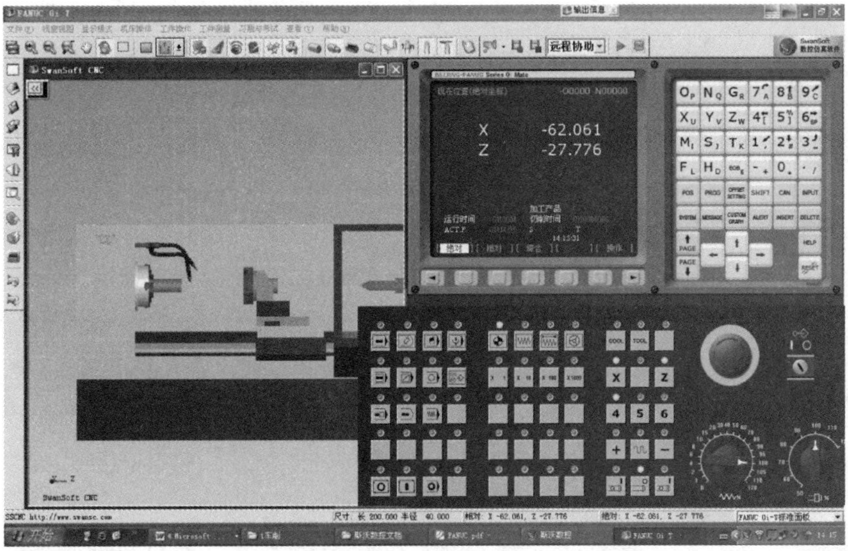

图 2-17　FANUC 0i 系统数控车床仿真软件界面

数控车床仿真软件操作过程如下：

1）进入数控加工仿真系统。

2）选择机床类型。

3）开启机床。

4）设定毛坯。

5）选择数控车削用刀具。

6）介绍数控加工仿真系统的面板。

7）机床对刀操作。

8）数控加工程序的传输。

9）自动加工。

1. 数控车床操作面板

数控车床操作面板位于界面的右下侧，如图 2-18 所示，主要用于控制机床运行状态，由模式选择按钮、运行控制开关等多个部分组成。FANUC 0i-T 数控车床操作面板按钮或开关的含义见表 2-1。

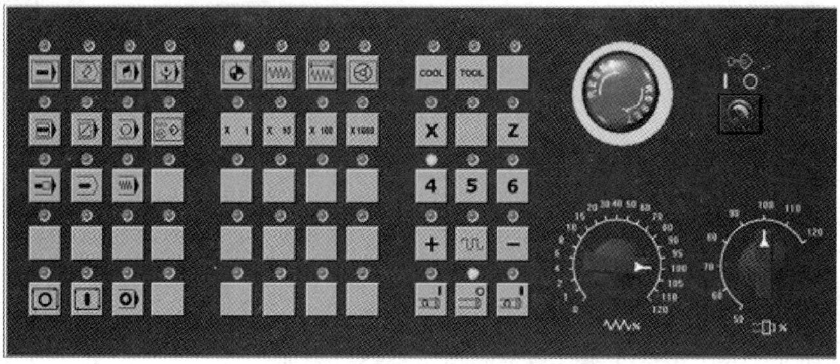

图 2-18　FANUC 0i-T 数控车床操作面板

表 2-1　FANUC 0i-T 数控车床操作面板按钮或开关的含义

按　钮	含　义	按　钮	含　义
	AUTO：自动加工模式		手动主轴正转
	EDIT：编辑模式	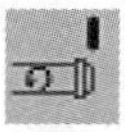	手动主轴反转
	MDI：手动数据输入	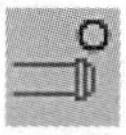	手动停止主轴
	INC：增量进给		单步执行开关：每按一次开关启动执行一条程序指令
	HND：手轮模式移动机床		程序段跳读按钮：自动加工模式按下此按钮，跳过程序段开头带有"/"符号的程序段
	JOG：手动模式，手动连续移动机床		程序停按钮：自动加工模式下，遇有 M00 指令，程序停止
	DNC：用 RS232 电缆连接计算机和数控机床，选择程序传输加工		机床空运行按钮：按下此按钮，各轴以固定的速度运动
	REF：回参考点		手动示教
	程序运行开始按钮：模式为"AUTO"和"MDI"时按下有效，其余模式下按下无效		切削液开关：按下此按钮，切削液开；再按一下，切削液关
	程序运行停止按钮：在程序运行中，按下此按钮可停止程序运行	COOL	

（续）

按　钮	含　义	按　钮	含　义
TOOL	在刀库中选刀	X 1　X 10　X 100　X1000	增量进给倍率选择按钮:选择移动机床轴时,每一步的距离:×1 为 0.001mm,×10 为 0.01mm,×100mm 为 0.1mm,×1000为 1mm
	程序重启动按钮:由于刀具破损等原因自动停止后,程序可以从指定的程序段重新启动		
	紧急停止按钮		程序编辑锁定开关:置于 ⬚ 位置,可编辑或修改程序
	机床锁定开关:按下此开关,机床各轴被锁住,只能程序运行		
	M00 程序停止按钮:程序运行中,M00 停止		主轴转速倍率调节旋钮:调节主轴转速,调节范围为 0%～120%
X　Z　＋　∿　－	"JOG"手动模式下手动移动车床各轴的按钮		
	进给率(F)调节旋钮:调节程序运行中的进给速度,调节范围为 0%～120%		手脉:选择不同的坐标轴后,手轮顺时针方向旋转,相应轴往正方向移动;手轮逆时针方向旋转,相应轴往负方向移动

2. FANUC 0i-T 数控系统操作面板

图 2-19 所示为 FANUC 0i-T 数控系统操作面板,位于软件界面的右上角,其左侧为显示屏,右侧是编程面板。

图 2-19　FANUC 0i-T 数控系统操作面板

（1）按键介绍　数字/字母键（图 2-19）用于输入数据到输入区域，如图 2-20 所示，系统自动判别输入字母还是数字。同一按键的输入内容可通过 ⁣ꜱʜɪꜰᴛ 键切换，如 O—P，7—A。其余按键含义见表 2-2。

图 2-20　FANUC 0i-T 数控车床数字及符号输入区域

表 2-2　FANUC 0i-T 数控车床程序面板按键含义

按　键	含　义	按　键	含　义
数字/字母键	数字/字母键	PROG	程序显示与编辑页面
		POS	位置显示页面。位置显示有三种方式，用翻页键选择
ALERT	替换键：用输入的数据替换光标所在的数据	OFFSET SETTING	参数输入页面。按第一次进入坐标系设置页面，按第二次进入刀具补偿参数页面。进入不同的页面以后，用翻页键切换
DELETE	删除键：删除光标所在的数据，删除一个程序或者删除全部程序	SYSTEM	系统参数页面
INSERT	插入键：把输入区域中的数据插入到当前光标之后的位置	MESSAGE	信息页面，如"报警"
		CUSTOM GRAPH	按此键，打开图形参数设置页面
CAN	取消键：消除输入区域内的数据	HELP	按此键，打开系统帮助页面
EOB E	回车换行键：结束一行程序的输入并且换行	RESET	复位键
SHIFT	上档键	↑ PAGE	向上翻页

（续）

按　键	含　义	按　键	含　义
PAGE ↓	向下翻页	↓	向下移动光标
↑	向上移动光标	→	向右移动光标
←	向左移动光标	INPUT	把输入区域内的数据输入参数页面

（2）手动操作机床

1）回参考点。

① 按下回参考点按钮 ⊕。

② 选择各轴 X　Z，按住按钮，即回参考点。

2）移动。手动移动机床轴的方法有三种：

方法一：快速移动。这种方法用于较长距离的工作台移动。

① 设置模式为"JOG"模式 ⋀⋀⋀。

② 选择各轴，按方向按钮 ＋ －，机床各轴移动，松开后停止移动。

③ 按 ⋏ 按钮可快速移动各轴。

方法二：增量移动。这种方法用于微量调整，如用在对基准操作中。

① 设置模式为 ⋀⋀⋀，通过按钮 X1 X10 X100 X1000 选择步进量。

② 选择各轴，每按一次，机床各轴移动一步。

方法三：操纵"手脉"按钮 ◉。这种方法用于微量调整。在实际生产中，使用"手脉"按钮，操作者容易控制和观察机床移动。"手脉"的操作在软件界面右上角 ≪，单击即出现"手轮"。

3）开、关主轴。

① 设置模式为"JOG"模式 ⋀⋀⋀。

② 按 ⊡ 或 ⊡ 按钮，机床主轴正转或反转；按 ⊡ 按钮，主轴停转。

4）启动程序加工零件。

① 设置模式为"AUTO"模式 ➡。

② 选择一个程序。（参照下面介绍的选择程序方法）

③ 按程序启动按钮 ▯。

5）试运行程序。试运行程序时，机床和刀具不切削零件，仅运行程序。

① 设置为"AUTO"模式 ➡。

② 选择一个程序，如"O0001"，单击 ↓ 键，调出程序。

③ 按程序启动按钮 ▯。

6）单步运行。

① 按下单步执行开关按钮 ▣ 。

② 程序运行过程中，每按一次 ▮ 按钮，执行一条指令。

7）搜索一个程序。

有两种选择程序的方法，即按程序号搜索和在"自动"模式下搜索。

按程序号搜索的步骤如下：

① 选择模式为"EDIT"。

② 单击 PROG 键，输入字母"O"。

③ 单击 7ᴀ 键，输入数字"7"，即输入搜索的号码"O7"。

④ 单击 ↓ 键，开始搜索；找到后，"O7"显示在屏幕右上角程序号位置，O7 NC 程序显示在屏幕上。

在"自动"模式下搜索步骤如下：

① 单击 PROG 键，输入字母"O"。

② 单击 7ᴀ 键，输入数字"7"，即输入搜索的号码"O7"。

③ 单击 【 操作 】 键 → [BG-EDT][O检索][N检索][ ][REWIND] → 【 O检索 】，"O7"显示在屏幕上。

④ 可输入程序段号"N30"，按 【 N检索 】 搜索程序段。

8）删除一个程序。

① 选择模式为"EDIT"。

② 单击 PROG 键，输入字母"O"。

③ 单击 7ᴀ 键，输入数字"7"，即输入要删除的程序的号码"O7"。

④ 单击 DELETE 键，O7 NC 程序被删除。

9）删除全部程序。

① 选择模式为"EDIT"。

② 单击 PROG 键，输入字母"O"。

③ 输入"-9999"。

④ 单击 DELETE 键，全部程序被删除。

10）搜索一个指定的代码。一个指定的代码可以是一个字母或一个完整的代码，如"N0010""M""F""G03"等。搜索应在当前程序内进行。操作步骤如下：

① 选择"AUTO"模式 ▣ 或"EDIT"模式 ◈ 。

② 单击 PROG 键。

③ 选择一个 NC 程序。

④ 输入需要搜索的字母或代码，如"M""F""G03"。

⑤ 在 【BG-EDT】【O检索】【 检索↓ 】【 检索↑ 】【REWIND】 选择按下 【 检索↓ 】软键，开始在当前程序中搜索。

11）编辑 NC 程序（删除、插入、替换操作）。

① 模式设置为 "EDIT" 。

② 单击 PROG 键。

③ 输入被编辑的 NC 程序名，如 "O7"，单击 INSERT 键即可编辑。

④ 移动光标。

方法一：单击 PAGE↑ 键或 PAGE↓ 键翻页；单击 ↓ 键或 ↑ 键移动光标。

方法二：用搜索一个指定的代码的方法移
动光标。

⑤ 输入数据。用鼠标单击数字/字母键，数
据被输入到输入区域。 CAN 键用于删除输入区域
内的数据。

⑥ 自动生成程序段号输入。单击 OFFSET SETTING 打开参
数页面，单击 [SETING] 软键，如图 2-21 所示，
在参数页面顺序号中输入 "1"，自动生成程序
段号所编程序，如 N10、N20。

⑦ 删除、插入、替代。

单击 DELETE 键，删除光标所在的代码。

单击 INSERT 键，把输入区域的内容插入到光标所在代码后面。

单击 ALTER 键，用输入区域的内容替代光标所在的代码。

图 2-21　自动生成程序段号

12）通过操作面板手工输入 NC 程序。

① 设置模式为 "EDIT" 。

② 单击 PROG 键，再按 DIR 软键进入程序页面。

③ 单击 7A 键，输入 "O7" 程序名（输入的程序名不可以与已有程序名重复）。

④ 单击 EOB E 键，→ INSERT 键，输入程序。

⑤ 单击 EOB E 键，→ INSERT 键，换行后继续输入。

13）从计算机输入一个程序。可在计算机上通过建文本文件编写 NC 程序，文本文件的
扩展名（＊.txt）必须改为 "＊.nc" 或 "＊.cnc"。

① 选择 "EDIT" 模式，单击 PROG 键，切换到程序页面。

② 新建程序名 "O××××"，单击 INSERT 键，进入编程页面。

③ 单击 INSERT，打开计算机目录下的文本文件，程序显示在当前屏幕上。

14）输入零件原点参数。

① 单击 OFFSET SETTING 键，进入参数设定页面，单击 "坐标系" 软键，如图 2-22 所示，显示车床
工件坐标系页面。

② 用翻页键 PAGE↑ PAGE↓ 或光标键 ↓ ↑ 选择坐标系。输入地址字（X/Y/Z）和数值到输入区
域。方法参考 "输入数据" 操作。

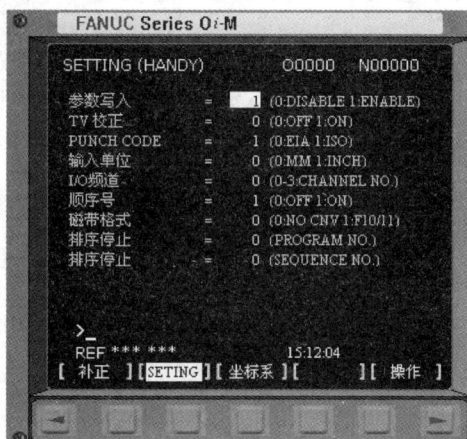

③ 单击 [INPUT] 键，把输入区域中的内容输入到所指定的位置。

15）输入刀具补偿参数。

① 单击 [OFFSET SETTING] 键，进入参数设定页面，单击 [补正] 软键，如图 2-23 所示，显示车床刀具补正页面。

② 用 [PAGE ↑] 键和 [PAGE ↓] 键选择长度补偿、半径补偿。

图 2-22　车床工件坐标系页面

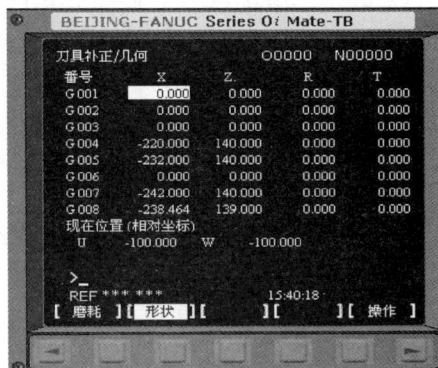

图 2-23　车床刀具补正页面

③ 用光标键 ↓ 和 ↑ 选择补偿参数编号。

④ 输入补偿值到长度补偿 H 或半径补偿 D。

⑤ 单击 [INPUT] 键，把输入的补偿值输入到所指定的位置。

16）位置显示。单击 [POS] 键，切换到位置显示页面。用 [PAGE ↑] 键和 [PAGE ↓] 键或者软键切换页面。

17）MDI 手动数据输入。

① 按下 [] 按钮，切换到"MDI"模式。

② 单击 [PROG] 键，进入程序显示与编辑页面，再单击 [MDI] 软键→ [EOB E] 键，输入程序段号"N10"，输入程序如"G0　X50"。

③ 单击 [INSERT] 键，"N10　G0　X50"程序被输入。

④ 按下程序启动按钮 []。

18）零件坐标系（绝对坐标系）位置。如图 2-24 所示，车床坐标系页面可显示机床的各种坐标系。

绝对坐标系：显示机床在当前坐标系中的位置。

相对坐标系：显示机床坐标相对于前一位置的坐标。

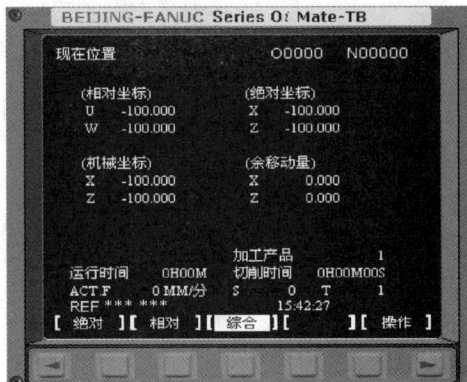

图 2-24　车床坐标系

综合显示：同时显示机床在以下坐标系中的位置：绝对坐标系中的位置（ABSOLUTE）；相对坐标系中的位置（RELATIVE）；机床坐标系中的位置（MACHINE）；当前运动指令的

剩余移动量（DISTANCE TO GO）。

3. 车床对刀

FANUC 0i-T 系统数控车床上设置工件零点的方法如下：

（1）直接用试切法对刀

1）用外圆车刀先试切一个外圆，测量外圆直径后，单击 **OFFSET SETTING** 键→ **补正** 软键→ **形状** 软键，输入外圆直径值，单击 **测量** 软键，刀具"X"补偿值即自动输入到几何形状里。

2）用外圆车刀再试切外圆端面，单击 **OFFSET SETTING** 键→ **补正** 软键→ **形状** 软键，输入"Z0"，单击 **测量** 软键，刀具 Z 补偿值即自动输入到几何形状里。

（2）用 G50 指令设置工件零点

1）用外圆车刀先试切一段外圆，单击 **相对** 软键，单击 **SHIFT** 键→ **Xu** 键，这时 U 坐标在闪烁，单击 **ORIGIN** 键，置"零"。测量工件外圆后，选择"MDI"模式 **□**，输入"G01 U-××（××为测量直径） F0.3"，切端面到中心。

2）选择"MDI"模式 **□**，输入"G50 X0 Z0"，按下启动按钮 **□**，把当前点设为零点。

3）选择"MDI"模式 **□**，输入"G0 X150 Z150"，使刀具离开工件。

4）这时程序开头为"G50 X150 Z150……"

5）注意，使用"G50 X150 Z150"，程序起点和终点必须一致，即"X150 Z150"，这样才能保证重复加工时不乱刀。

6）如用第二参考点 G30，即能保证重复加工不乱刀，这时程序开头为：

G30 U0 W0；

G50 X150 Z150；

7）在 FANUC 系统里，第二参考点的位置在参数里设置，在 Yhcnc 软件里，机床对完刀后（X150 Z150），单击鼠标右键，弹出对话框 **X:-160.000 Z:-395.833** **存入第二参考点**，单击鼠标左键确认即可。

（3）工件移设置工件零点

1）在 FANUC 0i 系统中单击 **OFFSET SETTING** 键，显示一个工件移界面，用户可输入零点偏移值。注意这个零点一直保持，只有重新设置偏移值 Z0 后才清除。

2）用外圆车刀先试切工件端面，这时 X、Z 坐标的位置，如：X-260、Z-395，直接输入到偏移值里。

3）选择回参考点方式 **□**，按 **X**、**Z** 按钮，使 X、Z 轴回参考点，这时工件零点坐标系即建立。

（4）用 G54~G59 指令设置工件零点　用外圆车刀先试切一个外圆，单击 **OFFSET SETTING** 键→ **□** 软键→ **坐标系** 软键，如选择 G55 指令，输入 X0、Z0，单击 **测量** 软键，工件零点坐标即存入 G55 中，程序可直接调用，如"G55 X60 Z50……"

【特别注意】可用 G53 指令清除 G54~G59 工件坐标系。

任务实施

一、分析数控车削加工工艺

数控车削加工与普通车床加工工艺基本相同，在设计数控加工工艺时，首先要遵循普通车床加工工艺的基本原则与方法，同时还需考虑数控加工本身的特点和零件编程的要求。数控车削加工工艺要求工艺内容具体明确，工艺设计准确严密，加工工序相对集中。

数控车削加工工艺的主要内容有：分析零件图；确定工件在车床上的装夹方式；选择各表面的加工顺序和刀具进给路线，以及刀具、夹具和切削用量等。

1. 分析零件图

分析零件图的主要工作内容如下：

（1）分析零件图尺寸标注　最好以同一基准引注或直接给出坐标尺寸，既便于编程，也便于尺寸间的相互协调及设计基准、工艺基准、测量基准与编程原点的统一。

（2）分析轮廓几何要素　手工编程时需要计算所有基点和节点的坐标；自动编程时需要对构成零件轮廓的几何要素进行定义。在分析零件图时，要分析几何要素的给定条件是否充分。例如，图 2-25 所示的圆弧与斜线的关系要求为相切，但经计算后却为相交。又如图 2-26 所示，图中给出的各段长度之和不等于其总长，给定的几何要素条件自相矛盾。

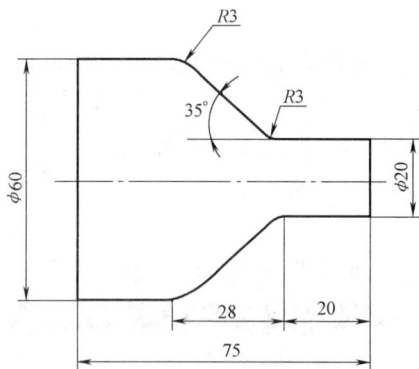

图 2-25　轮廓缺陷之一

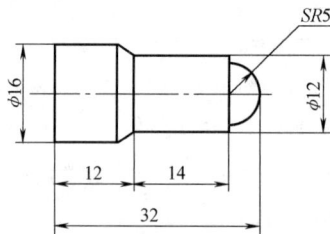

图 2-26　轮廓缺陷之二

（3）分析尺寸公差和表面粗糙度　这是确定机床、刀具、切削用量以及确定零件尺寸精度的控制方法和加工工艺的重要依据。分析过程中还同时进行一些编程尺寸的简单换算。数控车削加工中常对零件要求的尺寸取其上、下极限尺寸的平均值作为编程的尺寸依据。对表面粗糙度要求较高的表面，应确定恒线速度切削。本工序的数控车削加工精度若达不到图样要求，需要继续加工时，应给后道工序留有足够的加工余量。

（4）分析几何公差　零件图上给定的几何公差是保证零件精度的重要要求。

在工艺分析过程中，应按图样的几何公差要求确定零件的定位基准、加工工艺，以满足公差要求。数控车削加工零件的几何误差主要受车床机械运动副精度和加工工艺的影响，车床机械运动副的误差不得大于图样规定的几何公差要求。在机床精度达不到要求时，需在工艺准备中考虑进行技术性处理的相关方案，以便有效地控制其几何误差。图样上有位置精度要求的表面，应尽量一次装夹加工完毕。

2. 分析结构工艺性

零件的结构工艺性是指零件对加工方法的适应性，即在满足使用要求的前提下零件加工的可行性和经济性。数控车床加工时，应根据数控车削的特点，认真分析零件结构的合理性。例如图 2-27a 所示零件，需要三把不同宽度的切槽刀切槽，如无特殊需要，显然不合理。若改成图 2-27b 所示结构，只需一把切槽刀即可加工出三个槽，既减少了刀具数量，少占刀架位置，又节省换刀时间。

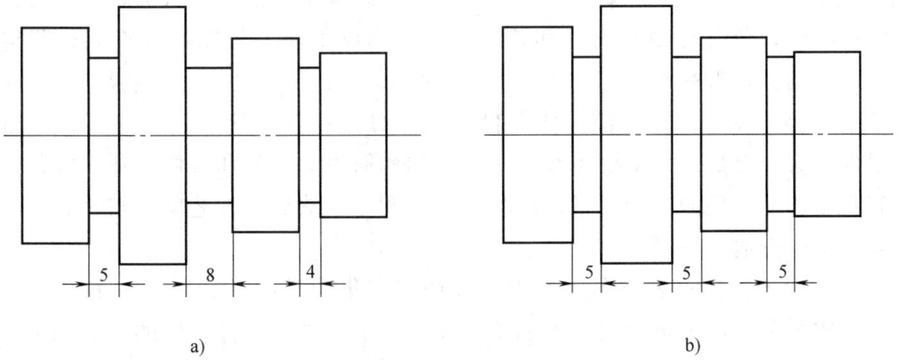

a)　　　　　　　　　　　　　　　　　　　　　　b)

图 2-27　零件的结构工艺性

a）三个不同宽度槽的零件　b）三个相同宽度槽的零件

二、制订数控车削加工工艺

1. 选择加工内容

数控车床有其优点，但价格较贵、消耗较大、维护费用较高，导致加工成本增加。因此从技术和经济等角度出发，对于某个零件来说，并非全部加工工艺过程都适合在数控车床上进行，而往往是只选择其中一部分内容采用数控加工。因此，一般按下列原则顺序选择：普通车床无法加工的内容优先；普通车床加工困难、质量难以保证的内容作为重点；普通车床加工效率低、劳动强度大的内容作为平衡。

此外，在选择确定加工内容时，还要考虑生产批量、生产周期、工序间周转情况等。尽量做到合理，以充分发挥数控车床的优势，达到多、快、好、省的目的。

2. 划分加工阶段

为保证加工质量和合理地使用设备、人力，数控车削加工中，通常把零件的加工过程分为粗加工、半精加工、精加工三个阶段。

（1）粗加工阶段　主要任务是切除毛坯上大部分余量，使毛坯在形状和尺寸上接近零件成品，主要目标是提高生产率。

（2）半精加工阶段　主要任务是完成次要表面的加工，使主要表面达到一定精度并留有一定的精加工余量，为主要表面的精加工做好准备。

（3）精加工阶段　主要任务是保证各主要表面达到规定的尺寸公差等级和表面粗糙度要求，主要目标是保证加工质量。

此外，随着精密车削技术的发展，对零件上尺寸公差等级（IT6 以上）和表面粗糙度要求高（表面粗糙度值为 $Ra0.2\mu m$ 以下）的表面，可进行光整加工，主要目标是提高尺寸公差等级和减小表面粗糙度值，一般不用来提高位置精度。

划分加工阶段，可以使粗加工造成的加工误差通过半精加工和精加工予以纠正，保证加工质量；还可以合理使用设备，及时发现毛坯缺陷，便于安排热处理工序。

3. 划分工序

划分工序有两种不同的原则，即工序集中原则和工序分散原则。

（1）工序集中原则　工序集中是将零件的加工集中在少数几道工序内完成。其优点是：有利于采用高效专用设备和数控机床提高生产率，减少机床数量、操作工人数和生产占地面积；缩短工序路线，简化生产计划和生产组织工作；减少工件的装夹次数，保证各加工表面间的相互位置精度，节省辅助时间。其缺点是：专用设备和工艺装备投资大；调整维修困难；生产准备周期长，不利于转产。

（2）工序分散原则　工序分散是将零件的加工分散在较多的工序内进行，每道工序的加工内容很少。其优点是：加工设备和工艺装备结构简单，调整和维修方便，操作简单，转产容易；有利于选择合理的切削用量；减少机动时间。其缺点是工艺路线较长，所需设备和工人数较多，生产占地面积大。

（3）划分工序的方法　数控车床加工一般按工序集中原则进行工序的划分，在一次装夹中尽可能完成大部分甚至全部表面的加工。在批量生产中，划分工序的方法如下：

1）按零件装夹定位方式划分工序。由于每个零件结构形状不同，各表面的技术要求也有所不同，故加工时其定位方式则各有差异。一般情况下加工外形时以内形定位，加工内形时又以外形定位，因而可根据定位方式的不同来划分工序。

2）按粗、精加工划分工序。根据零件的加工精度、刚度和变形等因素来划分工序时，可按粗、精加工分开的原则来划分工序，即先粗加工再精加工。此时可用不同的机床或不同的刀具进行加工。通常在一次装夹中，不允许将零件某一部分表面加工完毕后再加工零件的其他表面。如图 2-28 所示，先切除整个零件各加工面的大部分余量（粗加工），再将其表面精加工一遍，以保证加工精度和表面粗糙度要求。

3）按所用刀具划分工序。为了减少换刀次数、压缩空行程时间、减少不必要的定位误差，可按刀具集中的方法加工零件，即在一次装夹中，尽可能用同一把刀具加工出可能加工的所有部位，然后再换另一把刀加工其他部位。专用数控机床和加工中心常采用这种方法。

4. 安排加工顺序

（1）车削加工顺序的安排

1）上道工序的加工不能影响下道工序的定位与夹紧。

2）先粗后精。在车削加工中，按照粗车→半精车→精车的顺序安排加工，逐步提高加工表面的精度和减小表面粗糙度值。粗车可在短时间内切除毛坯的大部分加工余量，如图 2-29 所示，以提高生产率，同时尽量满足精加工的余量均匀性要求，为精车做好准备。粗加工完毕后，再进行半精加工、精加工。

3）先近后远。离对刀点近的部位先加工，离对刀点远的部位后加工，这样可缩短刀具移动距离、减少空行程时间、提高生产率。此外，有利于保证坯件或半成品的刚度，改善切削条件。当加工图 2-30 所示的零件时，由于余量较大，粗车时，可按先车端面，再按 $\phi50mm \rightarrow \phi45mm \rightarrow \phi40mm \rightarrow \phi35mm$ 的顺序加工；精车时，如果按 $\phi50mm \rightarrow \phi45mm \rightarrow \phi40mm \rightarrow \phi35mm$ 的顺序安排车削，不仅会增加刀具返回换刀点所需的空行程时间，而且还

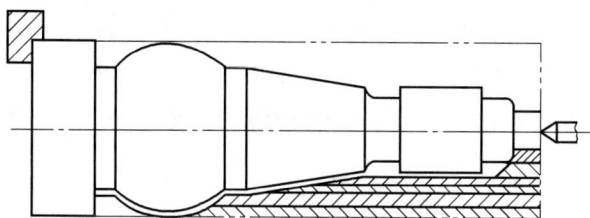

图 2-28 粗、精加工分开进行

图 2-29 先粗后精车削

图 2-30 先近后远车削

可能使台阶的外直角处产生毛刺，所以应该按 $\phi 35mm \rightarrow \phi 40mm \rightarrow \phi 45mm \rightarrow \phi 50mm$ 的顺序加工。如果余量不大，可以直接按直径由小到大的顺序一次加工完成，符合先近后远的原则。

4）内外交叉。对既有内表面又有外表面的零件，应对内、外表面先进行粗加工，再进行精加工。

5）基面先行。用作精基准的表面优先加工，因为定位基准的表面越精确，装夹误差就越小。例如轴类零件的加工，总是先加工中心孔，再以中心孔为精基准加工外圆表面和端面。

（2）数控加工工序与普通工序的衔接 数控加工的工艺路线设计常常仅是针对一小部分数控加工工艺过程，而非指毛坯到成品的整个工艺过程。它常穿插于零件加工的整个工艺过程中。为使之与整个工艺过程协调，必须建立相互状态要求，如留多少加工余量、定位面与定位孔的精度要求及几何公差、对矫形工序的技术要求、对毛坯热处理状态的要求等，目的是达到相互满足加工需要。

5. 确定进给路线

进给路线也称为走刀路线，指加工过程中刀具相对于被加工零件的运动轨迹，包括切削加工的路径及刀具的引入、返回等非切削空行程。它包括工步的内容，也反映工步顺序。确定进给路线的重点在于确定粗加工及空行程的路线，因精加工切削过程的进给路线基本上都是沿零件轮廓顺序进行的。

（1）确定进给路线的原则

1）应能保证工件轮廓表面加工后的精度和表面粗糙度要求。

2）使数值计算容易，以减少编程工作量。

3）应使进给路线最短，以提高加工效率。

（2）确定最短进给路线 在保证加工质量的前提下使加工程序具有最短的进给路线，可节省整个加工过程的时间，减少一些不必要的刀具消耗及机床进给机构滑动部位的磨损量等。实现最短的进给路线，除依据实践经验外，还应善于分析，必要时辅以一些简单的计算。

1）最短空行程路线。合理设置起刀点。图 2-31a 所示为采用矩形循环方式进行粗车的一般情况，第一刀：$A \rightarrow B \rightarrow C \rightarrow D \rightarrow A$；第二刀：$A \rightarrow E \rightarrow F \rightarrow G \rightarrow A$；第三刀：$A \rightarrow H \rightarrow I \rightarrow J \rightarrow A$。图 2-31b 中，设置起刀点 B 与换刀点 A 分离，第一刀：$B \rightarrow C \rightarrow D \rightarrow E \rightarrow B$；第二刀：$B \rightarrow F \rightarrow G \rightarrow H \rightarrow B$；第三刀：$B \rightarrow I \rightarrow J \rightarrow K \rightarrow B$。

很明显，图 2-31b 所示的进给路线短。该方法也可用在其他循环加工中。

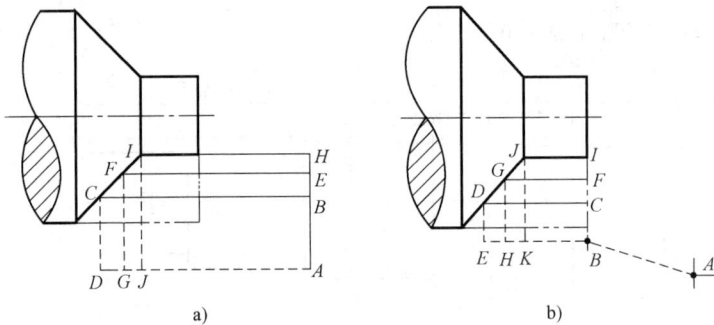

图 2-31　巧用起刀点车削

2）最短切削进给路线。切削进给路线最短，可有效提高生产率、降低刀具的损耗等。在安排粗加工或半精加工的切削进给路线时，应同时兼顾被加工零件的刚度及加工的工艺性等要求。

图 2-32 所示为三种数控粗车进给路线。图 2-32a 所示为封闭式复合循环等距线进给路线，图 2-32b 所示为三角形循环形式的三角形进给路线，图 2-32c 所示为矩形循环形式的矩形进给路线。

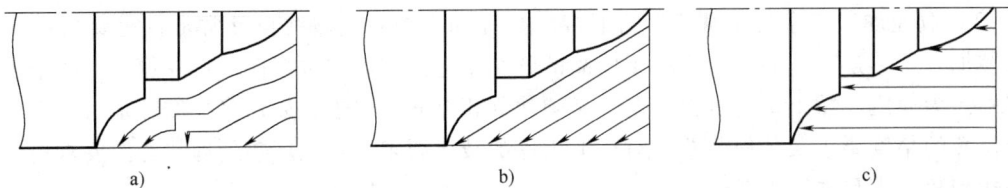

图 2-32　三种数控粗车进给路线

从图 2-32 可以看出，矩形进给路线的进给长度总和最小，因此在同等条件下，其切削所需时间（不含空行程）最短，刀具的损耗量最少。

3）大余量毛坯的阶梯切削进给路线。图 2-33 所示为车削大余量工件的两种进给路线。其中，图 2-33a 所示为错误的阶梯切削路线。图 2-33b 中，按照 1~5 的顺序切削，每次切削所留余量相等，是正确的阶梯切削路线。在同等条件下，按图 2-33a 所示的切削进给路线加工所剩的余量过多。

4）完工轮廓的进给路线。在安排一刀或多刀进行的精加工进给路线时，其零件的完工轮廓由最后一刀连续加工而成，此时刀具的进、退刀位置要选择适当，尽量不要在连续轮廓中安排切入、切出或停顿，以免因切削力的突然变化而破坏工艺系统的平衡状态，致使零件轮廓上产生表面划痕、形状突变和滞留刀痕等缺陷。

5）特殊的进给路线。在数控车削加工中，一般情况下 Z 轴方向的进给运动都是沿着负

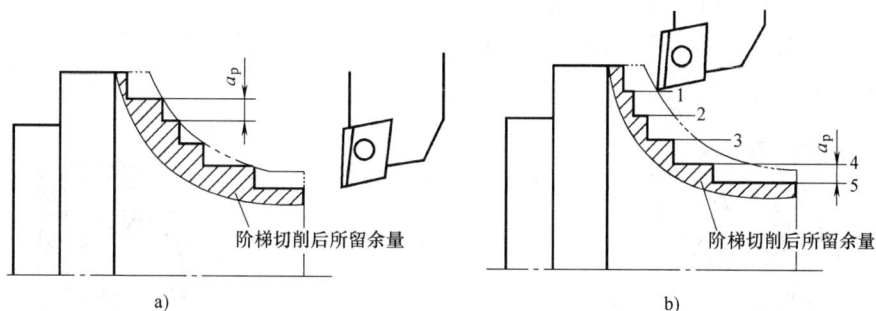

图 2-33 大余量毛坯的阶梯车削路线

方向进给的，但有时按这种方式安排进给路线并不合理，甚至可能车坏工件。

采用尖形车刀加工大圆弧内表面时，如图 2-34a所示，刀具沿-Z 方向进给，此时切削力沿 X 方向的分力，即背向力 F_p 为+X 方向；刀尖运动到换象限处，即由-Z、-X 向-Z、+X 方向变换时，F_p 的方向与横滑板传动力方向一致，如图 2-35 所示，若丝杠螺母副有机械传动间隙，就可能使刀尖嵌入工件表面（即扎刀）。如图 2-34b所示，刀具沿+Z 方向进给，当刀尖运动到

图 2-34 两种不同的进给方法

换象限处，即由+Z、-X 向+Z、+X 方向变换时，F_p 与丝杠传动横滑板传动力方向相反，如图 2-36 所示，不会受丝杠螺母副机械传动间隙的影响而产生扎刀，是比较合理的进给路线。

图 2-35 扎刀现象

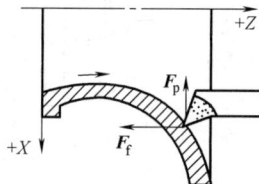

图 2-36 合理的进给方案

此外，在车削螺纹时有一些多次重复进给的动作，且每次进给的轨迹相差不大，这时进给路线的确定可采用系统固定的循环功能。

6. 安装零件

数控车床上零件的安装方法与普通车床一样，在选择数控车削加工定位方法时，对于轴类零件，通常以零件自身的外圆柱面作为径向定位基准；对于套类零件，则以内孔作为径向定位基准，轴向则以轴肩或端面作为定位基准。数控车床上常使用通用自定心卡盘、单动卡盘等夹具来安装工件。

（1）自定心卡盘 自定心卡盘如图 2-37 所示，是最常用的车床通用夹具，它装夹方便，省时，自动定心效果好，但夹紧力较小，适用于装夹外形规则的中小型工件。自定心卡盘可安装成正爪或反爪两种形式，其中反爪用来装夹直径较大的工件。如果大批量生产，则使用自动控制的液压、电动及气动夹具。除此之外，还有许多相应的实用夹具，它们主要有

用于轴类工件的夹具和用于盘类工件的夹具两类。

（2）单动卡盘 加工精度要求不高、偏心距小、零件长度较短的工件时，可采用单动卡盘，如图 2-38 所示。

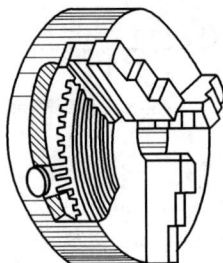

图 2-37 自定心卡盘　　　　　　　　　　　　　　　　　　　图 2-38 单动卡盘

（3）中心孔定位夹具

1）顶尖和拨盘。两顶尖定位的优点是定心正确可靠，安装方便。顶尖作用是定心、承受工件的重量和切削力。顶尖分为前顶尖和后顶尖。

前顶尖中有一种是插入主轴锥孔内的，如图 2-39a 所示，它与主轴一起旋转，与主轴中心孔不产生摩擦；另一种是夹在卡盘上的，如图 2-39b 所示。

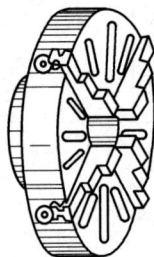

a)　　　　　　　　　　　　　　　　　　　b)

图 2-39 前顶尖

后顶尖插入尾座套筒。后顶尖有两种，一种是固定顶尖，如图 2-40a 所示；另一种是回转顶尖，如图 2-40b 所示。使用时需根据具体情况来选择。

工件安装时，可以采用一夹一顶安装形式，如图 2-41 所示。还可以用对分夹头或鸡心夹头夹紧工件一端，拨杆伸向端面。两顶尖只对工件有定心和支承作用，必须通过对分夹头或鸡心夹头的拨杆带动工件旋转，如图 2-42 所示。

利用两顶尖定位还可以加工偏心工件，如图 2-43 所示。

2）拨动顶尖。常用的拨动顶尖有内、外拨动顶尖和端面拨动顶尖。

① 内、外拨动顶尖。内、外拨动顶尖如图 2-44 所示，这种顶尖的锥面带齿，能嵌入工件，拨动工件旋转。

② 端面拨动顶尖。端面拨动顶尖如图 2-45 所示。这种顶尖利用端面拨爪带动工件旋转，适合装夹工件直径为 $\phi50\sim\phi150\mathrm{mm}$。

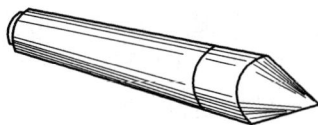

a)

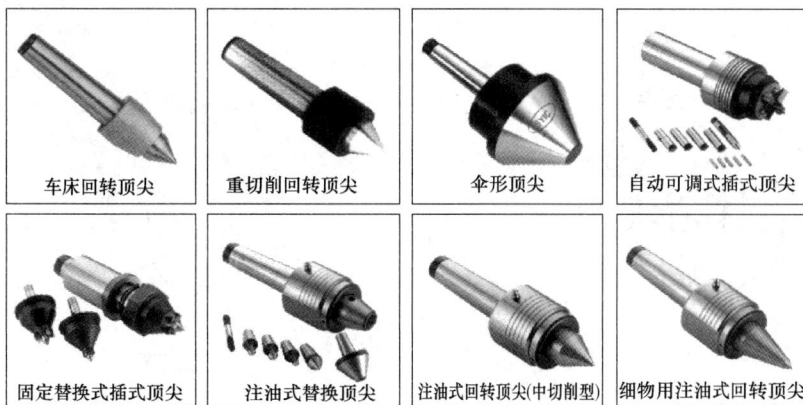

| 车床回转顶尖 | 重切削回转顶尖 | 伞形顶尖 | 自动可调式插式顶尖 |
| 固定替换式插式顶尖 | 注油式替换顶尖 | 注油式回转顶尖(中切削型) | 细物用注油式回转顶尖 |

b)

图 2-40 后顶尖

图 2-41 一夹一顶安装工件

图 2-42 两顶尖装夹工件

图 2-43 两顶尖定位加工偏心轴

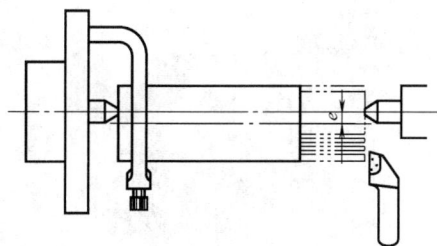

图 2-44 内、外拨动顶尖

（4）其他车削工装夹具　数控车削加工中有时会遇到一些形状复杂和不规则的工件，不能用自定心卡盘或单动卡盘装夹，需要借助其他工装夹具，如花盘、角铁等。例如，图 2-46 所示为用花盘装夹双孔连杆的方法，图 2-47 所示为用角铁安装工件的方法。

图 2-45　端面拨动顶尖

图 2-46　用花盘装夹双孔连杆

图 2-47　用角铁安装工件的方法

7. 选择并安装刀具

（1）车刀种类　在数控车床上使用的刀具按用途可分为外圆车刀、内孔车刀、螺纹车刀、切断（槽）刀、钻头等，按结构可分为整体车刀、焊接车刀、机夹车刀、可转位车刀和成形车刀。图 2-48 ~ 图 2-53 所示为各种常用车刀及其应用。

生产中广泛采用不重磨机夹可转位车刀。其特点是：刀片各刃可转位轮流使用，减少换刀时间；切削刃不重磨，有利于采用涂层刀片；断屑槽形压制而成，尺寸稳定，节省硬质合金；刀杆刀槽的制造精度高。

图 2-48　常用车刀

图 2-49　外圆车刀

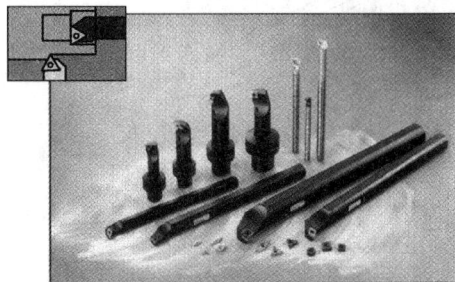

图 2-50　内孔车刀

（2）对刀具的要求　为了减少换刀时间和方便对刀，便于实现机械加工的标准化，数控车削加工时，应尽量采用机夹刀和机夹刀片。数控车床一般选用可转位车刀，使用时需考虑以下几个方面：

1）刀片材质的选择。常见刀片材料有高速工具钢、硬质合金、涂层硬质合金、陶瓷、立方氮化硼和金刚石等，其中应用最多的是硬质合金和涂层硬质合金刀片。

图 2-51　螺纹车刀

图 2-52　切断（槽）刀

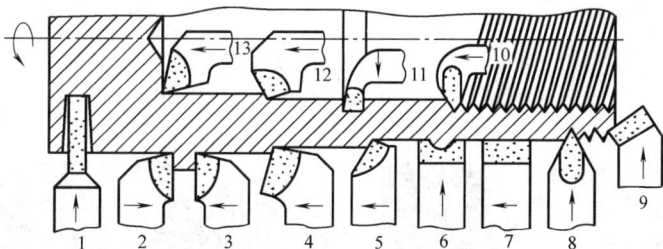

图 2-53　常用车刀的应用

1—切断刀　2—90°左偏刀　3—90°右偏刀　4—弯头车刀　5—直头车刀　6—成形车刀　7—宽刃精车刀

8—外螺纹车刀　9—端面车刀　10—内螺纹车刀　11—内切槽刀　12—通孔车刀　13—不通孔车刀

2）刀片尺寸的选择。刀片尺寸的大小取决于必要的有效切削刃长度 L。

3）刀片形状的选择。

4）刀尖圆弧半径的选择。刀尖圆弧半径的大小直接影响刀尖的强度及零件的表面粗糙度。刀尖圆弧半径大，表面粗糙度值增大，切削力增大且易产生振动，但切削刃强度增加。通常在切削深度较小的精加工、细长轴加工、机床刚度较差情况下，选用刀尖圆弧半径较小的车刀；而在需要切削刃强度高、工件直径大的粗加工中，选用刀尖圆弧半径较大的车刀。

5）刀杆头部形式的选择。

6）左右手刀柄的选择。有三种选择：R（右手）、L（左手）和 N（左右手）。

7）断屑槽形的选择。断屑槽形的参数直接影响着切屑的卷曲和折断，可根据加工类型和加工对象的材料特性来确定断屑槽形。基本槽形按加工类型有精加工（代码 F）、普通加工（代码 M）和粗加工（代码 R）；按加工材料根据国际标准有加工钢的 P 类、加工不锈钢和合金钢的 M 类及加工铸铁的 K 类。这两种情况一组合就有了相应的槽形，选择时可查阅具体的产品样本。例如 FP 就指用于钢的精加工断屑槽形，MK 是用于铸铁普通加工的断屑槽形等。

（3）安装刀具　将刀杆安装到刀架上，保证刀杆方向正确，要求其与车床回转轴（Z 轴）平行或垂直。例如，图 2-54 所示为刀具在刀架上的安装，图 2-55、图 2-56 所示为自动回转刀架上的刀具安装。

8. 确定对刀点与换刀点

对刀点是数控加工时刀具相对零件运动的起点。由于程序也是从这一点开始执行，所以对刀点也称为程序起点。

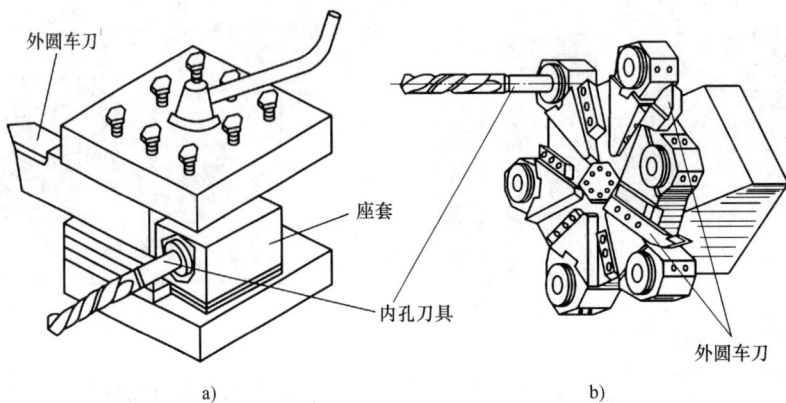

图 2-54　刀具在刀架上的安装

a）普通转塔刀架　b）自动回转刀架

图 2-55　自动回转刀架上左右手刀的安装

a）自动回转刀架上左手刀（L）的安装　b）自动回转刀架上右手刀（R）的安装

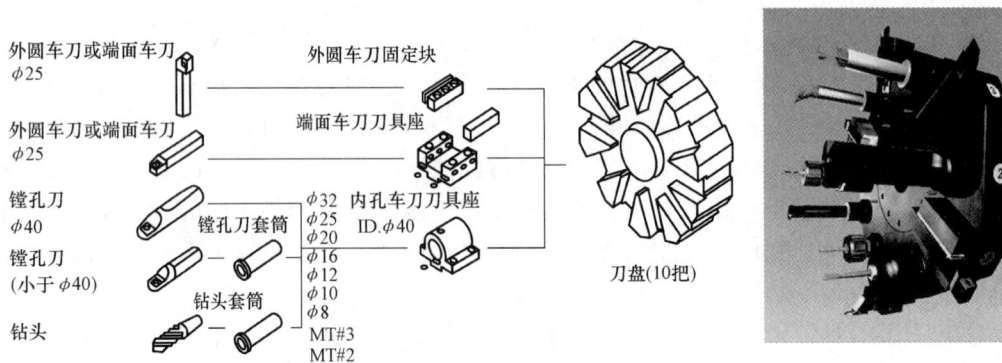

图 2-56　安装自动回转刀架车刀

对刀点的选择原则如下：

1）对刀点应选在对刀方便的位置，便于观察和检测。

2）尽量选在零件的设计基准或工艺基准上，以提高零件加工精度。

3）为便于数学处理和简化程序编制，建立了绝对坐标系的数控机床对刀点最好选在该坐标系的原点上，或者选择在已知坐标值的点上。

4）需要换刀时，每次换刀所选择的换刀点位置应在工件外部的合适位置，避免换刀时刀具与工件、夹具和机床相碰。

5）引起的加工误差小。对刀点可选在零件、夹具或机床上。若选在夹具或机床上，则须与工件的定位基准相联系，以保证机床坐标系与工件坐标系的关系。

对刀点不仅是程序的起点，往往也是程序的终点。因此在批量生产中要考虑对刀点的重复定位精度，刀具加工一段时间后或每次机床起动时，都要进行刀具回机床原点或参考点的操作，以减小对刀点的累积误差。

刀具在机床上的位置是由刀位点的位置来表示的。

刀位点指程序编制中用于表示刀具特征的点，也是对刀和加工的基准点。各类车刀的刀位点如图 2-57 所示。切削加工时经常要对刀，也就是使刀位点和对刀点重合。实际操作时，可以通过手工对刀，但对刀精度较低；也可采用光学对刀镜、对刀仪等自动对刀装置，以减少对刀时间，提高对刀精度。

加工过程中需要换刀时应设置换刀点。所谓换刀点，指刀架转位换刀时的位置。该点可以是某一固定点或任意设定的一点。换刀点应设在工件或夹具的外部，以刀架转位时不碰到工件和其他部件为准。

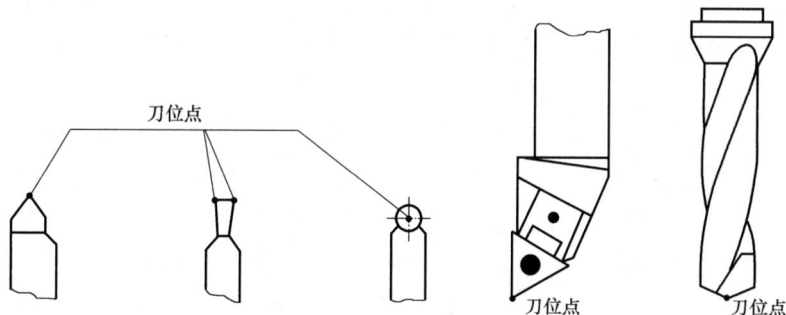

图 2-57　各类车刀的刀位点

9. 选择切削用量

（1）背吃刀量 a_p　背吃刀量是根据零件的加工余量，以及机床、夹具、刀具、工件组成的工艺系统刚度确定的。在刚度允许的情况下，背吃刀量应尽可能大；如果不受加工精度的限制，可使背吃刀量等于零件的加工余量，这样可以减少走刀次数，提高加工效率。

粗车时在保留半精车、精车余量前提下，应尽可能将粗车余量一次切去。当毛坯余量较大，不能一次切除粗车余量时，尽可能选取较大的背吃刀量，以减少进给次数。数控机床的精加工余量可略小于普通机床。

半精车和精车时，背吃刀量是根据加工精度和表面粗糙度要求，由粗加工后留下的余量大小确定的。如果余量不大，且一次进给不会影响加工质量要求时，可以一次进给车到尺寸。

如果一次进给产生振动或切屑，会拉伤已加工表面（如车孔），应分成两次或多次进给车削，每次进给的背吃刀量按余量分配，依次减小。

当使用硬质合金刀具时，因其切削刃在砂轮上不能磨得很锋利（切削刃圆弧半径较大），最后一次的背吃刀量不宜太小，否则很难达到工件表面质量的要求。

（2）进给速度 v_f（mm/min）或进给量 f（mm/r）　背吃刀量 a_p 值选定以后，根据零件的加工精度和表面粗糙度要求及刀具和工件的材料进行选择，确定进给量的适当值。最大进给量受到机床刚度和进给性能的制约。

1）粗车时，由于作用在工艺系统上的切削力较大，进给量主要受机床功率和系统刚度等因素的限制。在条件允许的前提下，可选用较大的进给量。增大进给量 f 有利于断屑。

2）半精车和精车时，因背吃刀量较小，切削阻力不会很大，限制进给量的主要因素是图样中规定的零件表面粗糙度。为保证加工精度和表面粗糙度要求，一般选用较小的进给量。

3）刀具空行程特别是远距离回零时，可设定尽量高的进给速度。

4）进给速度应与主轴转速和背吃刀量相适应。

5）车孔时刀具刚性较差，应采用小一些的背吃刀量和进给量。在切断或用高速钢刀具加工时，宜选择较低的进给速度，一般在 20~50mm/min 范围内选取。

一般数控机床都有倍率开关，能控制数控机床的实际进给速度。因此在数控编程时，可给定一个比较大的进给速度，而在实际加工时由倍率进给确定实际的进给速度。

此外在安排粗、精车的切削用量时，应注意机床说明书中给定的切削用量范围，对于主轴采用交流变频调速的数控车床，由于主轴在低速时输出转矩降低，应尤其注意此时切削用量的选择。数控车削用量推荐表见表 2-3，供应用时参考，详细内容可查阅切削用量手册。

表 2-3　数控车削用量推荐表

工件材料	加工内容	背吃刀量/mm	切削速度/(m/min)	进给量/(mm/r)	刀具材料
碳素钢 （σ_s>600MPa）	粗加工	5~7	60~80	0.2~0.4	P 类硬质合金
	粗加工	2~3	80~120	0.2~0.4	
	精加工	0.2~0.6	120~150	0.1~0.2	
	钻中心孔		500~800r/min		高速工具钢 W18Cr4V
	钻孔		30	0.1~0.2	
	切断（宽度<5mm）		70~110	0.1~0.2	P 类硬质合金
铸铁 （硬度在 200HBW 以下）	粗加工	2~3	50~70	0.2~0.4	K 类硬质合金
	精加工	0.1~0.15	70~100	0.1~0.2	
	切断（宽度<5mm）		50~70	0.1~0.2	

（3）切削速度 v_c　切削速度对切削功率、刀具寿命、表面加工质量和尺寸精度有较大影响。提高切削速度可提高生产率和降低成本。但过分提高切削速度会使刀具寿命下降，迫使背吃刀量和进给量减小，结果反而使生产率降低，加工成本提高。

1）粗车时，背吃刀量和进给量均较大，切削速度受刀具寿命限制和机床功率的限制，可根据生产实践经验和有关资料确定，一般选择较低的切削速度。但必须考虑机床的许用功率，如超出机床的许用功率，必须适当降低切削速度。

2）半精车和精车时，一般可根据刀具切削性能的限制来确定切削速度，可选择较高的切削速度，但须避开产生积屑瘤的区域。

3）工件材料的可加工性较差时，应选较低的切削速度。加工灰铸铁的切削速度应较加工中碳钢低，加工铝合金和铜合金的切削速度较加工钢的切削速度高得多。

4）刀具材料的切削性能越好，切削速度可选得越高。因此硬质合金刀具的切削速度可比高速钢刀具的高几倍,而涂层硬质合金、陶瓷、金刚石和立方氮化硼刀具的切削速度又可比硬质合金刀具的高许多。

此外断续切削时,为减少冲击,应采用较低的切削速度和较小的进给量,并应避开自激振动的临界速度。车端面时可适当提高切削速度,使平均速度接近刀具车外圆时的数值。车削细长轴时工件易弯曲,应采用较低的切削速度。

加工带硬皮的铸、锻件时,应选择较低的切削速度。加工大型零件时,若机床和工件的刚度较好,可采用较大的背吃刀量和进给量,但切削速度应降低,以保证必要的刀具寿命,并可使工件旋转时的离心力不致太大。

切削速度确定以后,要计算主轴转速。

车削光轴时的主轴转速应根据零件上被加工部位的直径,按零件和刀具的材料及加工性质等条件所允许的切削速度来确定,计算公式为

$$n = \frac{1000v_c}{\pi D}$$

式中　v_c——切削速度(m/min);

　　　D——工件切削部位回转直径(mm);

　　　n——主轴转速(r/min)。

根据计算所得的值,查找机床说明书确定标准值。数控机床的控制面板上一般备有主轴转速修调(倍率)开关,可在加工过程中对主轴转速按整数倍进行调整。

车削螺纹时,车床主轴转速过高,会使螺纹乱牙,所以对普通数控车床,车削螺纹时的主轴转速 n 为

$$n \leqslant \frac{1200}{P} - 80$$

式中　P——螺纹导程(mm)。

三、对刀

选择对刀点在工件右端面中心。

四、程序的编辑、传输

编辑好程序清单后,可通过专用数据线连接数控机床,并应用软件将其传输至数控系统中。也可以通过机床卡、U盘等方式传输程序。程序清单如下:

O0011;程序名

N010 G54 G00 X100 Z50;建立工件坐标系/设置换刀点

N020 M03 S1500;主轴正转,转速为1500r/min

N030 T0101;调1号刀及刀补

N040 G00 X30 Z0;快速定位到起刀点

N050 G01 X-1 F100;车端面

N060 G00 Z5;Z向退刀

N070 X21;X向退刀到外圆切削起始点

N080 G01 Z-20;粗车外圆

N090 X30;X方向退刀到X30

N100 G00Z5;Z向快速退刀

N110 X20;X向进刀

N120 M03 S2000;精车,变速

N130 Z-20 F40;精车外圆至尺寸/调整进给率

N140 X30;X向退刀

N150 G00 X100;X向快速返回到换刀点

N160 Z50;Z向快速返回到换刀点

N170 T0100;取消1号刀补

N180 M05;主轴停

N190 M30;程序结束返回

五、程序的校验、自动加工与工件检测

利用仿真系统进行程序校验、模拟自动加工及进行工件检测。

习　题

一、判断题

1. 点位控制数控机床只要求控制机床的移动部件从某一位置移动到另一位置的准确定位，对于两位置之间的运动轨迹不做严格要求，在移动过程中刀具不进行切削加工。　　　　　　（　　）

4. 对刀点，一般来说就是编程起点，它既可选在工件上，也可选在工件外面。　　　　（　　）

5. 增大刀具与工件距离的方向即为各坐标轴的负方向。　　　　　　　　　　　　（　　）

6. 在保证加工质量的前提下使加工程序具有最短的走刀路线。　　　　　　　　　（　　）

7. 换刀点应设在工件或夹具的外部，以刀架转位时不碰到工件和其他部件为准。　　（　　）

8. 机床坐标系是机床上固有的坐标系，并设有固定的坐标原点，就是机械原点，又称为机床参考点。　　　　　　　　　　　　　　　　　　　　　　　　　　　　　　　　　　　（　　）

二、填空题

1. 数控机床按控制系统功能分为_____、_____和_____三种类型。

2. 数控车床主要由_____、_____、_____、_____和辅助装置等组成。

3. 数控机床的坐标系采用_____。

4. 编程时，为了编程方便，需要在零件图样上适当位置选定一个_____。

5. 数控车削加工工艺的主要内容有：_____、_____、_____和_____，以及_____等。

6. 数控车削加工中，通常把零件的加工过程分为_____、_____、_____三个阶段。

7. 在数控车床上使用的刀具按用途可分为_____、_____、_____、_____等。生产中广泛采用_____车刀。

8. 数控车床____坐标轴平行于主轴轴线，以刀架沿着离开工件的方向为____轴____方向；_____轴垂直于主轴轴线，以刀架沿着_____的方向为 X 轴正方向。

三、选择题

1. 数控车床的执行机构由（　　）组成。

A. 检测和辅助装置　　　B. 驱动和执行部分　　　C. 驱动和检测部分

2. 坐标的运动方向是由传递切削动力的主轴所决定的，平行于主轴轴线的坐标轴即为（　　）。

A. X 坐标　　　　　B. Y 坐标　　　　　C. Z 坐标

3. （　　）表示手动模式，可手动连续移动机床。

A. AUTO　　　　　B. JOG　　　　　C. HND　　　　　D. EDIT

4. INSERT 表示（　　）。

A. 替换键　　　　　B. 删除键　　　　　C. 插入键　　　　　D. 取消键

5. 生产中广泛采用（　　）。

A. 整体车刀　　　　　B. 焊接车刀　　　　　C. 机夹可转位车刀

6. 数控车床加工一般按（　　）原则进行工序的划分。

A. 工序集中　　　　　B. 工序分散

7. AUTO 表示（　　）。

A. 手动模式　　　　　B. 编辑模式　　　　　C. 自动加工模式

四、简答题

1. 说明数控车床的结构组成。

2. 说明数控车床加工的主要特点。

3. 说明数控机床坐标系坐标轴和运动方向的命名原则。

4. 说明数控机床坐标系与机床原点的含义。

5. 说明工件坐标系和工件原点的含义。

6. 说明对刀点的含义。

7. 说明数控车削加工工艺的主要内容。

8. 介绍数控车刀种类。

任务二　车削加工外圆柱/圆锥类零件

技能目标

（1）能分析和设计外圆柱面/圆锥面加工工艺

（2）会检测外圆柱面/圆锥面

（3）能编制外圆柱面/圆锥面加工程序

（4）能在仿真软件中加工零件

知识目标

（1）掌握数控车削外圆柱面/圆锥面工艺知识

（2）熟练掌握外圆柱面/圆锥面加工常用编程指令 G00、G01、G90、G94、G71、G72

（3）熟悉数控车床仿真软件

（4）熟悉数控车削加工仿真操作步骤

任务导入——加工短轴

任务描述

图 2-58 所示为短轴零件，按单件生产安排其数控加工工艺，编写出加工程序。毛坯为 $\phi 38mm$ 棒料，材料为 45 钢。

图 2-58　短轴零件

知识链接

一、基本编程指令

1. 字与字的功能

（1）字符与代码　字符是用来组织、控制或表示数据的一些符号，如数字、字母、标点符号、数学运算符等。数控系统只能接受二进制信息，用"0"和"1"组合的代码来表达。国际上广泛采用两种标准代码：ISO 与 EIA。这两种标准代码的编码方法不同，在大多数现代数控机床上这两种代码都可以使用，只需用系统控制面板上的开关来选择，或者用 G 功能指令来选择。

（2）字　在数控加工程序中，字是指一系列按规定排列的字符，它作为一个信息单元存储、传递和操作。字由一个英文字母与随后的若干位十进制数字组成，这个英文字母称为地址符。如 G00 是一个字，G 为地址符，数字"00"为地址中的内容。

（3）字的功能　组成程序段的每一个字都有其特定的功能含义，本书主要是以 FANUC 数控系统的规范为主来介绍的，实际工作中，应遵照机床数控系统说明书来使用各个功能字。

1）顺序号。顺序号位于程序段之首，由地址符 N 和后续 1~4 位的正整数组成。顺序号又称为程序段号或程序段序号。

① 顺序号的作用。顺序号的作用是：用于程序的校对、检索和修改；作为条件转向的目标，即作为转向目的程序段的名称，可以进行复归操作，即指加工可以从程序的中间开始，或回到程序中断处开始。

② 一般使用方法。编程时，最小顺序号是 N1，不建议使用 N0。顺序号不是程序段必需的，可以不连续使用，也可以不按从小到大的顺序使用；可以是整个程序中均使用或不使用顺序号，也可以是部分程序段使用顺序号。

2）准备功能 G。准备功能的地址符是 G，又称为 G 功能或 G 指令，是用于建立机床或控制系统工作方式的一种指令。后续数字一般为 1~3 位正整数。许多数控机床 G 指令可以省略前置"0"，如 G02 可写作 G2。表 2-4 列出了部分 G 功能字含义。

G 指令有两种代码。一种为模态（续效）码，一旦被指定将一直有效，直到被另一个模态码取代；另一种为非模态（非续效）码，只在本程序段中有效。

表 2-4　部分 G 功能字含义

G 功能字	FANUC 系统	SIEMENS 系统	G 功能字	FANUC 系统	SIEMENS 系统
G00	快速定位	快速定位	G22	脉冲当量	半径尺寸
G01	直线插补	直线插补	G23		直径尺寸
G02	顺时针方向圆弧插补	顺时针方向圆弧插补	G27	返回参考点检查	
G03	逆时针方向圆弧插补	逆时针方向圆弧插补	G28	自动返回参考点	
G04	暂停	暂停	G29	自动从参考点返回	
G05	—	通过中间点圆弧插补	G32	单行程螺纹切削	—
G17	XY 平面选择	XY 平面选择	G33	—	恒螺距螺纹切削
G18	ZX 平面选择	ZX 平面选择	G40	刀具半径补偿注销	刀具半径补偿注销
G19	YZ 平面选择	YZ 平面选择	G41	刀具半径左补偿	刀具半径左补偿
G20	英制单位		G42	刀具半径右补偿	刀具半径右补偿
G21	米制单位		G43	刀具长度正补偿	—

（续）

G 功能字	FANUC 系统	SIEMENS 系统	G 功能字	FANUC 系统	SIEMENS 系统
G44	刀具长度负补偿	—	G91	数控铣相对坐标编程	相对坐标编程
G49	刀具长度补偿注销	—	G92	螺纹切削单一循环	主轴转速极限
G50	主轴最高转速限制 数控车设定工件坐标系	—	G94	数控车端面单一循环 数控铣每分钟进给量	每分钟进给量
G54~G59	设置工件坐标系	G54~G57：零点偏置	G95	数控铣每转进给量	每转进给量
G65	用户宏指令		G96	恒线速度控制	恒线速度控制
G70	精车循环	英制单位	G97	恒线速度取消	恒线速度取消
G71	内外圆粗车循环	米制单位	G98	数控车每分钟进给量 数控铣返回起始平面	—
G72	端面粗车循环				
G73	成形粗车循环		G99	数控车每转进给量 数控铣返回 R 平面	—
G74	深孔钻削复合循环	返回参考点			
G75	外圆切槽循环	返回固定点			
G76	螺纹切削复合循环				
G90	数控车内/外圆单一固定 循环数控铣绝对坐标编程	绝对坐标编程			

3）尺寸功能。尺寸功能用于确定机床上刀具运动终点的坐标位置，也称尺寸指令。其中，第一组 X、Y、Z、U、V、W、P、Q、R 用于确定终点的直线坐标尺寸；第二组 A、B、C、D、E 用于确定终点的角度坐标尺寸；第三组 I、J、K 用于确定圆弧轮廓的圆心坐标尺寸。在一些数控系统中，还可以用 P 指令暂停时间、用 R 指令圆弧的半径等。多数数控系统可以用准备功能字来选择坐标尺寸的制式，如 FANUC 等系统可用 G21/G20 来选择米制单位或英制单位，也有些系统用系统参数来设定尺寸制式。采用米制时，一般单位为 mm，如 X100 指令的坐标单位为 100 mm。当然，一些数控系统可通过参数来选择不同的尺寸单位。

4）进给功能。进给功能的地址符是 F，又称为 F 功能或 F 指令，用于指定切削的进给速度。对于数控车床，F 可分为每分钟进给和主轴每转进给两种，对于其他数控机床，一般只用每分钟进给。F 指令在螺纹切削程序段中常用来指令螺纹的导程。

5）主轴转速功能。主轴转速功能的地址符是 S，又称为 S 功能或 S 指令，用于指定主轴转速，单位为 r/min。对于具有恒线速度功能的数控车床，程序中的 S 指令用来指定车削加工的线速度，单位为 m/min。

6）刀具功能。刀具功能的地址符是 T，又称为 T 功能或 T 指令，用于指定加工时所用刀具的编号。对于数控车床，其后的数字还兼作指定刀具长度补偿和刀尖圆弧半径补偿用。

7）辅助功能。辅助功能的地址符是 M，后续数字一般为 1~3 位正整数，又称为 M 功能或 M 指令，用于指定数控机床辅助装置的开关动作。表 2-5 列出了部分 M 功能字含义。

表 2-5　部分 M 功能字含义

M 功能字	含　义	M 功能字	含　义
M00	程序停止	M07	2 号切削液开
M01	计划停止	M08	1 号切削液开
M02	程序停止	M09	切削液关
M03	主轴顺时针方向旋转（正转）	M30	程序停止并返回开始处
M04	主轴逆时针方向旋转（反转）	M98	调用子程序
M05	主轴旋转停止	M99	返回子程序
M06	换刀		

2. 程序格式

（1）程序段格式　数控程序由若干个程序段组成，每个程序段又由若干个字按一定格式组成，各程序段之间用结束符隔开。程序段结束符有 LF（或 CR），常用"；"作为结束标记。

程序段格式是指程序段中的字、字符和数据的安排形式。现在一般使用字地址可变程序段格式，每个字长不固定，各个程序段中的长度和功能字的个数都是可变的。在这种格式中，上一程序段中写明且本程序段中无变化的那些续效字可以不必重写。

程序段格式举例如下：

N30 G01 X88.1 Y30.2 F500 S3000 T02 M08；

N40 X90；

N40 程序段中省略了续效字 G01、Y30.2、F500、S3000、T02、M08，但它们的功能仍然有效。

在程序段中，必须明确组成程序段的各要素，包括：移动目标，终点坐标值 X、Y、Z；轨迹移动，准备功能字 G；进给速度，进给功能字 F；切削速度，主轴转速功能字 S；使用刀具，刀具功能字 T；机床辅助动作，辅助功能字 M。

（2）加工程序的一般格式　举例如下：

%　　开始符

O1000；程序名

N10 G00 G54 X50 Y30 M03 S3000；

N20 G01 X88.1 Y30.2 F500 T02 M08；

N30 X90；　　　　　　　　　　　　程序主体（N10~N290）

……

N290 M05；

N300 M30；程序结束

%　　结束符

1）程序开始符和结束符。程序开始符和结束符是同一个字符，ISO 代码中是%，EIA 代码中是 EP，书写时要单列一段。

2）程序名。FANUC 系统程序名由英文字母 O 和 1~4 位正整数组成，一般要求单列一段。

3）程序主体。程序主体是由若干个程序段组成的，主体最后程序段一般用 M05 指令主轴停转。每个程序段一般占一行。

4）程序结束指令。程序结束指令可以用 M02 或 M30，一般要求单列一段。

3. 绝对/相对坐标编程

FANUC 系统数控车床有两个控制轴，有三种编程方法：绝对坐标编程、相对坐标编程和混合坐标编程。对于 X 轴和 Z 轴地址所要求的相对坐标指令是 U 和 W。

例如，图 2-59 所示锥面车削可有三种编程形式，具体如下：

绝对坐标编程：G01 X40 Z5 F100；

相对坐标编程：G01 U20 W-40F 100；

混合坐标编程：G01 X40 W-40F 100/G01 U20 Z5 F100。

4. 常用编程指令

（1）G50——设定工件坐标系

编程格式：G50 X ___ Z ___；

式中　X、Z——当前刀尖起始点（即刀位点）相对于工件原点的 X 轴方向和 Z 轴方向的坐标，X 值常用直径值来表示。

在编程前，一般首先确定工件原点。在 FANUC 0i 数控车床系统中，设定工件坐标系常用的指令是 G50。从理论上来讲，车削工件的工件原点可以设定在任何位置，但为了编程计算方便，编程原点常设定在工件的右端面或左端面与工件轴线的交点处。

如图 2-60 所示，用 G50 设置工件坐标系的程序段为：G50 X128.7 Z375.1。

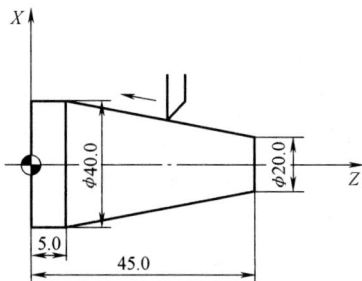

图 2-59　车削锥面

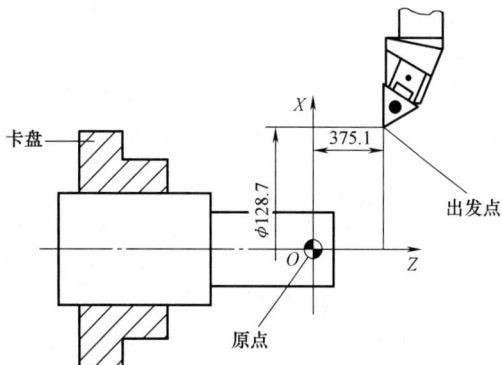

图 2-60　G50 设置工件坐标系

显然，如果当前刀具位置不同，所设定的工件坐标系也不同，即工件原点也不同。因此，数控机床操作人员在程序运行前，必须通过调整机床，将当前刀具移到确定的位置，这一过程就是对刀。对刀要求不一定十分精确，如果有误差，可通过调整刀具补偿值来达到精度要求。

（2）G54~G59——选择工件坐标系

编程格式：G54~G59；

通过使用 G54~G59 指令，采取工件坐标系预先寄存在数控机床寄存器的方式，最多可设置 6 个工件坐标系。在接通电源和完成原点返回后，系统自动选择工件坐标系（G54~G59）。在有模态指令对这些坐标做出改变之前，它们将保持有效。

（3）T 功能——选择加工所用的刀具。

编程格式：T ___；

T 后面通常由 4 位数字表示所选择的刀具号码。前两位是刀具号，后两位是刀具长度补偿号，或者是刀尖圆弧半径补偿号。但也有 T 后面用两位数。在 FANUC 0i 系统中，这两种形式均可通用。例如，T0101 表示采用 1 号刀具和 1 号刀补；T0100 表示取消刀具补偿。

（4）G94/G98、G95/G99——设定进给速度单位

编程格式：G94/G98　F ___；设定每分钟进给量，mm/min。

　　　　　　G95/G99　F ___；设定每转进给量，主轴转一周时刀具的进给量，mm/r。

一般情况下，FANUC 系统数控车床用 G98（mm/min）、G99（mm/r）设定进给速度单位，FANUC 系统数控铣床、SIEMENS 系统采用 G94（mm/min）、G95（mm/r）设定进给速度单位。

（5）G27、G28、G29——与参考点有关的指令 所谓参考点，是指沿着坐标轴的一个固定点，其固定位置由 X 轴方向与 Z 轴方向的机械挡块及电动机零点（即机床原点）位置来确定，机械挡块一般设定在 X 轴、Z 轴正向最大位置。定位到参考点的过程称为返回参考点。由手动操作返回参考点的过程称为手动返回参考点。而根据规定的 G 代码自动返回零点的过程称为自动返回参考点。当进行返回参考点的操作时，装在纵向滑板和横向滑板上的行程开关碰到挡块后，向数控系统发出信号，由系统控制滑板停止运动，完成返回参考点的操作。

1）G27——返回参考点检查。

编程格式：G27 X（U）__ Z（W）__；

式中 X（U）、Z（W）——参考点在编程坐标系中的坐标。

数控机床通常是长时间连续工作的，为了提高其加工的可靠性，保证零件的加工精度，可用 G27 指令来检查工件原点的正确性。G27 指令是以快速移动速度定位刀具的，如果刀具到达参考点，指示灯亮；如果刀具到达位置不是参考点，系统报警。

【特别注意】 当机床锁住后，即使刀具达到参考点，指示灯也不亮，因此此时使用 G27 指令并不能检查出刀具是否回到参考点。使用这一指令时，若先前使用 G41 或 G42 指令建立了刀尖半径补偿，则必须用 G40 取消后才能使用，否则会出现不正确的报警。

2）G28——自动返回参考点。

编程格式：G28 X（U）__ Z（W）__；

式中 X（U）、Z（W）——中间点的坐标位置。

G28 指令与 G27 指令不同，不需要指定参考点的坐标，有时为了安全起见，指定一个刀具返回参考点时经过的中间位置坐标。G28 的功能是使刀具以快速定位移动的方式，经过指定的中间位置，返回参考点。返回参考点结束后指示灯亮。

3）G29——从参考点返回。

编程格式：G29 X __ Z __；

式中 X、Z——刀具返回目标点时的坐标。

G29 指令是经过中间点（G28 命令中规定的中间点）达到目标点指定的位置，再返回参考点。因此，这一指令在使用之前，必须保证前面已经过 G28 指令，否则执行 G29 指令时会因中间点的位置未知而发生错误。

（6）G96、G97、G50——线速度控制

编程格式：G96 S __；恒线速度控制

G97 S __；取消恒线速度控制，并指定新转速

G50 S __；限制主轴最高转速

G96 的功能是执行恒线速度控制，并且只通过改变转速来控制相应的工件直径变化时维持稳定的恒定的切削速率，和 G50 指令配合使用。在车削端面、圆锥面或圆弧面时，常用 G96 指令恒线速度，使工件上任意一点的切削速度都一样。

G97 的功能是取消恒线速度控制，并且仅仅控制转速的稳定，如 S 未指定，将保留 G96 的最终值。

G50 的功能是限制主轴最高转速。当工件直径变小时，主轴转速连续变化，可能会超过机床允许的最高转速而出现危险，转速单位为 r/min。

一般情况下，G50、G96、G97 三个指令要配合使用。举例如下：

G50 S1800；限定主轴最高转速为 1800r/min

G96 S100；指定恒线速度为 100m/min

G97 S1000；恒线速度取消后，主轴速度为 1000r/min。

（7）G00——快速定位

编程格式：G00 X(U) ＿ Z(W) ＿；

式中　　X(U)、Z(W)——目标点的坐标。

G00 快速定位指令的功能是：控制机床各轴以系统设定的最大速率从当前位置移动到目标指令位置。G00 是模态代码。

【特别注意】

1）快速定位指令无运动轨迹要求，速度很快，进给速度 F 由机床厂家规定。

2）车削时快速定位目标点不能直接选在工件上，一般要离开工件表面 1～2mm 以上。

3）快速移动轨迹与控制系统有关，FAUNC 0i 系统采用的路径有非线性插补定位（图 2-61 中 $A \to C \to B$）和线性插补定位（图 2-61 中 $A \to B$）两种。

如图 2-61 所示，车削加工从起点 A 快速运动到目标点 B，其绝对坐标编程指令为 "G00 X120 Z100"（增量编程指令为 "G00 U80 W80"），表示刀具快速运动到点 B(60,100)。使用 G00 指令执行上述程序段时，要注意刀具是否和工件及夹具发生干涉，忽略这一点，就容易发生碰撞。

（8）G01——直线插补

编程格式：G01 X(U)＿ Z(W) ＿ F ＿；

式中　　X(U)、Z(W)——加工目标点的坐标；

　　　　　　　　F——加工时的进给率。

指令功能如下：

1）指令刀具以程序给定的速度从当前位置沿直线加工到目标位置。G01 指令是模态指令，进给速度由 F 指定。它可以用 G00 指令取消。在 G01 程序段中或之前必须含有 F 指令。如图 2-62 所示，选择右端面点 O 为编程原点，绝对坐标编程为：

G00 X50 Z2 M03 S800；$P_0 \to P_1$ 　　　X80 Z-60；$P_2 \to P_3$

G01 Z-40 F80；$P_1 \to P_2$ 　　　　　　G00 X200 Z100；$P_3 \to P_0$

增量坐标编程为：

G00 U-150 W-98 M03 S800；$P_0 \to P_1$ 　U30 W-20；$P_2 \to P_3$

G01 W-42 F80；$P_1 \to P_2$ 　　　　　　G00 U120 W160；$P_3 \to P_0$

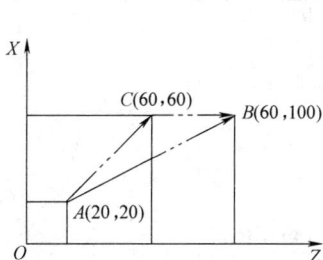

图 2-61　G00 刀具轨迹

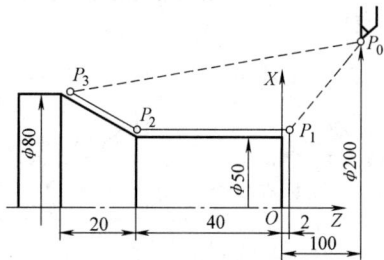

图 2-62　G01 指令举例

2）倒角、倒圆编程功能。可以实现 45°倒角与 1/4 倒圆及任意角度倒角与倒圆功能。倒角和倒圆只能在 G01 指令下使用且不可省略，其正负方向判断方法如下：$Z→+X$ 方向倒角为正值；$Z→-X$ 方向倒角为负值；$X→+Z$ 方向倒角为正值；$X→-Z$ 方向倒角为负值，如图 2-63 所示。

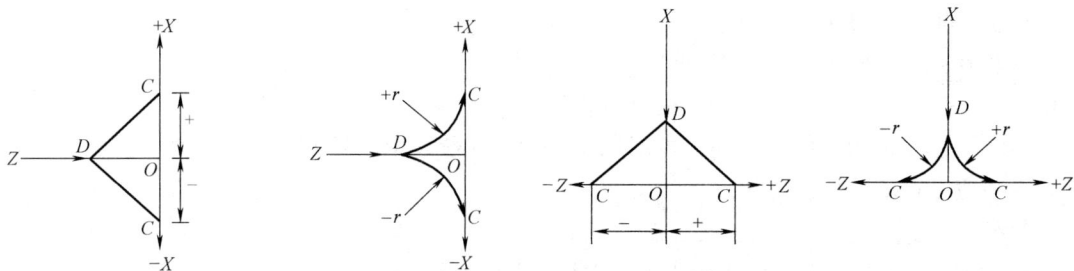

图 2-63　倒角和倒圆时正负方向的判断

如图 2-64 所示，走刀路径为：$A→B→C→D→E$，编程如下：

G01 X35 C-4 F60;$A→B$　　　　　　G01 X64 C-1.5 F60;$C→D$

G01 Z-28 R8 F60;$B→C$　　　　　　G01 Z-44.5 F60;$D→E$

3）角度编程功能。当直线段的终点缺少一个坐标值时，可以用角度方式编程。如图 2-65 所示，走刀路径为 $A→B→C→D$，编程如下：

G01 X10 Z-15;$A→B$　　　　　　G01 X30 Z-50 A165(或 A-15);$C→D$

G01 A135;$B→C$

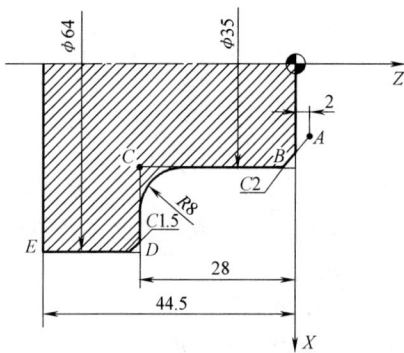

图 2-64　倒角倒圆编程

图 2-65　角度编程

表 2-6 列出了不同情况下刀具路径的角度、倒角、倒圆编程。

表 2-6　不同情况下刀具路径的角度、倒角、倒圆编程

编程指令格式	刀具路径	编程指令格式	刀具路径
G01 XX_1 ZZ_1; G01 XX_2(ZZ_2),Aα; 其中，X_2、Z_2 坐标有一个未知		G01 XX_1 ZZ_1; G01 XX_2 ZZ_2,Rr_1; G01 XX_3 ZZ_3,Rr_2; G01 XX_4 ZZ_4; 或 G01 XX_1 ZZ_1; G01 Aα_1 Rr_1; G01 XX_3 ZZ_3,Aα_2,Rr_2; G01 XX_4 ZZ_4; 其中，X_2、Z_2 坐标未知	

（续）

编程指令格式	刀具路径	编程指令格式	刀具路径
G01 XX_1 ZZ_1； G01 Aα_1； G01 XX_3 ZZ_3 Aα_2； 其中，X_2、Z_2 坐标未知	X (X_3,Z_3) α_2 (X_2,Z_2) α_1 (X_1,Z_1) O Z	G01 XX_1 ZZ_1； G01 XX_2 ZZ_2, Cc_1； G01 XX_3 ZZ_3, Cc_2； G01 XX_4 ZZ_4； 或 G01 XX_1 ZZ_1； G01 Aα_1 Cc_1； G01 XX_3 ZZ_3；Aα_2 Cc_2； G01 XX_4 ZZ_4； 其中，X_2、Z_2 坐标未知	X c_2 (X_3,Z_3) (X_4,Z_4) α_2 c_1 (X_2,Z_2) α_1 (X_1,Z_1) O Z
G01 XX_1 ZZ_1； G01 XX_2 ZZ_2 Rr； G01 XX_3 ZZ_3； 或 G01 XX_1 ZZ_1； G01 Aα_1 Rr； G01 XX_3 ZZ_3 Aα_2； 其中，X_2、Z_2 坐标未知	X (X_3,Z_3) α_2 r (X_2,Z_2) α_1 (X_1,Z_1) O Z	G01 XX_1 ZZ_1； G01 XX_2 ZZ_2 Rr； G01 XX_3 ZZ_3 Cc_2； G01 XX_4 ZZ_4； 或 G01 XX_1 ZZ_1； G01 Aα_1 Rr； G01 XX_3 ZZ_3，Aα_2，Cc_2； G01 XX_4 ZZ_4； 其中，X_2、Z_2 坐标未知	X c_2 (X_3,Z_3) (X_4,Z_4) α_2 r (X_2,Z_2) α_1 (X_1,Z_1) O Z
G01 XX_1 ZZ_1； G01 XX_2 ZZ_2 Cc； G01 XX_3 ZZ_3； 或 G01 XX_1 ZZ_1； G01 Aα_1 Cc； G01 XX_3 ZZ_3 Aα_2； 其中，X_2、Z_2 坐标未知	X (X_3,Z_3) α_2 c (X_2,Z_2) α_1 (X_1,Z_1) O Z	G01 XX_1 ZZ_1； G01 XX_2 ZZ_2 Cc； G01 XX_3 ZZ_3 Rr； G01 XX_4 ZZ_4； 或 G01 XX_1 ZZ_1； G01 Aα_1 Cc； G01 XX_3 ZZ_3，Aα_2，Rr； G01 XX_4 ZZ_4； 其中，X_2、Z_2 坐标未知	X (X_4,Z_4) (X_3,Z_3) r α_2 c (X_2,Z_2) α_1 (X_1,Z_1) O Z

（9）G04——暂停

编程格式：G04　X＿（P＿/U＿）；

式中　X、P、U——暂停时间（s、ms、r）。

【特别注意】

1）执行该程序段，暂停给定时间，暂停时间过后，继续执行下一段程序。

2）X、P、U 为暂停时间。其中 X 后面可用小数表示，单位为 s。例如"G04　X2"表示前面的程序执行完后，要经过 2s 的暂停，下面的程序段才能执行。地址 P 后面的暂停时间用整数表示，单位为 ms。例如"G04　P1000"表示暂停 1000ms。地址 U 后面暂停时间的单位为 r，其值为暂停时间与进给率之比。例如 U40，若进给率为 F10，表示零件停转（40/10）r＝4r。

3）暂停时，数控车床的主轴不会停止运动，但刀具会停止运动。

二、循环指令

1. 单一固定循环

利用单一固定循环指令，可以完成一系列连续加工 4 步动作，即"进刀→切削→退刀→返回"，刀具的循环起点也是循环的终点，从而简化程序。

（1）G90——内外圆单一循环

编程格式：G90 X(U) __ Z(W)__ R __ F __；

式中   X(U)、Z(W)——车削循环终点的坐标；

R——圆锥面车削起点与终点的半径之差；

F——进给量。

1）外圆柱面车削循环。

编程格式：G90 X(U)__ Z(W)__ F __；

式中   X、Z——圆柱面车削终点的绝对坐标；

U、W——终点相对于起点的增量坐标，U、W 数值符号由刀具路径方向来决定，如图 2-66a 所示。

图 2-66b 所示编程如下：

G90 X40 Z30 F30；$A \to B \to C \to D \to A$ X20；$A \to G \to H \to D \to A$

X30；$A \to E \to F \to D \to A$

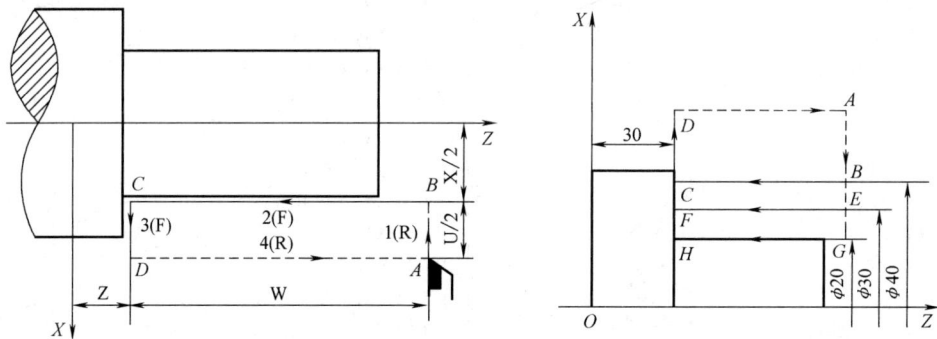

a)

图 2-66 G90 循环车削外圆柱面及其应用

a）G90 循环车削外圆柱面轨迹 b）G90 循环车削应用

2）外圆锥面车削循环。如图 2-67a 所示，R 为锥体大小端的半径差，用增量值表示，其符号取决于刀具起于锥端面的位置。当刀具起于锥端大头时，R 为正值；起于锥端小头时，R 为负值。即起点坐标大于终点坐标时，R 为正值，反之为负。图 2-67b 所示编程如下：

G90 X40 Z20 R-5 F30；   X20；

X30；

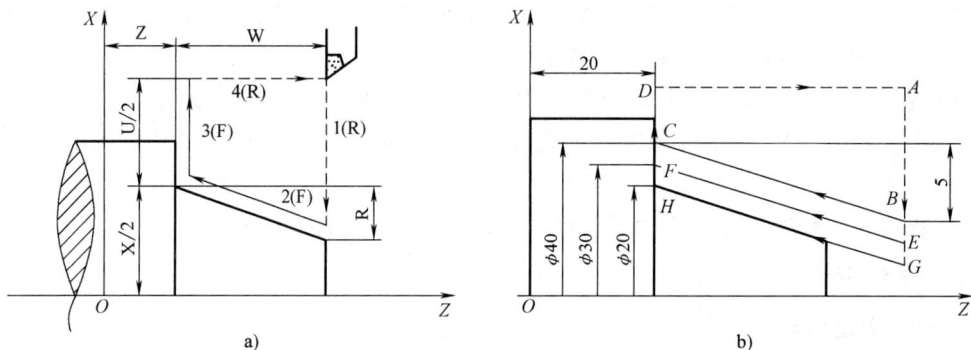

图 2-67 G90 循环车削外圆锥面及其应用

a）G90 循环车削外圆锥面轨迹 b）G90 循环切削外圆锥面应用

（2）G94——端面单一循环

编程格式：G94　X（U）＿　Z（W）＿　R＿　F＿；

式中　　X（U）、Z（W）——车削循环终点的坐标；

$\qquad\qquad\qquad$ R——端面车削起点与终点的在 Z 轴方向的坐标增量；

$\qquad\qquad\qquad$ F——进给速度或进给量。

如图 2-68 所示，X（U）、Z（W）的含义与 G90 基本相同。当起点 Z 向坐标小于终点 Z 向坐标时 R 为负，反之为正，如果没有锥度，则 R 省略。

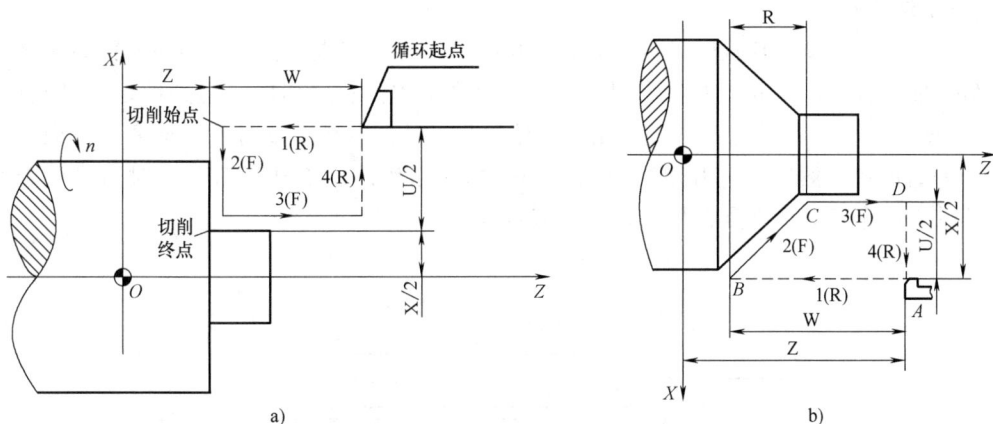

图 2-68　车端面单一循环

a）G94 循环车削圆柱面端面轨迹　b）G94 循环车削圆锥面端面轨迹

车削图 2-69 所示锥端面，程序如下：

G94 X20 Z29 R-7 F30；$A \rightarrow B \rightarrow C \rightarrow D \rightarrow A$

Z24；$A \rightarrow E \rightarrow F \rightarrow D \rightarrow A$

Z19；$A \rightarrow G \rightarrow H \rightarrow D \rightarrow A$

2. 复合循环指令

每个单一循环指令只能完成单一表面的循环加工，对于切削量比较大或轮廓形状比较复杂的零件，则采用复合循环指令。不同的数控系统，其复合循环指令的格式也不一样，但基本的加工思想是一样的，即根据若干段程序来确定零件形状（称为精加工形状程序），然后由数控系统

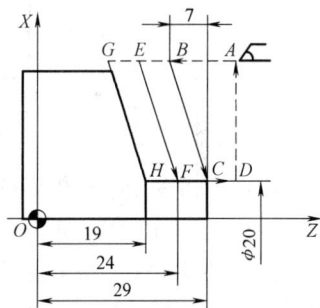

图 2-69　G94 循环车削锥端面示例

进行计算，从而进行加工。这里介绍 FANUC 数控系统用于车床的单一复合循环指令。

（1）G71——内外圆粗车复合循环

编程格式：G71　U（Δd）　R（e）；

$\qquad\qquad\quad$ G71　P（ns）　Q（nf）　U（Δu）　W（Δw）　F（f）　S（s）　T（t）；

$\qquad\qquad\quad$ N（ns）　……

$\qquad\qquad\quad$ ……

$\qquad\qquad\quad$ N（nf）　……

式中　Δd——粗车时 X 轴方向的每次切削深度，半径值，一定为正值；

$\qquad$ e——粗车时每次切削完成后在 X 轴方向的退刀量，半径值；

ns——精加工程序的第一行程序段的顺序号；

nf——精加工程序的最后一行程序段的顺序号；

Δu——X 轴方向的精车余量（直径值）；

Δw——Z 轴方向的精车余量；

f——粗车时的进给速度；

s——粗车时的主轴转速；

t——粗车时的刀具。

【特别注意】

1）G71 粗车循环切削过程轨迹如图 2-70 所示，刀具起点为点 A，循环开始时由 $A{\rightarrow}B$，留精车余量，然后，从 B 点开始，进刀 Δd 的深度至 C，然后切削，碰到给定零件轮廓后，沿 45°方向退出，当 X 轴方向的退刀量等于给定量 e 时，沿水平方向退出至 Z 轴方向坐标与点 B 相等的位置，然后再进刀切削第二刀……如此循环，加工到最后一刀时刀具沿着留精车余量后的轮廓切削至终点，最后返回到起点 A。

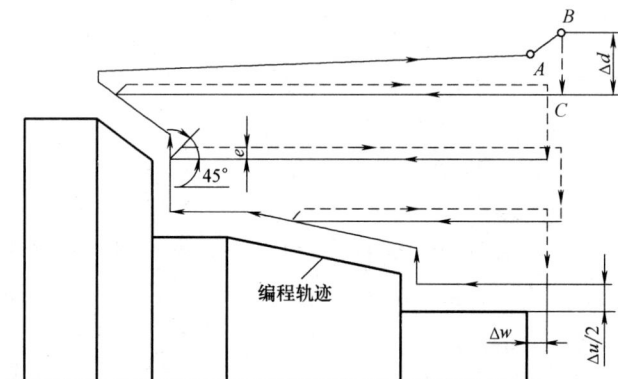

图 2-70　G71 车削外圆循环轨迹

2）G71 指令中，F 指定的是指粗车进给量，其他过程如进刀、退刀、返回等的进给速度均为快速进给速度。

3）有的 FANUC 数控系统中，由 ns 指定的程序段只能编写成"G00 X(U)＿;"或"G01 X(U)＿;"，不能有 Z 轴方向的移动，这样的循环称为Ⅰ类循环。而有的数控系统中没有这个限制，称为Ⅱ类循环。同样，对于零件轮廓，Ⅰ类循环要求零件轮廓形状只能逐渐递增（或递减），也就是说零件轮廓不能有凹坑，而Ⅱ类循环允许一个坐标轴方向的轮廓增减改变。

4）格式中的 S、T 功能如在 G71 指令之前的程序段中已经设定，则可省略。

5）$ns \sim nf$ 之间的程序段中设定的 F、S 功能在粗车时无效，也不能使用子程序。

（2）G70——精车复合循环

编程格式：G70　P(ns)　Q(nf)；

用 G71、G72、G73 指令粗加工完毕后，可用 G70 精加工循环指令，使用外圆精车刀进行精车循环加工，ns、nf 的含义与 G71 相同。精车进给速度或进给量一般在 $ns \sim nf$ 程序段中首次出现 G01 的程序段中设定。

（3）G72——端面粗车复合循环

G72 W(Δd) R(e);

G72 P(ns) Q(nf) U(Δu) W(Δw) F(f) S(s) T(t);

N(ns) ……

……

N(nf) ……

式中 Δd——粗车时，即 Z 轴方向的每次切削深度；

e——粗车时，每次车削完成后，在 Z 轴方向的退刀量。

其他参数含义及规定与 G71 指令相同。

【特别注意】

G72 指令与 G71 指令加工方式相同，只是车削循环是沿着平行于 X 轴的方向进行的。端面粗车循环指令 G72 适于 Z 向余量小、X 向余量大的棒料粗加工，加工过程如图 2-71 所示。不同的是，G72 指令的进刀是沿着 Z 轴方向进行的，刀具起点位于点 A，循环开始时，由 $A \to B$，留精车余量，然后从点 B 开始，进给 Δd 深度至点 C，然后切削，碰到给定零件轮廓后，沿 45° 方向退出，当 Z 轴方向的退刀量等于给定量 e 时，沿竖直方向退出至 X 轴方向坐标与点 B 相等的位置，然后再进刀切削第二刀……如此循环，加工到最后一刀时刀具沿着留精车余量后的轮廓切削至终点，最后返回起点 A。

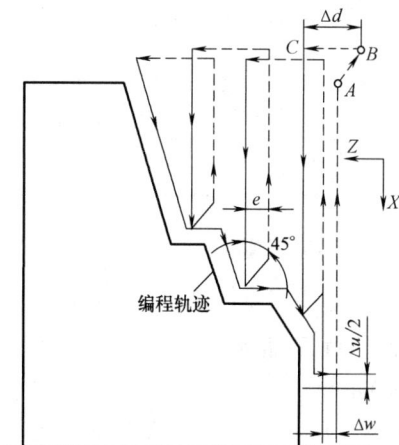

图 2-71　G72 端面粗车复合循环加工过程

任务实施

一、工艺过程

1）粗车外轮廓。

2）精车外轮廓。

3）切断。

二、刀具与工艺参数

数控加工刀具卡和数控加工工序卡分别见表 2-7 和表 2-8。

表 2-7　数控加工刀具卡

任　　务		车削加工外圆柱/圆锥类零件	零件名称	短轴	零件图号	
序号	刀具号	刀具名称及规格	刀尖圆弧半径/mm	数量	加工表面	备注
1	T0101	粗、精右偏外圆车刀	0	1	外表面、端面	
2	T0202	切断刀（刀位点为左刀尖）	$B = 4$	1	切槽、切断	

表 2-8　数控加工工序卡

材料	45 钢		零件图号		系统	FANUC	工序号	

| 程序 | 夹住棒料一头,留出长度大约 60mm(手动操作),调用程序 O0001 | | | | | | | |

序号	工步内容	G 功能	T 刀具	切削用量		
				主轴转速 $n/(\text{r/min})$	进给量 $f/(\text{mm/r})$	背吃刀量 a_p/mm
1	自右向左粗车端面、外圆表面	G71	T0101	1000	0.1	1
2	自右向左精车端面、外圆表面	G70	T0101	1500	0.02	0.2
3	切断,左侧倒角,保证总长	G01	T0202	300	0.02	
4	检测、校核					

三、装夹方案

用自定心卡盘夹紧定位。

四、程序编制

O0001;

N010 G99 T0101;设定进给量单位为 mm/r,调用 1 号刀 1 号刀补,建立工件坐标系

N020 G00 X100 Z100;设置换刀点

N030 M03 S1000;起动主轴正转,转速为 600r/min

N040 G00 X45 Z5;

N050 G71 U1 R1;复合循环指令粗加工

N060 G71 P70 Q140 U0.4 W0.2 F0.1;复合循环指令粗加工

N070 G00 X20;精加工轮廓 X 轴起点

N080 G01 Z2 F0.02;精加工轮廓 Z 轴起点

N090 X24 Z-2;

N100 Z-15;

N110 X28;

N120 X36 Z-33;

N130 Z-45;

N140 X39;精加工轮廓终点

N150 M03 S1500;升速

N160 G70 P70 Q140;精加工循环

N170 G00 X100 Z100;

N180 T0100;取消 1 号刀补

N190 T0202;调用 2 号刀 2 号刀补

N200 G00 X45 Z-44;定位

N210 M03 S300;降速

N220 G01 X32 F0.02;切至直径 φ32mm 处

N230 X38 F0.3;退刀至直径 φ38mm 处

N240 Z-41;Z 轴移至 Z-41 处

N250 X32 Z-44 F0.02;零件左侧倒角

N260 X1;切至直径 φ1mm 处,保证长度 40mm±0.1mm

N270 X45 F0.3;退刀直径 φ45mm 处

N280 G00 X100 Z100;返回换刀点

N290 T0200;取消 2 号刀补

N300 M05;主轴停

N310 M30;程序结束并返回

技能实训

1. 用基本编程指令编写图 2-72 所示简单轴的加工程序，材料为 45 钢。

2. 用复合循环指令编写图 2-73 所示锥度轴的粗、精加工程序，材料为 45 钢。

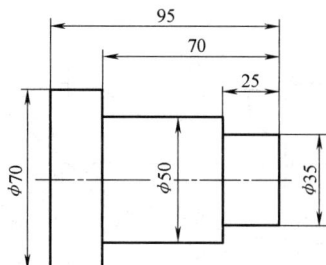

图 2-72　简单轴

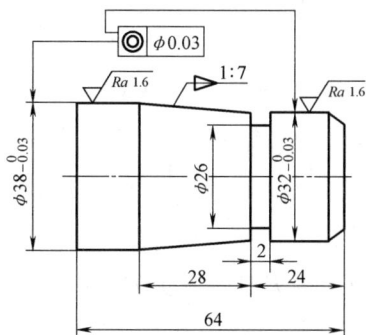

图 2-73　锥度轴

任务三　车削加工外圆弧类零件

技能目标

（1）会分析并拟订成形面加工工艺
（2）会评价和分析零件
（3）能编制和调试外成形面加工程序
（4）能用仿真软件模拟加工外圆弧类零件

知识目标

（1）掌握成形面加工工艺知识
（2）会分析车削加工质量要求
（3）熟练掌握成形面加工常用编程指令（G02、G03、G73、子程序、G41、G42）
（4）熟悉数控车削加工仿真操作步骤

任务导入——加工手柄

任务描述

完成图 2-74 所示球头手柄的车削加工，毛坯为 φ25mm 棒料，材料为 45 钢。

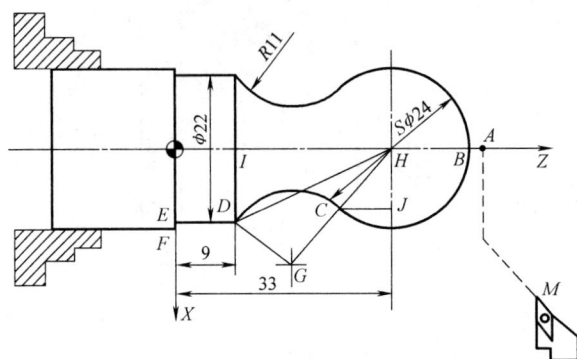

图 2-74　球头手柄

🖥 **知识链接**

一、外圆弧加工的工艺知识

在加工球面时要选择副偏角大的刀具，以免刀具的后刀面与工件产生干涉，如图 2-75 所示。

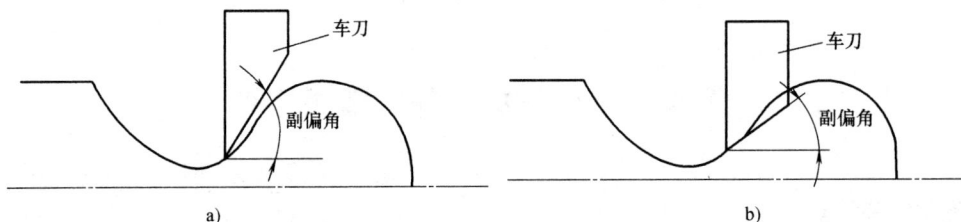

图 2-75　车刀副偏角的干涉影响

a）副偏角大，不干涉　b）副偏角小，产生干涉

二、基本编程指令

1. G02/G03——圆弧插补

G02：顺时针方向圆弧插补；G03：逆时针方向圆弧插补。

半径编程格式：G02/G03　X(U)__　Z(W)__　R__　F__；

圆心坐标编程格式：G02/G03　X(U)__　Z(W)__　I__　K__　F__；

式中　X(U)、Z(W)——圆弧终点的坐标值，相对坐标编程时，坐标为圆弧终点相对圆弧起点的坐标增量；

　　　　　I、K——圆心相对于圆弧起点的坐标增量，I 为 X 轴方向的增量，K 为 Z 轴方向的增量；

　　　　　R——圆弧半径；

　　　　　F——进给速度或进给量。

【特别注意】

1）一般，在数控车床上加工的圆弧都是 XOZ 坐标面内的圆弧。判断是顺时针方向的圆弧插补还是逆时针方向的圆弧插补，应从与该坐标平面构成笛卡儿坐标系的第三轴（Y 轴）

的正方向沿负方向看，如果圆弧起点到终点为顺时针方向，这样的圆弧加工时用 G02 指令，反之，如果圆弧起点到终点为逆时针方向，则用 G03 指令。例如，图 2-76a 所示为前刀座数控车床中的圆弧插补，图 2-76b 所示为后刀座数控车床的圆弧插补。

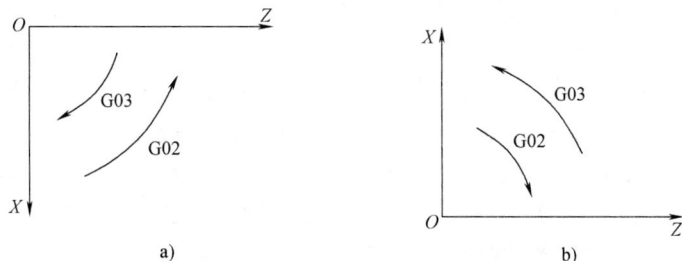

图 2-76　圆弧插补方向的判别

2）圆弧编程的两种方式。

① 半径编程。用半径编程时，用 R 来表示圆弧半径，在编程过程中不需要计算太多，所以经常用这种方法。R 后面的数值有正负之分。当圆弧所对的圆心角 $\alpha \leqslant 180°$ 时，圆弧半径取正值，反之 R 取负值。值得一提的是，当 $\alpha = 180°$ 时，R 可正可负，一般取正值。

② 圆心坐标编程。用圆心坐标编程时，用 I 和 K 表示圆心位置。

整圆加工编程只能用圆心坐标编程方法。

3）F 指的是沿圆弧加工时切线方向的进给量。

2. G73——成形粗车复合循环

G73 指令的每次刀具路径是按平行于零件精加工轮廓进行循环的，如图 2-77 所示。这种循环适于对铸、锻件毛坯的切削，对零件轮廓的单调性则没有要求。

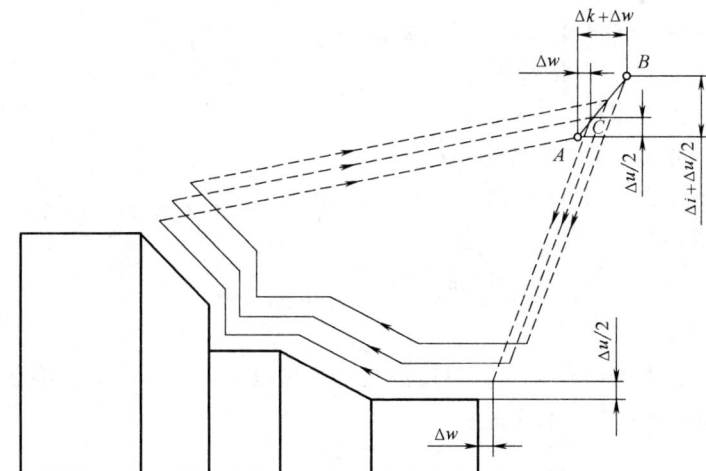

图 2-77　G73 成形粗车循环加工过程

编程格式：G73　U(Δi)　W(Δk)　R(d)；

　　　　　　G73　P(ns)　Q(nf)　U(Δu)　W(Δw)　F(f)　S(s)　T(t)；

式中　Δi——X 轴方向的总切削深度（半径值）；

　　　Δk——Z 轴方向的总切削深度；

　　　d——粗车循环次数。

ns、nf、Δu、Δw、f、s、t 的含义与 G71 指令相同。

【特别注意】

1）与 G71 指令和 G72 指令不同，G73 指令的循环加工过程如图 2-77 所示，其每次走刀轨迹都是平行的，只不过在 X 轴、Z 轴方向有一个背吃刀量（切削深度），这个背吃刀量等于总切削深度除以粗加工循环次数。循环起点为点 A，循环开始时，从点 A 向点 B 退回一定距离，X 轴方向为 $\Delta i +\Delta u/2$，Z 轴方向为 $\Delta k +\Delta w$，然后从点 B 进刀切削，按图中箭头所示的过程进行循环加工，直到达到留余量后的轮廓轨迹为止。

2）通常使 X 向、Z 向的总切削深度一致，即取 $\Delta i = \Delta k$，由于粗车次数是预先设定的，因此每次的背吃刀量是相等的。

3）由于加工的毛坯一般为圆柱体，因此，Δi 的取值一般以工件加工余量最大处为基准来考虑，经验参数取值如下：

$$\Delta i = \frac{d_{毛坯}-d_{最小}}{2}-K$$

式中　$d_{毛坯}$——毛坯直径（mm）；

　　　$d_{最小}$——工件最小直径（mm）；

　　　K——第一次切削深度（mm），半径值。

另外，根据此式，再结合起点 Z 坐标的偏离情况，Δi 取值可以大大减小。

4）两个程序段都有地址 U、W，在使用时要注意区别它们各自代表的含义。

【应用实例 2-1】　G73 成形粗车循环的应用

车削图 2-78 所示零件，试编程加工。

分析：若采用圆柱棒料，应用 G73 指令加工，在车削时使用半径补偿，留精车余量 $\Delta u = 0.2$mm，$\Delta w = 0.1$mm。用两把刀，1 号刀粗车，2 号刀精车。余量计算如下：

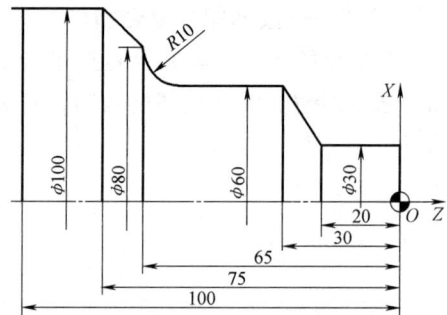

图 2-78　G73 成形粗车复合循环指令的应用

$$\Delta i = \frac{100\text{mm}-30\text{mm}}{2}-5\text{mm}=30\text{mm}$$

根据实际情况，考虑起点 Z 坐标偏离情况（也可以在仿真中调试，根据经验取值），取总切削余量 15mm，分 8 次车削完成。

编制程序如下：

O0102;

N05 G54 T0100;建立工件坐标系,选用 1 号刀

N10 G00 X150 Z100;设置换刀点

N20 M03 S1500;起动主轴正转

N30 G00 X110 Z10;进刀至循环起点

N40 G73 U15 W15 R8;粗车循环

N50 G73 P60 Q120 U0.2 W0.1 F100;粗车循环,余量 $\Delta u = 0.2$mm,$\Delta w = 0.1$mm

N60 G00 X30 Z2;精加工轮廓起点

N70 G01 G42 Z-20 F30;车削φ30mm外圆,建立
刀具半径补偿

N80 X60 Z-30;车削锥度

N90 Z-55;车削φ60mm外圆

N100 G02 X80 Z-65 R10;车圆弧R10mm

N110 G01 X100 Z-75;车锥度

N120 G40 G01 X105;取消刀具半径补偿/精加
工轮廓终点

N130 G00 X150 Z250 M05;返回,主轴停

N140 T0202;换2号刀

N150 G50 S2000;主轴最高转速限制

N160 G96 M03 S500;恒线速度切削,主轴起动

N170 G00 X112 Z6;定位到精车起点

N180 G70 P60 Q120;精车循环

N190 G00 G97 X150 Z100;退刀,取消恒线速度
切削方式

N200 T0100;换回1号刀,取消刀具半径补偿

N210 M05;主轴停

N220 M30;程序结束并返回

3. G75——内外圆切槽循环

编程格式：G75　R(e);

　　　　　　G75　X(U)__　Z(W)__　P(Δu)　Q(Δw)　F(f)　S(s);

式中　e——X轴方向每次切削的退刀量;

　X(U)——最终凹槽直径;

　Z(W)——最后一个凹槽的Z坐标;

　Δu——X轴方向每次切削深度（无符号）,单位为μm;

　Δw——各槽之间的距离（无符号）,单位为μm;

　f——进给速度。

其他字母含义同G71指令。

【特别注意】

1）G75指令是沿着X轴方向切削的。G75循环加工过程如图2-79所示,刀具定位在点A,沿X轴方向进行加工,每次加工Δu后,回退e的距离,然后再加工Δu,依次循环至给定Z坐标值,返回点A,再向X轴方向进Δu,重复以上动作,直至给定的Z坐标值……最后加工至给定坐标位置（图中点C）,再分别沿Z轴方向和X轴方向返回点A。

2）使用G75指令既可加工单个槽（通过设置Δw参数加工大于刀宽的槽）,也可加工多个槽（槽宽与刀宽等值,槽间距及槽底尺寸相等）,只需在编程时注意设置相关参数即可。

【应用实例2-2】　G75外圆切槽循环应用

如图2-80所示,分别编程加工图2-80所示的槽。

编制程序：

设切槽刀宽3mm,图2-80a所示的槽加工程序如下：

O0012;

N10 G54 M03 S1000;建立坐标系,起动主轴

N20 G00 X100 Z100;设置换刀点

N30 T0101;选用1号刀,建立刀具补偿

N40 G00 X55 Z-23;进刀至槽加工的起点

N50 G75 R2;槽循环参数

N60 G75 X30 Z-23 P2000 Q1000 F50;

槽循环参数（一般系统Q参数需给出一定

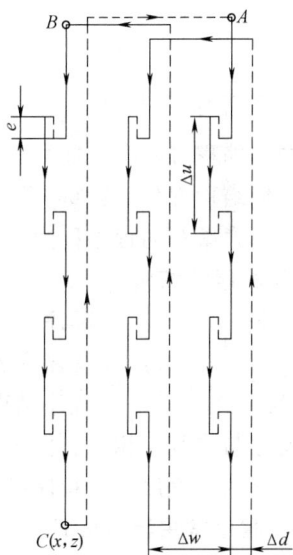

图2-79　G75切槽循环加工过程

数值,程序方可正常运行)

N70 G00 X100 Z100;返回

N80 T0000;取消刀具补偿

图 2-80b 所示多槽加工程序如下:

O0013;

N10 G54 T0100 M03 S500;建立坐标系,选用 1
号刀,起动主轴

N20 G00 X100 Z100;设置换刀点

N30 T0101;建立刀具补偿

N40 G00 X52 Z-23;进刀至槽加工的起始点

N50 G75 R2;槽循环参数设置

N90 M05;主轴停

N100 M30;程序结束并返回

N60 G75 X30 Z-50 P2000 Q9000 F50;
槽循环参数设置

N70 G00 X100 Z100;返回

N80 T0000;取消刀具补偿

N90 M05;主轴停

N100 M30;程序结束并返回

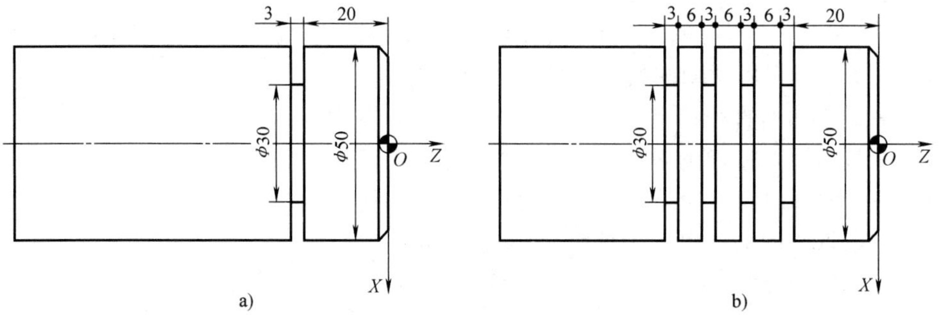

图 2-80 G75 外圆切槽循环应用

a)加工一个槽 b)加工多个槽

三、子程序

在数控编程过程中,通常会遇到零件的结构有相同部分,这样程序中也有重复程序段。如果把相同结构部分单独编写一个程序,在需要的时候进行调用,就会使整个程序变得简洁。这种单独编写的程序称为子程序,调用子程序的程序称为主程序。

1. 子程序的结构

O0010;　　　　　子程序名

……　　　　　　子程序内容

M99;　　　　　　子程序结束并返回主程序

子程序与主程序相似,由子程序名、程序内容和程序结束指令组成。一个子程序也可以调用下一级的子程序。子程序必须在主程序结束指令后建立,其作用相当于一个固定循环。

2. 子程序常用调用格式

1)调用格式:M98 P××××××××。

说明:P 后边的数字有 8 位,前 4 位为调用次数(调用 1 次时可省略),一般在有效数值前面的 "0" 可以省略;后 4 位为子程序号,不可省略。例如调用 O1002 子程序 7 次可用 M98 P71002 表示。

2)调用格式:M98 P×××× L×;

说明:P 后边的数字为子程序编号,L 后为调用次数(L1 可省略,最多为 9999 次)。例如 "M98 P1002 L7" 表示调用 O1002 子程序 7 次。

【特别注意】

1）当子程序最后的程序段只用 M99 时，子程序结束，返回到调用程序段后面的一个程序段；若一个程序段号在 M99 后由 P 指定时，系统执行完子程序后，将返回到由 P 指定的那个程序段号上；如果在主程序中执行到 M99 指令，则系统返回到主程序起点重新运行程序。

2）子程序调用指令 M98 可以与运动指令在同一个程序段中使用，如"G00　X100 M98　P1200"。

3．子程序嵌套

当主程序调用子程序时，它被认为是一级子程序。子程序调用下一级子程序称为嵌套，上一级子程序与下一级子程序的关系，与主程序与一级子程序的关系相同。子程序调用可以嵌套 4 级，调用指令可以重复地调用子程序，最多 999 次。

在图 2-80b 中，零件共有 4 个相同的槽，可以用子程序来加工，当然用 G75 指令完成 4 个槽的加工也很容易。但是，用 G75 指令加工槽时要求每个沟槽的间距要相等，如果不相等，用 G75 指令加工就困难了，用子程序加工比较好，如图 2-81 所示。

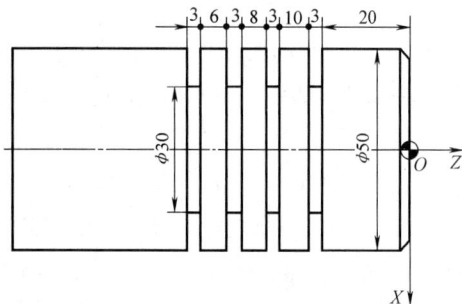

图 2-81　子程序的应用

【应用实例 2-3】　子程序加工的应用

加工图 2-81 所示的沟槽，用子程序编程。

分析：沟槽间距分别为 10mm、8mm、6mm，每个沟槽深度是一样的，因此用子程序完成即可。

设刀宽为 3mm，编写程序如下：

主程序
O0018
N10 G54 T0101;设定坐标系,选 1 号刀及刀具
　　　　补偿
N20 G00 X100 Z50;设置换刀点
N30 M03 S500;起动主轴
N40 G00 X55 Z-23;定位到第 1 槽加工的起点
N50 M98 P0008;调用子程序加工
N60 G00 X55 Z-36;定位到第 2 槽加工的起点
N70 M98 P0008;调用子程序加工
N80 G00 X55 Z-47;定位到第 3 槽加工的起点
N90 M98 P0008;调用子程序加工

N100 G00 X55 Z-56;定位到第 4 槽加工的起点
N110 M98 P0008;调用子程序加工 1 次
N120 G00 X100 Z50 T0000;返回,取消刀具补偿
N130 M05;主轴停
N140 M30;程序结束并返回
子程序
O0008;
N10 G75 R2;槽循环参数设置
N20 G75 X30 W0 P2000 Q1000 F50;
　　　　槽循环参数设置
N30 M99;子程序结束并返回主程序

四、刀具半径补偿

1．刀具半径补偿原因

编程时，通常都将车刀刀尖作为一点来考虑，但实际上刀尖处存在圆角，如图 2-82 所示。当按照理想刀尖点编制程序，进行端面、外径、内径等与轴线平行或垂直的表面加工时，是不会产生误差的。但在进行倒角、锥面及圆弧切削时，则会产生少切或过切现象，如图 2-83 所示。具有刀具半径自动补偿功能的数控系统能根据刀尖圆弧半径计算出补偿量，

避免少切或过切现象的产生。

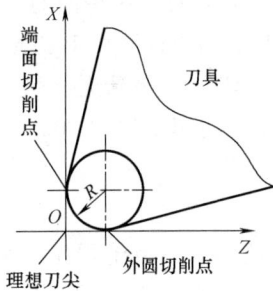

图 2-82　理想刀尖和实际刀尖

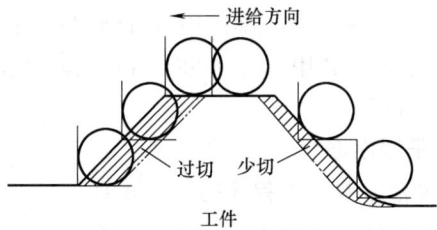

图 2-83　刀尖圆弧造成少切或过切

为了避免少切或过切，在数控车床的数控系统中引入刀具半径补偿。所谓刀具半径补偿是指事先将刀尖圆弧半径值输入到数控系统，在编程时指明所需要的半径补偿方式，数控系统在刀具运动过程中，根据操作人员输入的刀尖圆弧半径值及加工过程中所需要的补偿，进行刀具运动轨迹的修正，加工出所需要的轮廓。

这样，数控编程人员在编程时，按轮廓形状进行编程，不需要计算刀尖圆弧半径对加工的影响，提高了编程效率，减少了编程出错的概率。

2. G41、G42、G40——刀具半径补偿

G41、G42、G40 为刀具半径补偿指令。其中，G41 为刀具半径左补偿指令，G42 为刀具半径右补偿指令，G40 为取消刀具半径补偿指令。判断是用刀具半径左补偿指令还是用刀具半径右补偿指令的方法如下：将工件与刀尖置于数控机床坐标系平面内，观察者站在与坐标平面垂直的第三个坐标的正方向位置，顺着刀尖运动方向看，如果刀具处于工件左侧，则用刀具半径左补偿指令，即 G41 指令，如果刀具位于工件的右侧，则用刀具半径右补偿指令，即 G42 指令，如图 2-84 所示。

3. 刀具半径补偿的建立与取消

刀具半径补偿的过程分为 3 步：建立刀具半径补偿，在加工开始的第一个程序段之前，一般用 G00、G01 指令进行补偿，如图 2-85 所示；刀具补偿的进行，执行 G41 指令或 G42 指令后的程序，刀具按照中心轨迹与编程轨迹相距一个偏置量运动；本刀具加工结束后，用 G40 指令取消刀具半径补偿。

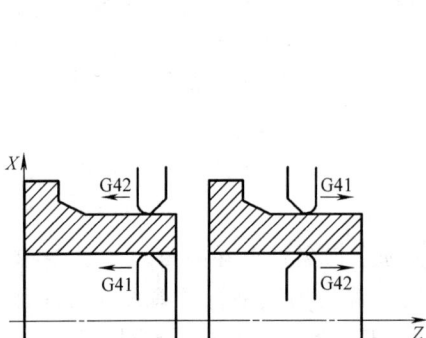

图 2-84　刀具半径补偿

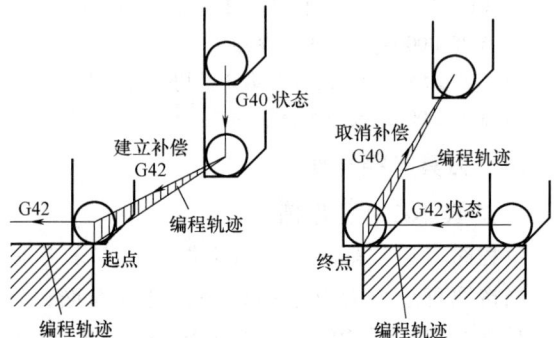

图 2-85　刀具半径补偿的建立与取消

【特别注意】

1）G41 指令、G42 指令为模态指令。

2）G41/G42 指令必须与 G40 指令成对使用。

3）建立或取消刀具半径补偿的程序段中，G41/G42/G40 指令必须用 G01/G00 指令配合编程。

4）G41/G42 指令与 G40 指令之间的程序段中不得出现任何转移加工，如镜像、子程序加工等。

4. 刀具半径的输入

数控车床上，同一把刀具的半径补偿值与位置补偿值放在同一个补偿号中，由数控车床的操作人员输入到数控系统中，

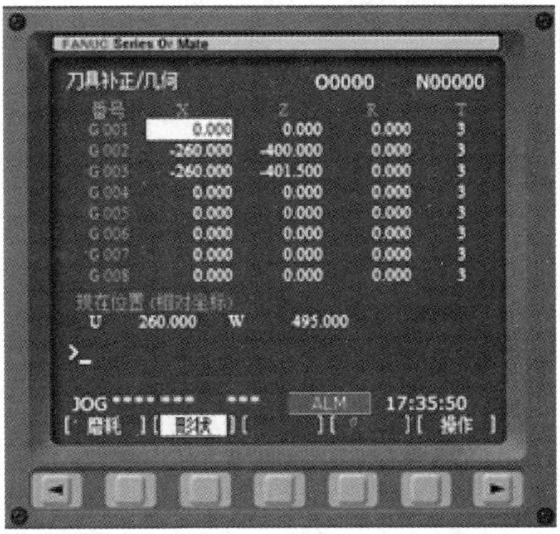

图 2-86　刀具半径补偿值的输入界面

这些补偿值统称为刀具参数偏置量。刀具半径补偿值的输入界面如图 2-86 所示。

任务实施

一、工艺过程

1）车端面。

2）自右向左粗车外表面。

3）自右向左精车外表面。

4）切断。

二、刀具与工艺参数

数控加工刀具卡和数控加工工序卡分别见表 2-9 和表 2-10。

表 2-9　数控加工刀具卡

任 务		车削加工外圆弧类零件	零件名称		手柄	零件图号	
序号	刀具号	刀具名称及规格	刀尖圆弧半径/mm		数量	加工表面	备注
1	T0101	93°粗、精右偏外圆车刀	0.4		1	外表面、端面	刀尖角 35°
2	T0202	切断刀（刀位点为左刀尖）	$B=4$		1	切槽、切断	

表 2-10　数控加工工序卡

材料	45 钢		零件图号		系统	FANUC	工序号	
程序	夹住棒料一头，留出长度大约60mm(手动操作)，调用程序 O0001							
序号	工步内容		G 功能	T 刀具	切削用量			
					主轴转速 $n/(\text{r/min})$	进给量 $f/(\text{mm/r})$	背吃刀量 a_p/mm	
1	自右向左粗车端面、外圆表面		G73	T0101	600	80	2	
2	自右向左精车端面、外圆表面		G70	T0101	800	40	0.2	
3	切断		G01	T0202	300	20		
4	检测、校核							

三、装夹方案

用自定心卡盘夹紧定位。

四、程序编制

O0011;
N010 T0101 M03 S600;调用1号刀及刀补,建立
工件坐标系,主轴正转,
转速为600r/min
N020 G00 X100 Z150;设置换刀点
N030 X26 Z50;快速定位至循环加工起点X26 Z50
N040 G73 U10 W5 R5;成形粗车复合循环指令
粗加工
N050 G73 P60 Q110 U0.4 W0.2 F80;
N060 G01 X0;循环开始
N070 G01 Z45 F40;
N080 G03 X18.14 Z25.14 R12;
N090 G02 X22 Z9 R11;
N100 G01 Z0;

N110 X26;循环结束
N120 M03 S800;升速
N130 G70 P60 Q110;精车循环
N140 G00 X100 Z150;
N150 T0100;取消刀补
N160 T0202 S300;调用2号刀及刀补,建立2号
刀工件坐标系,降速
N170 G00 X30 Z-4;快速定位至切断位置
N180 G01 X2 F20;切断,保证长度45mm
N190 X30 F100;
N200 G00 X100 Z150;
N210 T0200;取消刀补
N220 M05;主轴停
N230 M30;程序结束并返回

技能实训

1. 毛坯为 $\phi162$mm 棒料,材料为45钢,试车削图2-87所示外圆弧类零件。

图2-87 外圆弧类零件

2. 如图2-88所示手柄,建立坐标系,计算各基点的坐标,并编写该零件圆弧部分的精

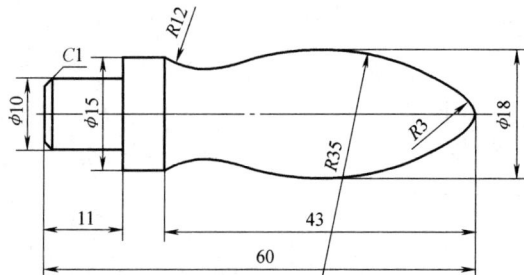

图2-88 手柄

加工程序，材料为 45 钢。

3. 编写图 2-89 所示零件的加工程序，材料为 45 钢。

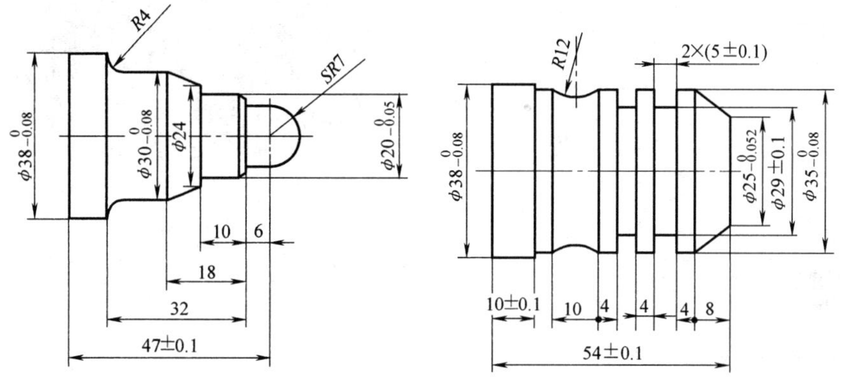

a)

b)

图 2-89　编程练习图

任务四　车削加工螺纹类零件

技能目标

（1）能设计螺纹类零件的加工工艺

（2）会计算和测量螺纹各部尺寸

（3）能控制外圆尺寸、螺纹的尺寸精度及表面粗糙度

（4）会编制和调试螺纹加工程序

（5）能熟练应用数控仿真软件加工螺纹类零件

知识目标

（1）掌握螺纹类零件的加工工艺知识

（2）熟练掌握螺纹加工常用编程指令

（3）掌握数控真软件车削螺纹类零件的流程

任务导入——加工螺钉

任务描述

加工图 2-90 所示螺钉。毛坯为 φ26mm 棒料，材料为 45 钢。

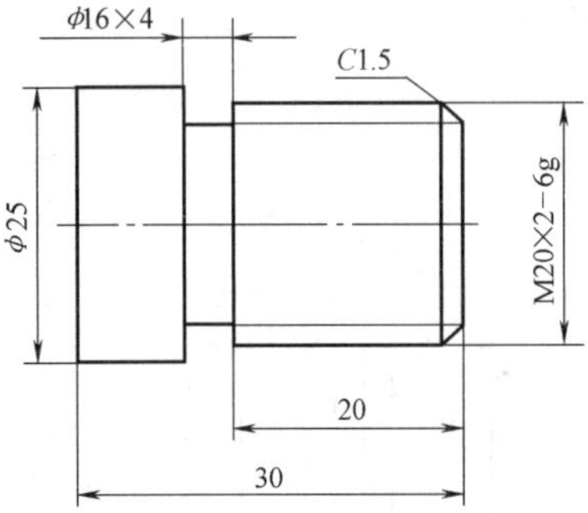

图 2-90　螺钉

知识链接

一、螺纹加工的工艺知识

螺纹加工是数控车床的基本功能之一。螺纹按不同的分类标准可分为内外圆柱螺纹和内外圆锥螺纹、单线螺纹和多线螺纹、恒螺距螺纹和变螺距螺纹。因为螺纹加工时，刀具的进给速度与主轴转速要保持严格的关系，所以数控车床要实现螺纹加工，必须在主轴上安装编码器位置检测装置，通过控制起点偏移量来实现多线螺纹加工。螺纹加工时，不能用恒线速度切削功能。

1. 螺纹加工方法

在数控车床上加工螺纹，有两种进给方法：直进法和斜进法。以普通螺纹为例，如图 2-91a 所示，直进法是从螺纹牙沟槽的中间部位进给，每次切削时，螺纹车刀两侧的切削刃都受切削力。一般螺距小于 3mm 时，可用直进法加工。如图2-91b 所示，斜进法加工时，从螺纹

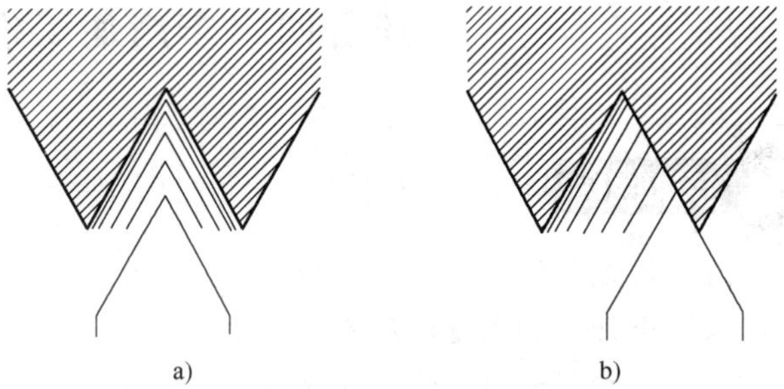

图 2-91　螺纹加工方法
a）直进法　b）斜进法

牙沟槽的一侧进给，除第一刀外，每次切削只有一侧的切削刃受切削力，有助于减轻负载。当螺距大于 3mm 时，可用斜进法加工。

螺纹加工时，应遵循"后一刀的切削深度不应超过前一刀的切削深度"的原则。也就是说，切削深度逐次减小，目的是使每次切削面积接近相等。多线螺纹加工时，先加工好一条螺纹，然后再轴向进给移动一个螺距，加工第二条螺纹，直到全部加工完为止。

2. 确定车螺纹前直径尺寸

普通螺纹各基本尺寸如下：

螺纹基本大径与公称直径相同，内、外螺纹的基本大径为 D、d。

内螺纹中径为 $\qquad D_2 = D - 0.6495P$

外螺纹中径为 $\qquad d_2 = d - 0.6495P$

内螺纹小径为 $\qquad D_1 = D - 1.0825P$

外螺纹小径为
$$d_1 = d - 1.0825P$$
式中 P——螺纹螺距（mm）。

螺纹加工之前，需要对一些相关尺寸进行计算，查阅国家标准中常见普通螺纹与螺距标准参数表，以确保车削螺纹程序段中的有关参数正确无误。

车削螺纹时，总切削深度是螺纹的牙型高度，即螺纹牙顶到螺纹牙底间沿径向的距离。对普通螺纹，设单线螺纹螺距为 P，实际加工时，由于螺纹车刀刀尖圆弧半径的影响，并考虑到螺纹的配合使用，加工外螺纹时实际尺寸可按如下经验公式计算：

实际大径 $\qquad d = d_{公称} - 0.20\text{mm}$

牙型高度 $\qquad h = 0.6495P$

实际小径 $\qquad d_1 = d - 2h$

3. 确定螺纹行程

在数控车床上加工螺纹时，沿着螺距方向（Z 方向）的进给速度与主轴转速必须保证严格的比例关系，但是螺纹加工时，刀具起始时的速度为零，不能和主轴转速保证一定的比例关系。在这种情况下，刚开始切入时，必须留一段切入距离，如图 2-92 所示的 δ_1，称为引入距离。同样的道理，当螺纹加工结

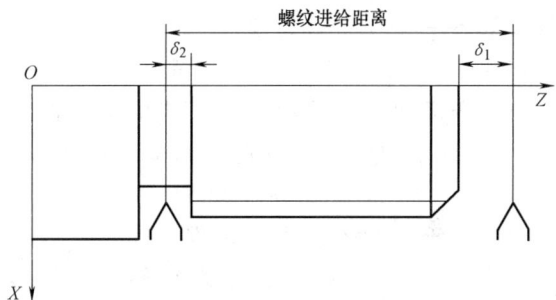

图 2-92 螺纹切削时的引入距离和超越距离

束时，必须留一段切出距离，如图 2-92 所示的 δ_2，称为超越距离。

引入距离 δ_1 与超越距离 δ_2 的数值与所加工螺纹的导程、数控机床主轴转速和伺服系统的特性有关，具体取值由实际的数控系统及数控机床来决定。

在数控车床上加工螺纹时，由于机床伺服系统本身具有滞后特性，会在螺纹起始段和停止段发生螺距不规则现象，所以实际加工螺纹的长度 W 应包括引入距离和超越距离。即
$$W = L + \delta_1 + \delta_2$$
式中 δ_1——引入距离（mm），一般取 2~3mm；

δ_2——超越距离（mm），一般取 2~3mm（通常取退刀槽宽度的一半）。

4. 确定螺纹切削深度

普通螺纹切削深度及切削次数参考见表 2-11。

表 2-11 普通螺纹切削深度及切削次数参考

米制螺纹							
螺距/mm	1	1.5	2	2.5	3	3.5	4
牙型高度（半径量）/mm	0.649	0.974	1.299	1.624	1.949	2.273	2.598
切削次数及背吃刀量（直径量）/mm 1次	0.7	0.8	0.9	1.0	1.2	1.5	1.5
2次	0.4	0.6	0.6	0.7	0.7	0.7	0.8
3次	0.2	0.4	0.6	0.6	0.6	0.6	0.6
4次		0.16	0.4	0.4	0.4	0.6	0.6
5次			0.1	0.4	0.4	0.4	0.4
6次				0.15	0.4	0.4	0.4
7次					0.2	0.2	0.4
8次						0.15	0.3
9次							0.2

（续）

英制螺纹							
牙/in[①]	24	18	16	14	12	10	8
牙型高度（半径量）/mm	0.678	0.904	1.016	1.162	1.355	1.626	2.033
切削次数及背吃刀量（直径量）/mm　1 次	0.8	0.8	0.8	0.8	10.9	1.0	1.2
2 次	0.4	0.6	0.6	0.6	0.6	0.7	0.7
3 次	0.16	0.3	0.5	0.5	0.6	0.6	0.6
4 次		0.11	0.14	0.3	0.4	0.4	0.5
5 次				0.13	0.21	0.4	0.5
6 次						0.16	0.4
7 次							0.17

① 1in = 25.4mm。

二、螺纹加工指令

1. G32——单步车削螺纹

编程格式：G32　X(U)__　Z(W)__　Q __　F__;

式中　X(U)、Z(W)——螺纹车削终点的坐标值；

Q——螺纹起始角（0°~360°），Q 增量不能指定小数点，如 180°，则指定为 180000；

F——螺纹导程，即加工时的每转进给量。

【特别注意】

1）G32 指令为单步车削螺纹指令，即每使用一次，车削一刀。

2）在加工过程中，要将引入距离 δ_1 和超越距离 δ_2 编入到螺纹车削中，如图 2-93 所示。

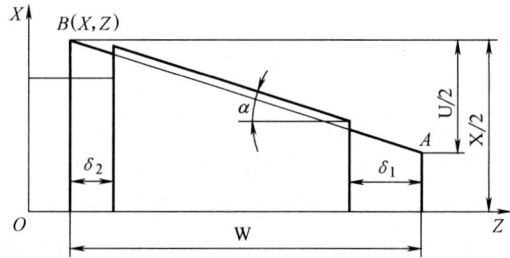

图 2-93　单行程螺纹切削指令 G32

3）X 坐标省略或与前一程序段相同时为圆柱螺纹，否则为圆锥螺纹。

4）图 2-93 中，圆锥螺纹斜角 α<45°时，螺纹导程以 Z 轴方向指定，45°≤α<90°时，以 X 轴方向指定。一般很少使用这种方式。

5）螺纹车削时，为保证螺纹加工质量，一般采用多次车削方式，其车削次数及每一刀的背吃刀量可参考表 2-11。

6）螺纹起始角 = 360°/螺纹线数，起始角不是模态值，每次均需指定，否则默认为 0°。

【应用实例 2-4】　加工普通螺纹

加工图 2-94 所示的 M30×2-6g 普通螺纹，螺纹大径已经车削完成，设螺纹牙底半径 R = 0.2mm，车螺纹时的主轴转速 n = 1500r/min，用 G32 指令编程。

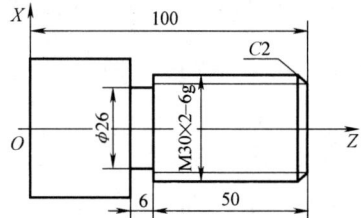

图 2-94　G32 指令应用实例

解： 螺纹计算。考虑到实际情况，尺寸计算如下：

牙型高度

$$h = 0.6495P = 0.6495 \times 2 \text{mm} \approx 1.3 \text{mm}$$

实际大径　　　　　$d = d_{公称} - 0.20mm = 30mm - 0.2mm = 29.8mm$

实际小径　　　　　$d_1 = d - 2h = 29.8mm - 2 \times 1.3mm = 27.2mm$

取引入距离 $\delta_1 = 4mm$，超越距离 $\delta_2 = 3mm$。

设起刀点位置坐标为（100，150），螺纹车刀为 1 号刀。

编写程序如下：

O0080;

N10 G54 G00 X100 Z150 T0100;

　　　　　建立工件坐标系,选用 1 号刀

N20 M03 S1500;起动主轴,转速为 1500r/min

N30 T0101;建立刀具补偿

N40 G00 X28.9 Z104;进刀

N50 G32 Z47 F2;车削螺纹第 1 刀

N60 G00 X32;退刀

N70 Z104;返回

N80 X28.3;进刀

N90 G32 Z47;车削螺纹第 2 刀

N100 G00 X32;退刀

N110 Z104;返回

N120 X27.7;进刀

N130 G32 Z47;车削螺纹第 3 刀

N140 G00 X32;退刀

N150 Z104;返回

N160 X27.3;进刀

N170 G32 Z47;车削螺纹第 4 刀

N180 G00 X32;退刀

N190 Z104;返回

N200 X27.2;进刀

N210 G32 Z47;车削螺纹第 5 刀

N220 G00 X32;退刀

N230 X100 Z150 T0000;返回起始位置,取消刀具补偿

N240 M05;主轴停

N250 M30;程序结束并返回程序头

2. G92——单一循环车削螺纹

编程格式：G92　X(U)__　Z(W)__　R__　Q__　F__;

式中　X(U)、Z(W)——螺纹车削终点的坐标值；

　　　R——螺纹起点与终点的半径差，如果为圆柱螺纹则省略此值，有的系统也用 I 表示；

　　　Q——螺纹起始角；

　　　F——螺纹导程，即加工时的每转进给量。

【特别注意】

1）用 G92 指令加工螺纹时，循环过程如图 2-95 所示，一个指令完成 4 步动作"进刀→加工→退刀→返回"，除加工外，其他 3 步的进给速度为快速进给速度。

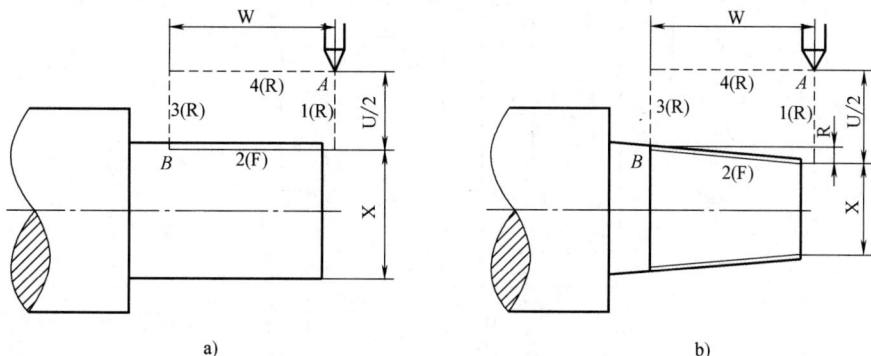

图 2-95　G92 指令加工螺纹循环过程

a）加工圆柱螺纹　b）加工圆锥螺纹

2）用 G92 指令加工螺纹时的参数计算方法同 G32 指令。

3）格式中的 X(U)、Z(W) 为图中点 B 的坐标。

4）多线螺纹加工时的算法与 G32 指令一样。

部分程序举例如下：

G92 指令加工螺纹

G00 X30 Z20；

G92 X24.5 W−38 F4 Q0；

X23.8；

X23.4；

X23.1；

X22.9；

G92 X24.5 W−38 F4 Q180000；

X23.8 Q180000；Q 值不可省

X23.4 Q180000；Q 值不可省

X23.1 Q180000；Q 值不可省

X22.9 Q180000；Q 值不可省

3. G76——复合循环车削螺纹

编程格式：G76   P(m)(r)(α)   Q(Δd_{min})   R(d)；

G76   X(U)__ Z(W)__   R(i)   P(k)   Q(Δd)   F(l)；

式中 m——精加工次数，可取 01~99；

r——螺纹倒角量，可取 00~99mm，不使用小数点，一般取 1~2mm；

α——刀尖角，可取 0°、29°、30°、55°、60°、80°；

Δd_{min}——最小切削深度（μm），用半径值指定，始终取正值；

d——螺纹加工时精加工余量；

X(U)、Z(W)——螺纹终点坐标值，X 轴坐标一般为螺纹小径值；

i——螺纹加工起点与终点的半径差，圆柱螺纹可省略；

k——螺纹牙型高度（μm），用半径值指定，始终取正值；

Δd——螺纹加工第一刀切削深度（μm），用半径值指定，始终取正值；

l——螺纹导程。

螺纹车削之前，刀具的实际位置需大于或等于螺纹直径，锥螺纹按大头直径计算，否则会出现扎刀现象。

【应用实例 2-5】 应用复合循环车削螺纹指令编写螺纹轴加工程序

如图 2-96 所示，试用复合循环指令编写螺纹轴加工程序。

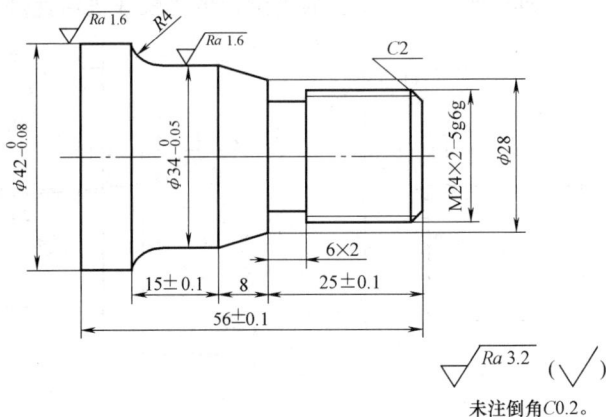

图 2-96 螺纹轴

解：工艺分析如下：

1）夹持零件毛坯，伸出卡盘长度约为 70mm。

2）粗、精加工零件外轮廓至尺寸要求。

3）切槽 6mm×2mm 至尺寸要求，刀宽为 4mm。

4）粗、精加工螺纹至尺寸要求。

5）切断零件，保证总长。

编写参考程序如下：

O0041;

N010 G54 M03 S1500;

N020 G00 X100 Z100;

N030 T0101;

N040 G00 X45 Z5;

N050 G71 U1 R1;外圆粗车循环

N060 G71 P70 Q170 U0.6 W0.3 F100;外圆粗车

循环

N070 G01 X0 F40;精加工轮廓起点

N080 Z0;

N090 X20;

N100 X24 Z-2;

N110 Z-25;

N120 X28;

N130 X34 Z-33;

N140 Z-44;

N150 G02 X42 Z-48 R4;

N160 G01 Z-61;

N170 X46;精加工轮廓终点

N180 M03 S2000;

N190 G70 P70 Q170;精车循环

N200 G00 X100 Z100;

N210 G55 T0202;

N220 G00 X40 Z-23;

N230 S500;

N240 G75 R2;切槽循环

N250 G75 X20 Z-25 P2000 Q1000 F30;切槽循环

N260 G00 X100 Z100;

N270 G56 T0303;

N280 G00 X30 Z5;

N290 G76 P010260 Q0.1 R0.1;螺纹复合循环

N300 G76 X21.4 Z-22 P1300 Q300 F2;

螺纹复合循环

N310 G00 X100 Z100;

N320 G55 T0202;

N330 G00 X50 Z-60;

N340 G01 X2 F20;切断工件（直径保留 $\phi2$mm）

N350 X50 F80;

N360 X22;

N370 G00 X100 Z100;

N380 M05;

N390 M30;

任务实施

一、工艺过程

1）车端面。

2）自右向左粗车外表面。

3）自右向左精车外表面。

4）切外沟槽。

5）车螺纹。

6）切断。

二、刀具与工艺参数

数控加工刀具卡和数控加工工序卡分别见表 2-12 和表 2-13。

表2-12 数控加工刀具卡

任	务	车削加工螺纹类零件	零件名称	螺钉	零件图号	
序号	刀具号	刀具名称及规格	刀尖圆弧半径/mm	数量	加工表面	备注
1	T0101	刀尖角为35°的粗、精车外圆车刀	0.4	1	外表面、端面	
2	T0202	切断刀	$B=4$	1	切槽、切断	
3	T0303	60°外螺纹车刀		1	外螺纹	

表2-13 数控加工工序卡

材料	45钢		零件图号		系统	FANUC	工序号	
程序	夹住棒料一头,留出长度大约65mm(手动操作)							
序号	工步内容		G功能	T刀具	切削用量			
					主轴转速 $n/(\text{r/min})$	进给量 $f/(\text{mm/r})$	背吃刀量 a_p/mm	
1	车端面		G01	T0101	1500	0.3		
2	自右向左粗车外表面		G71	T0101	1500	0.3	1	
3	自右向左精车外表面		G70	T0101	2000	0.1	0.3	
4	切外沟槽		G01	T0202	500	0.08		
5	车螺纹		G76	T0303	800			
6	切断		G01	T0202	500	0.1		
7	检测、校核							

三、装夹方案

用自定心卡盘夹紧定位。

四、程序编制

O0052;

N010 T0101;调用1号刀,建立工件坐标系

N020 G00 X100 Z100;设置换刀点

N030 G99 M08 M03 S1500;设置每转进给量,
打开切削液,起动主轴,转速为
1500r/min

N040 G00 X35 Z5;快速到起刀点

N050 G71 U1 R1;外圆粗车循环

N060 G71 P70 Q140 U0.4 W0.2 F0.2;外圆粗
车循环

N070 G01 X0 F0.05;切削到工件中心

N080 Z0;

N090 X17;车端面

N100 X20 Z-1.5;倒角 C1.5

N110 Z-24;切削螺纹大径

N120 X25;车台阶

N130 Z-39;车左端外圆

N140 X31;退刀

N150 M03 S2000;变速,准备精加工

N160 G70 P70 Q140;精车外圆

N170 G00 X100 Z100;快速返回换刀点

N180 T0202;更换2号刀,建立工件坐标系

N190 M03 S500;变速

N200 G00 X30 Z-24;快速到切槽位置

N210 G01 X16 F0.05;切槽

N205 G04 X2;暂停2s

N220 G01 X30 F0.3;退刀

N230 G00 X100 Z100;快速返回到换刀点

N240 T0303;更换3号刀,建立工件坐标系

N250 G00 X25 Z5;快速到螺纹切削起点

N260 M03 S800;变速

N270 G76 P020160 Q0.05 R0.05;螺纹循环

N280 G76 X17.4 Z-22 P1.3 Q0.3 F2;螺纹循环
N290 G00 X100 Z100;快速到换刀点
N300 T0202;更换2号刀,建立工件坐标系
N310 G00 X35 Z-38;快速到切断位置
N320 M03 S500;变速
N330 G01 X2 F0.05;切断,保留 ϕ2mm,手工
　　　　扳断

N340 X35 F0.3;退刀
N350 G00 X100 Z100 M09;快速返回到换刀点,
　　　　　　　　　　　　关闭切削液
N360 M05;主轴停
N370 M30;程序结束并返回

技能实训

1. 如图 2-97 所示,毛坯为 ϕ30mm 棒料,材料为 45 钢,试用不同螺纹切削指令编写零件的螺纹加工程序。

2. 如图 2-98 所示,毛坯为 ϕ50mm 棒料,材料为 45 钢,试用不同的螺纹切削指令编写零件的螺纹加工程序。已知导程 $L = 2$mm,牙型高度为 1.299mm,选取主轴转速 $n = 500$r/mim。

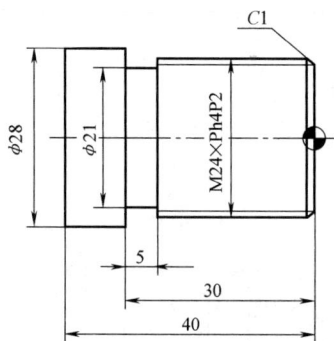

图 2-97　普通螺纹加工练习

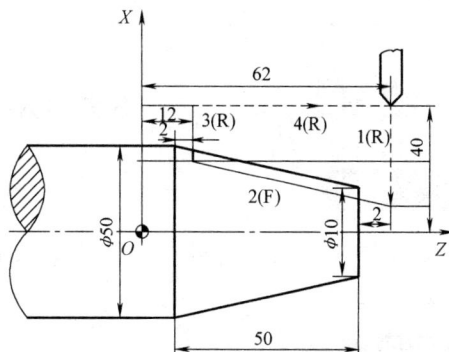

图 2-98　圆锥螺纹加工练习

3. 试编写图 2-99 所示零件加工程序,材料为 45 钢。

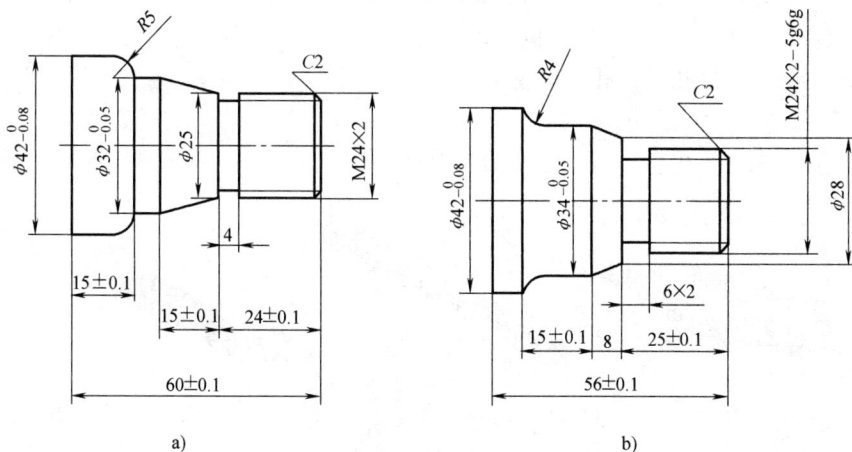

a)

b)

图 2-99　螺纹零件加工练习

任务五　车削加工孔类零件

任务导入——加工套管

⚡ **任务描述**

加工图 2-100 所示套管。毛坯为 ϕ50mm 棒料，材料为 45 钢。

⚡ **知识链接**

一、孔加工的工艺知识

1. 孔加工方法

孔加工在金属切削中占有很大的比重，应用广泛。孔加工方法比较多，在数控车床上常用的方法有点孔、钻孔、扩孔、铰孔、镗孔等。

2. 钻孔

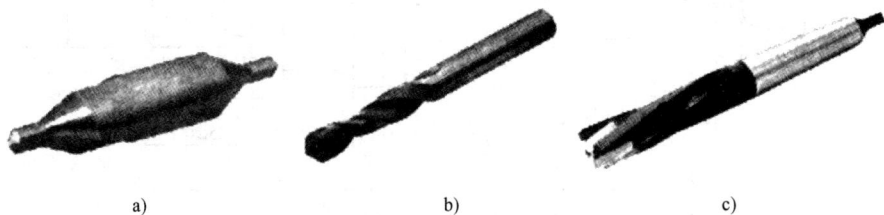

（1）刀具　图 2-101 所示为常见孔加工刀具。

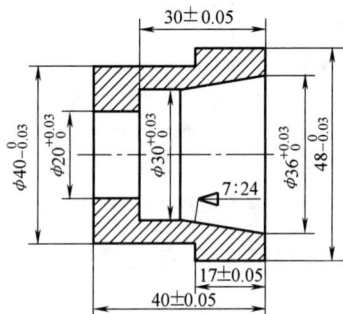

图 2-100　套管

a)　　　　　　　　　b)　　　　　　　　　c)

图 2-101　常见孔加工刀具

a）中心钻　b）麻花钻　c）扩孔钻

（2）钻孔切削用量　用高速钢钻头加工钢件时的切削用量见表 2-14。

表 2-14　用高速钢钻头加工钢件的切削用量

钻头直径 /mm	$R_m = 520 \sim 700\text{MPa}$（35 钢、45 钢）		$R_m = 700 \sim 900\text{MPa}$（15Cr、20Cr）		$R_m = 1000 \sim 1100\text{MPa}$（合金钢）	
	$v_c /$（m/min）	$f /$（mm/r）	$v_c /$（m/min）	$f /$（mm/r）	$v_c /$（m/min）	$f /$（mm/r）
≤6	8~25	0.05~0.1	12~30	0.05~0.1	8~15	0.03~0.08
>6~12	8~25	0.1~0.2	12~30	0.1~0.2	8~15	0.08~0.15
>12~22	8~25	0.2~0.3	12~30	0.2~0.3	8~15	0.15~0.25
>22~30	8~25	0.3~0.45	12~30	0.3~0.4	8~15	0.25~0.35

3. 镗孔

（1）刀具　图 2-102 所示为常见镗孔刀具。

（2）镗孔切削用量　可查阅相关切削手册。

图 2-102　常见镗孔刀具

二、孔加工指令

1. G71、G72、G73——孔加工复合循环

指令格式同外圆车削，但应注意 U 地址后的精加工余量参数值为负值，G73 指令中 U 地址后的总切削量数值也为负值。

2. G74——深孔钻复合循环

编程格式：G74　R(e)；

　　　　　　G74　X(U)__　Z(W)__　P(Δu)　Q(Δw)　R(Δd)　F(f)　S(s)；

式中　　　　e——Z 轴方向每次切削的退刀量；

X(U)、Z(W)——切削终点坐标值；

　　　　　Δu——X 轴方向每次切削的深度（μm），无符号；

　　　　　Δw——Z 轴方向每次切削的深度（μm），无符号；

　　　　　Δd——每次切削完成后的 X 轴方向的退刀量。

【特别注意】

1）G74 的名称虽然是深孔钻削复合循环，但是从真正意义上来讲，它既能进行 Z 轴方向的孔加工，又能进行端面切槽。在上述编程格式中，省略 X（U）、P（或 I）及 R（或 D）值，则执行程序时刀具只沿 Z 轴方向进行加工，即钻孔加工，这也是最常见的 G74 加工方式。

2）G74 深孔钻削复合循环的加工过程如图 2-103 所示，刀具定位在点 A，沿 Z 轴方向进行加工，每次加工 Δw 后，退 e 的距离，然后再加工 Δw，依次循环至给定的 Z 坐标值，返回点 A，再向 X 轴方向进 Δu，重复以上动作至给定的 Z 坐标值……最后加工至给定坐标位置（图中点 C），再分别沿 Z 轴方向和 X 轴方向返回点 A。

【应用实例 2-6】　加工阶梯孔

用 G72 指令编制图 2-104 所示阶梯孔零件的孔加工程序。要求先用 T1 麻花钻钻削底孔，然后用 T2 内孔车刀粗精车内孔，切削深度为 1.2mm，退刀量为 1mm，X 轴方向精加工余量

为 0.3mm，Z 轴方向精加工余量为 0.15mm。

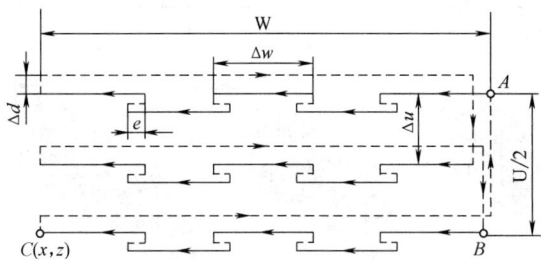

图 2-103　G74 深孔钻削复合循环的加工过程

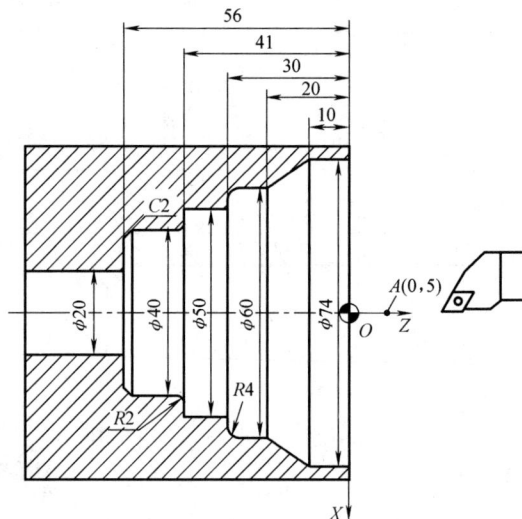

图 2-104　阶梯孔零件

O0018；

N010 G54 G00 X150 Z100；

N020 M03 S600；

N030 T0101；

N040 G00 X0 Z5；

N050 G74 R2；钻孔循环

N060 G74 Z-80 Q5000 F20；钻孔循环

N070 G00 X150 Z100；

N080 G55 T0202；换 2 号刀

N090 M03 S1000；起动主轴

N100 G00 X15 Z5；进刀至粗车循环起点

N110 G72 W1.2 R1；粗车循环

N120 G72 P130 Q240 U-0.3 W0.15 F80；
粗车循环，余量 $X=0.3$ mm，$Z=0.15$ mm

N130 G00 Z-56；精加工轮廓起点

N140 G01 X36 F30；车削 ϕ40mm 内孔端面

N150 X40 W2；倒角

N160 Z-43；车削 ϕ40mm 内孔

N170 G03 X44 Z-41 R2；倒圆角 R2mm

N180 G01 X50；车削 ϕ50mm 内孔端面

N190 Z-30；车削 ϕ50mm 内孔

N200 X52；车削 ϕ60mm 内孔端面

N210 G02 X60 Z-26 R4；车削圆角 R4mm

N220 G01 Z-20；车削 ϕ60mm 内孔

N230 X74 Z-10；车削锥孔

N240 Z2；车削 ϕ74mm 内孔，精加工轮廓终点

N250 S1500；

N260 G70 P130 Q240；精车

N270 G00 X150 Z100；返回

N280 T0000；取消刀具补偿

N290 M05；主轴停

N300 M30；程序结束返回

任务实施

一、工艺过程

1）车端面。

2）钻中心孔。

3）用 ϕ18mm 钻头钻出长度为 41mm 的内孔。

4）粗车外轮廓，留精加工余量 0.6mm。

5）精车外轮廓，达到图纸要求。

6）粗镗内表面，留精加工余量 0.4mm。

7）精镗内表面，达到图纸要求。

8）切断，保证总长 40.2mm。

二、刀具与工艺参数

数控加工刀具卡见表 2-15，数控加工工序卡见表 2-16。

表 2-15　数控加工刀具卡

任务		车削加工孔类零件	零件名称	套管	零件图号	
序号	刀具号	刀具名称及规格	刀尖圆弧半径/mm	数量	加工表面	备注
1	T0101	95°粗、精车右偏外圆车刀	0.8	1	外表面、端面	80°菱形刀片
2	T0202	粗、精镗孔车刀	0.4	1	内孔	
3	T0303	切断刀（刀位点为左刀尖）	B = 0.4	1	切槽、切断	
4	T0505	中心钻		1	中心孔	
5	T0606	ϕ18mm 钻头		1	内孔	

表 2-16　数控加工工序卡

材料	45 号		零件图号		系统	FANUC	工序号	
程序	夹住棒料一头，留出长度大约 65mm（手动操作），车端面，对刀，调用程序							
操作序号	工步内容	G 功能	T 刀具	切削用量				
				转速 $n/(\text{r/min})$	进给量 $f/(\text{mm/r})$	背吃刀量 a_p/mm		
1	手工操作钻中心孔		T0505	1000				
2	钻 ϕ18mm 孔	G74	T0606	300	0.1			
3	粗车外轮廓	G71	T0101	300	0.2	0.7		
4	精车外轮廓	G71	T0101	650	0.1	0.3		
5	粗镗内孔	G72	T0202	350	0.2	1		
6	精镗内孔	G70	T0202	1000	0.1	0.2		
7	手工切断	G01	T0303	200	0.1	4		
8	调头，平端面、倒角，达到图纸要求							

三、装夹方案

用自定心卡盘夹紧定位。

四、程序编制

内孔加工程序如下：

O0066;

N010 G54 M03 S300;建立工件坐标系,起动主轴

N020 G00 X100 Z100;设置换刀点

N030 G99 T0606;设置每转进给量,调 6 号刀及
刀补

N040 G00 X0 Z5;钻孔定位

N050 G74 R2;钻孔循环

N060 G74 Z-50 Q5000 F0.1;钻孔循环

N070 G00 X100 Z100;返回换刀点

N080 G55 T0202;换 2 号镗孔车刀及刀补

N090 G00 X15 Z5 S350;内孔循环起点

N100 G72 W1 R1;内孔粗车循环

N110 G72 P120 Q150 U-0.3 W0.15 F0.2;内孔粗
车循环

N120 G01 Z-30 F0.1;内孔精加工轮廓起点

N130 X30;

N140 Z-24;

N150 X38 Z4;内孔精加工轮廓终点

N160 M03 S1000;

N170 G70 P120 Q150;内孔精加工循环

N180 G00 X100 Z100;返回换刀点

N190 M05;主轴停止

N200 M30;程序结束并返回

技能实训

材料为 45 钢，试编程车削图 2-105 所示内孔零件。

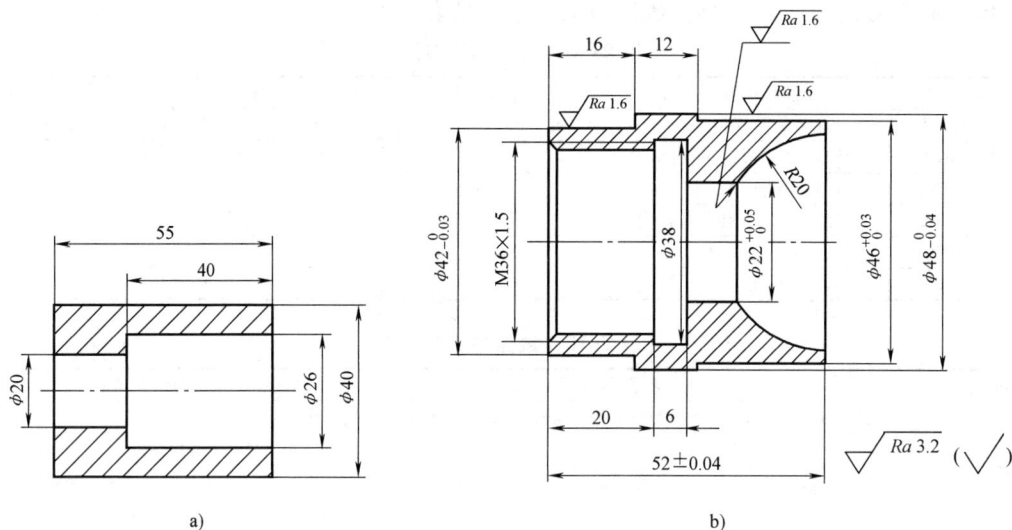

图 2-105　内孔加工练习图

任务六　车削加工综合类零件

技能目标

（1）会分析中等复杂零件的加工工艺

（2）会编写中等复杂零件的加工程序，调试并进行数控仿真加工

知识目标

（1）掌握制订中等复杂零件加工工艺的方法

（2）熟悉加工准备的步骤与方法

（3）熟悉编制程序的步骤与方法

（4）熟练应用数控仿真软件

任务导入——加工长轴

任务描述

加工图 2-106 所示长轴。毛坯尺寸为 $\phi50mm \times 100mm$，棒料，材料为 45 钢。

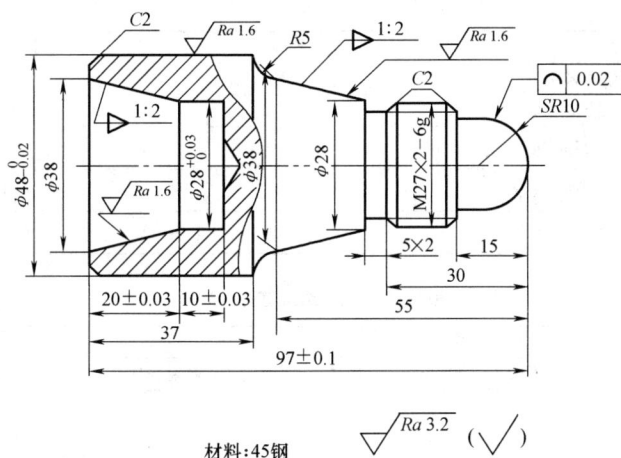

图 2-106 长轴

材料：45钢

$\sqrt{\frac{Ra\,3.2}{}}\ (\sqrt{\ })$

任务实施

一、工艺分析

工件右端有圆弧、锥度和螺纹，难以装夹，所以先加工好左端内孔和外圆，再加工右端。加工左端时，先完成内孔各项尺寸的加工，再精加工外圆尺寸。调头装夹时要找正左、右端同轴度。加工右端时，先完成圆弧和锥度的加工，再进行螺纹加工。弧度和锥度都有相应的要求，在加工锥度和圆弧时，一定要进行刀具半径补偿，才能保证其要求。

工艺过程：

1. 车左端

首先手工完成钻削中心孔。

1）粗、精车外圆（$\phi 48_{-0.02}^{0}$ mm）达图样要求（长度大于 100mm）。

2）钻孔，深度 35mm。

3）粗、精车内孔达图样要求。

4）切断，保证总长（长度大于 97mm）。

5）去毛刺，检查尺寸。

2. 车右端

1）粗、精车右端外圆达图样要求。

2）切槽 5mm×2mm。

3）粗、精车螺纹。

4）去毛刺，检测尺寸。

二、刀具与工艺参数

1. 加工左端

左端加工刀具卡和左端加工工序卡见表 2-17 和表 2-18。

表 2-17 左端加工刀具卡

任 务		车削加工综合类零件	零件名称		长轴	零件图号	
序号	刀具号	刀具名称及规格	刀尖圆弧半径/mm	数量	加工表面	备注	
1	T0101	95°粗、精车右偏外圆车刀	0.8	1	外表面、端面	80°菱形刀片	
2	T0202	φ24mm 钻头		1	内孔		
3	T0303	镗孔车刀	0.4	1	内孔		
4	T0404	切断刀(刀位点为左刀尖)	0.4	1	切槽、切断	$B=3mm$	

表 2-18 左端加工工序卡

材料	45 钢		零件图号		系统	FANUC	工序号	
程序	夹住棒料一头,留出长度大约 120mm(手动操作),试切对刀,调用程序							
操作序号	工步内容	G 功能	T 刀具	切削用量				
				转速 n/(r/min)	进给量 f/(mm/r)	背吃刀量 a_p/mm		
1	粗车外圆	G71	T0101	1500	0.2	1		
2	精车外圆	G70	T0101	2000	0.02	0.2		
3	钻 φ24mm 底孔	G74	T0202	400	0.05			
4	粗车内孔	G72	T0303	1000	0.2	1		
5	精车内孔	G70	T0303	1200	0.02	0.15		
6	切断	G01	T0404	400	0.02			
7	去毛刺、检测							

2. 加工右端

右端加工刀具卡和右端加工工序卡见表 2-19 和表 2-20。

表 2-19 右端加工刀具卡

任 务		车削加工综合类零件	零件名称		长轴	零件图号	
序号	刀具号	刀具名称及规格	刀尖圆弧半径/mm	数量	加工表面	备注	
1	T0101	95°粗、精车右偏外圆车刀	0.8	1	外表面、端面	80°菱形刀片	
2	T0404	切断刀(刀位点为左刀尖)	0.4	1	切槽、切断	$B=3mm$	
3	T0505	60°外螺纹车刀		1	外螺纹		

表 2-20 右端加工工序卡

材料	45 钢		零件图号		系统	FANUC	工序号	
程序	掉头,留出长度大约 70mm(手动操作),对刀,调用程序							
操作序号	工步内容	G 功能	T 刀具	切削用量				
				转速 n/(r/min)	进给量 f/(mm/r)	背吃刀量 a_p/mm		
1	粗车外圆	G71	T0101	1500	0.2	1		
2	精车外圆	G70	T0101	2000	0.02	0.2		
3	切退刀槽	G01	T0404	400	0.02	3		
4	车螺纹	G76	T0505	400	螺距 2mm			
5	检测、校核							

三、装夹方案

用自定心卡盘夹紧定位。

四、程序编制

左端加工程序如下：

O0051；

N010 T0101；调1号刀及刀补,建立工件坐标系

N020 G99 M03 S1500；设置每转进给,起动主轴

N030 M08 G00 X100 Z100；打开切削液,设置换刀点

N040 G00 X55 Z5；快速至外圆循环起点

N050 G71 U1 R1；外圆粗车循环

N060 G71 P70 Q120 U0.4 W0.2 F0.2；外圆粗车循环

N070 G00 X0；

N080 G01 Z0 F0.02；

N090 X44；

N100 X48 Z-2；

N110 Z-101；

N120 X51；

N130 M03 S2000；

N140 G70 P170 Q120；外圆粗车循环

N150 G00 X100 Z100；返回换刀点

N160 T0202 S400；调2号刀及刀补,建立工件坐标系,降速

N170 G00 X0 Z5；快速至钻孔循环起点

N170 G74 R2；钻孔循环

N190 G74 Z-40 Q2000 F0.05；钻孔循环

右端加工程序如下：

O0052；

N010 T0101；调1号刀及刀补,建立工件坐标系

N020 M03 S1500；

N030 G99 G00 X100 Z100；

N040 G00 X55 Z5；设置外圆循环起点

N050 G71 U1 R1；外圆粗车循环

N060 G71 P70 Q170 U0.4 W0.2 F0.2；外圆粗车循环

N070 G00 X0；外圆轮廓开始点

N080 G01 Z0 F0.02；

N090 G03 X20 Z-10 R10；

N100 G01 Z-15；

N110 X23；

N120 X27 Z-17；

N130 Z-35；

N140 X28；

N200 G00 X100 Z100；

N210 T0303 S1000；调3号刀及刀补,建立工件坐标系,设定粗车内孔转速

N220 G00 X15 Z5；设置内孔粗车循环起点

N230 G72 W1 R1；内孔粗车循环

N240 G72 P250 Q280 U-0.3 W0.15 F0.2；内孔粗车循环

N250 G00 Z-30；内孔轮廓开始点

N260 G01 X28 F0.02；

N270 Z-20；

N280 X39 Z2；内孔轮廓结束点

N290 M03 S1200；

N300 G70 P250 Q280；内孔精车循环

N310 G00 X100 Z100；

N320 T0404；调4号刀及刀补,建立工件坐标系

N330 G00 X55 Z-100；快速定位至切断位置

N310 M03 S400；降速

N320 G01 X2 F0.02；

N330 X55 F0.3；

N340 G00 X100 Z100 M09；返回换刀点,关闭切削液

N350 M05；

N360 M30；

N150 X38 Z-55；

N160 G02 X48 Z-60 R5；

N170 X49；外圆轮廓结束点

N180 M03 S2000；

N190 G70 P70 Q170；外圆精车循环

N200 G00 X100 Z100；

N210 T0404；调2号刀及刀补,建立工件坐标系

N220 G00 X50 Z-33；设置切槽循环起点

N230 M03 S400；

N240 G75 R1；切槽循环

N250 G75 X23 Z-35 P1000 Q1000 F0.02；切槽循环

N260 G01 X27 Z-31 F0.3；

N270 X23 Z-33 F0.02；螺纹左侧倒角

N280 X50 F0.3；

N290 G00 X100 Z100；

N300 T0505;调 3 号刀及刀补,建立工件坐标系

N310 G00 X35 Z-10;设置螺纹循环起点

N320 M03 S400;

N330 G76 P020160 Q0.05 R0.05;

　　　粗精车螺纹复合循环

N340 G76 X24.4 Z-32 P1300 Q300 F2;

　　　粗精车螺纹复合循环

N350 G00 X100 Z100;

N360 M05;

N370 M30;

技能实训

编写图 2-107 所示零件的粗、精加工程序,毛坯尺寸为棒料,材料为 45 钢。

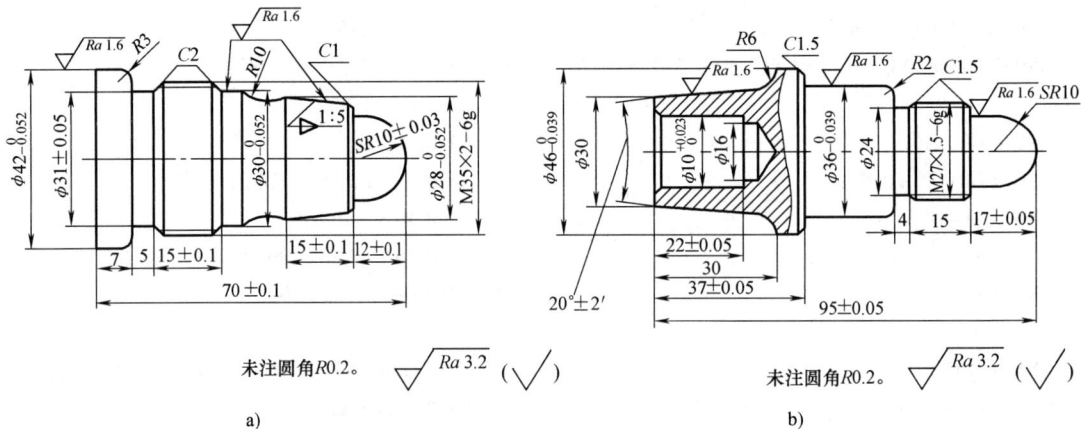

图 2-107　综合件加工练习图

任务七　FANUC 系统数控车床宏程序编程

技能目标

(1) 能分析应用宏程序编程的基本工艺

(2) 会用宏程序编写椭圆、抛物线等非圆曲线零件的加工程序

(3) 应用宏程序编程在数控机床上加工零件

知识目标

(1) 了解用户宏程序的含义

(2) 掌握宏程序编程格式及程序中变量、运算、控制语句及调用情况

(3) 掌握宏程序编程与应用

任务导入——加工系列轴类零件

任务描述

完成图 2-108 所示轴类零件的宏程序编程,毛坯为 φ42mm 棒料。

知识链接

一、宏程序概述

1. 用户宏程序

在数控车床编程中，宏程序编程灵活、高效、快捷。宏程序不仅可以实现像子程序那样的功能，对编制相同加工操作的程序非常有用，还可以完成子程序无法实现的特殊功能，如系列零件加工宏程序、椭圆加工宏程序、抛物线加工宏程序、双曲线加工宏程序等。

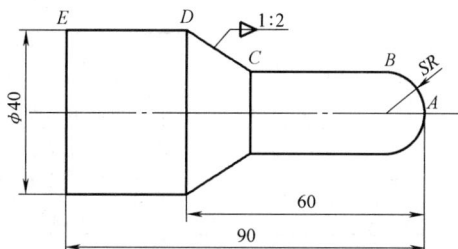

图 2-108 轴类零件

把能完成某一功能的一系列指令像子程序那样存入存储器，用一个总指令来表示它们，使用时只需给出这个总指令就能执行其功能，这个总指令称为用户宏程序指令。

编程时不必记住用户宏程序主体所含的具体指令，只要记住用户宏程序指令即可。用户宏程序编程的最大特点是使用变量，且变量之间还能进行算术和逻辑运算。因此，在用数控机床加工一定批量的形状相同但尺寸不同，或由型腔、曲面、曲线等组成的零件时，使用用户宏程序功能进行编程，能够减少程序重复编制，减少字符数，节约内存，使得编程更方便，更容易。宏程序主体既可由机床生产厂家提供，也可由机床用户自己编制。用户宏程序功能有 A、B 两种，在此主要介绍 B 类宏程序的使用方法。

2. 宏程序格式

宏程序格式与子程序类似，结尾用 M99 指令返回主程序。宏程序具体格式如下：

O××××；宏程序号

……

[变量]；

[运算指令]；

[控制指令]；

……

M99；宏程序结束

由此可见，宏程序体一般由变量、运算指令和控制指令等组成。

3. 宏程序中的变量

（1）变量的表示

1）#i。变量号 i＝0，1，2，3，4…… 如#8、#110、#1100。

2）[表达式]。表达式必须用中括号括起来，如#[#1+#2−12]。

（2）变量的引用

1）<地址>#1。例如 F#10，当#10＝20 时，F20 被指令。

2）<地址>−#1。如 X−#20，当#20＝100 时，X−100 被指令。

3）G#130。当#130＝2 时，G2 被指令。

普通加工程序直接用数值指定 G 代码和移动距离，如 G01 和 X10；使用用户宏程序时，则可以直接数值指定或用变量指定。当用变量指定时，直接在地址号后面使用变量，变量值可用程序或用 MDI 面板直接指定。表 2-21 表示变量的类型和功能。

表 2-21　变量的类型和功能

变量号	变量类型	功　　能
#0	空	该变量值总为空
#1 ~ #33	局部变量	只能用于宏程序中存储数据,调用宏程序时,自变量对局部变量赋值
#100 ~ #199 #500 ~ #999	公共变量	在各宏程序中可以公用的变量。断电时,#100 ~ #199 初始化为空,变量#500 ~ #999数据保存,数据不丢失
#1000 ~	系统变量	固定用途的变量

4. 宏程序变量间的运算

宏程序变量间的运算功能包括数学运算功能、函数运算功能、逻辑判断功能,见表 2-22。

表 2-22　变量间的运算功能

数学运算功能		函数运算功能			逻辑判断功能	
含义	格式	函数	格式	单位	逻辑符号	格式
加法	$\#i=\#j+\#k$	正弦	$\#i=SIN[\#j]$	(°)	等于(=)	$\#j$ EQ $\#k$
减法	$\#i=\#j-\#k$	余弦	$\#i=COS[\#j]$	(°)	不等于(≠)	$\#j$ NE $\#k$
乘法	$\#i=\#j*\#k$	正切	$\#i=TAN[\#j]$	(°)	大于(>)	$\#j$ GT $\#k$
除法	$\#i=\#j/\#k$	反正切	$\#i=ATAN[\#j]/[\#k]$	(°)	大于或等于(≥)	$\#j$ GE $\#k$
		平方根	$\#i=SQRT[\#j]$		小于(<)	$\#j$ LT $\#k$
		绝对值	$\#i=ABS[\#j]$		小于或等于(≤)	$\#j$ LE $\#k$
		取整	$\#i=ROUND[\#j]$			

【特别注意】

1) 宏程序中变量运算的优先顺序为:①函数;②乘除、逻辑与;③加减、逻辑或、逻辑异或。用户可以用"[ ]"符号来改变优先顺序。

2) 编写用户加工程序,进行逻辑运算和函数运算时,通常可以使用局部变量#1 ~ #33 或公共变量#100 ~ #199。而#500 ~ #999 公共变量和#1000 以后的系统变量通常是供给机床厂家进行二次功能开发用的,不能随便使用。若使用不当,便会导致整个数控系统的崩溃。

3) 运算指令。运算指令主要是赋值运算、算术运算、逻辑运算和函数运算等。例如 #100 = 500,#200 = #101 ∗#100,#250 = #160AND#110,#100 = SIN[#500]。

5. 宏程序的控制指令

控制指令起控制程序流向的作用。在程序中使用 GOTO 语句和 IF 语句可以改变控制的流向。一般有三种转移和循环指令可供使用:GOTO 语句(无条件转移);IF 语句(条件转移,IF……THEN……);WHILE 语句(当……时循环)。

(1) 无条件转移

编程格式:GOTOn;

式中　n——程序顺序号(1~9999),可用变量表示,转移到标有顺序号 n 的程序段。

例如,GOTO1(或#10);

(2) 条件转移

编程格式:IF[条件表达式]GOTOn;

当条件满足时,程序就跳转到同一程序中标有顺序号为 n 的程序段语句上执行;当条件不满足时,程序执行下一个程序段。

例如,IF[#1GT10]GOTO2;

如果条件不满足，向下执行程序；如果条件满足，执行"N2 G00 G91 X10；"。即如果变量#1的值大于10，则转移到顺序号N2的程序段，否则向下执行程序。

例如，计算数值1~10的总和的程序如下：

O9500；

#1=0；存储和数变量的初值

#2=1；被加数变量的初值

N1IF[#2GT10]GOTO2；当被加数大于10时转移到N2

#1=#1+#2；计算和数

#2=#2+1；下一个被加数

GOTO1；转到N1

N2 M30；程序结束

（3）循环语句WHILE

编程格式：WHILE[条件表达式]DO*m*；

……

END*m*；

在WHILE后指定一个条件表达式，当指定条件满足时执行DO到END之间的程序段*m*次，否则转到END*m*后的下一条程序段。

循环语句可嵌套。在DO-END循环中的标号1~3可根据需要多次使用，图2-109中列出了循环语句的结构形式。

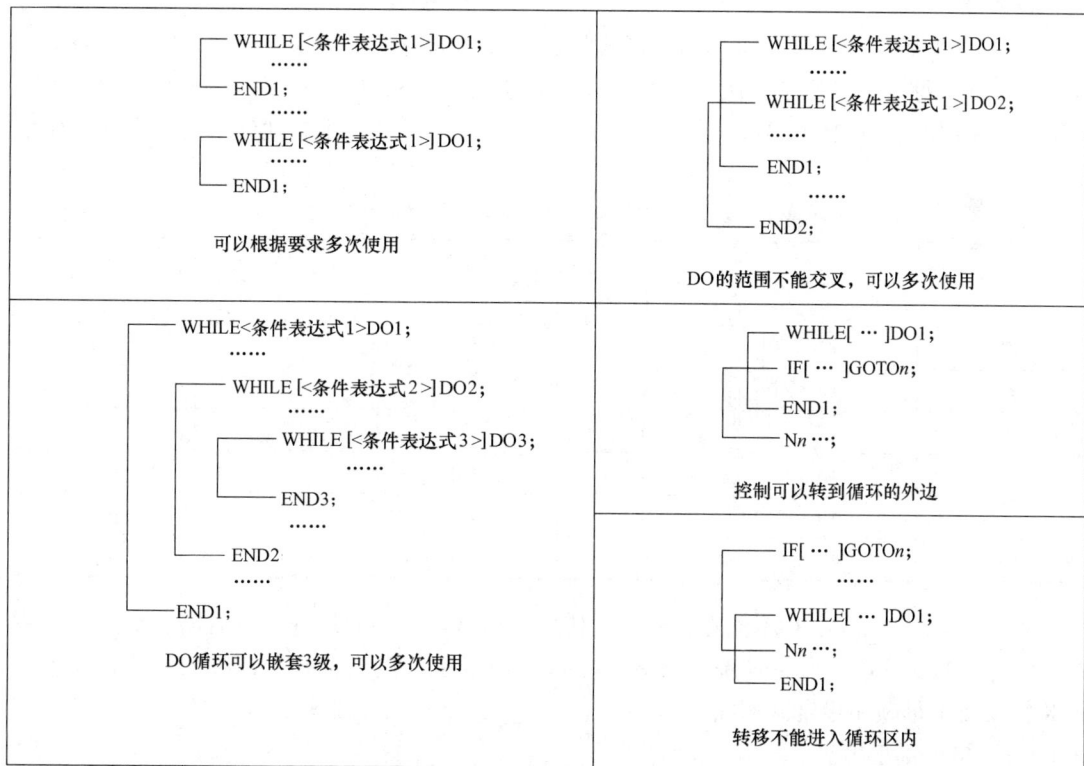

图2-109 嵌套循环语句的结构形式

例如计算值 1~10 的总和的程序如下：

O0001；

#1 = 0；

#2 = 1；

WHILE[#2 LE10]DO1；

#1 = #1+#2；

#2 = #2+1；

END1；

M30；

6. 宏程序的调用

（1）编程格式一

G65 P __ L__〈指定自变量〉；

式中　P——宏程序主体；

　　　L——重复次数。

【特别注意】

1）G65 为非模态指令，指定自变量是一些字母，对应宏程序中的变量地址，其值被赋到相应的局部变量，传递到用户宏程序主体中。在编写加工程序时 G65 或 G66 中的地址符与宏程序主体中的变量号必须对应。例如：

O0001；主程序

……

N01 G65 P2000 L2 X100 Y100 Z-12 R7 F80；

N02 G00 X-200 Y00；

……

N08 M30；

O2000；宏程序主体

N10 G91 G00 X#24 Y#25；

N20 Z#18；

N30 G01 Z#26 F#9；

N40 G00 Z#18；

N50 M99；

2）局部变量中的自变量可用两种形式指定。自变量指定 I 使用除了 G、L、N、O 和 P 以外的字母，每个字母指定一次。自变量指定 II 使用 A、B、C 和 Ii、Ji、Ki（i 为 1~10）。系统根据使用的字母自动确定自变量指定的类型。自变量指定 I 中，地址与变量号的对应表见表 2-23。

表 2-23　自变量指定 I 中地址与变量号的对应表

地址	变量号	地址	变量号	地址	变量号
A	#1	I	#4	T	#20
B	#2	J	#5	U	#21
C	#3	K	#6	V	#22
D	#7	M	#13	W	#23
E	#8	Q	#17	X	#24
F	#9	R	#18	Y	#25
H	#11	S	#19	Z	#26

地址 G、L、N、O、P 不能在自变量中使用；不需要指定的地址可以省略，对应用于省略地址的局部变量设为空；地址不需要按字母顺序指定，但应符合字地址的格式，而 I、J 和 K 需要按字母顺序指定。例如"B __ A __ D __ J __ K __；"格式正确，"B __ A __ D __ J __ I __；"格式不正确。

3）自变量指定 II 中，其他地址与变量号对应表见表 2-24。

自变量指定 II 中使用 A、B、C 地址各 1 次，使用 I、J、K 地址各 10 次，用于传递诸如三维坐标值的变量。I、J、K 的下标用于确定自变量指定的顺序，在实际编程中不写。

表 2-24 自变量指定Ⅱ中其地址与变量号对应表

地址	变量号	地址	变量号	地址	变量号
A	#1	K_3	#12	J_7	#23
B	#2	I_4	#13	K_7	#24
C	#3	J_4	#14	I_8	#25
I_1	#4	K_4	#15	J_8	#26
J_1	#5	I_5	#16	K_8	#27
K_1	#6	J_5	#17	I_9	#28
I_2	#7	K_5	#18	J_9	#29
J_2	#8	I_6	#19	K_9	#30
K_2	#9	J_6	#20	I_{10}	#31
I_3	#10	K_6	#21	J_{10}	#32
J_3	#11	I_7	#22	K_{10}	#33

4）CNC 内部自动识别自变量指定Ⅰ和自变量指定Ⅱ。如果自变量指定Ⅰ和自变量指定Ⅱ混合指定的话，后指定的自变量有效。例如，执行 "G65 A1 B2 I-3 I4 D5 P1000;" 程序段，I4 和 D5 自变量都分配给变量#7，但后者 D5 有效。

（2）编程格式二

G66　P＿＿　L＿＿＜自变量赋值＞；

G66 为模态指令，P 为宏程序号，L 为重复次数。

例如，G66　P＿＿　L＿＿＜自变量赋值＞；此时机床不动

X＿＿　Y＿＿；机床在该点开始加工

X＿＿　Y＿＿；

……

G67；取消宏程序调用

二、宏程序编程应用

【应用实例 2-7】 椭圆表面的车削加工

如图 2-110 所示带椭圆表面长轴，毛坯直径为 $\phi50$mm，总长为 102mm，材料为 45 钢。

1. 工艺分析

该零件难点在椭圆编程上，长半轴为 18mm，短半轴为 13mm 的标准椭圆方程为

$$\frac{X^2}{13^2}+\frac{Z^2}{18^2}=1$$

即

$$X = 13 \times \mathrm{SQRT}\left(1-\frac{Z^2}{324}\right)$$

由于椭圆方程的原点不在工件零点处，即椭圆方程中心向 Z 轴负方向平移了 18mm 的距离，因此在计算 Z 坐标时，必须减去 18mm 的距离。用公共变量号#100、#102、#103 来编程。其中#102 作为 X 轴变量，#100 作为 Z 轴变量；#101 为 Z 轴的中间变量。把椭圆编程的内容放在 G73 固定循环里，可以完成粗加工。其加工工艺过程见表 2-25。

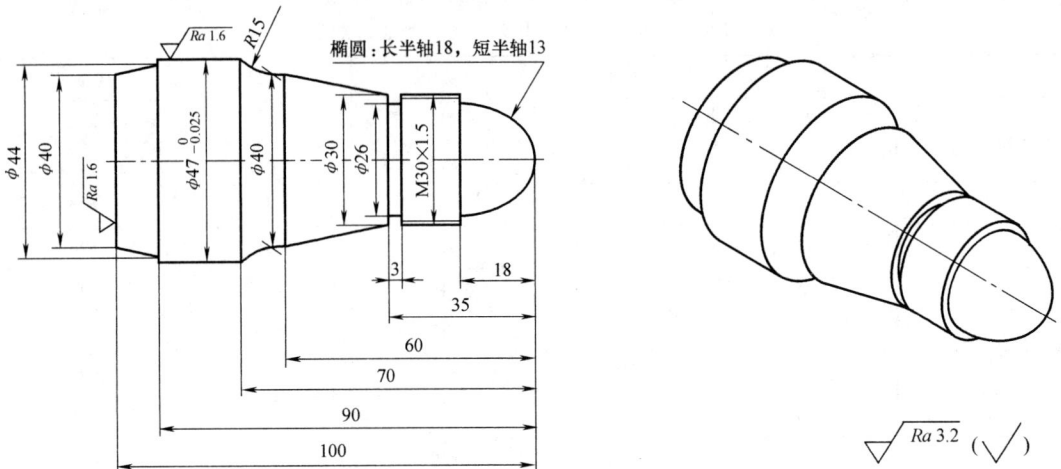

图 2-110 带椭圆表面长轴

表 2-25 加工工艺过程

工步号	工步内容	工件装夹方式	刀具选择	主轴转速 $n/(r/min)$	进给量 $f/(mm/r)$	切削深度 a_p/mm
1	车左端面及粗车左端外圆轮廓	自定心卡盘	90°右偏车刀 T01	800	0.2	1.5
2	精车左端外圆轮廓		90°右偏刀 T02	1200	0.02	0.2
3	调头粗车右端外圆轮廓		T01	800	0.2	1.5
4	粗车椭圆面		T01	800	0.1	1
5	精车右端外圆轮廓		T02	1200	0.02	0.2
6	精车椭圆面		T02	1200	0.02	0.2
7	车退刀槽		切断刀 T04	350	0.05	
8	车螺纹		螺纹车刀 T03	500	1.5	

2. 编写程序

（1）左端加工程序

O3301；
N010 T0101；
N020 M03 S800；
N030 G96 S80;端面恒线速度切削
N040 G50 S1000;限制主轴最高转速
N050 G99 G00 X55 Z0；
N060 G01 X0 Z0 F0.2；
N070 G00 Z5；
N080 G00 X52 Z5；
N090 G71 U1.5 R1；
N100 G71 P110 Q150 U0.4 W0.2 F0.2；

N110 G00 X40；
N120 G01 Z0 F0.02；
N130 G01 X44 Z-10；
N140 X46.988；
N150 Z-40；
N160 G00 X100 Z50；
N170 T0202；
N180 M03 S1200；
N190 G70 P110 Q150；
N200 G00 X100 Z100；
N210 M05；

N220 M02；

（2）右端加工程序

O3302；

N010 T0101；

N015 M03 S800；

N020 G96 S80；

N030 G50 S1000；

N040 G99 G00 X51 Z5；

N050 G71 U1 R1；

N060 G71 P70 Q130 U0.4 W0.2 F0.2；

N070 G00 G42 X26；加刀具半径补偿

N080 G01 Z-18 F0.02；

N090 X30；

N100 Z-35；

N110 X40 Z-60；

N120 G02 X47 Z-70 R15；

N130 G40 G01 X50；

N140 G00 X100 Z50；

N150 G00 X50 Z5；

N160 G73 U6 W2 R6；

N170 G73 P180 Q290 U0.4 W0.2 F0.1；

N180 G42 G01 X10 F0.02；

N190 Z5；

N200 G02 X0 Z0 R5；沿圆弧过滤切入

N210 #100=18；#100作为Z轴变量

N220 #101=#100*#100；#101为中间变量

N230 #102=13*SQRT[1-#101/324]；

　　　#102作为X轴变量

N240 G01 X[2*#102]Z[#100-18]；

　　　Z轴负方向平移18mm

N250 #100=#100-0.1；

N260 IF［#100 GE 0］GOTO210

N270 G01 X28.5；

N280 X30 Z-19.5；

N290 G40 G00 X40；

N300 G00 X100 Z50；

N310 T0202；

N320 G96 S120；

N330 G50 S1200；

N340 G00 X50 Z5；

N350 G70 P70 Q130；

N360 G70 P180 Q290；

N370 G97 M03 S350；

N380 G00 X100 Z50；

N390 T0404；

N400 G00 X35 Z-35；

N410 G01 X26 F0.05；

N420 X35 F0.2；

N430 G00 X100 Z50；

N440 T0303；

N450 M03 S500；

N460 G00 X30 Z-13；

N470 G92 X29.2 Z-33 F1.5；

N480 X28.6；

N490 X28.2；

N500 X28.05；

N510 G00 X100 Z100；

N520 M05；

N530 M02；

任务实施

一、工艺分析

宏程序用于系列零件的加工，此系列零件形状相同，但是部分尺寸不同。如果将这些不同的尺寸用宏变量表示，由程序自动计算相关基点坐标，则可用同一个程序完成一系列零件的加工。

以图2-108为例，该系列轴类零件的右端面半球可取$SR10$mm与$SR15$mm，因此可用变量表示球半径，编程原点设在工件右端面中心，毛坯直径为$\phi45$mm。从图中可以看出，编程所需基点除A、D、E三点外，还有与球半径SR相关的B点和C点。表2-26给出了各基点坐标。

表 2-26　基点坐标

基点	X 坐标	Z 坐标	基点	X 坐标	Z 坐标
A	0	0	D	40	-60
B	$2R$	$-R$	E	40	-90
C	$2R$	$-[60-2[40-2R]]$			

二、程序编制

```
O0034；
T0101；
M03 S800；
G98；
G00 X42 Z0；
G71 U2 R1；
G71 P10 Q20 U0.3 W0.15 F0.15；
N10 G01 X0 F0.05；
    #1=10；
    G03 X[2*#1]　Z[-#1]　R[#1]；
```

```
G01 Z-[60-2*[40-2*#1]]；
G01 X40 Z-60；
N20 G01 Z-90；
M03 S1500；
G70 P10 Q20；
G00 X100；
Z100；
M05；
M30；
```

习　　题

一、选择题

1. 在程序中利用（　　）进行赋值及处理，使程序具有特殊功能，这种程序称为宏程序。

A. 常量　　　　　　　　B. 变量　　　　　　　　C. 开头　　　　　　　　D. 结尾

2. 变量包括有局部变量、公共变量和（　　）。

A. 局部变量　　　　　　B. 大变量　　　　　　　C. 系统变量　　　　　　D. 小变量

3. 自循环指令 WHILE［条件表达式］DOm END m 表示，当条件满足时，就执行（　　）的程序段。

A. END 后　　　　　　　B. WHILE 之前　　　　　C. WHILE 和 END 中间　　D. 结尾

4. 控制指令 IF［条件表达式］GOTO n 表示若条件成立，则转向段号为（　　）的程序段。

A. $n-1$　　　　　　　　B. n　　　　　　　　　C. $n+1$　　　　　　　　D. 结尾

5. 关于宏程序的特点描述正确的是（　　）。

A. 正确率低　　　　　　　　　　　　　　B. 只适合于简单工件编程

C. 可用于加工不规则形状零件　　　　　　D. 无子程序调用语句

6. #jGT#k 表示（　　）。

A. 与　　　　　　　　　B. 非　　　　　　　　　C. 大于　　　　　　　　D. 加

7. 在运算指令中，形式#i=#j+#k 代表的意义是（　　）。

A. 数列　　　　　　　　B. 求极限　　　　　　　C. 坐标值　　　　　　　D. 和

8. 在运算指令中，形式#i=#j-#k 代表的意义是（　　）。

A. 负分数　　　　　　　B. 负极限　　　　　　　C. 余切　　　　　　　　D. 差

9. 在运算指令中，形式#i=#jXOR#k 代表的意义是（　　）。

A. 最大值　　　　　　　B. 异或　　　　　　　　C. 极限值　　　　　　　D. 回归值

10. 在运算指令中，形式为#i=ROUND［#j］代表的意义是（　　）。

A. 反三角函数　　　　　B. 平均值　　　　　　　C. 空　　　　　　　　　D. 取余

二、判断题

1. 宏程序的简单调用是指在主程序中，宏程序可以被单个程序段单次调用。　　　（　　）

2. G65 指令中 L 是指宏程序重复运行的次数。　　　（　　）

3. 一个宏程序不可以被另一个宏程序调用。　　　（　　）

4. 加工中心使用 A 类宏程序。　　　（　　）

5. WHILE［条件表达式］DO*m* 和 END*m* 必须成对使用。　　　（　　）

6. 连同函数中使用的括号在内，括号在表达式中最多可用 4 层。　　　（　　）

7. 算术运算和函数运算结合在一起时，运算的顺序是：函数运算、乘除运算、加减运算。　　　（　　）

8. 一个宏程序中经计算得到的一个通用变量的数值，可以被另一个宏程序应用。　　　（　　）

9. 局部变量主要用于变量间的计算，初始状态下未赋值的局部变量即为空变量。　　　（　　）

10. 宏程序可使用变量执行相应的操作，但实际变量值不可由宏程序指令赋给变量。　　　（　　）

技能实训

1. 如图 2-111 所示椭圆表面零件，毛坯直径为 $\phi40$mm，总长为 100mm，材料为 45 钢。试用参数方程编写椭圆加工宏程序。

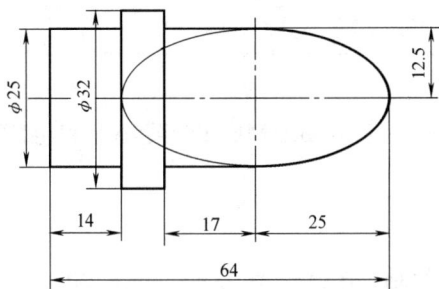

图 2-111　椭圆表面零件

2. 图 2-112 所示为焦点在 Y 轴上的双曲线零件，毛坯直径为 $\phi60$mm，总长为 100mm，材料为 45 钢。试编写其加工宏程序。

3. 图 2-113 所示为焦点在 X 轴上的双曲线零件，毛坯直径为 $\phi60$mm，总长为 70mm，材料为 45 钢。试编写其加工宏程序。

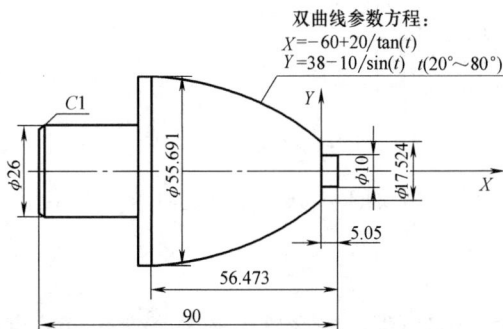

双曲线参数方程：
$$X = -60 + 20/\tan(t)$$
$$Y = 38 - 10/\sin(t) \quad t(20° \sim 80°)$$

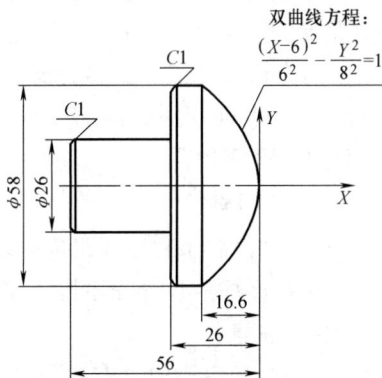

双曲线方程：
$$\frac{(X-6)^2}{6^2} - \frac{Y^2}{8^2} = 1$$

图 2-112　焦点在 Y 轴上的双曲线零件　　　图 2-113　焦点在 X 轴上的双曲线零件

任务八　SIEMENS 802S/C 系统数控车削加工简介

任务导入——应用 SIEMENS 系统车削加工轴类零件

任务描述

车削加工图 2-114 所示的轴，毛坯尺寸为 $\phi82mm×120mm$，材料为 45 钢，用外圆车刀加工外圆。试编写其加工程序并进行加工。

知识链接

一、SIEMENS 系统编程

1. 程序名

程序名中，开始的两个符号必须是字母，后面的符号可以是字母、数字或下划线，最多为 8 个字符，不得使用分隔符，如"RAHMEN52. MPF"。

2. 程序内容

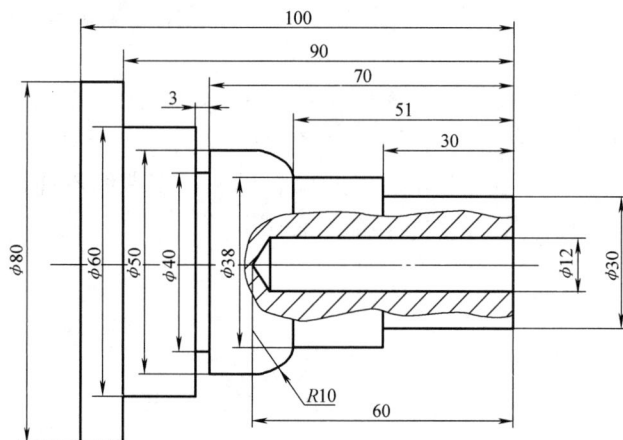

图 2-114　轴

NC 程序由各个程序段组成，每一个程序段执行一个加工步骤。程序段由若干个字组成。最后一个程序段应包含程序指令 M02。

【特别注意】

1）一个程序段中含有执行一个工序所需的全部数据。程序段由若干个字和段结束符"LF"组成。在程序编写过程中进行换行时或按输入键时可以自动生成段结束符。

2）程序段中有很多指令时建议按如下顺序：

N＿＿　G＿＿　X＿＿　Y＿＿　Z＿＿　F＿＿　S＿＿　T＿＿　D＿＿　M＿＿

3）以 5 或 10 为间隔选择程序段号，以便以后插入程序段时不会改变程序段号的顺序。

4）那些不需要在每次运行中都执行的程序段可以被跳跃过去，为此应在这样的程序段段号字之前输入符号"/"。通过操作机床控制面板或者通过接口控制信号可以使跳跃程序段功能生效。几个连续的程序段可以通过在其所有的程序段段号之前输入符号"/"被跳跃过去。在程序运行过程中，一旦跳跃程序段功能生效，则所有带"/"符号的程序段都不予执行，程序从下一个不带符号"/"的程序段开始执行。

5）字是组成程序段的元素，由字构成控制器的指令。字由字母地址符和数值组成。一个字可以包含多个字母，数值与字母之间用符号"="隔开，如"CR＝5.23"。此外，G 功能也可以通过一个符号名进行调用，如"SCALE；"表示打开比例系数。

3. 程序结构

程序名 CXM01.MPF

程序段 N10 G0 X20 ……；第一程序段（程序主体 N10~N40）

程序段 N20 G2 Z37 ……；第二程序段

程序段 N30 G91 ……；

程序段 N40 ……；

程序段 N50 M2；程序结束

二、常用编程指令

1. G00——快速线性移动

编程格式：G00　X＿＿　Z＿＿；

功能：用于快速定位刀具。

机床数据中规定每个坐标轴快速移动速度的最大值，一个坐标轴运行时就以此速度快速移动。如果同时在两个轴上执行快速移动，则移动速度为两个轴可能的最大速度。

用 G00 快速移动时，地址 F 指定的进给率无效。G00 为模态代码，直到被 G 功能组中其他的指令（G01、G02、G03……）取代为止。G 功能组中，还有其他的 G 指令可用于定位。例如在用 G60 准确定位时，可以在窗口选择不同的精度。另外，用于准确定位的指令还有一个单程序段方式有效的指令 G09。在进行准确定位时请注意这几种方式的选择。

2. G01——直线插补

G01 为模态代码，此时坐标轴按地址 F 指定的进给速度运行。G01 指令一直有效，直到被 G 功能组中其他的指令（G00、G02、G03……）取代为止。

3. G02/G03——圆弧插补

G02 为顺时针方向圆弧插补指令，G03 为逆时针方向圆弧插补指令，且 G02 和 G03 为模态代码。

编程格式：G02/G03　X＿＿　Z＿＿　I＿＿　J＿＿；指定圆心和终点

G02/G03　CR＝＿＿　X＿＿　Z＿＿；指定半径和终点

G02/G03　AR＝＿＿　I＿＿　J＿＿；指定张角和圆心

G02/G03　AR＝＿＿　X＿＿　J＿＿；指定张角和终点

G02/G03　AP＝＿＿　RP＝＿＿；指定极坐标和极点圆弧

4. G04——暂停

编程格式：G04　F/S ＿；

式中　F——暂停时间（s）；

　　　S——暂停主轴转数。

通过在两个程序段之间插入一个 G04 程序段，可以使加工中断给定的时间，如自由切削时。G04 程序段（含地址 F 或 S）只对自身程序段有效，并暂停所给定的时间。在此之前编程的进给量 F 和主轴转速 S 保持存储状态。G04 只有在受控主轴（使用 S 功能）情况下才有效。

5. G05——通过中间点进行圆弧插补

编程格式：G05　X ＿　Z ＿　IX = ＿　KZ = ＿；

式中　X、Z——终点坐标；

　　　IX、KZ——中间点坐标。

如果不知道圆弧的圆心、半径或张角，但已知圆弧轮廓上 3 个点的坐标，则可以使用 G05 功能，通过起点和终点之间的中间点位置确定圆弧的方向。G05 为模态代码。举例如下：

G05　X40　Z50　IX = 45　KZ = 40；终点坐标为（40，50），中间点坐标为（45，40）

6. G22/G23——半径数据尺寸/直径数据尺寸

G22 指令用半径数据尺寸编程；G23 指令用直径数据尺寸编程。

7. G25/G26——设定主轴转速下/上限

编程格式：G25　S ＿；

　　　　　G26　S ＿；

说明：G25 指令主轴转速下限（r/min）；G26 指令主轴转速上限（r/min）。

功能：通过在程序中写入 G25 或 G26 指令及地址 S 下的转速，可以限制特定情况下主轴的极限值范围。与此同时，原来设定参数中的数值被覆盖。G25 或 G26 指令均要求一段独立的程序段。原先设置的转速 S 保持存储状态。主轴转速的最高极限值在机床参数中设定。通过面板操作可以激活用于其他极限情况的设定参数。

8. G33——恒螺距螺纹切削

编程格式：G33　X ＿　Z ＿　K ＿　SF = ＿；

式中　X、Z——螺纹终点坐标；

　　　　K——螺距；

　　　　SF——起始点偏移量。

用 G33 功能可以加工下述各种类型的恒螺距螺纹：圆柱螺纹、圆锥螺纹、外螺纹和内螺纹、单线螺纹和多线螺纹、多段连续螺纹。前提条件是主轴上有角度位移测量系统（内置编码器）。右旋螺纹和左旋螺纹由主轴旋转方向 M03 和 M04 确定。G33 为模态代码。

例如加工圆柱双线螺纹，起点偏移 180°，螺纹长度（包括引入距离和超越距离）为 100mm，螺距为 4mm，右旋螺纹，圆柱表面已加工。参考程序如下：

N10 G54 G00 G90 X50 Z0 S500 M03;回起点,主　　　　N20 G33 Z-100 K4 SF = 0;加工第 1 条螺纹线,

　　　　　　　　　　　　　　　　　　轴正转　　　　　　　　　　　　　　　　　　螺距为 4mm

N30 G00 X54；

N40 Z0；

N50 X50；

N60 G33 Z-100 K4 SF=180；加工第 2 条螺纹
线，180°偏移

N70 G00 X54……

9. G41/G42/G40——刀具半径补偿

G41 为刀具半径左补偿指令；G42 为刀具半径右补偿指令；G40 为取消刀具半径补偿指令。

【特别注意】

1）刀具必须有相应的刀补号才能有效。刀具半径补偿通过 G41/G42 指令生效。控制器自动计算出当前刀具运行所产生的、与编程轮廓等距离的刀具轨迹。

2）用 G40 取消刀具半径补偿，此状态也是编程开始时所处的状态。G40 指令之前的程序段刀具以正常方式结束（结束时补偿矢量垂直于轨迹终点处切线），与起始角无关。在运行 G40 程序段之后，刀具中心到达编程终点。在选择 G40 程序段编程终点时要始终确保刀具运行不会发生碰撞。

10. G54~G57/G500/G53——零点偏置

G54~G57 为可设定的零点偏置指令；G500 为取消可设定零点偏置指令；G53 为按程序段方式取消可设定零点偏置指令。

可设定的零点偏置指令给出工件零点在机床坐标系中的位置（工件零点以机床零点为基准偏移）。当工件装夹到机床上后求出偏移量，并通过操作面板输入到规定的数据区。程序可以通过选择相应的 G 功能 G54~G57 激活此值。

11. G60/G64/G09/G601/G602——准确定位/连续路径加工

G60 为准确定位指令，模态有效；G64 为连续路径加工指令；G9 为准确定位指令，单程序段有效；G601 为精准确定位窗口指令；G602 为粗准确定位窗口指令。

【特别注意】

1）G60 或 G09 功能生效时，当到达定位精度后，移动轴的进给速度减小到零。如果一个程序段的轴位移结束并开始执行下一个程序段，则可以设定下一个模态有效的 G 功能。

2）G601 精准确定位窗口。当所有的坐标轴都到达"精准确定位窗口"（机床参数设定）后，开始进行程序段转换。

3）G602 粗准确定位窗口。当所有的坐标轴都到达"粗准确定位窗口"（机床参数设定）后，开始进行程序段转换。

在执行多次定位过程时，准确定位窗口如何选择将对加工运行的总时间影响很大。精确调整需要较多时间。

4）G09 指令仅对自身程序段有效，而 G60 指令准确定位一直有效，直到被 G64 指令取代为止。

程序举例如下：

N5 G602；粗准确定位窗口

N10 G0 G60 X__；准确定位，模态方式

N20 X…；G60；G60 继续有效

……

N50 G1 G601 ……；精准确定位窗口

N80 G64 X__；转换到连续路径加工方式

……

N100 G00 G09 X__；准确定位，单程序段有效

N110……；仍为连续路径加工方式

……

5）G64 连续路径加工方式的目的就是在一个程序段到下一个程序段转换过程中避免进给停顿，使其尽可能以相同的轨迹速度（切线过渡）转换到下一个程序段，并以可预见的速度过渡执行下一个程序段的功能。在有拐角的轨迹过渡时（非切线过渡），有时必须降低速度，从而保证程序段转换时不发生突然变化，或者加速度的改变受到限制（如果 SOFT 有效）。程序举例如下：

N10 G64 G01 X __ F __;连续路径加工方式　　　　……
N20 Z __;继续　　　　　　　　　　　　　　N180 G60;转换到准确定位

12. G70/G71——英制尺寸/米制尺寸

编程格式：G70；英制尺寸
　　　　　G71；米制尺寸

功能：英制或米制转换。

13. G75——返回固定点

编程格式：G75　X __　Z __;

式中　X、Z——固定点设置的数值

用 G75 指令可以返回到机床中某个固定点，如换刀点。固定点位置固定地存储在机床数据中，它不会产生偏移。每个轴的返回速度就是其快速移动速度。G75 指令编在一个独立程序段中，并按程序段方式有效。在 G75 之后的程序段中，原先"插补方式"组中的 G 指令（如 G00、G01、G02……）将再次生效。

14. G90/G91——绝对坐标/相对坐标

G90 为绝对坐标指令；G91 为相对坐标；

G90/G91 适用于所有坐标轴，为模态指令。这两个指令不决定到达终点位置的轨迹，轨迹由 G 功能组中的其他 G 功能指令决定。

15. F——进给率或进给量

编程格式：G94　F __；F 单位为 mm/min
　　　　　G95　F __；F 单位为 mm/r（只有主轴旋转才有意义）

16. S——主轴功能

编程格式：M03　S __；主轴正转
　　　　　M04　S __；主轴反转
　　　　　M05；主轴停止

功能：控制主轴设定的速度旋转，转速为 S 地址后面的参数，单位为 r/min。

17. SPOS——主轴定位功能

编程格式：SPOS= __;

SPOS 指令角度位置，取 0°~360°。

主轴必须设计成可以进行角度位置控制。利用 SPOS 指令可以把主轴定位到一个确定的转角位置，然后通过位置控制保持在这一位置。定位运行速度在机床参数中规定。从主轴旋转状态（顺时针方向旋转/逆时针方向旋转）进行定位时，定位运行方向保持不变；从静止状态进行定位时，定位运行按最短位移进行，方向从起点位置到终点位置。例外的情况是：主轴首次运行，也就是说测量系统还没有进行同步，此种情况下由机床参数规定定位运行方向。主轴定位运行可以与同一程序段中的坐标轴运行同时发生。当两种运行都结束以后，此程序段才结束。程序举例如下：

N10 SPOS=14.3;主轴位置14.3°

……

N80 G00 X89 Z300 SPOS=25.6;

　　　主轴定位与坐标轴运行同时进

行,所有运行都结束以后,程序段才结束

N81 X200 Z300;N80 中主轴位置到达以后开始执行 N81 程序段。

18. T——刀具功能

编程格式：T××；

功能：直接更换刀具，T 取值范围为 1~32000。T0 表示没有刀具。

【特别注意】

1）编程 T 指令可以选择刀具。在此，是用 T 指令直接更换刀具还是仅仅进行刀具的预选，必须在机床数据中确定。有以下两种情况：用 T 指令直接更换刀具（刀具调用）；仅用 T 指令预选刀具，另外还要用 M06 指令才可进行刀具的更换。

2）在选用一个刀具后，程序运行结束以及系统关机/开机对此均没有影响，该刀具一直保持有效。如果手动更换一把刀具，则更换情况必须要输入到系统中，从而使系统正确地识别该刀具。例如，可以在 MDA 方式下启动一个带新的 T 指令的程序段。

19. D——刀具补偿功能

编程格式：D××；

功能：指定刀具补偿值，刀具补偿号的范围是 1~9。D0 表示无补偿值。

【特别注意】

刀具调用后，刀具长度补偿立即生效。先设置的长度补偿先执行，对应的坐标轴也先运行。注意在有效平面 G17~G19 内，刀具半径补偿必须与 G41/G42 一起执行。

20. M——辅助功能

M00：程序停止，按“启动”键加工继续执行。

M01：程序有条件停止，与 M00 一样，但仅在出现专门信号后才生效。

M02：程序结束。

M03：主轴顺时针方向旋转。

M04：主轴逆时针方向旋转。

M05：主轴停。

M08：切削液开。

M09：切削液关。

M17：子程序结束。

三、子程序

1. 子程序的应用

原则上讲，主程序和子程序之间并没有区别。子程序一般用于编写经常重复进行的加工，如某一确定的轮廓形状。子程序位于主程序中适当的地方，在需要时进行调用、运行。加工循环是子程序的一种形式，一般包含通用的加工工序，如钻削、攻螺纹、铣槽等。通过给规定的计算参数赋值，就可以实现各种具体的加工。

2. 子程序结构

子程序的结构与主程序的结构一样，也是在最后一个程序段中结束程序运行。子程序结束后返回主程序。

子程序结束用 M02/RET/M17 指令，要求占用一个独立的程序段。用 RET 指令结束子程序，返回主程序时不会中断 G64 连续路径运行方式；用 M02 指令则会中断 G64 运行方式，并进入停止状态。

3. 子程序名

子程序与主程序的命名方法一样，如"AHMEN7"。另外，子程序命名还可以使用地址字 L，其后的值可以有 7 位（只能为整数）。

4. 子程序调用

在一个程序中（主程序或子程序）可以直接用程序名调用子程序。子程序调用要求占用一个独立的程序段。如果要求多次连续地执行某一子程序，则在设置时必须在所调用子程序的程序名后，用地址 P 指定调用次数，最大次数可以为 9999（P1 ~ P9999）。程序举例如下：

N10 AHMEN7;调用子程序 AHMEN7   N30 L785 P3 ;调用子程序 L785,运行 3 次

N20 L785;调用子程序 L785

5. 嵌套深度

子程序不仅可以从主程序中调用，也可以从其他子程序中调用，这个过程称为子程序的嵌套。子程序的嵌套深度可以为三层，也就是四级程序界面（包括主程序界面）。在使用加工循环进行加工时，要注意加工循环程序也同样属于四级程序界面中的一级。

【特别注意】

在子程序中可以改变模态有效的 G 功能，如 G90 到 G91 的变换。在返回调用程序时注意检查一下所有模态有效的功能指令，并按照要求进行调整。对于 R 参数也需同样注意，不要无意识地用上级程序界面中所使用的计算参数来修改下级程序界面的计算参数。

四、固定循环指令

1. LCYC82——钻削/沉孔加工循环

功能：刀具以设置的主轴转速和进给率钻孔，直至到达最终钻削深度。在到达最终钻削深度时可以设置一个停留时间。退刀时以快速移动速度进行。

调用格式：LCYC82;

参数说明见表 2-27。

表 2-27　LCYC82 循环参数说明

参数	含　义	说　明
R101	返回平面（绝对坐标）	返回平面确定循环结束之后钻削轴的位置,用来移动到下一位置继续钻孔
R102	安全高度	安全距离只对参考平面而言,循环可以自动确定安全距离的方向
R103	参考平面（绝对坐标）	参数 R103 所确定的参考平面就是图纸中所标明的钻削起点
R104	最后钻削深度（绝对坐标）	确定钻削深度,它取决于工件零点
R105	在最后钻削深度停留时间	设置此深度处（断屑）的停留时间,单位为 s

【特别注意】

1）循环开始之前的位置是调用程序中最后返回的钻削位置。

2）循环的时序过程是：用 G00 回到参考平面加安全距离处→按照调用程序中设置的进

给率以 G01 进行钻削，直至最终钻削深度→执行此深度停留时间→以 G00 退刀，回到返回平面。

钻孔循环程序举例如下：

N10 G00 G90 F500 T2 D1 S500 M03;规定一些　设定参数
　　　　　　　　　　　　　　参数值　　　　N35 R105＝2;设定参数
N20 X0 Z50;回到钻孔位　　　　　　　　　N40 LCYC82;调用循环
N30 R101＝110 R102＝4 R103＝102 R104＝75;　　N50 M02;程序结束

2. LCYC83——深孔钻削循环

功能：深孔钻削循环指令通过分步钻入达到最后的钻削深度，钻头可以在每次进给完成以后回到安全距离，进行排屑，或者每次退回 1mm，进行断屑。

调用格式：LCYC83;

LCYC83 深孔钻削循环指令的参数如图 2-115 所示，参数说明见表 2-28。

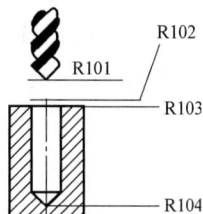

图 2-115　LCYC83 深孔钻削指令参数

表 2-28　LCYC83 循环参数说明

参数	含　义	说　明
R101	返回平面（绝对坐标）	返回平面确定了循环结束之后钻削加工轴的位置。循环以位于参考平面之前的返回平面为出发点，因此从返回平面到钻削深度位置的距离较大
R102	安全距离（无符号）	安全距离只对参考平面而言，循环可以自动确定安全距离的方向
R103	参考平面（绝对坐标）	参数 R103 所确定的参考平面就是图纸中所标明的钻削起点
R104	最后钻削深度	最后钻削深度以绝对值设置，与循环调用之前的状态 G90 或 G91 无关
R105	在此钻削深度的停留时间（断屑）	设置到深度处的停留时间，单位为 s
R107	钻削进给率	通过这两个参数可设置第一次钻削深度及其后钻削的进给率
R108	首钻进给率	
R109	在起点和排屑时的停留时间	可以设置起点停留时间。只有在"排屑"方式下才执行在起点处的停留时间
R110	首钻深度（绝对）	确定第一次钻削行程的深度
R111	每次切削量（无符号）	确定每次切削量的大小，从而保证以后的钻削量小于当前的钻削量 第二次钻削量如果大于所设置的递减量，则第二次钻削量应等于第一次钻削量减去递减量。否则，第二次钻削量就等于递减量 当最后的剩余量大于两倍的递减量时，则在此之前的最后钻削量应等于递减量，所剩下的最后剩余量平分为最终两次钻削行程。如果第一次钻削量的值与总的钻削深度量相矛盾，则显示报警号 61107"第一次钻深错误定义"，从而不执行循环
R127	加工方式：断屑＝0　排屑＝1	值 0:钻头在到达每次钻削深度后上提 1mm 空转，用于断屑 值 1:每次到达钻削深度后钻头返回到参考平面加安全距离处，以便排屑

【特别注意】

1）循环开始之前的位置是调用程序中最后返回的钻削位置。

2）循环的时序过程是：用 G00 回到参考平面加安全距离处→用 G01 执行第一次钻削深度，其进给率是调用循环之前所设置的进给率→执行钻削深度停留时间（参数 R105）→用 G01 按所设置的进给率执行下一次钻削深度切削，该过程一直进行下去，直至到达最终钻削深度→用 G00 返回到返回平面。

执行钻削深度停留时间（参数 R105）有如下两种情况：在断屑时，用 G01 按调用程序中所设置的进给率从当前钻削深度上提 1mm，以便断屑；在排屑时，用 G00 返回到参考平面加安全距离处，以便排屑，执行起点停留时间（参数 R109），然后用 G00 返回上次钻削深度，但留出一个前置量（此量的大小由循环内部计算所得）。

3. LCYC840——带补偿夹具的螺纹切削循环

功能：刀具按照设置的主轴转速和方向加工螺纹，攻螺纹的进给率可以从主轴转速计算出来。该循环指令可以用于带补偿夹具和主轴实际值编码器的内螺纹切削。循环中可以自动转换旋转方向。

调用格式：LCYC840；

参数说明见表 2-29。

表 2-29 LCYC840 循环参数说明

参数	含　义	说　明
R101	返回平面(绝对坐标)	退回平面确定了循环结束之后钻削加工轴的位置
R102	安全距离	安全距离只对参考平面而言,由于有安全距离,参考平面被提前了一个安全距离量。循环可以自动确定安全距离的方向
R103	参考平面(绝对坐标)	参数 R103 所确定的参考平面就是图纸中所标明的钻削起始点
R104	最后攻螺纹深度(绝对坐标)	此参数确定钻削深度,它取决于工件零点
R106	螺纹导程值,范围为 0.001～20000.000mm	螺纹导程值
R126	攻螺纹时主轴旋转方向	取 3,用于 M03;取 4,用于 M04

【特别注意】

1）循环开始之前的位置是调用程序中最后返回的钻削位置。

2）循环的时序过程是：用 G00 回到参考平面加安全距离处→用 G33 切内螺纹，直至到达最终攻螺纹深度→用 G33 退刀，回到参考平面加安全距离处→用 G00 返回到返回平面。

LCYC840 指令的参数设置如下：

用 LCYC840 在 $X=0$ 处攻一个螺纹，攻螺纹轴为 Z 轴，必须给定 R126 参数值，即明确主轴旋转方向，加工时使用补偿夹具，在调用程序中给定主轴转速。参考程序如下：

N10 G00 G17 G90 S300 M03 D1 T1；规定一些参数值

N20 X0 Z60；回到攻螺纹孔位

N30 R101＝60 R102＝2 R103＝56 R104＝15；设定参数

N40 R106＝0.5 R126＝3；设定参数

N45 LCYC840；调用循环

N50 M02；程序结束

4. LCYC85——镗孔循环

功能：刀具以给定的主轴转速和进给速度镗孔，直至最终深度。如果到达最终深度，可以设置一个停留时间。进刀及退刀运行分别按照相应参数设置的进给率速度进行。

调用格式：LCYC85；

参数说明见表 2-30。

表 2-30 LCYC85 循环参数说明

参数	含 义	说 明
R101	返回平面（绝对坐标）	
R102	安全距离	
R103	参考平面（绝对坐标）	与 LCYC82 相同
R104	最后镗削深度（绝对值）	
R105	在镗孔深度处的停留时间	
R107	镗孔进给率	确定镗孔时的进给率大小
R108	退刀时进给率	确定退刀时的进给率大小

【特别注意】

1）循环开始之前的位置是调用程序中最后返回的镗削位置。

2）循环的时序过程是：用 G00 回到参考平面加安全距离处→用 G01 以 R107 参数设置的进给率加工到最终镗孔深度→执行最终镗孔深度的停留时间→用 G01 以退刀时的进给率返回到参考平面加安全距离处。

3）若没有设置停留时间，则 R105 = 0。

5. LCYC93——切槽循环

功能：在圆柱形工件上，不管是进行纵向加工还是进行横向加工，均可以利用切槽循环对称加工出切槽，包括外部切槽和内部切槽。

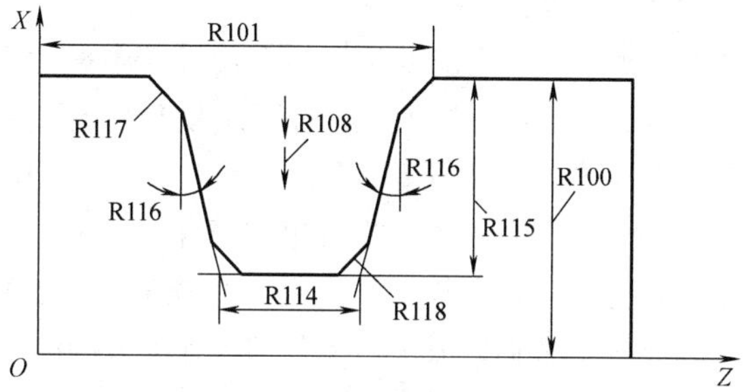

调用格式：LCYC93；

LCYC93 切槽循环指令参数如图 2-116 所示，参数说明见表 2-31。

图 2-116 LCYC93 切槽循环指令参数

表 2-31 LCYC93 循环参数说明

参数	含 义	说 明
R100	横坐标轴起点	规定 X 轴方向切槽起点直径
R101	纵坐标轴起点	规定 Z 轴方向切槽起点
R105	加工类型	确定加工类型数值 1~8，见表 2-32
R106	精加工余量	无符号。切槽粗加工时，用参数 R106 设定其精加工余量
R107	刀具宽度	无符号。该参数确定刀具宽度，实际所用的刀具宽度必须与此参数相符。如果实际所用刀具宽度大于 R107 的值，则会使实际所加工的切槽大于设置的切槽而导致轮廓损伤，这种损伤是循环所不能监控的。如果设置的刀具宽度大于槽底的切槽宽度，则循环中断并产生报警号 61602 刀具宽度错误定义
R108	切入深度	无符号。通过在 R108 中设置切入深度，可以把切槽加工分成许多个切削深度进给。在每次到达切削深度之后刀具上提 1mm，以便断屑
R114	槽宽	切槽宽度参数，无符号切槽宽度是指槽底（不考虑倒角）的宽度值
R115	槽深	切槽深度参数，无符号
R116	角度范围	螺纹啮合角参数，取 0~89.999。R116 的参数值确定切槽齿面的斜度，值为 0 时表明加工一个与轴平行的切槽（矩形形状）

（续）

参数	含　义	说　　明
R117	槽沿倒角	确定槽口的倒角
R118	槽底倒角	确定槽底的倒角。如果通过该参数的设置值不能生成合理的切槽轮廓，则程序中断并产生报警号 61603 "切槽形状错误定义"
R119	槽底停留时间	其最小值至少为主轴旋转一转所用时间

表 2-32　LCYC93 循环加工类型

数　　值	纵向/横向	外部/内部	起始点位置
1	纵向	外部	左边
2	横向	外部	左边
3	纵向	内部	左边
4	横向	内部	左边
5	纵向	外部	右边
6	横向	外部	右边
7	纵向	内部	右边
8	横向	内部	右边

【特别注意】

1）循环开始之前的位置是调用程序中最后返回的切削位置。

2）循环开始之前所到达的位置为任意位置，但须保证每次返回该位置进行切槽加工时不发生刀具碰撞。该循环具有如下时序过程：用 G00 回到循环内部所计算的起点；切削深度方向进给，在坐标轴平行方向进行粗加工直至槽底，同时要注意精加工余量，每次切削深度进给之后要空运行，以便断屑；切削宽度方向进给，每次用 G00 进行切削宽度方向进给，方向垂直于切削深度进给方向。其后将重复切削深度方向的粗加工过程。深度方向和宽度方向的进给量以可能的最大值均匀地进行划分。在有要求的情况下，齿面的粗加工将沿着切槽宽度方向分多次进给。用调用循环之前所设置的进给值从两边精加工整个轮廓，直至槽底中心。

6. LCYC95——毛坯切削循环

功能：用此循环可以在坐标轴平行方向加工由子程序设置的轮廓，可以进行纵向和横向加工，也可以进行内、外轮廓的加工。可以选择不同的切削工艺方式，如粗加工、精加工或者综合加工。只要刀具不发生碰撞，可以在任意位置调用此循环。调用循环之前，必须在所调用的程序中已经激活刀具补偿参数。

调用格式：LCYC95；

参数说明见表 2-33。

表 2-33　LCYC95 循环参数说明

参数	含　义	说　　明
R105	加工类型	数值可取 1~12（整数），见表 2-34。在纵向加工时，进刀总是在横向坐标轴方向进行；在横向加工时，进刀则在纵向坐标轴方向
R106	精加工余量	无符号。在精加工余量之前的加工均为粗加工。如果没有设置精加工余量，则一直进行粗加工，直至最终轮廓
R108	切入深度	无符号。设定粗加工最大进刀深度，但当前粗加工中所用的进刀深度则由循环自动计算得到
R109	粗加工切入角	粗加工切入角

（续）

参数	含　义	说　明
R110	粗加工时的退刀量	坐标轴平行方向的每次粗加工之后均须从轮廓退刀，然后用 G00 返回到起点，参数 R110 指定退刀量的大小，单位为 mm
R111	粗加工进给率	加工方式为精加工时该参数无效
R112	精加工进给率	加工方式为粗加工时该参数无效

表 2-34　LCYC95 加工类型

数值	纵向/横向	外部/内部	粗加工/精加工/综合加工
1	纵向	外部	粗加工
2	横向	外部	粗加工
3	纵向	内部	粗加工
4	横向	内部	粗加工
5	纵向	外部	精加工
6	横向	外部	精加工
7	纵向	内部	精加工
8	横向	内部	精加工
9	纵向	外部	综合加工
10	横向	外部	综合加工
11	纵向	内部	综合加工
12	横向	内部	综合加工

【特别注意】

1）轮廓定义。在一个子程序中设置待加工的工件轮廓，循环通过变量 __ CNAME 名下的子程序名调用子程序。轮廓由直线或圆弧组成，并可以插入圆角和倒角。设置的圆弧段最大可以为 1/4 圆。轮廓的编程方向必须与精加工时所选择的加工方向相一致。

2）时序过程循环开始之前所到达的位置为任意，但须保证从该位置回轮廓起始点时不发生刀具碰撞。该循环具有如下时序过程：

粗加工：用 G00 在两个坐标轴方向同时回循环加工起点（内部计算）。按照参数 R109 设置的角度进行深度方向进给，用 G01/G02/G03 按参数 R111 设定的进给率进行粗加工，直至沿着"轮廓+精加工余量"加工到最后一点。在每个坐标轴方向按参数 R110 所设置的退刀量（单位为 mm）退刀并用 G00 指令返回。重复以上过程，直至加工到最后深度。

精加工。用 G00 按不同的坐标轴分别回循环加工起点；用 G00 在两个坐标轴方向同时回轮廓起点；用 G01/G02/G03 按参数 R112 设定的进给率沿着轮廓进行精加工；用 G00 在两个坐标轴方向回循环加工起点。

在精加工时，循环内部自动激活刀具半径补偿。循环指令自动计算加工起点。在粗加工时两个坐标轴同时回循环加工起点；在精加工时则按不同的坐标轴分别回循环加工起点。其中，首先运行的是进刀坐标轴。

综合加工类型中，在最后一次粗加工之后，不再回到内部计算起点。

【应用实例 2-8】　外圆加工

如图 2-117 所示，完成零件外圆粗、精加工程序编写。

主程序编写如下：

```
LC95. MPF;                              设定
G95 G500 S500 M03 F0.4 T01 D01;工件基本      Z2 X142 M08;
```

_ CNAME="L01";定义毛坯切削循环参数
R105=1 R106=1.2 R108=5 R109=7;
R110=1.5 R111=0.4 R112=0.25;
LCYC95;调用毛坯切削循环
T02 D01;换刀

　子程序编写如下:
L01.SPF;子程序名
G00 X30 Z2;
G01 Z-15 F0.3;
X50 Z-23;
Z-33;

R105=5 R106=0;定义毛坯切削循环参数
LCYC95;调用毛坯切削循环
G00 G90 X120;
Z120 M09;
M02;

G03 X60 Z-38 CR=5;
G01 X76;
G02 X88 Z-50 CR=12;
M02;回到主程序

7. LCYC97——螺纹切削循环

功能:用螺纹切削循环指令可以按纵向或横向加工形状为圆柱体或圆锥体的外螺纹或内螺纹,并且既能加工单线螺纹,也能加工多线螺纹。切削进刀深度可设定。

左旋螺纹或右旋螺纹由主轴的旋转方向确定,它必须在调用循环之前的程序中编入。在螺纹加工期间,进给调整和主轴调整开关均无效。

调用格式:LCYC97;

LCYC97 螺纹切削循环指令参数如图 2-118 所示,参数说明见表 2-35。

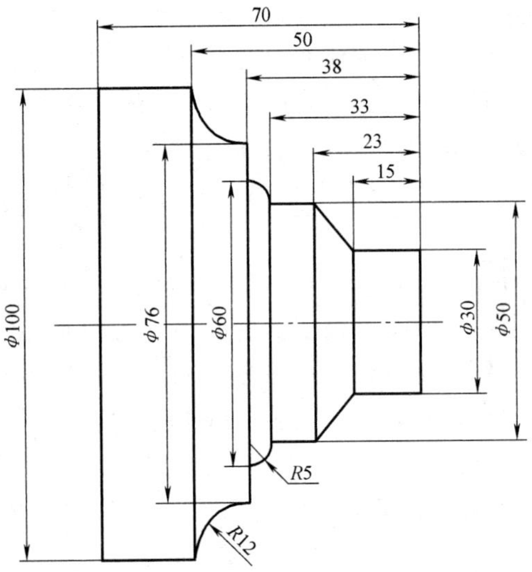

图 2-117 外圆粗、精加工

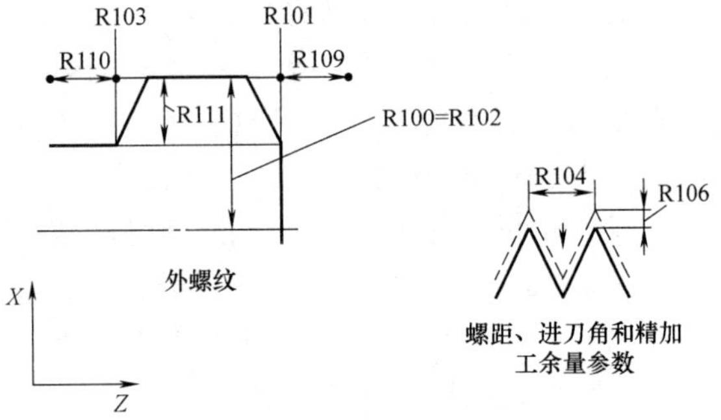

图 2-118 LCYC97 螺纹切削循环指令参数

表 2-35 LCYC97 循环参数说明

参数	含　义	说　明
R100	螺纹起点直径	这两个参数分别用于确定螺纹在 X 轴和 Z 轴上的起点
R101	纵向轴螺纹起点	
R102	螺纹终点直径	这两个参数用于确定螺纹终点。若是圆柱螺纹,则其中必有一个数值等于 R100 或 R101
R103	纵向轴螺纹终点	
R104	螺纹导程值	螺纹导程值为坐标轴平行方向的数值,不含符号
R105	加工类型	R105=1,加工外螺纹;R105=2,加工内螺纹

（续）

参数	含 义	说 明
R106	精加工余量	无符号。螺纹深度减去参数 R106 设定的精加工余量后剩下的尺寸划分为几次粗切削进给。精加工余量是指粗加工之后的切削进给量
R109	引入距离	参数 R109 和 R110 用于循环内部计算引入距离和超越距离,均无符号。循环中设置起点提前一个引入距离,设置终点延长一个超越距离
R110	超越距离	
R111	螺纹深度	无符号
R112	起始点角度偏移	无符号。由该角度确定车削件圆周上第一螺纹线的切入点位置,也就是说确定真正的加工起点,范围为 $0.0001° \sim 359.999°$。如果没有说明起点的偏移量,则第一条螺纹线自动地从 $0°$ 位置开始加工
R113	粗切削次数	循环根据参数 R105 和 R111 自动计算出每次切削的进刀深度
R114	螺纹线数	多线螺纹应该对称地分布在车削件的圆周上

【特别注意】

调用循环之前所到达的位置可为任意位置,但须保证刀具可以没有碰撞地回到所设置的"螺纹起点＋引入距离"位置。该循环有如下的时序过程:用 G00 回第一条螺纹线引入距离的起始处→按照参数 R105 确定的加工类型进行粗加工进刀→根据设置的粗切削次数重复螺纹切削→用 G33 指令切除精加工余量→对于其他的螺纹线重复整个过程。程序举例如下:

```
LWZ11. MPF;
G54 M03 S1000;建立工件坐标系
G00 X100 Z100;设置换刀点
T01 D01;调 1 号刀及刀补
G00 X100 Z5;快速移动到螺纹循环的起点
R100 = 96 R101 = 0 R102 = 100 R103 = -100;
        定义螺纹切削参数
R104 = 2 R105 = 1 R106 = 0.5;
R109 = 15 R110 = 35 R111 = 15;
R112 = 0 R113 = 7 R114 = 1;
LCYC97;调用螺纹切削循环指令
M05;
M02;
```

> **任务实施**

一、工艺过程

1）粗加工外圆,留精加工余量 1mm。

2）精加工外圆,达到零件图纸要求。

二、刀具与工艺参数

数控加工刀具卡和数控加工工序卡见表 2-36 和表 2-37。

表 2-36 数控加工刀具卡

任 务		SIEMENS 802S/C 系统 数控车削加工简介	零件名称	轴	零件图号	
序号	刀具号	刀具名称及规格	刀尖圆弧半径/mm	数量	加工表面	备注
1	T01	90°外圆粗车刀	0.25	1	粗车外圆	D01
2	T02	75°外圆精车刀	0.2	1	精车外圆	D01
3	T03	切槽刀	$B = 3$mm	1	切槽	
4	T04	ϕ12mm 钻头		1	钻孔	

表 2-37　数控加工工序卡

材料	45 钢	零件图号		系统	SIEMENS	工序号	
程序	工步内容	G 功能	T 刀具	切削用量			
				转速 $n/(r/min)$	进给量 $f/(mm/r)$	背吃刀量 a_p/mm	
操作序号	夹住棒料一头,留出长度大约 65mm(手动操作),车端面,对刀,调用程序						
1	粗车外圆	LCYC95	T01	1000	0.4	5	
2	精车外圆	LCYC95	T02	1500	0.25	0.25	
3	切槽	G01	T03	600	0.05		
4	钻孔	LCYC83	T04	600	0.5		

三、装夹方案

用自定心卡盘夹紧定位。

四、程序编制

1. 主程序

SM. MPF；

N0010 G54 G95 T01 D01；调用 1 号粗车刀

N0020 G00 X200 Z200；

N0030 M03 S1000；

N0040 M08；

N0050 _ CNAME = "L03"；

N0060 R105 = 1 R106 = 1.2 R108 = 5 R109 = 7；
　　　设定外径粗车削循环参数

N0070 R110 = 1.5 R111 = 0.4 R112 = 0.25；

N0080 LCYC95；调用粗车循环

N0090 G55 T02 D02；调用 2 号精车刀

N0100 X100 Z2；

N0110 M03 S1500；

N0115 R105 = 5 R106 = 0；

N0120 LCYC95；调用精车循环

N0130 G00 X200 Z200；

N0140 T02 D00；取消刀补

N0150 G56 T03；调用 3 号切槽刀

N0160 M03 S600；

N0170 X84 Z-73；靠近工件,切槽

N0180 G01 X40 F0.05；

N0190 G00 X100；

N0200 Z200；

N0220 G57 T04；调用 4 号深孔钻

N0230 X0 Z2；

N0240 R101 = 50.000 R102 = 2.000；
　　　设定深孔钻循环切削参数

N0250 R103 = 0.000 R104 = -60.000；

N0260 R105 = 0.000 R107 = 0.500；

N0270 R108 = 0.400 R109 = 0.000；

N0280 R110 = -5.000 R111 = 2.000；

N0290 R127 = 1.000；

N0300 LCYC83；钻深孔

N0310 G00 Z50；

N0320 X200 Z200；

N0340 M05；

N0350 M02；主程序结束

2. 子程序

L03. SPF；

N0010 G00 Z2 X30；子程序路径开始

N0020 G01 Z-30 F0.4；

N0030 X38；

N0040 Z-51；

N0050 G03 Z-60 X50 CR = 10；

N0060 G01 Z-73；

N0070 X60；

N0080 Z-90；

N0090 X84；

N0100 G00 Z2；

N0110 RET；返回到主程序

五、对刀

选择对刀点在工件右端面中心。

六、传输程序和加工测量

略。

技能实训

如图 2-119 所示，试编写零件的加工程序并进行仿真操作。

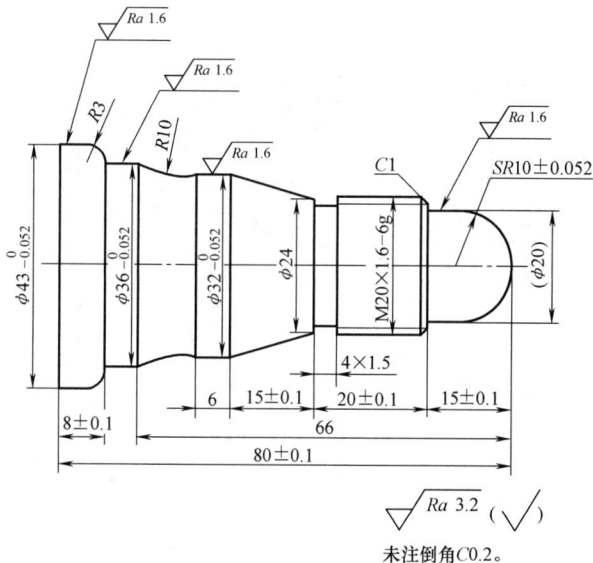

图 2-119　加工练习图

任务九　数控车床操作

技能目标

（1）会分析数控车床的结构，会装夹工件与刀具，合理选择切削用量
（2）能编制数控车削加工程序
（3）具备中级数控车床操作能力
（4）具备测量工件和控制质量能力
（5）能安全操作数控车床与正确保养数控车床

知识目标

（1）掌握数控车床的结构、工件装夹要求、刀具种类与装夹要求
（2）掌握数控车床编程坐标系、编程指令及编程方法
（3）掌握数控车床国家职业标准应知理论知识
（4）掌握数控车床的操作流程与方法
（5）掌握数控车床安全文明操作与数控车床维护保养知识

任务导入——加工球形螺纹轴

任务描述

加工图 2-120 所示球形螺纹轴。试编写其轮廓加工程序并进行加工。毛坯为 $\phi30\text{mm} \times 100\text{mm}$，材料为 45 钢。

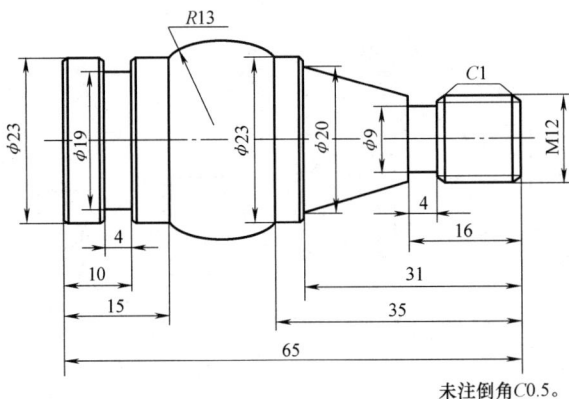

未注倒角C0.5。

图 2-120　球形螺纹轴

知识链接

一、实训要求及安全教育

1）数控系统的编程人员、操作人员和维修人员必须经过专门的技术培训，熟悉所用数控车床的使用环境、条件和工作参数，严格按照机床和系统的使用说明书要求正确、合理地操作机床。

2）上机单独操作时，发现问题应立即停止生产，严格按照操作规程安全操作。

3）爱惜公共财产，节约资源，避免浪费，培养良好的工作习惯。

二、实训过程参照企业 8S 管理标准进行管理和实施

8S 管理内容就是整理（SEIRI）、整顿（SEITON）、清扫（SEISO）、清洁（SEIKETSU）、素养（SHITSUKE）、安全（SAFETY）、节约（SAVE）、学习（STUDY）8 个项目，因其均以"S"开头，简称为 8S（其中前 5S 为日语罗马字拼写，后 3S 为英文拼写），其管理要领见表 2-38。8S 管理法的目的是使企业在现场管理的基础上，通过创建学习型组织不断提升企业文化的素养，消除安全隐患，节约成本和时间，在激烈的竞争中获得优势。

表 2-38　8S 管理要领

8S	意　义	目　的	实施要领
整理 （SEIRI）	将混乱的状态收拾成井然有序的状态	（1）腾出空间，空间活用，增加作业面积 （2）物流畅通，防止误用、误送等 （3）打造清爽的工作场所	（1）自己的工作场所（范围）全面检查，包括看得到和看不到的 （2）制订"要"和"不要"的判别基准 （3）将不要的物品清除出工作场所，要有决心 （4）对需要的物品调查使用频度，决定日常用量及放置位置 （5）制订废弃物处理方法 （6）每日自我检查

（续）

8S	意　义	目　的	实施要领
整顿 （SEITON）	通过前一步整理后,对生产现场需要留下的物品进行科学、合理的布置和摆放,以便用最快的速度取得所需之物,在最有效的规章、制度和最简捷的流程下完成作业	（1）使工作场所一目了然,创造整整齐齐的工作环境 （2）不用浪费时间找东西,能在30s内找到要找的东西,并能立即使用	（1）前一步骤整理的工作要落实 （2）流程布置,确定放置场所,明确数量。物品的放置场所原则上要100%设定;物品的保管要定点（放在哪里合适）、定容（用什么容器、颜色）、定量（规定合适数量）;生产线附近只能放真正需要的物品 （3）规定放置方法。易取,提高效率;不超出所规定的范围;在放置方法上多下功夫 （4）划线定位 （5）场所、物品标识。放置场所和物品标识原则上一一对应;标识方法全公司要统一
清扫 （SEISO）	清除工作场所内的脏污,并防止污染的发生,将岗位保持在无垃圾、无灰尘、干净整洁的状态。清扫的对象包括地板、墙壁、工作台、工具架、工具柜等,以及机器、工具、测量用具等	（1）消除脏污,保持工作场所干净、明亮,使员工保持一个良好的工作情绪 （2）稳定品质,最终达到企业生产零故障和零损耗	（1）建立清扫责任区（工作区内外） （2）执行例行清扫,清理脏污,形成责任与制度 （3）调查污染源,予以杜绝或隔离 （4）建立清扫基准,作为规范
清洁 （SEIKETSU）	将上面的3S（整理、整顿、清扫）实施的做法进行到底,形成制度,并贯彻执行及维持结果	维持上面3S的成果,并显现"异常"之所在	（1）前面3S工作实施彻底 （2）定期检查,实行奖惩制度,加强执行 （3）管理人员经常带头巡查,以表重视
素养 （SHITSUKE）	人人依规定行事,从心态上养成能随时进行8S管理的好习惯并坚持下去	（1）提高员工素质,培养员工成为一个遵守规章制度并具有良好工作素养习惯的人 （2）营造团体精神	（1）培训共同遵守的有关规则、规定 （2）新进人员强化教育、实践
安全 （SAFETY）	清除安全隐患,保证工作现场员工人身安全及产品质量安全,预防意外事故的发生	（1）规范操作,确保产品质量,杜绝安全事故 （2）保障员工的人身安全,保证生产连续、安全、正常地进行 （3）减少因安全事故而带来的经济损失	（1）制订正确的作业流程,适时监督指导 （2）对不合安全规定的因素及时发现并消除;所有设备都进行清洁、检修,能预先发现存在的问题,从而消除安全隐患 （3）在作业现场彻底推行安全任务,使员工对于安全用电、确保通道畅通、遵守搬运物品的要点养成习惯,建立有规律的作业现场 （4）员工正确使用保护器具,不违规作业
节约 （SAVE）	对时间、空间、资源等方面合理利用,减少浪费,降低成本,以发挥它们的最大效能,从而创造一个高效率的、物尽其用的工作场所	养成降低成本习惯,培养作业人员减少浪费的意识	（1）以自己就是主人的心态对待企业的资源 （2）能用的东西尽可能利用 （3）切勿随意丢弃,丢弃前要思考其剩余使用价值 （4）减少动作浪费,提高作业效率 （5）加强时间管理意识
学习 （STUDY）	深入学习各项专业技术知识,从实践和书本中获取知识,同时不断地向同事及上级主管学习	（1）学习长处,完善自我,提升自己综合素质 （2）让员工能更好地发展,从而带动企业产生新的动力去应对未来可能存在的竞争与变化	（1）学习各种新的技能技巧,才能不断地满足个人及公司发展的需求 （2）与人共享,能达到互补、互利,制造共赢,互补知识面与技术面的薄弱,互补能力的缺陷,提升整体的竞争力与应变能力 （3）内部外部客户服务的意识,为集体（或个人）的利益或为事业工作,服务与你有关的同事、客户（如注意内部客户（后道工序）的服务）

三、数控车床安全操作规程

1. 安全操作注意事项

1）工作时请穿好工作服、安全鞋，戴好工作帽及防护镜，严禁戴手套操作机床。

2）不要移动或损坏安装在机床上的警告标牌。

3）不要在机床周围放置障碍物，工作空间应足够大。

4）某一项工作如果需要两人或多人共同完成时，应注意相互间的协调一致。

5）不允许采用压缩空气清洗机床、电气柜及 NC 单元。

6）任何人员违反上述规定或学院的规章制度，实习指导人员或设备管理员有权要求其停止使用、操作，并根据情节轻重，报学院相关部门处理。

2. 工作前的准备工作

1）开始工作前要对机床进行预热，认真检查润滑系统工作是否正常，如机床长时间未开动，可先采用手动方式向各部分供油润滑。

2）使用的刀具应与机床允许的规格相符，刀具有严重破损应及时更换。

3）调整刀具所用工具不要遗忘在机床内。

4）检查大尺寸轴类零件的中心孔是否合适，以免发生危险。

5）刀具安装好后应进行一两次试切削。

6）认真检查卡盘夹紧的工作状态。

7）机床开动前，必须关好机床防护门。

3. 工作过程中的安全事项

1）禁止用手接触刀尖和切屑，必须用铁钩子或毛刷来清理。

2）禁止用手或以其他任何方式接触正在旋转的主轴、工件或其他运动部位。

3）禁止加工过程中进行测量、变速，更不能用棉纱擦拭工件，也不能清扫机床。

4）车床运转中，操作人员不得离开岗位，发现机床有异常现象立即停机。

5）经常检查轴承温度，温度过高时应找有关人员进行检查。

6）在加工过程中，不允许打开机床防护门。

7）严格遵守岗位责任制，机床由专人使用，未经同意不得擅自使用。

8）工件伸出车床 100mm 以外时，须在伸出位置设防护物。

9）禁止进行尝试性操作。

10）手动回零点时，注意机床各轴位置要距离原点 -100mm 以上，机床原点回归顺序为：首先 +X 轴，其次 +Z 轴。

11）使用手轮或快速移动方式移动各轴位置时，一定要看清机床 X、Z 轴各方向"+""−"号标牌后再移动。移动时先慢转手轮，观察机床移动方向无误后方可加快移动速度。

12）编完程序或将程序输入机床后，须先进行图形模拟，准确无误后再进行机床试运行，并且刀具应离开工件端面 200mm 以上。

13）程序运行注意事项如下：

① 对刀应准确无误，刀具补偿号应与程序调用刀具号一致。

② 检查机床各功能按键的位置是否正确。

③ 光标要放在主程序头。

④ 加注适量切削液。

⑤ 操作人员站立位置应合适，启动程序时，右手做好按紧急停止按钮的准备，程序在运行当中手不能离开紧急停止按钮，如有紧急情况立即按下紧急停止按钮。

14）加工过程中认真观察切削及冷却状况，确保机床、刀具的正常运行及工件的质量，并关闭防护门，以免切屑、润滑油飞出。

15）在程序运行中须暂停以测量工件尺寸时，要待机床完全停止、主轴停转后方可进行测量，以免发生人身事故。

16）关机时，要等主轴停转 3min 后方可关机。

17）未经许可禁止打开电气箱。

18）各手动润滑点必须按说明书要求润滑。

19）修改程序的钥匙在程序调整完后要立即拿掉，不得插在机床上，以免无意改动程序。

20）使用机床时候，每日必须使用切削液循环 0.5h，冬天时间可稍短一些；切削液要定期更换，更换周期一般为 1~2 个月。机床若数天不使用，则每隔一天应对 NC 及 CRT 显示器部分通电 2~3h。

4. 工作完成后的注意事项

1）清除切屑，擦拭机床，使机床与环境保持清洁状态。

2）注意检查机床导轨上的油察板，如有损坏应及时更换。

3）检查润滑油、切削液的状态，及时添加或更换。

4）依次关掉机床操作面板上的电源和总电源。

5. 数控车床的常见操作故障

数控车床的故障种类较多，有电气、电路、机械、数控系统、液压、气动等部件的故障，产生的原因也比较复杂，但大部分故障是由于操作人员的操作不当引起的。数控车床常见的操作故障如下：

1）防护门未关，机床不能运转。

2）有回零要求的机床开机后未回零。

3）主轴转速超过最高转速限定值。

4）加工程序内没有设置 F 或 S 值。

5）进给修调开关或主轴修调开关设为空档。

6）回零时离零点太近或回零速度太快，引起超程。

7）程序中 G00 位置超过限定值。

8）刀具补偿测量设置错误。

9）刀具换刀位置不正确（换刀点离工件太近）。

10）G40 撤销不当，导致刀具切入已加工表面。

11）程序中使用了非法代码。

12）刀具半径补偿方向搞错。

13）切入、切出方式不当。

14）切削用量太大。

15）刀具安装不正确或刀具钝化。

16）工件材质不均匀，引起振动。

17）机床被机械锁定未解除（工作台不动）。

18）工件未夹紧或伸出量不符合要求。

19）对刀位置不正确，工件坐标系设置错误。

20）使用了不合理的 G 功能指令。

21）机床处于报警状态。

22）断电后或报过警的机床，没有重新回零。

23）加工程序不正确；传输程序时出现乱码或中断。

四、数控车床的维护与保养

数控车床具有机、电、液集于一身，技术密集和知识密集的特点，是一种自动化程度高、结构复杂且又昂贵的先进加工设备。为了充分发挥其效率，减少故障的发生，必须做好日常维护工作。因此，要求数控车床维护人员不仅要有机械、加工工艺以及液压、气动方面的知识，而且还要具备电子计算机、自动控制、驱动及测量技术等知识，这样才能全面了解、掌握数控车床，及时搞好维护和保养工作。

1. 数控机床主要的日常维护与保养工作的内容

1）选择合适的使用环境。数控车床的使用环境（如温度、湿度、振动、电源电压、频率及干扰等）会影响机床的正常运转，所以在安装机床时应严格做到符合机床说明书规定的安装条件和要求。在经济条件许可的情况下，应将数控车床与普通机械加工设备隔离安装，以便维修与保养。

2）应为数控车床配备数控系统编程、操作和维修的专门人员。这些人员应熟悉所用机床的机械部分、数控系统、强电设备、液压和气压等部分及使用环境、加工条件等，并能按机床和系统使用说明书的要求正确使用数控车床。

3）长期不用数控车床的维护与保养。在数控车床闲置不用时，应经常给数控系统通电，在机床锁住的情况下使其空运行。在空气湿度较大的梅雨季节，应该天天通电，利用电器元件本身的发热驱走数控柜内的潮气，以保证电子部件的性能稳定可靠。

4）数控系统中硬件控制部分的维护与保养。每年让有经验的维修电工检查一次。检测有关的参考电压是否在规定范围内，如电源的各路输出电压、数控单元的参考电压等是否正常，并清除灰尘；检查系统内各电器元件的连接是否松动；检查各功能项所用风扇运转是否正常，并清除灰尘；检查伺服放大器和主轴放大器使用的外接式再生放电单元的连接是否可靠，清除灰尘；检测各功能项所用的存储器后备电池的电压是否正常，一般应根据厂家的要求定期更换。对于长期停用的机床，应每月开机运行 4h，这样可以延长数控机床的使用寿命。

5）机床机械部分的维护与保养。操作人员在每班加工结束后，应清扫干净散落在滑板、导轨等处的切屑；在工作时注意检查排屑器是否正常，以免造成切屑堆积，损坏导轨精度，危及滚珠丝杠与导轨的寿命；在工作结束前，应将各伺服轴回归原点后停机。

6）机床主轴电动机的维护与保养。维修电工应每年检查一次伺服电动机和主轴电动机，着重检查其运行噪声、温升。若噪声过大，应查明原因，是轴承等机械问题还是与其相配的放大器的参数设置问题，然后采取相应措施加以解决。对于直流电动机，应对其电刷、换向器等进行检查、调整、维修或更换，使其工作状态良好。检查电动机端部的冷却风扇运转是否正常并清扫灰尘；检查电动机各连接插头是否松动。

7）机床进给伺服电动机的维护与保养。对于数控车床的伺服电动机，应每隔10~12个月进行一次维护保养，对于加速或者减速变化频繁的机床，应每隔2个月进行一次维护保养。维护保养的主要内容有：用干燥的压缩空气吹除电刷的粉尘，检查电刷的磨损情况，如需更换，应选用规格相同的电刷，更换后要空载运行一定时间，使其与换向器表面吻合；检查清扫电枢换向器，以防止短路；如装有测速发电机和脉冲编码器时，也要进行检查和清扫。数控车床中的直流伺服电动机每年应至少检查一次，一般应在数控系统断电的情况下，并且电动机已完全冷却的情况下进行检查。操作顺序为：取下橡胶刷帽，用螺钉旋具拧下刷盖，取出电刷；测量电刷长度，如FANUC直流伺服电动机的电刷由10mm磨损到小于5mm时，必须更换同一型号的电刷；仔细检查电刷的弧形接触面是否有深沟和裂痕，以及电刷弹簧上有无打火痕迹，如有上述现象，则要考虑电动机的工作条件是否过分恶劣或电动机本身是否有问题；用不含金属粉末及水分的压缩空气导入装电刷的刷孔，吹净粘在刷孔壁上的电刷粉末，如果难以吹净，可用螺钉旋具尖端轻轻清理，直至孔壁全部干净为止，但要注意不要碰到换向器表面；重新装上电刷，拧紧刷盖。如果更换了新电刷，应使电动机空运行磨合一段时间，以使电刷表面和换向器表面相吻合。

8）机床测量反馈元件的维护与保养。检测元件采用编码器、光栅尺的较多，也有使用感应同步器、磁尺、旋转变压器等。维修电工每周应检查一次检测元件连接是否松动，是否被油液或灰尘污染。

9）机床电气部分的维护与保养。具体检查可按如下步骤进行：检查三相电源的电压值是否正常，有无偏相，如果输入的电压超出允许范围，则进行相应调整；检查所有的电气连接是否良好；检查各类开关是否有效，可借助于数控系统CRT显示器上的自诊断画面及可编程机床控制器（PLC）、输入/输出的LED指示灯检查确认，若不良应更换；检查各继电器、接触器是否工作正常，触点是否完好，可利用数控编程语言编辑一个功能试验程序，通过运行该程序确认各元器件是否完好有效；检验热继电器、电弧抑制器等保护器件是否有效。以上电气保养应由车间电工实施，每年检查调整一次。电气控制柜及操作面板显示器的箱门应密封，不能用打开柜门使用外部风扇冷却的方式降温。操作人员应每月清扫一次电气控制柜防尘滤网，每天检查一次电气控制柜冷却风扇或空调运行是否正常。

10）机床液压系统的维护与保养。各液压阀、液压缸及管子接头是否有泄漏；液压泵或液压马达运转时是否有异常噪声等现象；液压缸工作是否正常平稳；液压系统的各测压点压力是否在规定的范围内，压力是否稳定；油液的温度是否在允许的范围内；液压系统工作时有无高频振动；电气控制或撞块（凸轮）控制的换向阀工作是否灵敏可靠；油箱内油量是否在油标刻线范围内；行程开关或限位挡块的位置是否有变动；液压系统手动或自动工作循环时是否有异常现象；定期对油箱内的油液进行取样化验，检查油液质量，定期过滤或更换油液；定期检查蓄能器的工作性能；定期检查冷却器和加热器的工作性能；定期检查和旋紧重要部位的螺钉、螺母、接头和法兰螺钉；定期检查更换密封元件；定期检查清洗或更换液压元件；定期检查清洗或更换滤芯；定期检查或清洗液压油箱和管道。操作人员每周应检查液压系统压力有无变化，如有变化，应查明原因，并调整至机床制造厂要求的范围内。操作人员在使用过程中，应注意观察刀具自动换刀系统、自动滑板移动系统工作是否正常；液压油箱内油位是否在允许的范围内，油温是否正常，冷却风扇是否正常运转；每月应定期清扫液压油冷却器及冷却风扇上的灰尘；每年应清洗液压油过滤装置；检查液压油的油质，如果失效变质应及时更换,所用油品应是机床制造厂要求品牌或已经确认可代用的品牌;每年检查调整一次主轴箱平衡缸的压力,使其符合出厂要求。

11)机床气动系统的维护与保养。保证供给洁净的压缩空气,压缩空气中通常都含有水分、油分和粉尘等杂质。水分使管道、阀和气缸腐蚀;油液使橡胶、塑料和密封材料变质;粉尘造成阀体动作失灵。选用合适的过滤器可以清除压缩空气中的杂质,使用过滤器时应及时排除和清理积存的液体,否则,当积存液体接近挡水板时,气流仍可将积存物卷起。保证空气中含有适量的润滑油。大多数气动执行元件和控制元件都有要求适度的润滑,润滑的方法一般采用油雾器进行喷雾润滑,油雾器一般安装在过滤器和减压阀之后。油雾器的供油量一般不宜过多,通常每 $10m^3$ 的自由空气供 $1mL$ 的油量(即 $40\sim50$ 滴油)。检查润滑是否良好的方法是:找一张清洁的白纸放在换向阀的排气口附近,如果阀在工作 $3\sim4$ 个循环后,白纸上只有很轻的油迹斑点,表明润滑是良好的。保持气动系统的密封性。漏气不仅增加了能量的消耗,也会导致供气压力的下降,甚至造成气动元件工作失常。漏气严重时,使气动系统停止运行,根据漏气引起的噪声很容易发现;轻微的漏气则利用仪表,或用涂抹肥皂水的办法进行检查。保证气动元件中运动零件的灵敏性。从空气压缩机排出的压缩空气,包含有粒度为 $0.01\sim0.08\mu m$ 的压缩机油微粒,在排气温度为 $120\sim220℃$ 的高温下,这些油粒迅速氧化,氧化后油粒颜色变深,黏性增大,并逐步由液态固化成油泥。这种微米级以下的颗粒,一般过滤器无法滤除。当它们进入到换向阀后便附着在阀芯上,使阀的灵敏度逐步降低,甚至出现动作失灵。为了清除油泥,保证灵敏度,可在气动系统的过滤器之后安装油雾分离器,将油泥分离出。此外,定期清洗液压阀也可以保证阀的灵敏度。保证气动装置具有合适的工作压力和运动速度。调节工作压力时,压力表应当工作可靠,读数准确。减压阀与节流阀调节好后,必须紧固调压阀盖或锁紧螺母,防止松动。操作人员应每天检查压缩空气的压力是否正常;过滤器需要手动排水的,夏季应两天排一次,冬季一周排一次;每月检查润滑器内的润滑油是否用完,及时添加规定品牌的润滑油。

12)机床润滑部分的维护与保养。各润滑部位必须按润滑图定期加油,注入的润滑油必须清洁。润滑处应每周定期加油一次,找出耗油量的规律,发现供油减少时应及时通知维修工检修。操作人员应随时注意 CRT 显示器上的运动轴监控画面,发现电流增大等异常现象时,及时通知维修工维修。维修工应每年进行一次润滑油分配装置的检查,发现油路堵塞或漏油应及时疏通或修复。底座里的润滑油必须加到油标的最高线,以保证润滑工作的正常进行。因此,必须经常检查油位是否正确,润滑油应 $5\sim6$ 个月更换一次。由于新机床各部件的初期磨损较大,所以第一次和第二次换油的时间应提前到每月换一次,以便及时清除污物。废油排出后,应用煤油冲洗干净箱内(包括主轴箱及底座内油箱)。同时清洗或更换过滤器。

13)可编程机床控制器的维护与保养。对 PMC 与 NC 完全集成在一起的系统,不必单独对 PMC 进行检查调整;对其他两种组态方式,应对 PMC 进行检查。主要检查 PMC 的电源电压输出是否正常;输入/输出的接线是否松动;输出各路熔断器是否完好;后备电池的电压是否正常,必要时进行更换。对 PMC 输入/输出点的检查可利用 CRT 显示器上的诊断画面用置位复位的方式检查,也可用运行功能试验程序的方法检查。

14)有些数控系统的参数存储器是采用 CMOS 元件,其存储内容在断电时靠电池带电保持。因此,一般应在一年内更换一次电池,并且一定要在数控系统通电的状态下进行,否则会使存储参数丢失，导致数控系统不能工作。

15）及时清扫。例如空气过滤器的清扫、电气控制柜的清扫、印制电路板的清扫。

16）X、Z轴进给部分的轴承润滑脂，每年应更换一次，更换时，一定要把轴承清洗干净。

17）每月应清洗一次自动润滑泵里的过滤器，每月应用煤油清洗一次各个刮屑板，发现损坏时应及时更换。

2. 数控车床维护与保养一览表

表2-39为数控车床维护与保养一览表。

表2-39　数控车床维护与保养一览表

序号	检查周期	检查部位	检查内容
1	每天	导轨润滑机构	油标、润滑泵，每天使用前手动打油润滑导轨
2	每天	导轨	清理切屑及脏物,检查滑动导轨有无划痕,检查滚动导轨的润滑情况
3	每天	液压系统	油箱泵有无异常噪声,工作液面高度是否合适,压力表指示是否正常,有无泄漏
4	每天	主轴润滑油箱	油量、油质、温度、有无泄漏
5	每天	液压平衡系统	工作是否正常
6	每天	气源自动分水过滤器、自动干燥器	及时清理分水过滤器中过滤出的水分,检查压力
7	每天	电器箱的散热、通风装置	冷却风扇工作是否正常,过滤器有无堵塞,及时清洗过滤器
8	每天	各种防护罩	有无松动、漏水,特别是导轨防护装置
9	每天	机床液压系统	液压泵有无噪声,压力表接头有无松动,液面是否正常
10	每周	空气过滤器	坚持每周清洗一次,保持无尘、通畅,发现损坏应及时更换
11	每周	各电气控制柜过滤网	清洗粘附的尘土
12	半年	滚珠丝杠	清洗丝杠上的旧润滑脂,换新润滑脂
13	半年	液压油路	清洗各类阀、过滤器,清洗油箱底,换油
14	半年	主轴润滑油箱	清洗过滤器、油箱,更换润滑油
15	半年	各轴导轨上镶条、压紧滚轮	按说明书要求调整松紧状态
16	一年	检查和更换电动机电刷	检查换向器表面,去除毛刺,吹净碳粉,磨损过多的电刷应及时更换
17	一年	冷却油泵过滤器	清洗冷却油池,更换过滤器
18	不定期	主轴电动机冷却风扇	除尘,清理异物
19	不定期	运屑器	清理切屑,检查是否卡住
20	不定期	电源	供电网络大修,停电后检查电源的相序、电压
21	不定期	电动机传动带	调整传动带松紧
22	不定期	刀库	刀库定位情况,机械手相对主轴的位置
23	不定期	切削液箱	随时检查液面高度,及时添加切削液,若太脏应及时更换

五、数控车床的基本操作

1. 数控车床的开机和关机

图2-121所示为CK6143型数控系统操作面板。

机床开机步骤：打开强电开关→检查机床风扇、机床导轨、油压及气压是否正常→开启机床系统电源→（待登录机床系统后）旋开机床面板上的"急停"按钮→机床回参考点操作。

机床关机步骤：关闭机床连接外围设备（计算机）→按下机床面板上的"急停"按钮→关闭机床系统电源→关闭机床强电开关。

注意：在机床开机登录系统过程中，不允许操作机床界面的任何按键，防止意外清除机床系统参数；在机床关机时，应注意将机床各坐标轴停止在行程中间位置，减少因受力不平衡引起的机床硬件变形。

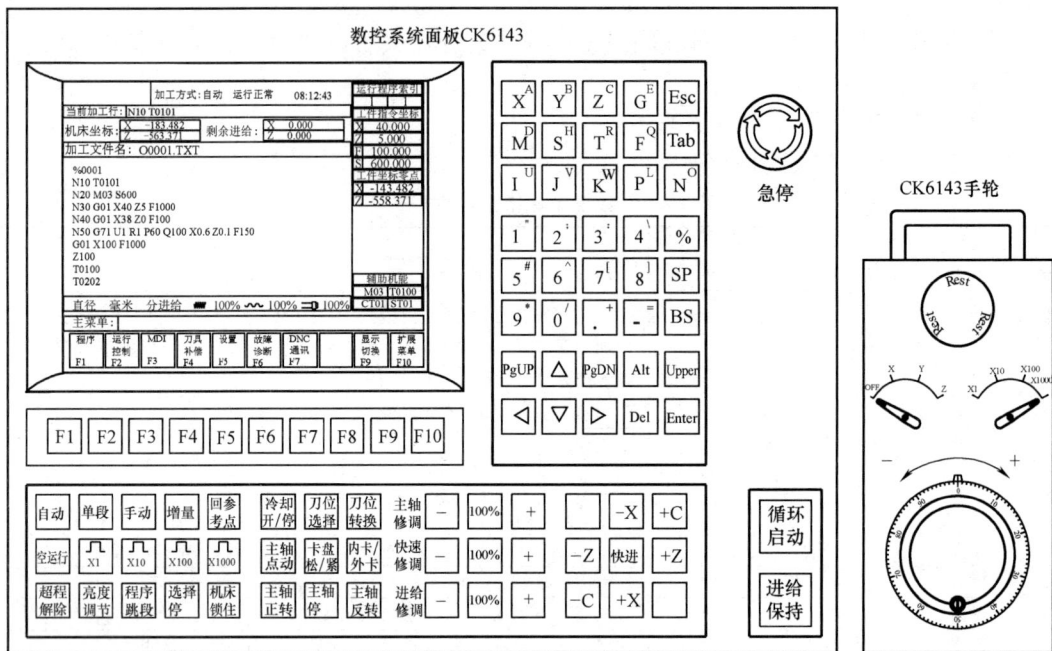

图 2-121　CK6143 型数控系统操作面板

2. 数控车床操作界面的功能键（按钮）介绍

（1）显示屏　用于显示加工方式、加工程序及运行状态等。

（2）主要功能键　主要功能键见表 2-40。

表 2-40　主要功能键

主菜单	二级菜单		功　能
F1　程序	F1　程序选择		用于自动加工时当前加工程序的选用
	F2　程序编辑		编辑程序
	F3　新建文件		用于新建一个程序文件
	F4　保存文件		用于保存已经编辑好的程序
	F5　程序校验		用于校验程序
	F6　停止运行		停止运行程序
	F7　重新运行		重新运行当前程序
F2　运行控制			
F3　MDI			编辑状态下显示，可手动输入程序
F4　刀具补偿	F2　刀偏表		对刀时刀具偏置量及磨损量的输入
	F3　刀补表		用于刀尖圆弧补偿值的输入
F5　设置			设置坐标系等
F6　故障诊断			可查看当前诊断信息等
F7　DNC 通讯			程序传输
F9　显示切换			切换显示画面
F10　返回			返回上一级菜单

（3）MDI 键盘介绍　在华中世纪星数控仿真系统里，控制面板上 MDI 键盘的数据输入和菜单栏的功能选择可以用鼠标单击面板上的按键来进行，也可以通过计算机键盘上的按键替代控制面板上的按键输入字符。

1）常用的编辑键。

Esc 退出键：用于取消当前操作。

Tab 换档键：用于对话框的按钮换档。

SP 空格键：用于空格的输入。

BS 删除键：用于删除光标所在位置前面的内容。

DEL 删除键：用于删除光标所在位置后面的内容。

PgUp、PgDn 翻页键：翻页和图形显示的缩放功能。

Alt 功能键：它是一个组合键，可与其他键组合来实现一些快捷功能。

UP 上档键：用于每个键上方的字符输入。

Enter 回车键：用于确认当前的操作。

地址/数字键：用于字母、数字等的输入。

◄　►　▲　▼：用于光标的移动。

2）机床操作面板按钮。

① 机床工作方式选择按钮。

"自动"按钮：用于程序的自动加工。

"单段"按钮：用于程序的单段执行。

"手动"按钮：用于工作台的手动进给。由 "+X""-X""+Z""-Z" 键来控制进给轴和进给方向。

"增量"按钮：当手轮的档位打到 "OFF" 档时用于工作台的增量进给，当手轮的档位打到移动轴时是手轮进给。

"回参考点"按钮：用于机床返回参考点。

② 其他的操作按钮。

"急停"按钮：紧急停止，按下它后其他的操作无效。

"循环启动"按钮：自动方式或 MDI 下，自动运行程序。

"进给保持"按钮：在自动方式下，暂停执行程序。

"主轴正转""主轴反转""主轴停"按钮：用于主轴的控制，只有在手动方式下有效。

"刀位转换"按钮：手动换刀，只有在手动方式下有效。

"主轴修调"按钮：用于对主轴转速的修调，修调范围为 0~150%。

"快速修调"按钮：修调 G00 快速进给速度，修调范围为 0~150%。

"进给修调"按钮：修调 F 指令和手动方式下快进的进给速度，修调范围为 0~150%。

"手轮倍率"按钮：X1 表示 0.001mm/每格；X10 表示 0.01mm/每格；X100 表示 0.1mm/每格。

【特别注意】

手轮的 X 方向的每格移动乘以 2，其移动轴的选择、倍率的选择及手摇方向用鼠标的左、右键控制。

3. 传输程序

在实际加工过程中，机床与计算机加工程序之间的传输可通过特定的加工软件或传输软件来实现。

1）打开系统传输软件，设置好传输参数，传送。注意：传输软件的传输参数必须与机床上对应的传输参数一一对应。

2）机床准备接收。数据方式下→程序→开始接收，输入程序名称，单击"确定"按钮即可。

4. 对刀

（1）零件对刀的目的　通过对刀建立工件坐标系，找出工件原点的机械坐标值，建立起机械坐标系和工件坐标系之间的联系。

（2）对刀的常用方法

1）试切法对刀。

2）对刀仪对刀。图 2-122a 所示为用机械对刀仪对刀，图 2-122b 所示为用光学对刀仪对刀。

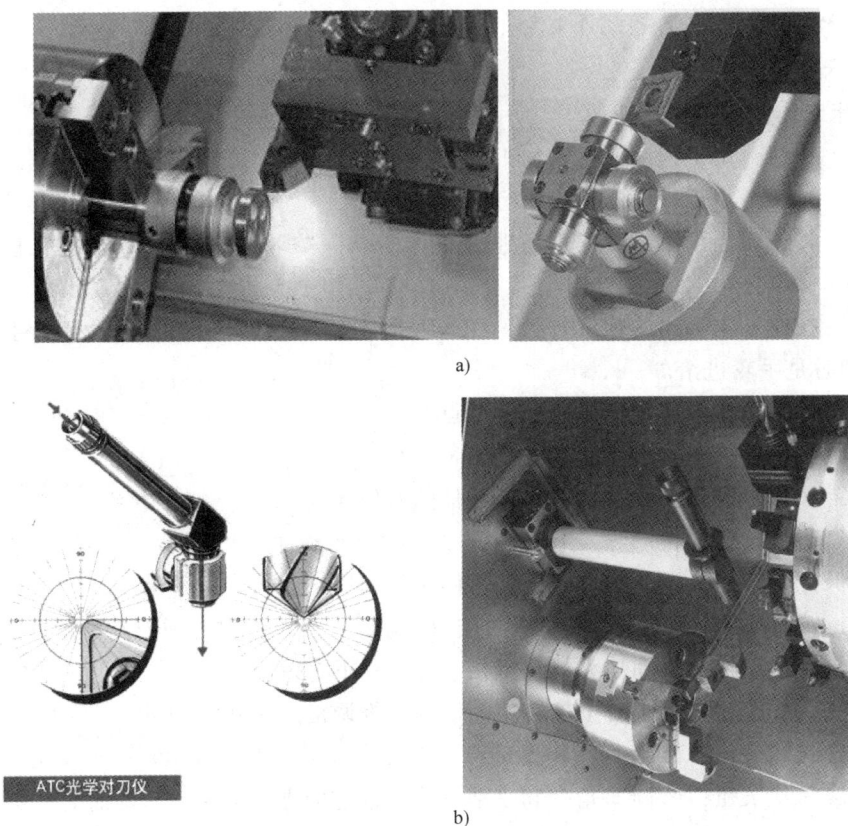

a)

b)

图 2-122　数控车床上用对刀仪对刀

a）用机械对刀仪对刀　b）用光学对刀仪对刀

（3）对刀步骤

1）选择合理的加工刀具，设定合理的切削参数。

2）装刀。注意装刀原则，即在满足切削条件下刀具伸出刀套的长度应尽可能小，刀具必须夹紧。

3）安装工件。安装工件时必须夹紧，工件定位基准必须贴紧夹具。

4）对刀操作（实际演示试切法对刀操作完整过程）。

六、数控车工国家职业标准

1. 基本要求

表 2-41 为中级数控车工国家职业标准的基本要求。

表 2-41 中级数控车工国家职业标准的基本要求

基本项目	项目内容	相关知识要求
职业道德	（1）职业道德基本知识	
	（2）职业守则	①遵守国家法律、法规和有关规定 ②具有高度的责任心，爱岗敬业、团结合作 ③严格执行相关标准、工作程序与规范、工艺文件和安全操作规程 ④学习新知识新技能，勇于开拓和创新 ⑤爱护设备、系统及工具、夹具、量具 ⑥着装整洁，符合规定；保持工作环境清洁，文明生产
基础知识	（1）基础理论知识	①机械制图 ②工程材料及金属热处理知识 ③机电控制知识 ④计算机基础知识 ⑤专业英语基础
	（2）机械加工基础知识	①机械原理 ②常用设备知识（分类、用途、基本结构及维护保养方法） ③常用金属切削刀具知识 ④典型零件加工工艺 ⑤设备润滑和切削液的使用方法 ⑥工具、夹具、量具的使用与维护知识 ⑦普通车床、钳工基本操作知识
	（3）安全文明生产与环境保护知识	①安全操作与劳动保护知识 ②文明生产知识 ③环境保护知识
	（4）质量管理知识	①企业的质量方针 ②岗位质量要求 ③岗位质量保证措施与责任
	（5）相关法律、法规知识	①劳动法相关知识 ②环境保护法相关知识 ③知识产权保护法相关知识

2. 工作要求

表 2-42 为中级数控车工国家职业标准的工作要求。

表 2-42 中级数控车工国家职业标准的工作要求

职业功能	工作内容	技能要求	相关知识
1. 加工准备	（1）读图与绘图	①能读懂中等复杂程度的零件图（如曲轴零件图） ②能绘制简单的轴类、盘类零件图 ③能读懂进给机构、主轴系统的装配图	①复杂零件的表达方法 ②简单零件图的画法 ③零件三视图、局部视图和剖视图的画法 ④装配图的画法

（续）

职业功能	工作内容	技能要求	相关知识
1. 加工准备	（2）制订加工工艺	①能读懂复杂零件的数控车床加工工艺文件 ②能编制简单零件（如轴、盘）的数控车床加工工艺文件	数控车床加工工艺文件的制订
	（3）零件定位与装夹	能使用通用夹具（如自定心卡盘、单动卡盘）进行零件装夹与定位	①数控车床常用夹具的使用方法 ②零件定位、装夹的原理和方法
	（4）刀具准备	①能根据数控车床加工工艺文件选择、安装和调整数控车床常用刀具 ②能刃磨常用车削刀具	①金属切削与刀具磨损知识 ②数控车床常用刀具的种类、结构和特点 ③数控车床、零件材料、加工精度和工作效率对刀具的要求
2. 数控编程	（1）手工编程	①能编制由直线、圆弧组成的二维轮廓数控加工程序 ②能编制螺纹加工程序 ③能运用固定循环、子程序进行零件的加工程序编制	①数控编程知识 ②直线插补和圆弧插补的原理 ③坐标点的计算方法
	（2）计算机辅助编程	①能使用计算机绘图设计软件绘制简单（轴、盘、套）零件图 ②能利用计算机绘图软件计算节点	计算机绘图软件（二维）的使用方法
3. 数控车床操作	（1）操作面板	①能按照操作规程起动及停止机床 ②能使用操作面板上的常用功能键（如回零、手动、MDI、修调等）	①熟悉数控车床操作说明书 ②熟悉数控车床操作面板的使用方法
	（2）程序输入与编辑	①能通过各种途径（如 DNC、网络等）输入加工程序 ②能通过操作面板编辑加工程序	①数控加工程序的输入方法 ②数控加工程序的编辑方法 ③网络知识
	（3）对刀	①能进行对刀并确定相关坐标系 ②能设置刀具参数	①对刀的方法 ②坐标系的知识 ③刀具偏置补偿、半径补偿与刀具参数的输入方法
	（4）程序调试与运行	能够对程序进行校验、单步执行、空运行并完成零件试切	程序调试的方法
4. 零件加工	（1）轮廓加工	1）能进行轴类、套类零件加工，并达到以下要求： ①尺寸公差等级 IT6 ②几何公差等级 IT8 ③表面粗糙度值 $Ra1.6\mu m$ 2）能进行盘类、支架类零件加工，并达到以下要求： ①轴径公差等级 IT6 ②孔径公差等级 1T7 ③几何公差等级 IT8 ④表面粗糙度值 $Ra1.6\mu m$	①内外径的车削加工方法、测量方法 ②几何公差的测量方法 ③表面粗糙度的测量方法
	（2）螺纹加工	能进行单线等节距的普通螺纹、锥螺纹的加工，并达到以下要求： ①尺寸公差等级 IT6~IT7 ②几何公差等级 IT8 ③表面粗糙度值 $Ra1.6\mu m$	①常用螺纹的车削加工方法 ②螺纹加工中的参数计算

（续）

职业功能	工作内容	技能要求	相关知识
4. 零件加工	（3）槽加工	能进行内径槽、外径槽和端面槽的加工，并达到以下要求： ①尺寸公差等级 IT8 ②几何公差等级 IT8 ③表面粗糙度值 $Ra3.2\mu m$	内径槽、外径槽和端面槽的加工方法
	（4）孔加工	能进行孔加工，并达到以下要求： ①尺寸公差等级 IT7 ②几何公差等级 IT8 ③表面粗糙度值 $Ra3.2\mu m$	孔的加工方法
	（5）零件精度检验	能进行零件的长度、内径、外径、螺纹、角度精度检验	①通用量具的使用方法 ②零件精度检验及测量方法
5. 数控车床的维护和故障诊断	（1）数控车床的日常维护	能根据说明书完成数控车床的定期及不定期维护保养，包括机械、电、气、液压、冷却、数控系统检查和日常保养等	①数控车床说明书 ②数控车床日常保养方法 ③数控车床操作规程 ④数控系统（进口与国产数控系统）使用说明书
	（2）数控车床的故障诊断	①能读懂数控系统的报警信息 ②能发现并排除由数控程序引起的数控车床的一般故障	①使用数控系统报警信息表的方法 ②数控机床的编程和操作故障诊断方法
	（3）数控车床的精度检查	能进行数控车床水平的检查	①水平仪的使用方法 ②机床垫铁的调整方法

七、数控车床加工编程实例

图 2-123 所示为锥套，试编写其轮廓加工程序并进行加工。毛坯为 $\phi 50mm \times 100mm$ 棒料，材料为 45 钢。

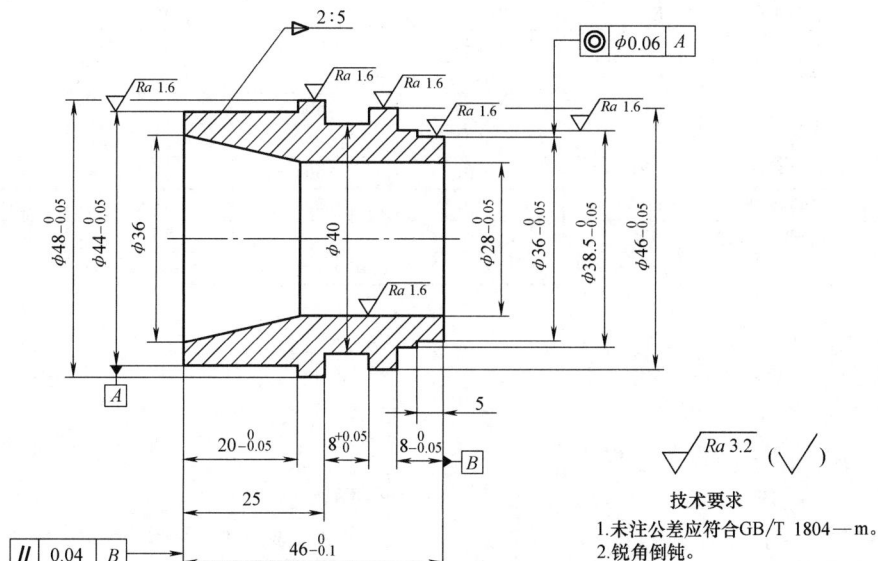

图 2-123 锥套

1．分析工艺

加工过程如下：

1）粗、精加工左端面、外圆面 $\phi44mm$、$\phi48mm$ 至尺寸。

2）钻孔 $\phi20mm$。

3）粗、精加工内轮廓至尺寸。

4）切断保证长度。

5）调头粗、精车右端面、外圆至尺寸。

6）切宽 8mm 的槽。

7）去毛刺，检测工件各项尺寸要求。

2．选择刀具与工艺参数

数控加工刀具卡和数控加工工序卡见表 2-43、表 2-44。

表 2-43　数控加工刀具卡

任　　务		数控车床操作	零件名称	锥套	零件图号	
序号	刀具号	刀具名称及规格	刀尖圆弧半径/mm	数量	加工表面	备注
1	T0101	93°粗、精右偏外圆车刀	0.8	1	外轮廓、端面	55°菱形刀片
2	T0202	切槽刀		1	切槽，切断	$B=3mm$
3	T0303	$\phi20mm$ 麻花钻		1	钻孔	
4	T0404	内孔镗刀（粗、精）	0.4	1	内轮廓	

表 2-44　数控加工工序卡

材料	45 钢	零件图号		系统	FANUC	工序号	
程序	夹住棒料一头，留出长度大约 60mm（手动操作），车端面，对刀，调用程序						
序号	工步内容	G 功能	T 刀具	切削用量			
				转速 $n/(r/min)$	进给量 $f/(mm/r)$	背吃刀量 a_p/mm	
1	粗车左端外圆	G71	T0101	1500	0.2	1	
2	精车左端外圆	G70	T0101	2000	0.05	0.2	
3	左端钻孔	G74	T0303	400	0.1	10	
4	粗车内孔	G72	T0404	1000	0.2	1.2	
5	精车内孔	G70	T0404	1500	0.1	0.1	
6	切断	G01	T0202	350	0.1		
7	粗车右端外圆	G71	T0101	1500	0.2	1	
8	精车右端外圆	G70	T0101	2000	0.05	0.2	
9	切槽	G75	T0202	350	0.1		
10	检测、校核						

3．装夹工件

用自定心卡盘夹紧定位。

4．编制程序

（1）左端外圆、内孔加工程序

O0021；

N010 G54 G99；

N015 G00 X100 Z100；

N020 M03 S1500；

N030 T0101 M08；

N040 G00 X55 Z5；

N050 G71 U1 R1；左端外圆粗车循环

N060 G71 P70 Q130 U0.4 W0.2 F0.2；

　　　　　　左端外圆粗车循环

N070 G00 X0；

N080 G01 Z0 F0.05；

N090 X44；

N100 Z-20；

N110 X48；

N120 Z-51；

N130 X51；

N140 M03 S2000；

N150 G70 P70 Q140；左端外圆精车循环

N160 G00 X100 Z100；

N170 G56 T0303；

N180 G00 X0 Z5；

N185 M03 S400；

N190 G74 R2；钻孔循环

N200 G74 Z-50 Q2000 F0.1；钻孔循环

N210 G00 X100 Z100；

N220 G57 T0404；

N230 M03 S1000；

N240 G72 W1.2 R1；内孔粗车循环

N250 G72 P260 Q290 U-0.2 W0.1 F0.2；
　　　　内孔粗车循环

N260 G00 Z-47；

N270 G01 X40 F0.1；

N280 Z-20；

N290 X31 Z2；

N300 M03 S1500；

N310 G70 P260 Q290；内孔精车循环

N320 G00 X100 Z100；

N330 G55 T0202；

N340 G00 X55 Z-49；

N350 M03 S350；

N360 G01 X18 F0.1；切断

N370 X55 F0.2；

N380 G00 X100 Z100 M09；

N390 M05；

N400 M30；

（2）右端外圆加工程序

O0022；

N010 G54 G99；

N015 G00 X100 Z100；

N020 M03 S1500；

N030 T0101 M08；

N040 G00 X55 Z5；

N050 G71 U1 R1；右端外圆粗车循环

N060 G71 P70 Q150 U0.4 W0.2 F0.2；
　　　　右端外圆粗车循环

N070 G00 X18；

N080 G01 Z0 F0.05；

N090 X36；

N100 Z-5；

N110 X38；

N120 Z-8；

N130 X46；

N140 Z-21；

N150 X49；

N180 M03 S2000；

N190 G70 P70 Q150；右端外圆精车循环

N200 G00 X100 Z100；

N210 G55 T0202；

N220 G00 X55 Z-16；

N230 M03 S350；

N240 G75 R1；切槽循环

N250 G75 X40 Z-21 P2000 Q1000 F0.1；
　　　　切槽循环

N260 G00 X100 Z100 M09；

N270 M05；

N280 M30；

5.机床加工

课后完成，此处略去。

📌 任务实施

一、工艺分析

1）粗车右端面和右端外圆，留精加工余量0.2mm。

2）精车右端各表面，达到图纸要求，重点保证外圆尺寸。

3）车螺纹退刀槽并完成槽口倒角。

4）粗、精加工螺纹，达到图样要求。

5）切槽、倒角、切断，保证零件长度。

6）去毛刺，检测工件各项尺寸要求。

二、刀具与工艺参数

数控加工刀具卡和数控加工工序卡见表 2-45 和表 2-46。

表 2-45　数控加工刀具卡

任务		数控车床操作	零件名称	球形螺纹轴	零件图号	
序号	刀具号	刀具名称及规格	刀尖圆弧半径/mm	数量	加工表面	备注
1	T0101	93°粗、精车右偏外圆车刀	0.3	1	外轮廓、端面	55°菱形刀片
2	T0202	切槽刀	0.2	1	切槽、切断	$B = 3mm$
3	T0303	螺纹车刀		1	螺纹	

表 2-46　数控加工工序卡

材料	45 钢		零件图号		系统	FANUC	工序号	
程序	夹住棒料一头，留出长度大约 90mm（手动操作），车端面，对刀，调用程序							
序号	工步内容	G 功能	T 刀具	切削用量				
				转速 $n/(r/min)$	进给量 $f/(mm/r)$	背吃刀量 a_p/mm		
1	粗车外轮廓	G73	T0101	1500	0.2	0.1		
2	精车外轮廓	G70	T0101	2500	0.02	0.2		
3	切螺纹退刀槽、倒角	G01	T0202	300	0.01	3		
4	螺纹加工	G76	T0303	500				
5	切槽、倒角、切断	G01	T0202	300	0.01	3		
6	检测、校核							

三、装夹方案

用自定心卡盘夹紧定位。

四、程序编制

O0019;

N010 G99 T0101;设置每转进给，调用 1 号外圆车刀并建立工件坐标系

N020 M03 S1500;起动主轴

N030 G00 X100 Z100;设置换刀点

N040 X35 Z5;到循环起点

N050 G73 U8 W8 R8;成形粗车循环

N060 G73 P70 Q180 U0.2 W0.1 F0.2;成形粗车循环

N070 G01 X0 F0.02;循环开始,设置精车进给率

N080 Z0;

N090 X9.8;

N100 X11.8 Z-1;倒角,实际螺纹大径尺寸11.8mm,比公称尺寸 12mm少 0.2mm

N110 Z-16;

N120 X20 Z-31;

N130 X22;

N140 X23 Z-31.5;

N150 Z-35;

N160 G03 Z-50 R13;

N170 G01 Z-70;

N180 X30;循环结束

N190 M03 S2500;设置精车转速

N200 P70 Q180;外圆精车循环

N210 G00 X100 Z100;

N220 T0202;更换 2 号切槽刀

N230 M03 S300;设置切槽转速

N240 G00 X30 Z-16;

N250 G01 X9 F0.01;

N260 G04 X2;槽底停留 2s

N270 G01 X14 F0.2;

N280 Z-13;

N290 X10 Z-15 F0.01;螺纹左侧倒角

N300 X9;

N310 G04 X2;

N320 G01 X35 F0.2;

N330 G00 X100 Z100;

N340 T0303;更换 3 号螺纹车刀并建立工件坐标系

N350 M03 S500;设置螺纹加工转速

N360 G00 X18 Z5;

N370 G76 P020160 Q20 R0.02;螺纹切削复合循环

N380 G76 X9.526 Z-14 P1137 Q300 F1.75;螺纹切削复合循环

N390 G00 X100 Z100;

N400 T0202;更换 2 号切槽刀并建立工件坐标系

N410 G00 X35 Z-59;

N420 M03 S300;

N430 G01 X20 F0.01;

N440 G01 X24 F0.2;

N440 Z-60;

N450 X22 Z-59 F0.01;槽左侧倒角

N460 X19;

N440 G04 X2;

N450 G01 X24 F0.2;

N460 Z-57;

N470 X22 Z-58 F0.01;槽右侧倒角

N480 X19;

N490 G04 X2;

N500 G01 X35 F0.2;

N510 Z-68;

N410 G01 X20 F0.01;

N520 X24 F0.2;

N520 Z-67;

N530 X22 Z-68 F0.01;螺纹轴左端倒角

N540 X1;切断,保留直径 1mm

N550 X35 F0.2;

N560 G00 X100 Z100;

N570 M05;

N580 M30;

五、机床加工

球形螺纹轴数控车削加工结果如图 2-124 所示。

图 2-124　球形螺纹轴数控车削加工结果

技能实训

1. 加工完成图 2-125 所示专用螺纹轴（件 1）和图 2-126 所示内螺纹套（件 2）。其中，专用螺纹轴限时 180min，内螺纹套限时 90min。

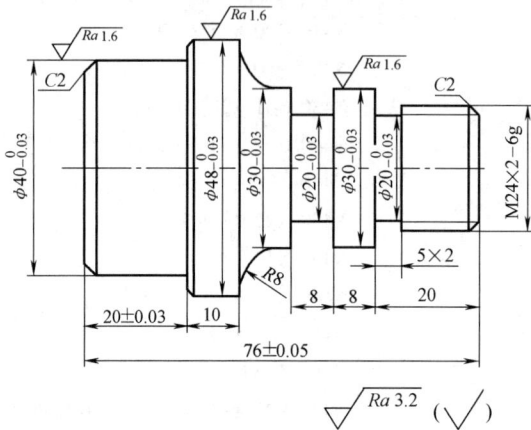

图 2-125 专用螺纹轴

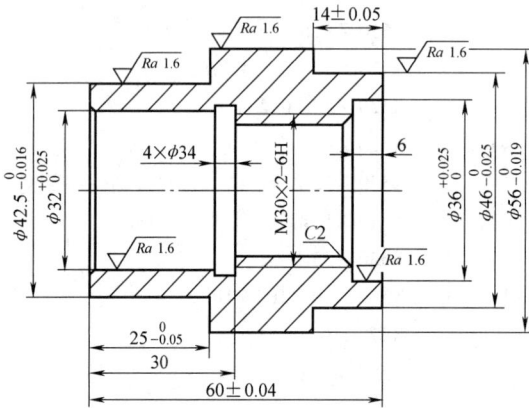

技术要求
1.未注倒角C1。
2.零件表面不能使用锉刀锉削。
3.未注公差按GB/T 1804—m加工和检测。

技术要求
1.不允许使用锉刀修整各加工表面。
2.未注倒角C1。
3.锐角倒钝。
4.未注公差按GB/T 1804—m加工和检测。

图 2-126 内螺纹套

专用螺纹轴和内螺纹套的数控加工评分表分别见表 2-47 和表 2-48。

表 2-47 专用螺纹轴数控加工评分表

考件编号：_____ 姓名：_____ 准考证号：_____ 单位：_____

项目	序号	考核项目	评分标准	配分	得分
工件质量	1	总长 76mm±0.05mm	每超差 0.01mm 扣 1 分	4 分	
	2	外径 $\phi40_{-0.03}^{0}$mm	每超差 0.01mm 扣 1 分	6 分	
	3	外径 $\phi20_{-0.03}^{0}$mm(二处)	每超差 0.01mm 扣 2 分	12 分	
	4	外径 $\phi48_{-0.03}^{0}$mm	每超差 0.01mm 扣 2 分	6 分	
	5	M24×2 螺纹	环规检验，不合格全扣	10 分	
	6	螺纹长度及退刀槽	长度超差扣 1 分，退刀槽宽度及底径超差扣 1 分	6 分	
	7	$\phi20$mm 槽	底径或槽宽每超差 0.05mm 扣 1 分	4 分	
	8	长度 10mm	超差 0.01mm 扣 1 分	8 分	

（续）

项目	序号	考核项目	评分标准	配分	得分
工件质量	9	长度 8mm（二处）	每超差 0.01mm 扣 1 分	8 分	
	10	长度 20mm±0.03mm	每超差 0.01mm 扣 1 分	8 分	
	11	$R8mm$ 圆角	圆角不合格扣 6 分	6 分	
	12	倒角（三处）	每个倒角不合格扣 2 分	6 分	
	13	$Ra1.6\mu m$ 表面粗糙度值（三处）	每低一个等级扣 1 分	6 分	
		合计		90 分	
现场操作规范	1	正确使用机床	考场表现	2 分	
	2	正确使用量具	考场表现	2 分	
	3	正确使用刀具	考场表现	2 分	
	4	设备维护保养	考场表现	4 分	
		合计		10 分	
		总计		100 分	

扣分说明：凡有公差尺寸，每超差 0.01mm 扣 1 分；未注公差超差±0.05mm 全扣

评分人：　　　　　年 月 日　　　核分人：　　　　　年 月 日

表 2-48　内螺纹套数控加工评分表

考件编号：＿＿＿＿＿　姓名：＿＿＿＿＿　准考证号：＿＿＿＿＿　单位：＿＿＿＿＿

项目	序号	考核项目	配分	得分
工件质量	1	总长 60mm±0.04mm	6 分	
	2	外径 $\phi 42.5_{-0.016}^{0}$mm	8 分	
	3	外径 $\phi 46_{-0.025}^{0}$mm	8 分	
	4	外径 $\phi 56_{-0.019}^{0}$mm	8 分	
	5	内径 $\phi 32_{0}^{+0.025}$mm	8 分	
	6	内径 $\phi 36_{0}^{+0.025}$mm	8 分	
	7	长度 $\phi 25_{-0.05}^{0}$mm	8 分	
	8	长度 14mm±0.05mm	6 分	
	9	长度 6mm	7 分	
	10	螺纹退刀槽、直径、宽度、位置	9 分	
	11	M30×2-6H 螺纹	10 分	
	12	倒角（二处）	4 分	
	13	$Ra1.6\mu m$ 表面粗糙度（五处）	10 分	
		总计	100 分	

扣分说明：凡有公差尺寸，每超差 0.01mm 扣 1 分；未注公差超差±0.05mm 全扣

评分人：　　　　　年 月 日　　　核分人：　　　　　年 月 日

2. 加工图 2-127 所示锥度螺纹轴和图 2-128 所示带内孔阶梯轴。其中锥度螺纹轴限时 180min，带内孔阶梯轴限时 90min。

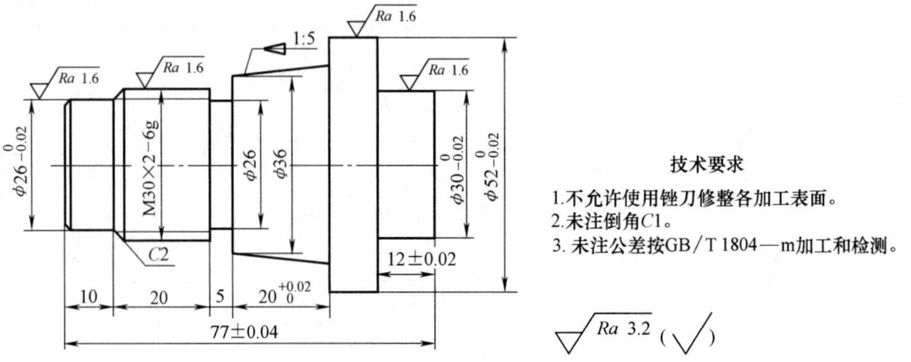

图 2-127 锥度螺纹轴

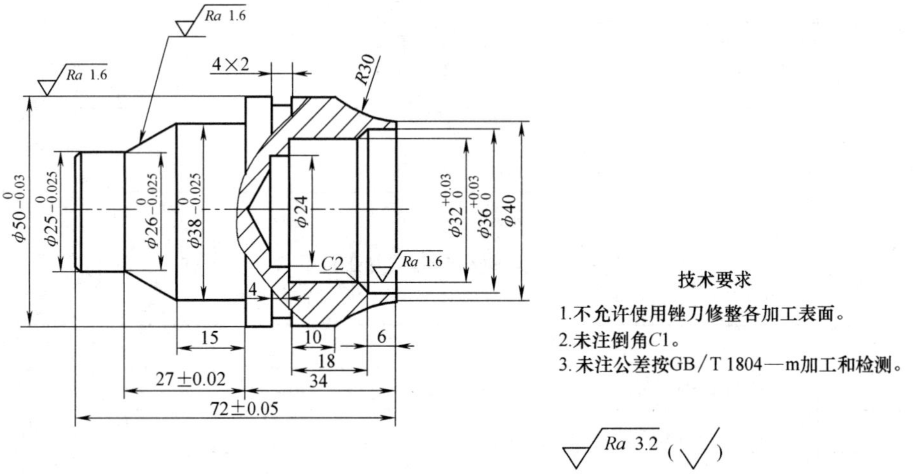

图 2-128 带内孔阶梯轴

锥度螺纹轴和带内孔阶梯轴的数控加工评分表分别见表 2-49 和表 2-50。

表 2-49 锥度螺纹轴数控加工评分表

考件编号：＿＿＿＿＿ 姓名：＿＿＿＿＿ 准考证号：＿＿＿＿＿ 单位：＿＿＿＿＿

项目	序号	考核项目	评分标准	配分	得分
工件质量	1	总长 77mm±0.04mm	每超差 0.02mm 扣 1 分	6 分	
	2	外径 $\phi 30_{-0.02}^{0}$ mm	每超差 0.02mm 扣 1 分	8 分	
	3	外径 $\phi 52_{-0.02}^{0}$ mm	每超差 0.02mm 扣 1 分	8 分	
	4	外径 $\phi 26_{-0.02}^{0}$ mm	每超差 0.02mm 扣 1 分	8 分	
	5	M30×2-6g 螺纹	环规检验，不合格全扣	12 分	
	6	螺纹长度及退刀槽	超差不得分，退刀槽宽度及底径超差不得分	6 分	
	7	长度 10mm	超差不得分	4 分	
	8	长度 $20_{0}^{+0.02}$	每超差 0.01mm 扣 2 分	8 分	
	9	长度 12mm±0.02mm	每超差 0.02mm 扣 1 分	8 分	
	10	锥度 1:5	超差不得分	10 分	
	11	倒角（二处）	每个倒角不合格扣 1 分	6 分	
	12	$Ra1.6\mu m$ 表面粗糙度（四处）	每低一个等级扣 1 分	6 分	
合计				90 分	

（续）

项目	序号	考核项目	评分标准	配分	得分
现场 操作 规范	1	正确使用机床	考场表现	2分	
	2	正确使用量具	考场表现	2分	
	3	正确使用刀具	考场表现	2分	
	4	设备维护保养	考场表现	4分	
		合计		10分	
		总计		100分	

评分人： 年 月 日 核分人： 年 月 日

表 2-50 带内孔阶梯轴数控加工评分表

考件编号：＿＿＿＿＿＿ 姓名：＿＿＿＿＿＿ 准考证号：＿＿＿＿＿＿ 单位：＿＿＿＿＿＿

项目	序号	考核项目	配分	得分
工件 质量	1	总长 72mm±0.05mm	5分	
	2	外径 $\phi25_{-0.025}^{0}$mm	7分	
	3	外径 $\phi26_{-0.025}^{0}$mm	7分	
	4	外径 $\phi38_{-0.025}^{0}$mm	7分	
	5	外径 $\phi50_{-0.03}^{0}$mm	7分	
	6	外径 $\phi40$mm	7分	
	7	内径 $\phi36_{0}^{+0.03}$mm	7分	
	8	内径 $\phi32_{0}^{+0.03}$mm	7分	
	9	长度 27mm±0.02mm	7分	
	10	长度 10mm	5分	
	11	长度 34mm	5分	
	12	长度 6mm	5分	
	13	长度 15mm	5分	
	14	螺纹退刀槽、直径、宽度、位置	9分	
	15	倒角（二处）	4分	
	16	$Ra1.6\mu m$ 表面粗糙度（三处）	6分	
		总计	100分	

扣分说明：凡有公差尺寸，每超差 0.01mm 扣 1 分；未注公差超差±0.05mm 全扣

评分人： 年 月 日 核分人： 年 月 日

项 目 小 结

本项目主要介绍数控车床的结构、特点、基本操作，分析数控车床坐标系、编程指令等内容，并结合实例分析应用。本项目还介绍了宏程序编程与应用、SIEMENS 系统编程与应用。项目任务以车削典型零件为切入点，加工时应先分析车削工艺，然后编写合理的程序并输入，最后运行检查程序，进行加工、检测等。加工时结合仿真软件，最后进行实际机床操作。实训过程中，参照企业标准进行管理和实施，融合国家职业资格标准。

本项目以介绍 FANUC 系统为主，辅助介绍 SIEMENS 系统，为学习者拓宽知识视野。

项目三 数控铣削加工技术

项目导读

本项目从认识数控铣削加工开始，分别介绍平面类、轮廓类、型腔类、孔类、综合类零件的加工，还介绍了 FANUC 系统宏程序编程、SIEMENS 系统数控铣削加工，最后介绍了数控铣床/加工中心操作。项目学习由浅入深分类介绍数控铣床/加工中心编程技术与仿真编程加工，体验加工的过程。本项目精选加工实例，强化实践性，遵循"做中学，学中做"，融理实为一体，按照《分析加工工艺→拟订加工路线→编写数控加工程序→仿真加工验证→检测工件》的学习过程展开。

任务一 认识数控铣削加工

知识目标

（1）掌握机床原点与机床参考点及机床坐标系确定原则
（2）熟悉工件坐标系及其设定
（3）熟悉数控铣床/加工中心仿真软件的操作步骤

任务导入——数控仿真加工四方圆角凸台

任务描述

完成图 3-1 所示四方圆角凸台的数控仿真加工，毛坯尺寸为 90mm×90mm×25mm。

知识链接

一、数控铣床简介

数控铣床是世界上最早研制出来的数控机床，是一种功能很强的机床。它加工范围广，工艺复杂，涉及的技术问题多，是数控加工领域中具有代表性的一种机床。目前迅速发展起来的加工中心和柔性制造单元等都是在数控铣床的基础上发展起来的。

与普通铣床相比，数控铣床的加工精度高，精度稳定性好，适应性强，操作劳动强度低，特别适应于板类、盘类、壳类、模具类等复杂形状的零件或对精度保持性要求较高的中、小批量零件的加工。

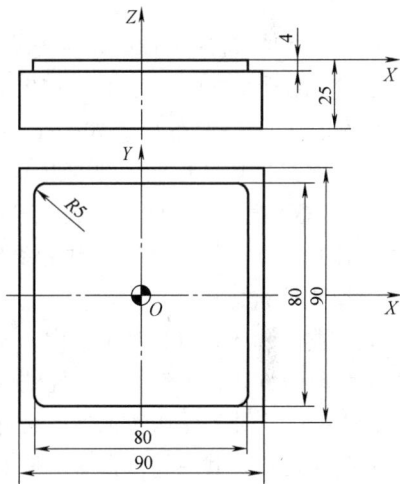

图 3-1　四方圆角凸台

1. 数控铣床的组成

数控铣床一般由铣床本体、数控装置、伺服驱动装置、辅助装置等部分组成。

（1）铣床本体　铣床本体是数控铣床的机械部件，包括床身、立柱、主轴箱、工作台和进给机构等。

（2）数控装置（CNC 装置）　数控装置是数控铣床的核心部分，它控制数控机床几乎所有的控制功能。

（3）伺服驱动装置　伺服驱动装置是数控铣床执行机构的驱动部件，主要包括主轴电动机和进给伺服电动机，经济型数控铣床常采用步进电动机。它把来自数控装置的运动指令放大，驱动铣床的运动部件，使工作台按规定轨迹移动或准确定位。

（4）辅助装置　辅助装置主要指数控铣床的一些辅助配套部件，如手动换刀时用的气动装置、加工冷却时用的冷却装置、冲屑时用的排屑装置等。

2. 数控铣床的工作原理

数控铣床的工作原理如图 3-2 所示。

根据被加工零件的图样、尺寸、材料及技术要求等内容进行工艺分析，如确定加工顺

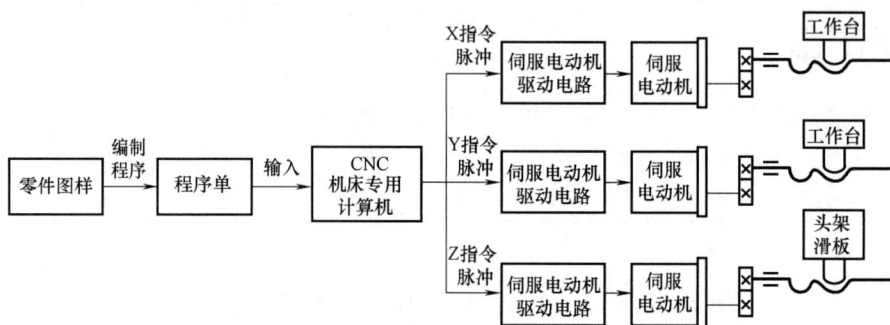

图 3-2　数控铣床的工作原理

序、走刀路线、切削用量等，通过面板键盘输入或磁盘读入等方法把加工程序输入到数控铣床的专用计算机（数控装置）中，经过驱动电路控制和放大，使伺服电动机转动，通过齿轮副或直接经滚珠丝杠，驱动铣床工作台（X 轴和 Y 轴）和头架滑板（Z 轴），再与选定的主轴转速相配合。半闭环和闭环的数控机床检测反馈装置可把测得的信息反馈给数控装置，由数控系统进行比较后再处理，最终完成整个加工。加工结束后机床自动停止。

3. 数控铣床的分类

（1）按数控铣床主轴的布置形式分类

1）立式数控铣床。如图 3-3 所示，立式数控铣床的主轴轴线与工作台面垂直，是数控铣床中最常见的一种布局形式，工件安装方便，结构简单，加工时便于观察，但不便于排屑。立式数控铣床一般为三坐标（X、Y、Z）联动，其各坐标的控制方式主要有以下两种：一种是工作台做纵向、横向运动及升降运动，主轴只完成主运动，目前小型数控铣床一般采用这种控制方式；另一种是工作台做纵向、横向运动，主轴做升降运动，这种控制方式一般用在中型数控铣床中。

立式数控铣床又可分为小、中、大三种类型。小型立式数控铣床采用工作台移动和升降而主轴不移动的方式；中型立式数控铣床采用纵向和横向移动，且主轴可沿垂直方向上下移动的方式；大型立式数控铣床考虑到扩大行程、缩小占地面积及保持刚度等技术上的诸多因素普遍采用龙门移动式，其主轴可在龙门架上做横向和垂直运动，龙门架则沿床身做纵向运动。

2）卧式数控铣床。如图 3-4 所示，卧式数控铣床的主轴轴线与工作台面平行，主要用

图 3-3　立式数控铣床

图 3-4　卧式数控铣床

来加工箱体类零件。卧式数控铣床相比立式数控铣床，结构复杂，在加工时不便观察，但排屑顺畅。卧式数控铣床一般配有数控回转工作台，以实现四轴或五轴加工，从而扩大功能和加工范围。相对立式数控铣床，其尺寸要大，目前大都配备自动换刀装置而成为卧式加工中心。

3）立卧两用数控铣床。主轴可变换角度，特别是采用数控万能主轴头的立卧两用数控铣床，其主轴头可任意转换方向，加工出与水平面成不同角度的工件表面。若增加数控回转工作台，就可实现对工件的五面加工。这类机床适应性更强，应用范围更广，尤其适合于多品种、小批量又需立卧两种方式加工的情况，但其主轴部分结构较为复杂。

4）龙门式数控铣床。大型数控立式铣床多采用龙门式布局，在结构上采用对称的双立柱结构，以保证机床整体的刚度、强度。主轴可在龙门架的横梁与滑板上运动，而纵向运动则由龙门架沿床身移动或由工作台移动实现，其中工作台床身特大时多采用前者。例如，图3-5所示的龙门式数控铣床适合加工大型零件。图3-6所示为数控双龙门四铣头镗铣床。龙门式数控铣床主要在汽车、航空航天、机床等行业使用。

图 3-5　龙门式数控铣床

图 3-6　数控双龙门四铣头镗铣床

（2）数控铣床按主轴数量分类

1）三轴数控铣床。图3-3所示的立式数控铣床和图3-4所示的卧式数控铣床上，刀具相对工件能在 X、Y、Z 三个坐标轴方向上做进给运动，这样的数控铣床又称为三轴数控铣床。

2）四轴数控铣床。如图3-7a所示，数控铣床工作台除了可沿 X 轴和 Z 轴方向移动外，

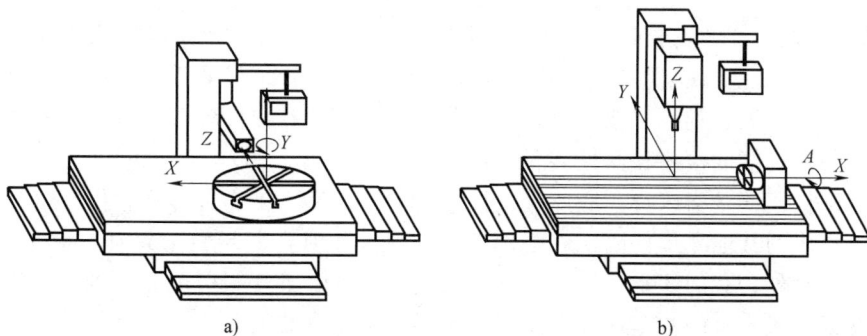

a)　　　　　　　　　　　　　　　　b)

图 3-7　四轴数控铣床

还可绕 Y 轴回转，刀具在立柱上沿 Y 轴上下移动，因此称为四轴联动的数控铣床；而图 3-7b 所示的数控铣床工作台除了可沿 X 轴和 Y 轴方向移动外，还可绕 X 轴回转，刀具在立柱上沿 Z 轴上下移动，也是四轴联动的数控铣床。

3）五轴数控铣床。如果在四轴基础上使图 3-8 所示的主轴也做回转运动，就称为五轴数控铣床。轴数越多，铣床加工能力越强，加工范围越广。数控铣床能实现多坐标轴联动，从而容易实现许多普通机床难以加工或无法加工的空间曲线或曲面的加工，大大增加了机床的工艺范围。

（3）按数控系统的功能分类

1）经济型数控铣床。经济型数控铣床一般是在普通立式铣床或卧式铣床的基础上改造而来的，采用经济型数控系统。其成本低，机床功能较少，主轴转速和进给速度不高，主要用于精度要求不高的简单平面或曲面零件加工。

2）全功能数控铣床。全功能数控铣床一般采用半闭环或闭环控制，控制系统功能较强，数控系统功能丰富，一般可实现四坐标或以上的联动，加工适应性强，应用最为广泛。

3）高速数控铣床。一般把主轴转速在 $8000 \sim 10000 \mathrm{r/min}$ 以上，进给速度可达 $10 \sim 30 \mathrm{m/min}$ 的数控铣床称为高速数控铣床，如图 3-9 所示。这种数控铣床采用全新的机床结构（主体结构及材料变化）、功能部件（电主轴、直线电动机驱动进给）和功能强大的数控系统，并配以加工性能优越的刀具系统，可对大面积的曲面进行高效率、高质量的加工。目前，高速数控加工技术正日趋成熟，并逐渐得到广泛应用，但机床价格昂贵，使用成本较高。

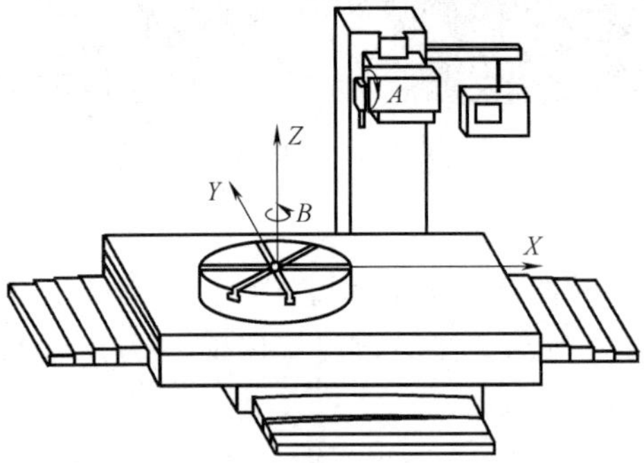

图 3-8　五轴数控铣床 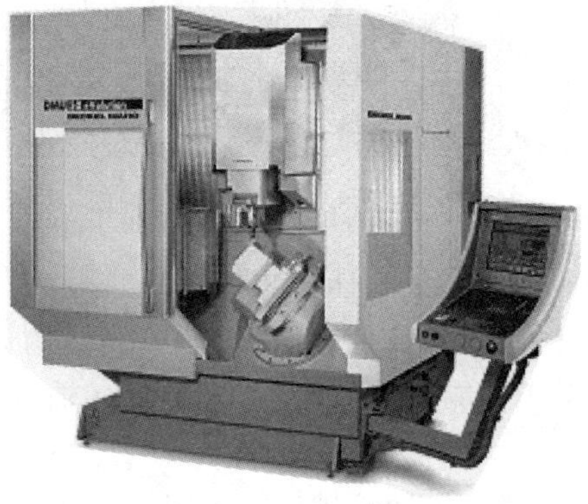　　　　图 3-9　高速数控铣床

4）数控铣削中心。数控铣削中心一般配备如下装置系统：计算机数控系统，主传动系统，进给传动系统，实现某些动作和辅助功能的系统和装置，如液压、气动、润滑、冷却等系统，排屑、防护等装置，刀架和自动换刀装置，自动托盘交换装置；特殊功能装置，如刀具破损监控装置、精度检测和监控装置。

机床基础件通常是指床身、底座、立柱、横梁、滑座、工作台等。它们是整台机床的基础和框架。机床的其他零部件固定在基础件上，或工作时在其导轨上运动。对于加工中心，除上述组成部分外，有的还有双工位工件自动交换装置。柔性制造单元还带有工位数较多的工件自动交换装置，有的甚至还配有用于上下料的工业机器人。

（4）其他分类　按数控铣床结构不同，还可以分为立柱移动式数控铣床、主轴头可倾式数控铣床和可交换工作台式数控铣床；按加工对象的不同可以分为仿形数控铣床、数控摇臂铣床和数控万能工具铣床等。

4. 数控铣床的主要功能

数控铣床主要可完成零件的铣削加工以及孔加工，配合不同档次的数控系统，其功能会有较大的差别，但一般都应具有以下主要功能：

（1）铣削加工功能　数控铣床一般应具有三坐标以上联动功能，能够进行直线插补、圆弧插补和螺旋插补，自动控制主轴旋转，带动刀具对工件进行铣削加工，如图 3-10 所示的三坐标联动的曲面铣削加工。联动轴数越多，对工件的装夹要求就越低，加工工艺范围越大。例如图 3-11 所示的叶片模型，利用五轴联动数控铣床可以很方便地加工出来。

（2）孔及螺纹加工　加工孔可采用定尺寸的孔加工刀具，如麻花钻、铰刀等进行钻、扩、铰、镗等加工，也可采用铣刀铣削加工孔。

螺纹孔可用丝锥进行攻螺纹，也可采用螺纹铣刀，铣削内螺纹和外螺纹（图 3-12）。螺纹铣削主要利用数控铣床的螺旋插补功能，比传统丝锥加工效率高得多。

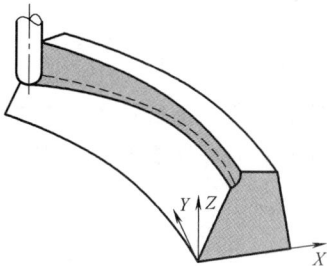

图 3-10　三坐标联动的曲面铣削加工　　　图 3-11　叶片模型　　　图 3-12　螺纹铣削

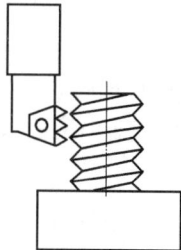

（3）刀具补偿功能　刀具补偿功能包括刀具半径补偿功能和刀具长度补偿功能。刀具半径补偿功能可在平面轮廓加工时解决刀具中心轨迹和零件轮廓之间的位置尺寸关系，同时可通过改变刀具半径补偿值实现零件的粗、精加工。刀具长度补偿功能解决对不同长度的刀具利用长度补偿程序实现设定位置与实际长度的协调问题。

（4）米制、英制转换功能　此项功能可根据图纸的标注选择米制单位编程和英制单位编程，不必进行单位换算，使程序编程更加方便。

（5）绝对坐标和增量坐标编程功能　在程序编制中，坐标数据可以用绝对坐标或者增量坐标，使数据的计算或程序的编写变得灵活。

（6）进给速度、主轴转速调节功能　此功能用于在程序执行中根据加工状态和编程设定值来随时调整实际的进给速度和主轴转速，以达到最佳的切削效果。

（7）固定循环功能　固定循环功能可实现一些具有典型性的需多次重复加工的内容，如孔的相关加工、挖槽加工等。只要改变参数就可以适应不同尺寸的需要。

（8）工件坐标系设定功能　工件坐标系用来确定工件在工作台上的装夹位置，对于单工作台上一次加工多个零件非常方便。可对工件坐标系进行平移和旋转，以适应不同特征的工件。

（9）子程序功能　对于需要多次重复加工的内容，可将其编成子程序在主程序中调用。子程序可以嵌套，嵌套层数视不同的数控系统而定。

（10）通信及在线加工功能　数控铣床一般通过 RS-232 接口与外部计算机实现数据的输入/输出，如把加工程序传入数控铣床，或者把机床数据输出到计算机备份。有些复杂零件的加工程序很长，超过了数控铣床的内存容量，可以利用传输软件进行边传输边加工。

二、加工中心简介

加工中心是高效、高精度数控机床，在一次装夹中可完成工件多道工序的加工，同时还备有刀具库，并且有自动换刀功能。加工中心所具有的这些丰富的功能，决定了加工中心程序编制的复杂性。

1. 加工中心概述

加工中心（Machining Center，MC）是带有刀库和自动换刀装置的数控机床，又称为自动换刀数控机床或多工序数控机床。加工中心是目前世界上产量最高、应用最广泛的数控机床之一。它主要用于箱体类零件和复杂曲面零件的加工，把铣削、镗削、钻削、攻螺纹和车螺纹等功能集中在一台设备上。因为它具有多种换刀或选刀功能及自动工作台交换装置（Automatic Tool Changer，ATC），故工件经一次装夹后，可自动地完成或接近完成工件各面的所有加工工序，从而使生产率和自动化程度大大提高。

除换刀程序外，加工中心的编程方法与数控铣床的编程方法基本相同。加工中心除了具有数控铣床的特点，还具有其独特的优点：①工序集中；②对加工对象的适应性强；③加工精度高；④加工生产率高；⑤操作人员的劳动强度减轻；⑥经济效益高；⑦有利于生产管理的现代化。

2. 加工中心的组成

加工中心主要由床身、立柱、滑座、工作台、主轴箱、自动换刀装置、数控装置、伺服驱动装置、检测装置、液压系统和气压系统等组成。图 3-13 所示为立式加工中心的组成。

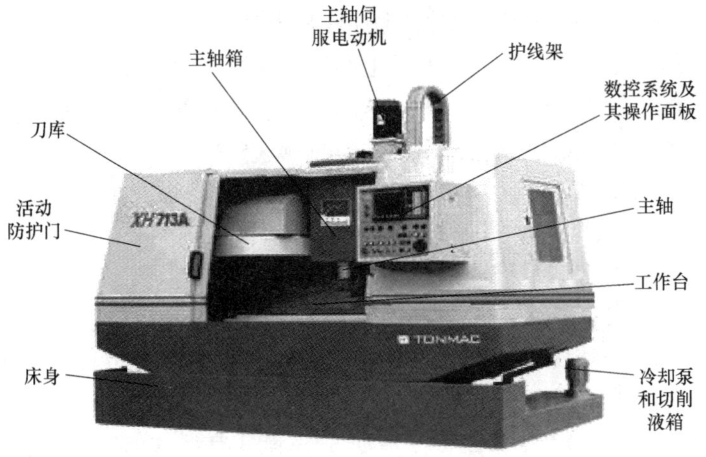

图 3-13　立式加工中心的组成

3. 加工中心的分类

（1）按主轴在加工时的空间位置分类

1）立式加工中心。立式加工中心指主轴垂直布置的加工中心，如图 3-14 所示。它具有操作方便、工件装夹和找正容易、占地面积小等优点，故应用较广，但由于受立柱的高度和自动换刀装置的限制，不能加工太高的零件。因此，立式加工中心主要用于加工高度尺寸小、加工面与主轴轴线垂直的板材类、壳体类零件（图3-15），也可用于模具加工。

图 3-14　立式加工中心

图 3-15　壳体零件

2）卧式加工中心。卧式加工中心的主轴水平布置，如图3-16所示。它的工作台大多为可分度的回转工作台或由伺服电动机控制的数控回转工作台，在零件的一次装夹中通过旋转工作台可实现多表面加工。如果为数控回转工作台，还可参与机床各坐标轴的联动，实现螺旋线的加工。因此，它适用于加工内容较多、精度较高的箱体类零件（图3-17）及小型模具型腔的加工。卧式加工中心是加工中心中种类最多、规格最全、应用范围最广的一种。

图 3-16　卧式加工中心

图 3-17　箱体零件

3）万能加工中心。五轴加工中心是典型的万能加工中心，如图3-18所示，五轴加工中心与一般机床的最大区别在于它除了具有通常的三个直线坐标轴外，还有至少两个旋转坐标轴，从而可以实现五轴联动加工。五轴加工中心编程复杂、难度大，对数控系统及伺服控制系统要求高，其机械结构设计和制造也比三轴机床更复杂和困难，因此价格比较昂贵。

图 3-18　五轴加工中心及其应用（加工叶轮）

近年来，由于科技的进步，特别是微电子技术的快速发展，使得五轴数控系统的性能/价格比大为提高（即相对便宜了）；大转矩电动机的成功开发并应用于摆动、回转工作台和主轴头部件，代替了这些部件原来采用的齿轮传动/蜗杆传动，从而使得这些部件的结构紧凑、性能质量提高，从而使五轴机床的设计、制造更方便容易，价格也有较大下降。五轴加工中心正在快速发展。

图 3-19 所示为我国自主研制的具有世界上最大加工直径的七轴六联动螺旋桨加工中心。该机床最大可加工 $\phi 11m$ 螺旋桨，加工效率比原五轴联动方式提高了一倍，加工精度也得到大幅提升。七轴六联动螺旋桨加工中心是目前国际上最大型、最复杂的机床。

图 3-19　七轴六联动螺旋桨加工中心

（2）按功能特征分类

1）镗铣加工中心。镗铣加工中心以镗铣为主，适用于箱体类零件和壳体类零件的加工以及各种复杂零件的特殊曲线和曲面轮廓的多工序加工，以多品种、小批量的生产方式为主。

2）钻削加工中心。钻削加工中心以钻削为主，刀库形式以转塔头形式为主，适用于中、小批量零件的钻孔、扩孔、铰孔、攻螺纹及连续轮廓铣削等多工序加工。

3）复合加工中心。复合加工中心主要指五面复合加工，它可以实现自动回转主轴头，进行立卧加工。主轴自动回转后，在水平面和垂直面实现刀具自动交换。

（3）按结构特征分类　例如按工作台种类分。加工中心工作台有各种结构，因此加工中心可分成单工作台加工中心、双加工中心和多工作台加工中心。设置工作台的目的是缩短零件的辅助准备时间，提高生产率和机床自动化程度。最常见的是单工作台和双工作台两种结构。

（4）按主轴种类分类　根据主轴结构特征分类，可分为单轴、双轴、三轴及可换主轴箱的加工中心。

（5）按自动换刀装置分类

1）转塔头加工中心。主轴数一般为 6～12 个。这种结构的换刀装置换刀时间短、刀具数量少、主轴转塔头定位精度要求较高。

2）刀库+主轴换刀加工中心。

3）刀库+机械手+主轴换刀加工中心。

4）刀库+机械手+双主轴转塔头加工中心。

4. 自动换刀装置及换刀过程

自动换刀装置的用途是按照加工需要，自动地更换装在主轴上的刀具。自动换刀装置是一套独立的、完整的部件。

（1）自动换刀装置

自动换刀装置的形式 $\begin{cases}回转刀架换刀装置：结构简单、装刀数量少，用于数控车床\\带刀库的自动换刀装置：结构较复杂、装刀数量多，应用广泛\end{cases}$

选刀方式 $\begin{cases}顺序选刀方式\\任选方式\begin{cases}刀具编码方式\\刀座编码方式，如图3-20所示\\刀柄编码方式，如图3-21所示\end{cases}\end{cases}$

换刀方式 $\begin{cases}机械手换刀\\刀库-主轴运动换刀\end{cases}$

图 3-20　刀座编码方式

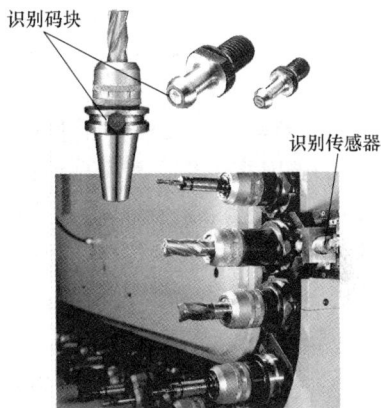

图 3-21　刀柄编码方式

（2）刀库的形式

1）鼓轮式刀库。如图 3-22 所示，鼓轮式刀库结构简单，刀库容量相对较小，一般为 1~24 把刀具，主要适用于小型加工中心。

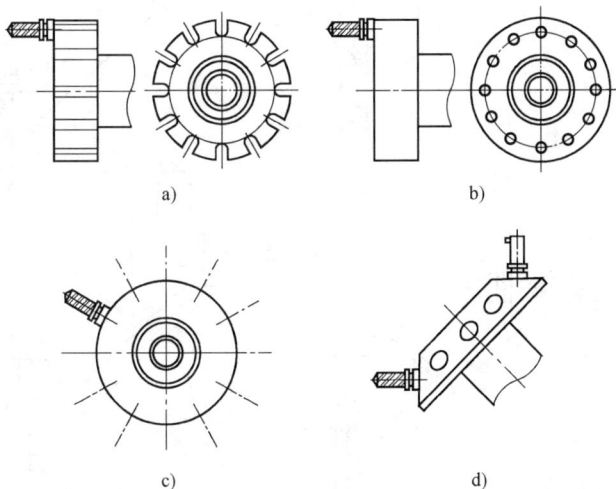

图 3-22　鼓轮式刀库

a）径向取刀　b）轴向取刀　c）刀具径向布置　d）刀具互成角度布置

2）链式刀库。如图 3-23 所示，链式刀库容量大，一般为 1～100 把刀具，主要适用于大、中型加工中心。

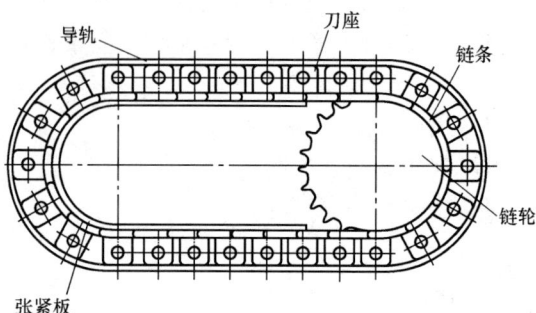

图 3-23 链式刀库

（3）自动换刀过程 自动换刀装置的换刀过程由选刀和换刀两部分组成。当执行到 T××指令即选刀指令后，刀库自动将要用的刀具移动到换刀位置，完成选刀过程，为下面的换刀做好准备；当执行到 M06 指令时即开始自动换刀，把主轴上用过的刀具取下，将选好的刀具安装在主轴上。一般有机械手换刀、刀库主轴直接换刀两种形式。

机械手换刀的动作过程为：①刀库运动，使新刀具处于待换刀位置；②主轴箱回参考点，主轴准停；③机械手抓刀（主轴上和刀库上的），如图 3-24a 所示；④活塞杆推动机械手下行取刀，如图 3-24b 所示；⑤机械手回转 180°，交换刀具位置，如图 3-24c 所示；

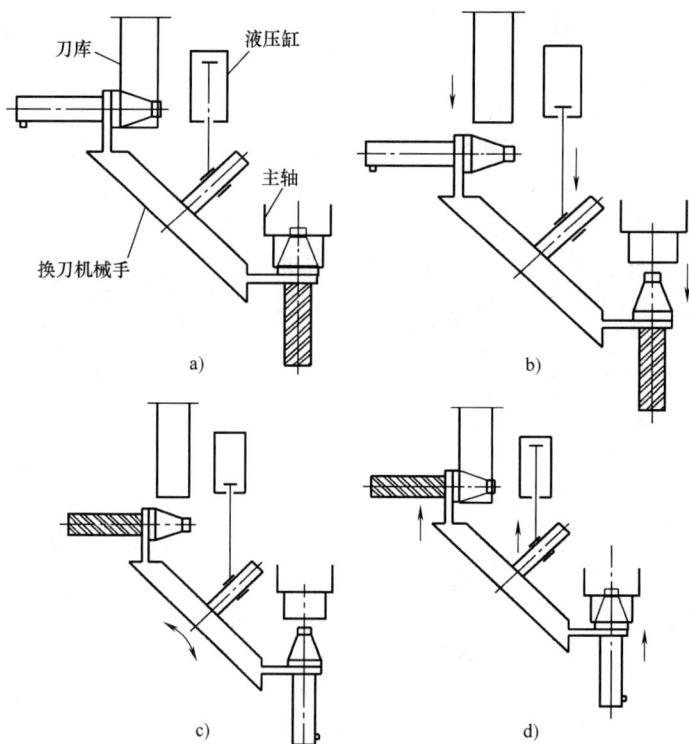

图 3-24 机械手换刀动作过程

⑥活塞杆上行，将更换后的刀具装入主轴和刀库，即装刀，如图 3-24d 所示；⑦机械手复位，主轴移开，开始加工。

（4）加工中心的刀具系统　加工中心上使用的刀具由刃具部分和连接刀柄两部分组成。刃具部分包括钻头、铣刀、镗刀、铰刀等。连接刀柄部分基本已规范化，制定了一系列标准，如图 3-25 所示的刀具系统。

$$刀具系统的种类\begin{cases}整体式数控刀具系统，应用广泛\\ 模块式数控刀具系统\end{cases}$$

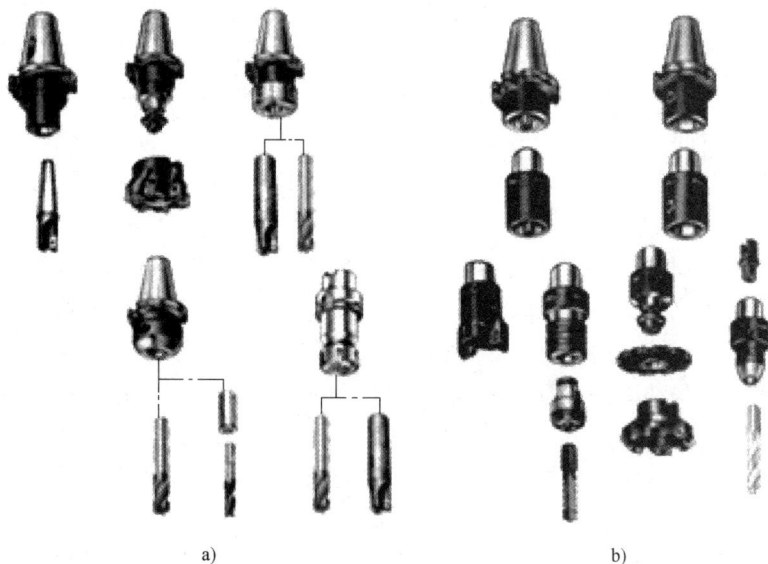

a)

b)

图 3-25　刀具系统

a）整体式数控刀具系统　b）模块式数控刀具系统

三、数控铣床/加工中心的加工特点

图 3-26 所示为数控铣床/加工中心加工的产品零件。数控铣床/加工中心主要具有如下特点：

图 3-26　数控铣床/加工中心的产品零件

1）加工精度高，加工质量稳定可靠。目前一般数控铣床/加工中心的轴向定位精度可达±0.0050mm，轴向重复定位精度可达±0.0025mm，加工精度完全由机床保证，在加工过程中产生的尺寸误差能及时得到补偿，可获得较高的尺寸精度。数控铣床/加工中心采用插补原理确定加工轨迹，加工的零件形状精度高。在数控加工中，工序高度集中，一次装夹即可加工出零件上大部分表面，人为影响因素非常小。

2）加工形状复杂。通过计算机编程，能够实现自动立体切削，加工各种复杂的曲面和型腔，尤其是多轴加工，加工对象的形状受限更小。

3）自动化程度高，生产率高。数控铣床刚度大、功率大，主轴转速和进给速度范围大且为无级变速，所以每道工序都可选择较大而合理的切削用量，减少了机动时间。数控铣床自动化程度高，可以一次定位装夹，一次完成粗加工、半精加工、精加工，还可以进行钻、镗加工，减少辅助时间，所以生产率高。对复杂型面零件的加工，其生产率可提高十几倍甚至几十倍。此外，数控铣床加工出的零件也为后续工序（如装配等）带来了许多方便，其综合效率更高。

数控铣床/加工中心的加工速度远远高于普通机床，电动机功率也高于同规格的普通机床，其结构设计的刚度也远高于普通机床。一般数控铣床/加工中心主轴最高转速可达到6000~20000r/min，目前，欧美模具企业在生产中广泛应用数控高速铣，三轴联动的比较多，也有一些是五轴联动的，转速一般为15000~30000r/min。采用高速数控铣削技术，速度可达每分钟几万转以上，可大大缩短制模时间。经高速数控铣削精加工后的零件型面，仅需略加抛光便可使用。同时，数控铣床/加工中心能够多刀具连续切削，表面不会产生明显的接刀痕迹，因此表面加工质量远高于普通铣床。

4）有利于现代化管理。数控铣床/加工中心使用数字信息与标准代码输入，适于数字计算机联网，为计算机辅助设计与制造及管理一体化奠定基础。

5）便于实现计算机辅助设计与制造。计算机辅助设计与制造（CAD/CAM）已成为航空航天、汽车、船舶及各种机械工业实现现代化的必由之路。将计算机辅助设计得到的产品图纸及数据变为实际产品的最有效途径，就是采取计算机辅助制造技术直接制造出零部件。加工中心等数控设备及其加工技术正是计算机辅助设计与制造系统的基础。图3-27所示为UG/CAM软件的应用，加工过程包括：零件建模、加工轨迹生成、模拟加工、生成加工程序、传输到实际数控机床进行生产加工。

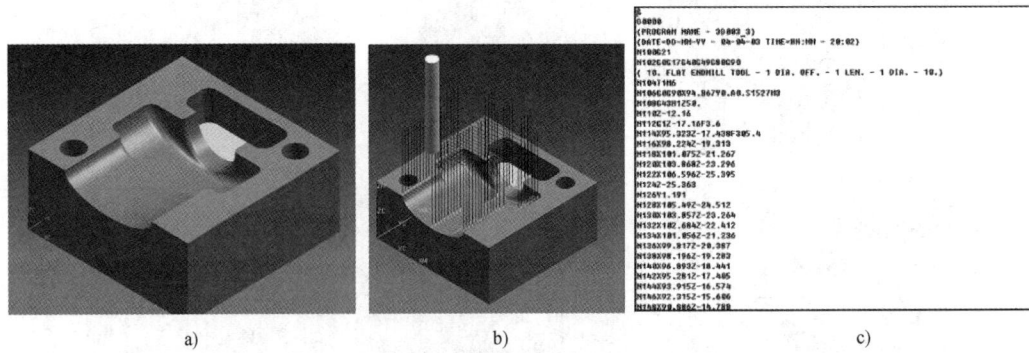

图 3-27 UG/CAM 软件应用

a）零件建模 b）生成加工轨迹与模拟加工 c）生成加工程序

四、数控铣床/加工中心坐标系

1. 数控铣床/加工中心坐标系概述

数控铣床/加工中心上的坐标系采用右手笛卡儿直角坐标系，如图 3-28a 所示的立式数控铣床坐标系，图 3-28b 所示的卧式数控铣床坐标系。X、Y、Z 直线进给坐标系按右手定则规定，而围绕 X、Y、Z 轴旋转的圆周进给坐标轴 A、B、C 则按右手螺旋定则判定。

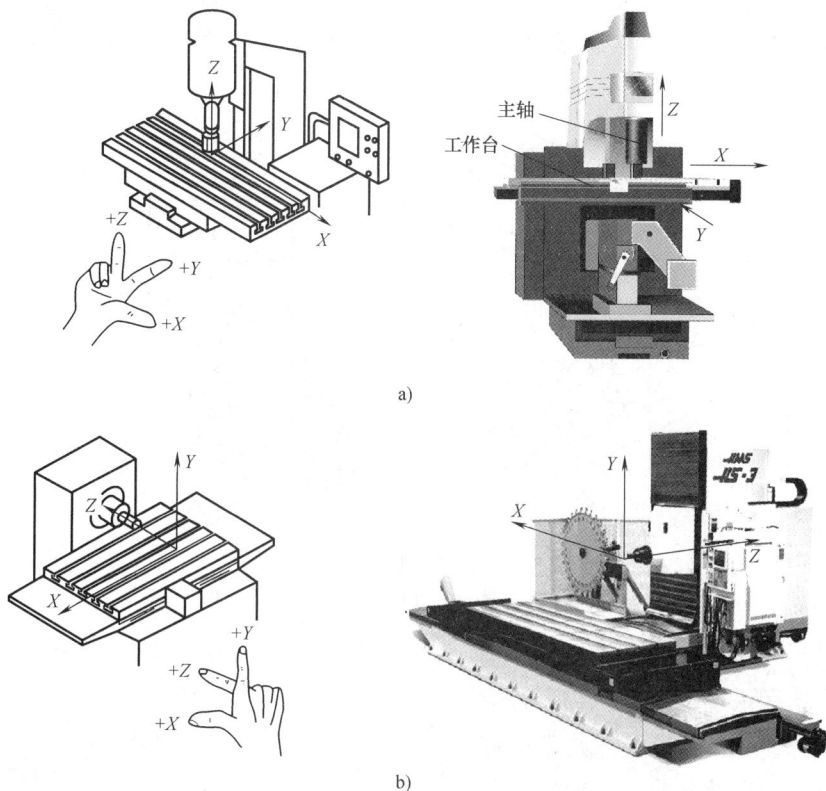

a)

b)

图 3-28　数控铣床坐标系

a）立式数控铣床坐标系　b）卧式数控铣床坐标系

机床各坐标轴及其正方向的确定原则是：

1）先确定 Z 轴。以平行于机床主轴的刀具运动坐标轴为 Z 轴，若有多根主轴，则可选垂直于工件装夹面的主轴为主要主轴，Z 轴则平行于该主轴轴线。若没有主轴，则规定垂直于工件装夹表面的坐标轴为 Z 轴。Z 轴的正方向是刀具远离工件的方向。例如立式数控铣床，平行于主轴箱的上、下运动坐标轴或主轴本身的上、下运动坐标轴即可定为 Z 轴，且向上为正；若主轴不能上下动作，则平行于工作台的上、下运动坐标轴便为 Z 轴，此时工作台向下运动的方向为正向。

2）再确定 X 轴。X 轴平行于工件的装夹面，一般在水平面内。

确定 X 轴的方向时，主要考虑两个方面：一是在工件旋转的机床（如车床、外圆磨床）上，刀具离开工件的方向为 X 轴的正方向。二是若刀具做旋转运动，可分为两种情况：若 Z 轴为水平（如卧式铣床、镗床），观察者沿刀具主轴向工件方向看，水平向右为 X 轴正向；若 Z 轴为垂直（如立式铣床、镗床、钻床），观察者面对刀具主轴向立柱方向看，水平向右

为 X 轴正向。

3）最后确定 Y 轴。在确定了 X、Z 轴的正方向后，即可按右手定则定出 Y 轴正方向。

4）确定回转轴 A、B、C。根据确定的 X、Y、Z 轴，用右手螺旋定则可确定 A、B、C 三个回转轴及其方向。

上述坐标轴正方向，均是假定工件不动、刀具相对于工件做进给运动而确定的方向，即刀具运动坐标系。此外，如果在基本的直角坐标轴 X、Y、Z 之外，还有其他轴线平行于 X、Y、Z，则附加的直角坐标系指定为 U、V、W 和 P、Q、R，如图 3-29 所示多轴数控机床坐标系。

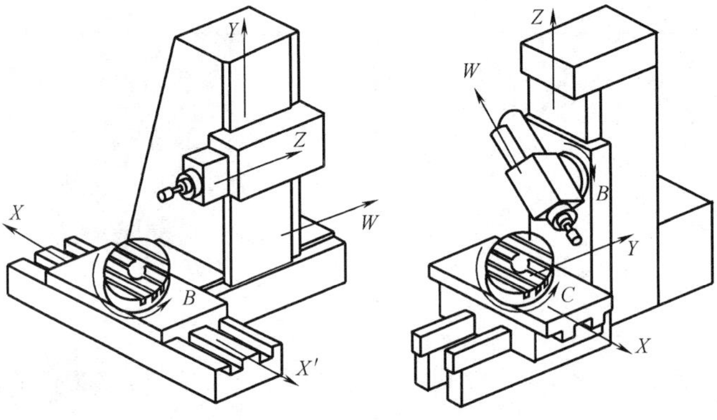

图 3-29　多轴数控机床坐标系

a）卧式镗铣床的坐标系　b）六轴加工中心的坐标系

2. 机床原点与机床参考点

机床原点又称为机械原点（机床零点），它是机床坐标系的原点，如图 3-30 中的点 O_1。该点是机床上的一个固定点，其位置是由机床设计和制造单位确定，通常不允许用户改变。机床原点是工件坐标系、编程坐标系、机床参考的基准点，这个点不是一个硬件点，而是一个定义点。

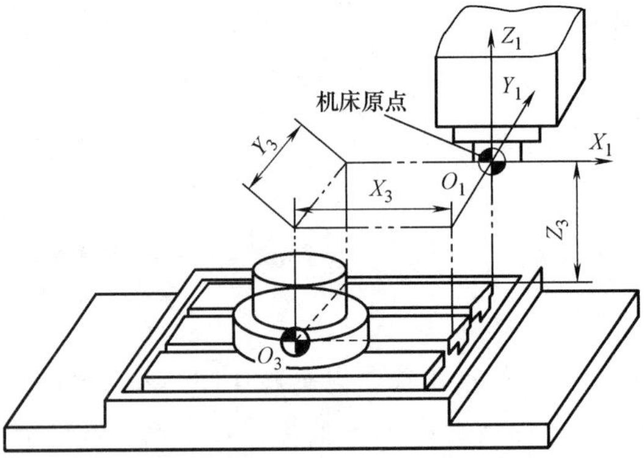

图 3-30　机床原点与机床参考点

机床参考点是采用增量式测量的数控机床所特有的，机床原点是由机床参考点体现出来的。机床参考点是一个硬件点。一般情况下，机床参考点与机床原点是重合的。

3. 工件坐标系

工件坐标系的原点就是工件原点，也称为工件零点，如图 3-31 中的点 O_2。与机床坐标系不同，工件坐标系是人为设定的，选择工件原点的一般原则如下：

1）尽量选在工件图样的基准上，便于计算，减少错误，以利于编程。

2）尽量选在尺寸精度高、表面粗糙度值低的工件表面上，以提高工件的加工精度。

3）要便于测量和检验。

4）对于对称的工件，最好选在工件的对称中心上。

5）对于一般零件，选在工件外轮廓的某一角上。

6）Z 轴方向的原点一般设在工件表面。

五、数控铣床/加工中心仿真软件的操作步骤

1）进入数控仿真系统。

2）选择机床类型。在仿真软件中，立式数控铣床与加工中心为同一机床类型。

3）开启机床。

4）设定毛坯。

5）选择刀具。

6）进行机床对刀操作。

7）进行数控加工程序的编辑输入。

8）自动加工。

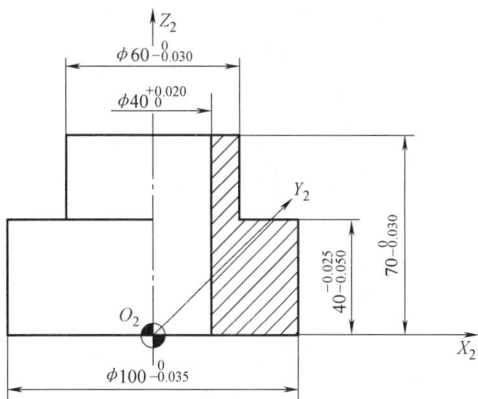

图 3-31　工件坐标系

六、数控铣床/加工中心的对刀

1. 在 FANUC 0-MD 系统数控铣床上设置工件零点的方法

（1）直接用试切法对刀　如图 3-32 所示，把当前坐标 X、Y、Z 输入 G54～G59 或单击鼠标右键直接存入 G54～G59。

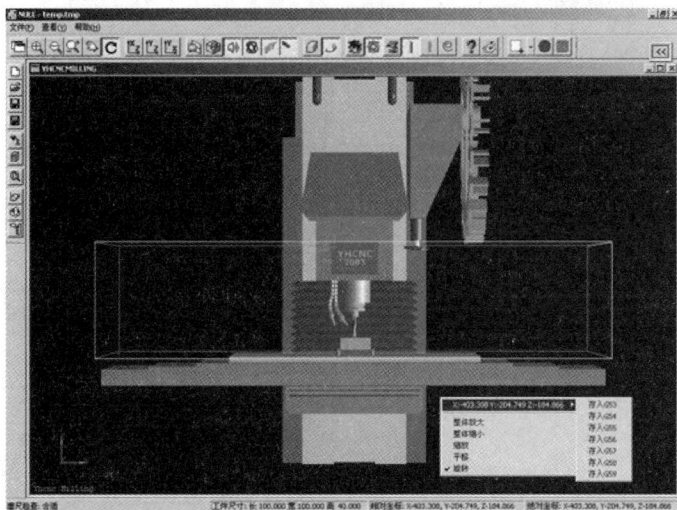

图 3-32　直接用试切法对刀

（2）用芯棒对工件零点

1）在工具框中选择毛坯功能键。

2）选择基准芯棒，如图 3-33 所示。

3）选择基准芯棒的规格和塞尺厚度，如基准芯棒（H：100，D：20）和塞尺厚度 1mm。

4）如图 3-34 所示，用芯棒对刀，根据左下角提示确定是否对好。

5）Z 坐标工件零点 = 当前 Z 坐标 - 基准芯棒长度 - 塞尺厚度

Y 坐标工件零点 = 当前 Y 坐标 ± 基准芯棒半径 ± 塞尺厚度

X 坐标工件零点 = 当前 X 坐标 ± 基准芯棒半径 ± 塞尺厚度

6）把计算结果 Z、Y、X 坐标工件零点输入 G54 ~ G59。

2. 在 FANUC 0iM 系统数控铣床上设置工件零点的方法

（1）直接用试切法对刀　对刀方法和工件零点参数的输入如图 3-35 所示。

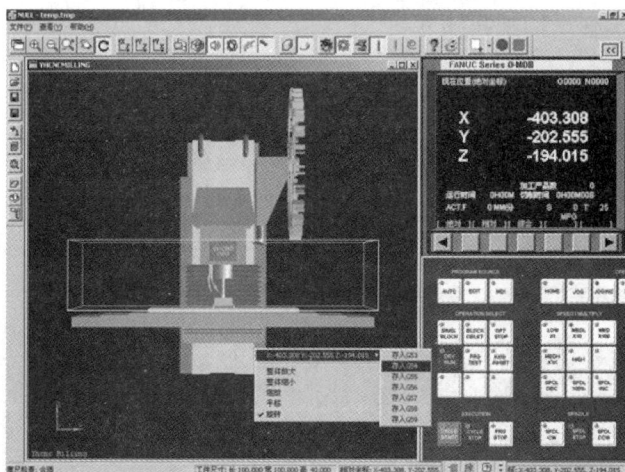

图 3-33　选择基准芯棒

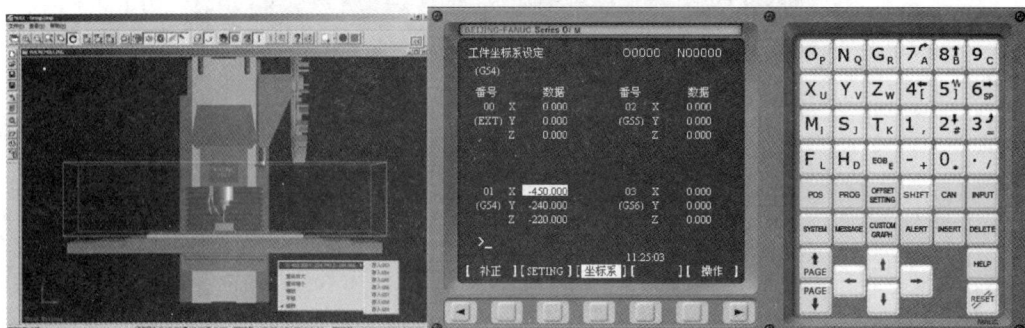

图 3-34　用芯棒对刀

图 3-35　直接用试切法对刀和工件零点参数的输入

1）用刀具试切工件。

2）按 OFFSET SETTING → ▌坐标系 ▌→ ▌测量 ▌，把当前坐标位置作为工件零点 G54，输入 X0、

Y0、Z0，分别按"测量"键即当前坐标被存入，如图 3-35 所示。

（2）用芯棒对工件零点 同 FANUC 0-MD 系统。

任务实施

一、刀具的选择和安装

选择并安装常见的立铣刀，采用机用平口钳安装毛坯即可。

二、对刀

对刀点选择在毛坯上表面中心处。

三、程序的编辑输入

参考程序如下：

O0016；	G01 Y-35；
G54 T01；	G02 X35 Y-40 R5；
M03 S1000；	G01 X-35；
G00 X0 Y0 Z50；	G02 X-40 Y-35 R5；
G00 X-50 Y-50；	G03 X-50 Y-25 R10；
Z5；	G40 G01 Y-50；
G01 Z-4 F100；	Z10；
G01 G41 X-40 D01；	G00 Z50；
Y35；	X0 Y0；
G02 X-35 Y40 R5；	M05；
G01 X35；	M30；
G02 X40 Y35 R5；	

四、程序的校验、自动加工及工件测量

完成程序输入后，利用仿真软件进行程序自动校验、模拟加工及检测，十分方便。

习 题

一、判断题

1. 通过计算机编程，数控铣床能够实现自动立体切削，加工各种复杂的曲面和型腔，尤其是多轴加工，加工对象的形状受限更小。 （ ）

2. 直接用试切法对刀比用芯棒对刀误差大，影响加工精度。 （ ）

3. 工件原点应尽量选在尺寸精度高、表面粗糙度值低的工件表面上，以提高工件的加工精度。（ ）

4. 经济型数控铣床一般是在普通立式铣床或卧式铣床的基础上改造而来的，主要用于精度要求不高的简单平面或曲面零件加工。 （ ）

5. 全功能数控铣床必须采用闭环控制，控制系统功能较强，数控系统功能丰富，一般可实现四坐标或以上的联动，加工适应性强，应用最为广泛。 （ ）

6. 立式数控铣床的主轴轴线与工作台面平行，是数控铣床中最常见的一种布局形式，工件安装方便，结构简单，加工时便于观察，但不便于排屑。 （ ）

二、填空题

1. 与普通铣床相比，数控铣床的_____，_____，_____，_____，特别适应于_____类、_____类、_____类、_____类等复杂形状的零件或对精度保持性要求较高的中、小批量零件的加工。

2. 按数控铣床主轴的布置形式分类，数控铣床可分为_____，_____，_____，_____。

3. 按数控铣床系统的功能分类，数控铣床可分为_____，_____，_____，_____。

4. 数控铣床一般应具有三坐标以上联动功能，能够进行_____、_____和_____，自动控制主轴旋转，带动刀具对工件进行铣削加工。

5. 一般把主轴转速在_____ r/min 以上，进给速度可达_____ m/min 的数控铣床称为高速数控铣床。

6. 卧式数控铣床的主轴轴线_____，主要用来加工箱体类零件。

三、简答题

1. 数控铣床是如何分类的？

2. 数控铣床有哪些基本组成部分？各部分的功能是什么？

3. 数控铣床/加工中心的加工特点如何？

4. 数控铣床与加工中心的主要区别是什么？

任务二　铣削加工平面类零件

技能目标

（1）会分析和设计平面铣削工艺

（2）会用数控加工程序对平面、垂直面、台阶面、斜面进行加工

（3）会进行平面铣削质量评价和分析

（4）会编写平面类零件加工程序

（5）能在仿真软件中加工零件

知识目标

（1）掌握平面铣削工艺知识

（2）掌握平面铣削质量要求

（3）掌握平面铣削常用编程指令

（4）熟悉数控铣床仿真加工操作步骤

任务导入——铣削加工六面体零件

任务描述

六面体零件如图 3-36 所示，按单件生产安排其数控加工工艺，编写出加工程序。毛坯为 $\phi65mm×105mm$ 的棒料，材料为 45 钢。

知识链接

一、平面铣削工艺

1. 数控铣床/加工中心的工作台

立式数控铣床和卧式数控铣床工作台的结构形式不完全相同。立式数控铣床工作台不做

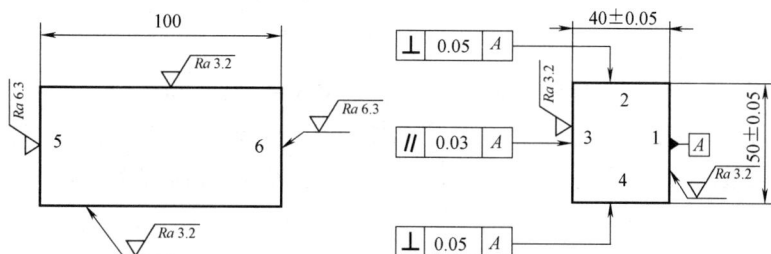

图 3-36 六面体零件

分度运动，采用长方形工作台。卧式数控铣床的工作台面形状通常为正方形，由于这种工作台经常需要做分度运动或回转运动，而且它的分度运动和回转运动的驱动装置一般都装在工作台里，因此也称为分度工作台或回转工作台。根据工件加工工艺的需要，分度工作台有多齿盘分度工作台和数控回转工作台（蜗杆副分度方式），以实现任意角度的分度和切削过程中的连续回转运动。

（1）长方形工作台　如图 3-37 所示，长方形工作台的装夹结构为 T 形槽。槽 1、2、4 为装夹用 T 形槽，槽 3 为基准 T 形槽。

（2）多齿盘分度工作台　图 3-38 所示为多齿盘分度工作台结构。

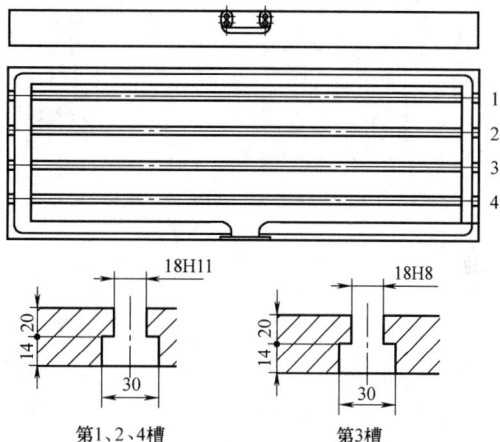

图 3-37 长方形工作台

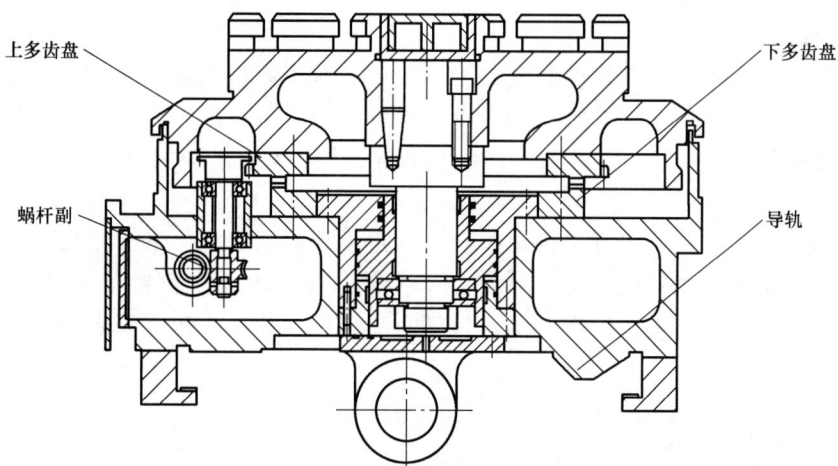

图 3-38 多齿盘分度工作台结构

分度工作台多采用多齿盘分度工作台，通常用 PLC 简易定位，驱动机构采用蜗杆副及齿轮副。多齿盘分度工作台具有分度精度高、精度保持性好、重复性好、刚性好、承载能力强、能自动定心、分度机构和驱动机构可以分离等优点。

多齿盘分度工作台可实现的最小分度角度 α 为

$$\alpha = 360°/z$$

式中　z——多齿盘齿数。

多齿盘分度工作台的缺点是：只能按 1° 的整数倍数分度；只能在不切削时分度。

（3）数控回转工作台　由于多齿盘分度工作台具有一定的局限性，为了实现任意角度分度，并在切削过程中实现回转，采用了数控回转工作台（简称数控转台），其结构如图 3-39 所示。

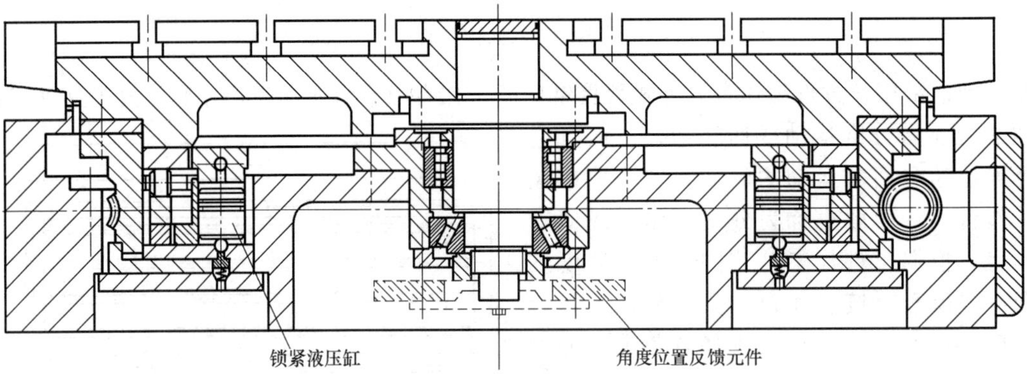

锁紧液压缸　　　　角度位置反馈元件

图 3-39　数控回转工作台结构

数控回转工作台的蜗杆传动常采用单头双导程蜗杆传动，或者采用平面齿轮、圆柱齿轮包络蜗杆传动，也可采用双蜗杆传动，双导程蜗杆左、右齿面的导程不等，因而通过蜗杆的轴向移动即可改变啮合间隙，实现无间隙传动。数控回转工作台具有刚性好、承载能力强、传动效率高、传动平稳、磨损小、任意角度分度、切削过程中连续回转等优点。其缺点是制作成本高。

2. 工件的定位

（1）六点定位原理　工件在空间有六个自由度，对于数控铣床，要完全确定工件的位置，必须遵循六点定位原理，需要布置六个支承点来限制工件的六个自由度，即沿 X、Y、Z 三个坐标轴方向的移动自由度和绕三个坐标轴的旋转自由度。应尽量避免不完全定位、欠定位和过定位。

（2）定位方式　定位方式有平面定位、外圆定位和内孔定位。平面定位用支承钉或支承板；外圆定位用 V 形块；内孔定位用定位销和圆柱心轴，或者用圆锥销和圆锥心轴。

（3）选择定位基准　零件的定位仍应遵循六点定位原理。合理选择定位基准，应考虑以下几点：

1）加工基准和设计基准统一。

2）尽量一次装夹后加工出全部待加工表面。

3）多次安装工件时，应采用同一基准，以减少安装误差。

同时，还应特别注意以下几点：

1）进行多工位加工时，定位基准的选择应考虑能完成尽可能多的加工内容，即便于各个表面都能被加工的定位方式。例如，对于箱体零件，尽可能采用一面两销的组合定位方式。

2）当零件的定位基准与设计基准难以重合时，应认真分析装配图样，明确该零件设计基准的设计功能，通过尺寸链的计算，严格规定定位基准与设计基准间的尺寸位置精度要求，确保加工精度。

3）编程原点与零件定位基准可以不重合，但两者之间必须要有确定的几何关系。编程原点的选择主要考虑便于编程和测量。

3. 装夹方法和夹具

（1）装夹方法 根据数控铣床、加工中心的结构，工件在装夹过程中，应注意以下几点：

1）工作台结构。工作台面有T形槽和螺纹孔两种结构形式。

2）超程保护。体积较大的工件装夹在工作台面上时，尽管加工区在加工行程范围内，但工件可能已超出工作台面，容易撞击床身造成事故。

3）坐标参考点。要注意协调工件安装位置与机床坐标系的关系，便于计算。

4）对刀点。选择工件的对刀点要方便操作，便于计算。

5）夹紧机构。不能影响走刀，注意夹紧力的作用点和作用方向。

（2）夹具 数控铣床尽量使用通用夹具，必要时设计专用夹具。选用和设计夹具应注意以下几点：

1）夹具结构力求简单，以缩短生产准备周期。

2）装卸迅速方便，以缩短辅助时间。

3）夹具应具备刚度和强度，尤其在切削用量较大时。

4）有条件时可采用气动、液压夹具，它们动作快、平稳，且工件受力均匀。

图3-40所示为用压板和螺栓装夹工件。图3-41所示为通用夹具。

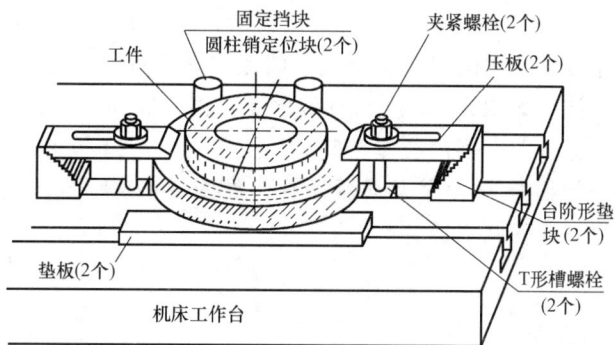

图3-40 用压板和螺栓装夹工件

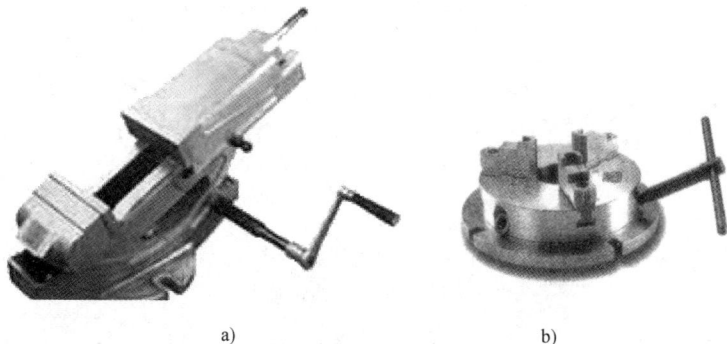

图3-41 通用夹具
a）机用平口钳 b）铣床卡盘

4．编程工艺

（1）工艺、工序和工步的含义　编程前要安排加工步骤，所以要了解工艺、工序和工步的概念。使原材料成为产品的过程称为工艺，整个工艺由若干工序组成。工序是指一个或一组工人在一个工作地点所连续完成的工件加工工艺过程。工序又可以分若干工步，对数控铣床加工来说，一个工步是指一次连续切削。

（2）工序的划分　一般在数控铣床上加工工件，应尽量在一次装夹中完成全部工序。工序划分的原则如下：

1）先面后孔的原则。在加工表面有孔的工件时，为了提高孔的加工精度，应先加工面，后加工孔，这一点与普通机床相同。

2）粗、精加工分开原则。对于加工精度要求较高的工件，应将粗、精加工分开进行，这样可以使粗加工引起的各种变形得到恢复。考虑到粗加工工件变形的恢复需要一段时间，粗加工后不要立即安排精加工。

3）按所用刀具划分工序的原则。数控铣床，尤其是不带刀库的数控铣床，加工模具时，为了减少换刀次数，可以按集中工序的方法，用一把刀加工完工件上要求相同的部位后，再用另一把刀加工其他部位。

5．刀轨的形成

数控加工是刀具相对工件做进给运动，而且要沿加工程序规定的轨迹做进给运动。加工程序规定的轨迹是由许多三维坐标点连线组成的，刀具是沿该连线做进给运动的，所以也把此坐标点的连线称为刀轨。

（1）刀轨插补形式　刀轨插补形式是指组成刀轨的每一段线段的线型，也就是说两个坐标点用怎样的线型连接。常用的线型有直线、圆弧和样条曲线。其中，用直线连接坐标点的插补形式称为直线插补，如图 3-42a 所示。坐标点越密，插补直线越短，与工件形状越逼近，加工精度越高。坐标点的密度用公差控制。

用圆弧连接坐标点的插补形式称为圆弧插补，如图 3-42b 所示。直线段刀轨用直线插补，圆弧段刀轨用大小一样的圆弧插补。

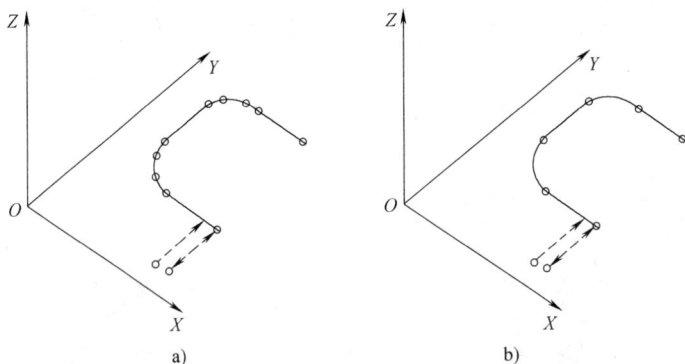

图 3-42　刀轨插补形式

a）直线插补　b）圆弧插补

（2）刀具长度补偿　数控铣床在加工过程中需要经常换刀，每种刀具长短不一，造成刀具刀位点位置相对于主轴不固定。为了编程方便，都统一以图 3-43a 所示的主轴端面中心为基准，编程时输入所有刀具的长度，数控系统就会自动在主轴端面中心基准上做 Z 轴方向的补偿，确定刀位点的位置，这称为刀具长度补偿。

有的刀具长度补偿是以一把标准刀具的刀位点作为基准点，通过比较使用刀具与标准刀具的长短做出长度补偿的。

（3）刀具半径补偿 图 3-43b 所示为刀具半径补偿。也就是说，用两种半径不一样的刀具对工件侧面进行铣削时，刀具刀位点不是沿着工件侧面轮廓进行铣削，而是沿着侧面轮廓偏置一个刀具半径的轨迹来进行铣削的。不管刀具半径大小如何，工件侧面轮廓是不变的。为了编程方便，铣削侧面轮廓的刀轨就由侧面轮廓和刀具偏置量决定，编程时只要输入刀具半径补偿的指令，数控系统就会自动以工件侧面轮廓为基准进行刀具半径补偿。

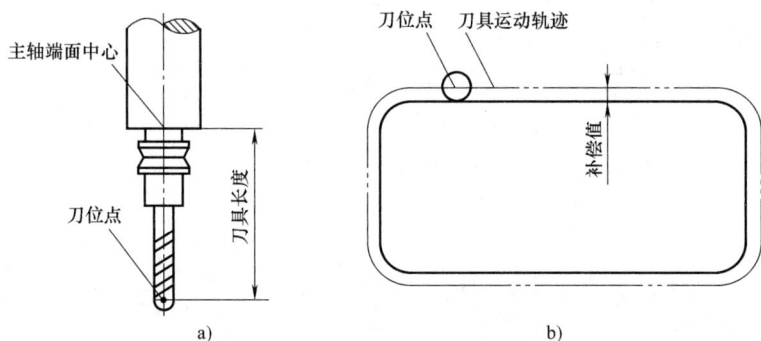

图 3-43 刀具补偿

a）刀具长度补偿 b）刀具半径补偿

（4）刀轨的构成

1）进刀刀轨。刀具沿非切削刀轨运动的速度要比切削进给速度快很多。为了防止刀具以非切削运动速度切入工件时发生撞击，在刀具切入工件前特意使刀具运动速度减慢，以慢速切入工件，然后再提高到切削进给速度，所以切入速度比进给速度还要慢。切入速度称为进刀速度，刀具以进刀速度跟踪的刀轨称为进刀刀轨。

2）逼近刀轨。非切削运动速度变成进刀速度的刀轨称为逼近刀轨。

3）第一切削刀轨。进刀速度变成切削进给速度的刀轨称为第一切削刀轨。

4）退刀刀轨。切削结束，要求刀具快速脱离工件，加速脱离工件的刀轨称为退刀刀轨。脱离最大速度称为退刀速度。

5）返回刀轨。从退刀速度变成非切削运动速度所经过的刀轨称为返回刀轨。

6）快速移动刀轨。逼近刀轨以前和返回刀轨以后的非切削运动刀轨称为快速移动刀轨。

7）横越刀轨。水平快速移动刀轨称为横越刀轨。

8）安全平面。安全平面是人为设置的平面，设置在刀具随意运动都不会与工件或夹具相撞的高度。

一条刀轨的各组成段和连接点用相应的名称命名后如图 3-44 所示。

9）安全距离。刀具进刀点离每层切削面边缘的垂直最小距离称为竖直安全距离，离工件最近边缘的水平距离称为水平安全距离。

6. 常用铣刀

图 3-45 所示为数控铣床/加工中心的刀具系统。数控铣床/加工中心对刀具的基本要求是：良好的切削性能，能承受高速切削和强力切削并且性能稳定；较高的精度，刀具的精度指刀具的形状精度和刀具与装夹装置的位置精度；配备完善的工具系统，满足多刀连续加工的要求。加工中心所使用刀具的刀头部分与数控铣床所使用的刀具基本相同，而所使用刀具的刀柄部分与一般数控铣床用刀柄部分不同。加工中心用刀柄带有夹持槽，供机械手夹持。

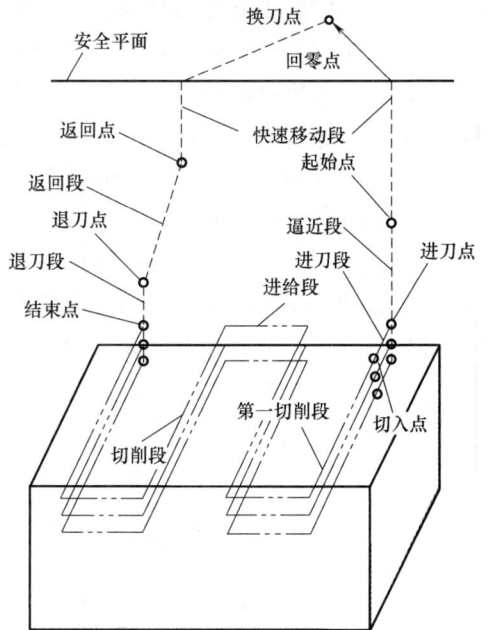

图 3-44　切削刀轨的构成

（1）铣刀类型　在数控铣床上加工时，应根据零件的材料、几何形状、表面质量要求、热处理状态、切削性能及加工余量等，选择刚性好、寿命长的刀具。常用的铣刀类型有以下几种：

1）面铣刀。面铣刀的端面和圆周面上都有切削刃，可以同时切削，也可以单独切削，圆周面上的切削刃为主切削刃。面铣刀直径大，切削齿一般以镶嵌形式固定在刀体上。切削齿材质为高速工具钢或硬质合金，刀体材料为 40Cr。面铣刀直径为 $\phi 80 \sim \phi 250 mm$，镶嵌齿数为 $10 \sim 26$。硬质合金切削齿能对硬皮和淬硬层进行切削，切削速度比高速钢铣刀快，加工效率高，而且加工质量好。

可转位面铣刀的直径已经标准化，采用公比 1.25 的标准直径（mm）系

图 3-45　数控铣床/加工中心的刀具系统

列：16、20、25、32、40、50、63、80、100、125、160、200、250、315、400、500、630。

2）立铣刀。立铣刀是零件加工中使用最多的一种刀具。立铣刀的端面和圆周面上都有切削刃，可以同时切削，也可以单独切削，圆周面切削刃为主切削刃。切削刃与刀体一体，主切削刃呈螺旋状，切削平稳，立铣刀直径为 $\phi 2 \sim \phi 80 mm$，一般粗加工的立铣刀齿数为 $z = 3 \sim 4$，细齿立铣刀齿数为 $z = 5 \sim 8$。直径大于 $\phi 40 \sim \phi 60 mm$ 的立铣刀可做成套式结构，$z = 10 \sim 20$。由于立铣刀中间部位没有切削刃，不能做轴向进给。

立铣刀包括普通铣刀、键槽铣刀和模具铣刀。

普通铣刀专用于成形零件表面的半精加工和精加工。普通铣刀又可分为圆锥形立铣刀、圆柱形球头铣刀和圆锥形球头铣刀，铣刀直径为 $\phi 4 \sim \phi 63 mm$。

键槽铣刀是只有两个切削刃的立铣刀，端面副切削刃延伸至刀轴中心，既像铣刀，又像钻头。键槽铣刀的直径等于键槽宽度，能轴向进给插入工件，再沿水平方向进给，一次加工

出键槽。直柄键槽铣刀直径为 $\phi2\sim\phi22mm$，锥柄键槽铣刀直径为 $\phi14\sim\phi50mm$。键槽铣刀直径的公差有 e8 和 d8 两种。

模具铣刀有圆锥形立铣刀、圆柱形球头立铣刀和圆锥形球头立铣刀三种。

3）鼓形铣刀。鼓形铣刀只有主切削刃，端面无切削刃，且切削刃呈圆弧鼓形，适合无底面的斜面加工。鼓形铣刀刃磨困难。加工时，通过控制刀具的上下位置，相应改变切削刃的切削部位，可以在工件上切出从负到正的不同斜角。鼓形铣刀的圆弧半径越小，所能加工的斜角范围越广，但所获得的表面质量也越差。

4）成形铣刀。成形铣刀是为特定形状加工而设计制造的铣刀，不是通用型铣刀。

（2）铣刀的选择　数控铣削加工中，根据零件材料和性质、零件轮廓曲线的要求、零件表面质量要求、机床的加工能力和切削用量等因素，对刀具进行选择。其中，零件的几何形状是选择刀具类型的主要依据。

1）铣小平面或台阶面时一般采用通用铣刀。

2）铣较大平面时，为了提高生产率和降低加工表面粗糙度值，一般采用刀片镶嵌式盘形铣刀。

3）铣键槽时，为了保证槽的尺寸精度，一般采用两刃键槽铣刀。

4）加工曲面类零件时，为了保证刀具切削刃与加工轮廓在切削点相切，避免切削刃与工件轮廓发生干涉，一般采用球头铣刀，粗加工用两刃铣刀，半精加工和精加工用四刃铣刀。

5）孔加工时，可采用钻头、镗刀等孔加工类刀具。

7. 铣削要素

图 3-46 所示为周铣和端铣的铣削用量。

（1）铣削速度 v_c　铣刀的圆周线速度称为铣削速度，精确的铣削速度要从铣削工艺手册上获取，大致可按表 3-1 选取。

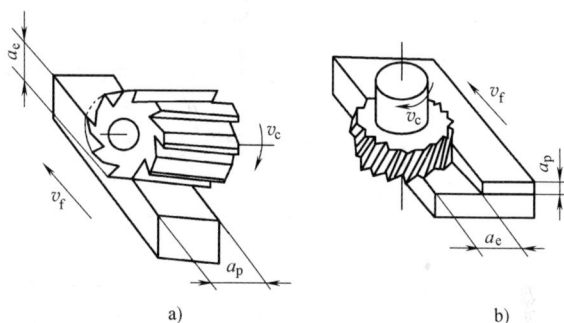

图 3-46　铣削用量
a）周铣　b）端铣

表 3-1　铣削加工的切削速度参考值

工件材料	硬度（HBW）	v_c/（m/min）	
		高速钢铣刀	硬质合金铣刀
钢	<225	18~42	66~150
	225~325	12~36	54~120
	325~425	6~21	36~75
铸铁	<190	21~36	66~150
	190~260	9~18	45~90
	260~320	4.5~10	21~30

（2）进给速度 v_f　进给速度是单位时间内刀具沿进给方向移动的距离。进给速度与铣刀转速、铣刀齿数和每齿进给量的关系式为

$$v_f = nzf_z$$

式中　n——铣刀转速（r/min）；

  z——铣刀齿数；

  f_z——每齿进给量（mm/z）。

  每齿进给量由工件材质、刀具材质和表面粗糙度等因素决定。精确的每齿进给量要从铣削工艺手册中获取，大致可以按表3-2所列经验值选取。工件材料硬度高和表面粗糙度值低，f_z数值小。硬质合金刀具的f_z取值比高速钢刀具的大。

表3-2 数控铣削进给量选择参考表

加工性质	粗加工		精加工	
刀具材料	高速工具钢	硬质合金	高速工具钢	硬质合金
f_z/(mm/z)	0.10 ~ 0.15	0.10 ~ 0.25	0.02 ~ 0.05	0.10 ~ 0.15

注：工件材料为钢。

  （3）铣削方式 铣刀的端面和侧面都有切削刃，刀具的旋转方向与刀具相对工件的进给方向不同，切削效果不同。铣削分为顺铣和逆铣两种方式。

  1）顺铣。如图3-47a所示，顺铣切削力指向工件，工件受压。顺铣刀具磨损小，刀具使用寿命长，切削质量好，适合精加工、表面无硬皮的工件。

  2）逆铣。如图3-47b所示，逆铣切削力指向刀具，工件受拉。逆铣刀具磨损大，但切削效率高，适合粗加工、表面有硬皮的工件。

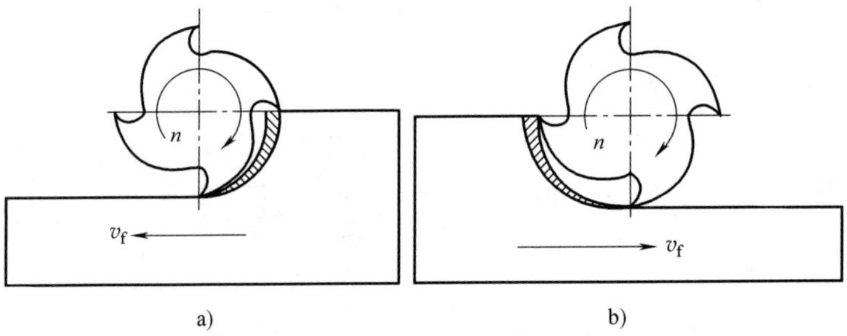

图3-47 铣削方式
a）顺铣 b）逆铣

  （4）吃刀量 吃刀量分为背吃刀量和侧吃刀量。

  1）背吃刀量。刀具插入工件沿轴向切削掉的金属层深度称为背吃刀量。一般工件都是多层切削，每切完一层刀具沿轴向进给一层，进给深度称为每层背吃刀量，如图3-48所示。半精加工和精加工是单层切削。

  2）侧吃刀量。在同一层，刀具走完一条或一圈刀轨，再向未切削区域侧移一恒定距离，这一恒定侧移距离就是侧吃刀量，也称为步距，如图3-48所示。

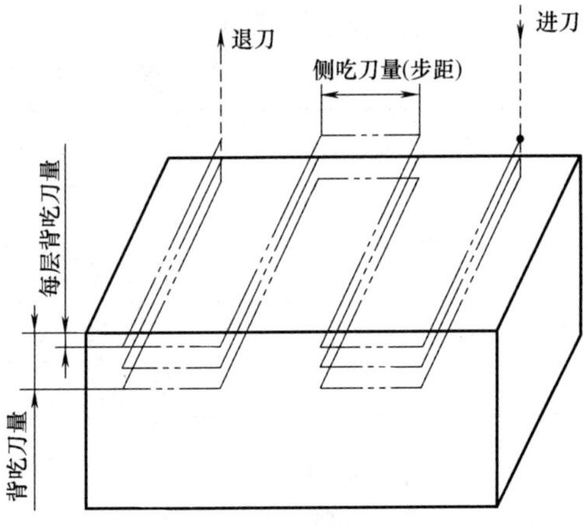

  一般可以根据加工余量设置粗加工、半精加工和精加工的背吃刀量。

  1）粗加工。粗加工是大体积切除材料，工件表面质量要求低，工件的表面粗糙度值 Ra

图3-48 吃刀量

要达到 $3.2 \sim 12.5 \mu m$，可取背吃刀量为 $3 \sim 6mm$，侧吃刀量为 $2.5 \sim 5mm$，给半精加工留 $1 \sim 2mm$ 的加工余量。如果粗加工后直接精加工，则留 $0.5 \sim 1mm$ 的加工余量。

2）半精加工。半精加工在粗加工后，尤其是工件经过热处理后，目的是给精加工留均匀的加工余量，工件的表面粗糙度值 Ra 要达到 $3.2 \sim 12.5 \mu m$，背吃刀量和侧吃刀量可取 $1.5 \sim 2mm$，留 $0.3 \sim 1mm$ 的加工余量。

3）精加工。精加工是最后达到尺寸精度和表面粗糙度的加工。工件的表面粗糙度值 Ra 要达到 $0.8 \sim 3.2 \mu m$，可取背吃刀量为 $0.5 \sim 1mm$，侧吃刀量为 $0.3 \sim 0.5mm$。

8. 切削方式

图 3-49 所示为立铣刀的切削形式。

采用数控铣削加工大平面时，如图 3-50 所示，切入时应有一定的提前量，一般铣刀在工件之外即可，一行切削终了换行时，可以直线或圆弧方式移动换行往返切削，但需超出工件。一般粗铣时，铣刀边缘只要超出铣削平面边缘即可，如图 3-50a 所示；精铣时，铣刀应完全离开工件表面，如图 3-50b 所示，同时保证切削间距（步距）小于工件的直径。在完成切削时，整个铣刀应离开工件后方可退刀。如果铣刀直径大于工件表面宽度，则采用图 3-51 所示铣削方式，即一刀式粗、精铣削，完成加工。

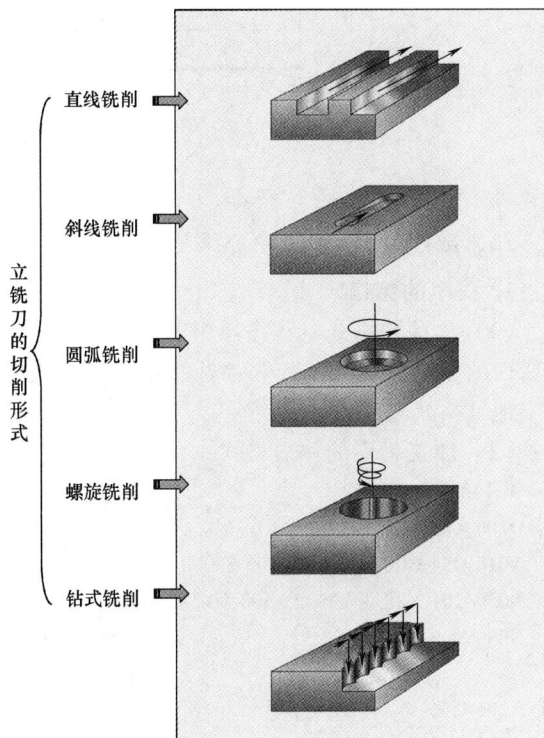

图 3-49　立铣刀的切削形式

（直线铣削／斜线铣削／圆弧铣削／螺旋铣削／钻式铣削　立铣刀的切削形式）

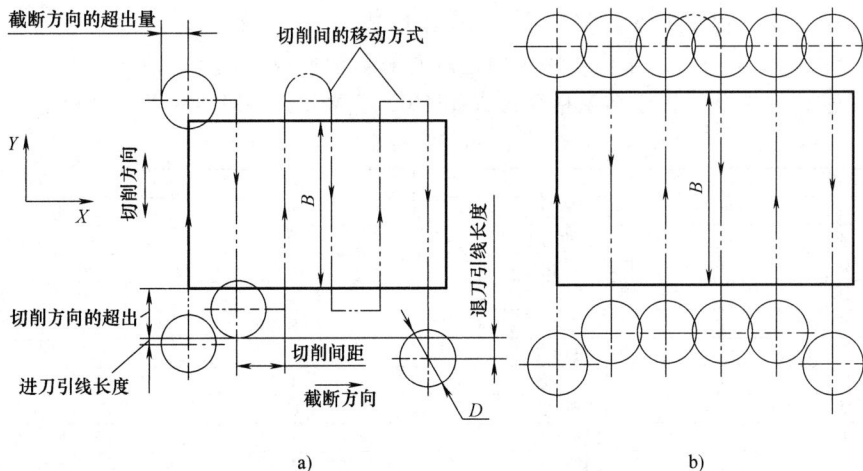

a)

b)

图 3-50　大平面铣削

a）粗铣　b）精铣

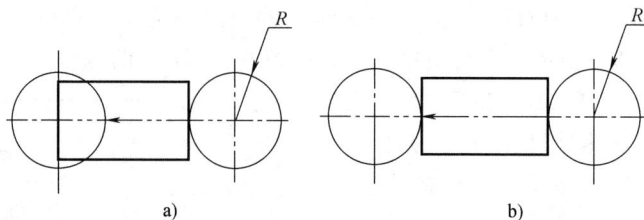

图 3-51　一刀式粗、精铣

a）粗铣　b）精铣

二、数控铣床/加工中心编程

1. 程序的结构

（1）程序段格式　程序段由若干个程序字组成，程序字通常由英文字母表示的地址符和后面的数字和符号组成。常见的程序段格式有固定顺序式、带分隔符 TAB 的固定顺序式和字地址格式三种。

（2）加工程序的一般格式

%开始符

O1000;程序名

N010 G54 G00 X50 Y30 M03 S3000;

N020 G01 X88.1 Y30.2 F500 T02 M08;

N030 X90;　　　　　　　　　⎱N010~N290 程序主体

……

N290 M05;

N300 M30;程序结束

%　结束符

1）开始符和结束符。FANUC 系列数控系统中，一般用"%"作为开始符和结束符，不同系统符号不一样，编程时一般不需输入。

2）程序名。FANUC 系列数控系统中，程序名一般用字母 O 开头，后跟 0001~9999 数字，一般要求单列一段。

3）程序主体。程序主体是由若干个程序段组成的，每个程序段一般占一行。一个程序段由若干个代码字组成，每个代码字则由地址符和数值构成。表 3-3 列出一些字符含义。

4）程序结束指令。程序结束指令可以用 M02 或 M30，一般要求单列一段。

表 3-3　字符含义

字符	含义	字符	含义
A	关于 X 轴的角度尺寸	N	顺序号
B	关于 Y 轴的角度尺寸	O	程序号
C	关于 Z 轴的角度尺寸	P	固定循环参数
D	第二刀具功能	Q	固定循环参数
E	第二进给功能	R	固定循环参数
F	第一进给功能	S	主轴速度功能
G	准备功能	T	刀具功能
H	刀具偏置号	U	平行于 X 轴的第二尺寸
I	X 轴分量	V	平行于 Y 轴的第二尺寸
J	Y 轴分量	W	平行于 Z 轴的第二尺寸
K	Z 轴分量	X	基本 X 尺寸
L	不指定	Y	基本 Y 尺寸
M	辅助功能	Z	基本 Z 尺寸

2.加工中心编程的特点

在编写加工中心加工程序前，首先要注意换刀程序的应用。不同的加工中心，其换刀过程是不完全一样的，通常选刀和换刀可分开进行。换刀完毕起动主轴后，方可进行下面程序段的加工内容。选刀动作可与机床的加工重合起来，即利用切削时间进行选刀。多数加工中心都规定了固定的换刀点位置，各运动部件只有移动到这个位置，才能开始换刀动作。

XH714 型加工中心装备有盘形刀库，通过主轴与刀库的相互运动，实现换刀。换刀过程用一个子程序描述，习惯上取程序名为 O9000。

换刀子程序如下：

O9000；

N010 G90；选择绝对方式

N020 G53 Z-124.8；主轴 Z 向移动到换刀点位置(即与刀库在 Z 方向上相对应)

N030 M06；刀库旋转至其上空刀位对准主轴，主轴准停

N040 M28；刀库前移，使空刀位上的刀夹夹住主轴上的刀柄

N050 M11；主轴放松刀柄

N060 G53 Z-9.3；主轴 Z 向向上，回设定的安全位置(主轴与刀柄分离)

N070 M32；刀库旋转，选择将要换上的刀具

N080 G53 Z-124.8；主轴 Z 向向下至换刀点位置(刀柄插入主轴孔)

N090 M10；主轴夹紧刀柄

N100 M29；刀库向后退回

N110 M99；换刀子程序结束，返回主程序

需要注意的是，为了使换刀子程序不被随意更改，保证换刀安全，设备管理人员可将该程序隐藏。当加工程序中需要换刀时，调用 O9000 子程序即可。调用程序段如下：

N __ T __ M98 P9000；

其中，N 后为程序顺序号；T 后为刀具号，一般取两位；M98 为调用换刀子程序指令；P9000 为所调用的换刀子程序。

加工中心的编程方法与数控铣床的编程方法基本相同，加工坐标系的设置方法也一样。因此，下面将主要介绍加工中心的固定循环功能、对刀方法等内容。

三、平面铣削常用的编程指令

下面主要介绍 FANUC 系统的数控铣床/加工中心的编程指令。

1.F、S、T 功能

（1）F 功能——进给功能

编程格式：F __；

F 功能用于指定刀具的进给速度，该速度的上限值由系统参数设定。若程序中编写的进给速度超出限制范围，实际进给速度即为上限值。F 功能指定的进给速度，单位为 mm/min 或 mm/r，范围是 1~15000mm/min。

使用机床操作面板上的开关，可以对快速移动速度或切削进给速度使用倍率。为防止机械振动，在刀具移动开始和结束时，自动实施加/减速。

（2）S功能——主轴功能

编程格式：S＿＿；

S功能用于设定主轴转速，其单位为 r/min，范围是 0～20000r/min。S 后面可以直接指定四位数的主轴转速，也可以指定两位数表示主轴转速的千位和百位。

（3）T功能——刀具功能

编程格式：T＿＿；

当机床进行加工时，必须选择适当的刀具。给每个刀具赋予一个编号，在程序中指定不同的编号时，就选择相应的刀具。T功能用于选择刀具号，范围是 T00～T99。

2.M功能和B功能——辅助功能

辅助功能由地址字M和其后的一或两位数字组成，用于主轴的起动、停止，切削液的开、关等。具体功能见表 3-4。

表 3-4　M 代码及其功能

M 代码	功能	说明	M 代码	功能	说明
M00	程序暂停	后指令码	M07/M08	切削液开	前指令码
M01	计划停		M09	切削液关	后指令码
M02	程序结束	后指令码	M13	主轴正转、切削液开	前指令码
M30	程序结束并返回		M14	主轴反转、切削液关	
M03	主轴正转	前指令码	M17	主轴停、切削液关	后指令码
M04	主轴反转				
M05	主轴停	后指令码	M98	调用子程序	后指令码
			M99	子程序结束	
M06	换刀	后指令码			

【特别注意】

1）当机床移动指令和M指令编写在同一程序段时，按下面两种情况执行：同时执行移动指令和M指令，该类M指令称为前指令码，如M03、M04等；直到移动指令执行完成后再执行M指令，该类M指令称为后指令码，如M09等。

2）一般情况一个程序段仅能指定一个M代码，有两个以上M代码时，最后一个M代码有效。

3）第二种是第二辅助功能B代码，用于指定分度工作台分度。当B代码地址后面指定一数值时，输出代码信号和选通信号，此代码一直保持到下一个B代码被指定为止。每一个程序段只能包括一个B代码。

3.G功能——准备功能

准备功能用于指令机床各坐标轴运动。表 3-5 列出了 G 代码及其功能。

【特别注意】

1）表 3-5 中，加"＊"的G代码为电源接通时的初始状态。

2）如果同组的G代码被编入同一程序段中，则最后一个G代码有效。

3）在固定循环中，如果遇到01组代码时，固定循环被撤销。

（1）G92——设置工件坐标系

编程格式：G92 X＿＿ Y＿＿ Z＿＿；

式中　X、Y、Z——当前刀位点在工件坐标系中的坐标，该点通常被称为对刀点。

表 3-5　G 代码及功能

G 代码	功能	组别	G 代码	功能	组别
*G00	快速定位（移动）	01	G51.1	镜像功能	11
*G01	直线插补（切削进给）		G52	局部坐标系设定	00
G02	顺时针方向圆弧（螺旋）插补（CW）		G53	机械坐标系选择	
G03	逆时针方向圆弧（螺旋）插补（CCW）		*G54、G56~G59	选择工件坐标系 1~6	14
G04	暂停	00	G65	宏指令调用	00
G10	可编程数据输入		G66	模态宏程序调用	12
G11	可编程数据输入方式取消		*G67	模态宏程序调用取消	
*G15	极坐标指令取消	17	G68	坐标旋转指令	
G16	极坐标指令		*G69	坐标旋转取消	
*G17	X_pY_p平面　X_p：X 轴或者其平行轴	02	G73	高速深孔钻削循环	
G18	X_pZ_p平面　Y_p：Y 轴或者其平行轴		G74	左旋刚性攻螺纹循环	
G19	Y_pZ_p平面　Z_p：Z 轴或者其平行轴		G76	精镗循环	
G20	英制输入	06	*G80	固定循环取消	16
G21	米制输入		*G81	钻孔循环、点镗孔循环	
G27	返回参考点检测	00	G82	钻孔循环、镗阶梯孔循环	
G28	返回参考点		G83	深孔钻削循环	
G29	从参考点返回		G84	刚性攻螺纹循环	
G30	返回第 2、第 3、第 4 参考点		G85/G86	镗孔循环	
G31	跳步功能		G87	反镗孔循环	
G39	刀具半径补偿拐角圆弧插补		G88/G89	镗孔循环	
*G40	刀具半径补偿取消	07	*G90	绝对坐标编程	03
G41	刀具半径左补偿		*G91	增量坐标编程	
G42	刀具半径右补偿		G92	工件坐标系设定	00
G43	刀具长度正补偿	08	*G94	设置每分钟进给率	05
G44	刀具长度负补偿		G95	设置每转进给率	
*G49	刀具长度补偿取消		G96	恒定线速度控制	14
*G50	比例缩放取消		*G97	恒定线速度控制取消	
G51	比例缩放	11	*G98	返回固定循环初始平面	10
*G50.1	镜像功能取消		G99	返回固定循环 R 点平面	

G92 指令用于建立工件坐标系，坐标系的原点由指定当前刀具位置的坐标值确定。如图 3-52 中，刀具起始点为（50，50，10），则用 G92 指令设定工件坐标系程序为"G92 X50 Y50 Z10"，表示确定工件坐标系的原点为 O，而（50，50，10）为程序的起点。通过上述编程可以保证刀尖或刀柄上某一标准点与程序起点相符。

如果在刀具长度补偿期间用 G92 指令设定工件坐标系，则 G92 指令用无偏置的坐标值进行设定，刀具半径补偿被 G92 指令临时取消。

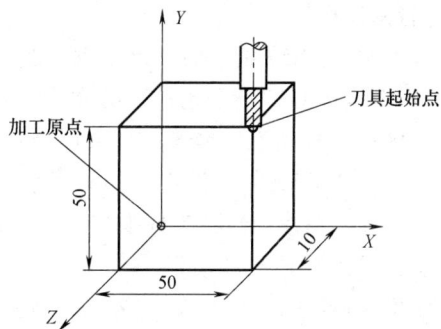

图 3-52　用 G92 指令设置工件坐标系（刀尖是程序的起点）

【特别注意】

1）一旦执行 G92 指令建立工件坐标系，后续的绝对值指令坐标位置都是此工件坐标系中的坐标值。

2）G92 指令必须跟坐标地址字，因此须单独用一个程序段指定。

3）执行此指令并不会产生机械位移，只是使系统内部用新的坐标值取代旧的坐标值，从而建立新的工件坐标系。

4）G92 指令为非模态指令。

（2）G54～G59——选择工件坐标系

编程格式：G54/G55/G56/G57/G58/G59；

如图 3-53 所示，使用 CRT 显示器或 MDI 面板可以预先寄存设置六个工件坐标系，用 G54～G59 指令分别调用。

【特别注意】

1）G54～G59 是系统预置的六个坐标系，可根据需要选用。

2）G54～G59 建立的工件坐标系原点是相对于机床原点而言的，在程序运行前已设定好，在程序运行中是无法重置的。

3）G54～G59 预置建立的工件坐标系原点在机床坐标系中的坐标值可用 MDI 方式输入，系统自动记忆。

4）使用该组指令前，必须先回参考点。

5）G54～G59 为模态指令，可相互注销。

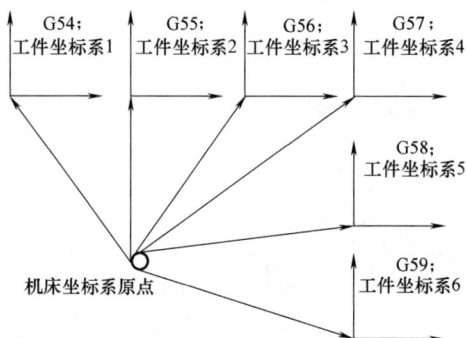

图 3-53　工件坐标系

（3）G53——选择机床坐标系

编程格式：G53 X ＿ Y ＿ Z ＿；

当指定机床坐标系上的位置时，刀具快速移动到该位置。G53 是非模态 G 代码，即仅在指定机床坐标系的程序段有效。对 G53 指令应指定绝对值（G90）。当指定增量值（G91）时，G53 指令被忽略。

【特别注意】

1）当执行 G53 指令时，就清除了刀具半径补偿、刀具长度补偿和刀具偏置。

2）在执行 G53 指令之前，必须设置机床坐标系，因此通电后必须进行手动返回参考点或用 G28 指令自动返回参考点。采用绝对位置编码器时，就不需要该操作。

（4）G52/G520——设定局部坐标系

为了方便编程，当在工件坐标系中编制程序时，可以设定工件坐标系的子坐标系，称为局部坐标系，如图 3-54 所示。

编程格式：G52 X ＿ Y ＿ Z ＿；设置局部坐标系

　　　　　　G520；取消局部坐标系

编程 "G52 X ＿ Y ＿ Z ＿；" 可以在工件坐标系 G54～G59 中设定局部坐标系。局部坐标系的原点设定在工件坐标系中以 "X ＿ Y ＿ Z ＿；" 指定的位置。

【特别注意】

当局部坐标系设定时，后面程序的坐标值则是局部坐标系中绝对值方式的坐标值。

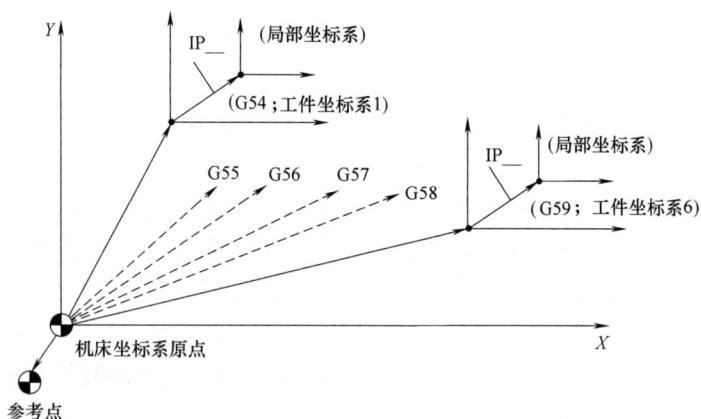

图 3-54 局部坐标系

（5）G17/G18/G19 —— 选择坐标平面

编程格式：G17/G18/G19；

G17、G18、G19 分别表示刀具的圆弧插补平面和刀具半径补偿平面为空间坐标系中的 *XY*、*ZX*、*YZ* 平面，如图 3-55 所示。对于立式数控铣床，G17 为默认值，可以省略。

【特别注意】

1）当在 G17、G18 或 G19 程序段中省略轴地址时，认为是基本三轴地址被省略。

2）在不指定 G17、G18、G19 的程序段中，平面维持不变。

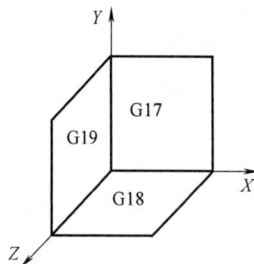

图 3-55 选择坐标平面

3）移动指令与平面选择无关。

（6）G20/G21/G22——选择尺寸单位

编程格式：G20；英制

G21；米制

G22；脉冲当量

这三个 G 代码必须在程序的开头坐标系设定之前用单独的程序段指令或通过系统参数设定。程序运行中途不能切换。

（7）G90/G91——绝对坐标编程/相对坐标编程

编程格式：G90/G91；

G90 为绝对坐标编程指令，表示每个轴上的编程坐标是相对于程序原点的。G91 为相对坐标编程指令，表示每个轴上的编程坐标是相对于前一位置而言的，该值等于沿轴向移动的距离。G90、G91 为模态指令，G90 为默认值。

（8）G94/G95——设定进给速度单位

编程格式：G94 F __；每分钟进给，其单位为 mm/min，范围是 1～15000mm/min（米制），0.01～600.00in/min（英制）

G95 F __；每转进给，其单位为 mm/r

G94、G95 为模态指令，可相互注销，G94 为默认值。

（9）G00——快速定位

编程格式：G00 X __ Y __ Z __；

式中　X、Y、Z——快速定位终点坐标，其轨迹一般以细虚线表示。

【特别注意】

1）G00 指令刀具相对于工件从当前位置快速移动到程序段所指定的下一个定位点。

2）G00 指令中的快移进给速度由机床参数对各轴分别设定，不能用程序规定，而是由机床制造厂单独设定。由于各轴以各自的规定速度移动，不能保证同时到达终点，因而联动直线轴的合成轨迹并不总是直线。例如在 FANUC 系统中，运动总是先沿 45°角的直线移动，最后再沿某一轴单向移动至目标点位置，编程人员应了解所使用的数控系统的刀具移动轨迹情况，以避免加工中可能出现的碰撞。

如图 3-56a 所示，刀尖在点 O，编程如下：

G90 G00 X300 Y150；

执行该程序段后，刀具轨迹如图 3-56a 所示（O→A→B）。

3）快移进给速度可由面板上的快速修调旋钮修正。G00 一般用于加工前快速定位或加工后快速退刀。G00 为模态指令，可由 G01、G02、G03 等指令注销。

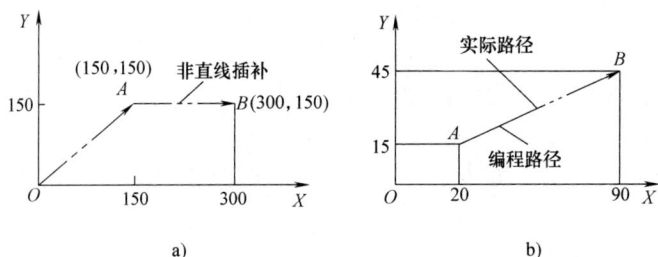

图 3-56　快速定位指令 G00 和直线插补指令 G01

（10）G01——直线插补（切削、进给）

格式：G01 X __ Y __ Z __ F __；

式中　X、Y、Z——终点坐标，可以绝对坐标编程，也可以相对坐标编程，其轨迹一般以细实线表示。

如图 3-56b 所示，由点 A 到点 B，编程如下：

绝对坐标编程：G90 G01 X90 Y45 F100；

相对坐标编程：G91 G01 X70 Y30 F100；

执行该程序段后，刀具轨迹如图 3-56b 所示，编程路径和实际路径一致。

任务实施

一、工艺过程

1）粗铣、半精铣、精铣平面 1。

2）粗铣、半精铣、精铣平面 2。

3）粗铣、半精铣、精铣平面 4。

4）粗铣、半精铣、精铣平面 3。

5）粗铣、半精铣、精铣平面 5。

6）粗铣、半精铣、精铣平面 6。

二、切削用量

切削用量选择见表 3-6。

表 3-6 切削用量选择

刀具类型	铣削类型	刀齿数	主轴转速 n /(r/min)	背吃刀量 a_p /mm	进给速度 v_f /(mm/min)
面铣刀	粗铣	4	<500	6.5	<160
面铣刀	半精铣	4	<500	5.5	<160
面铣刀	精铣	4	<500	0.5	<160

三、安装工件

1. 面 1 加工

如图 3-57 所示，首先选用机用平口钳安装棒料，并放置垫块以调整高度，加工面 1。

2. 面 2、3、4、5、6 加工

如图 3-58 所示加工面 2、3，以同样的安装方法，加工面 4、5、6。

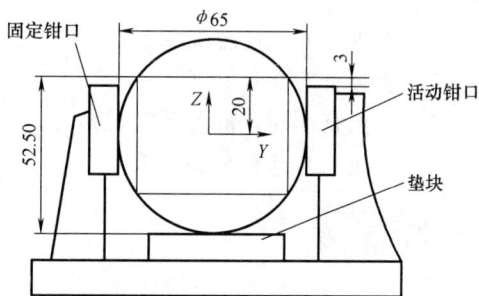

四、程序清单

因该零件的加工都是单一的平面加工，主要编程指令用 G01 即可完成，故程序省略，留给学生课后完成。

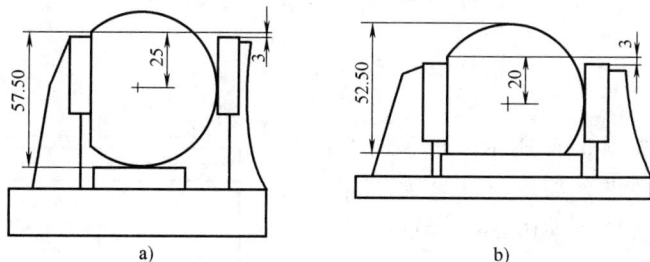

图 3-57 六面体零件安装加工面 1

图 3-58 六面体零件安装加工面 2、3
a）面 2 b）面 3

技能实训

台阶零件如图 3-59 所示，按单件生产安排其数控加工工艺，编写出加工程序。毛坯为 33mm×20mm×20mm 的长方体，材料为 45 钢。

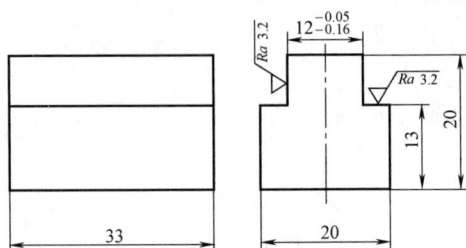

图 3-59　台阶零件

任务三　铣削加工轮廓类零件

任务导入——加工轮廓凸台

任务描述

轮廓凸台零件如图 3-60 所示，按单件生产安排其数控加工工艺，编写出外轮廓凸台加工程序。毛坯为 120mm×100mm×10mm 的长方体，材料为 45#钢。

图 3-60　轮廓凸台

知识链接

一、分析轮廓铣削加工工艺

1. 确定轮廓铣削的走刀路线

当铣削平面零件的轮廓时，一般采用立铣刀侧刃铣削。

（1）确定平面零件外轮廓的进给路线　用立铣刀的侧刃铣削工件的外轮廓时，为减少接刀痕迹，保证零件表面质量，刀具切入工件时应避免沿工件轮廓的法向切入，而应沿外轮廓曲线延长线的切向切入，以免在切入处产生刀具的切痕而影响表面质量，保证零件外轮廓曲线平滑过渡。同理，在切出工件时，也应避免在工件的轮廓处直接退刀，而应沿工件轮廓延长线的切向逐渐切离，如图 3-61a 所示。

（2）确定铣削内轮廓的进给路线　如图 3-61b 所示，铣削封闭的内轮廓表面时，同铣削外轮廓一样，刀具同样不能沿轮廓曲线的法向切入和切出。此时刀具可沿一个过渡圆弧切入和切出内轮廓，图中 R_3 为零件圆弧轮廓半径，R_2 为过渡圆弧半径。

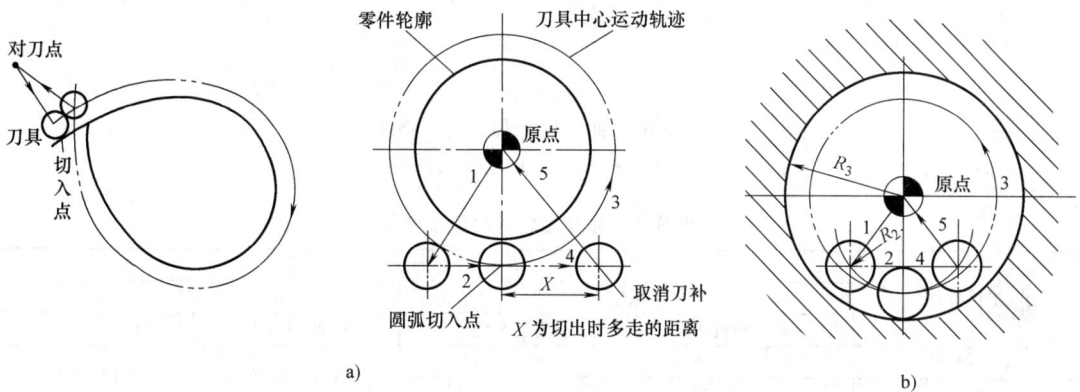

图 3-61　轮廓进给路线
a）铣削外轮廓时的进给路线　b）铣削内轮廓时的进给路线

（3）确定铣削封闭内腔的进给路线　如图 3-62 所示，用立铣刀铣削内腔时，切入和切出无法外延，这时铣刀只有沿工件轮廓的法线方向切入和切出，并将切入点和切出点选择在工件轮廓两几何元素的交点处。但进给路线不一致，加工结果也将各异。

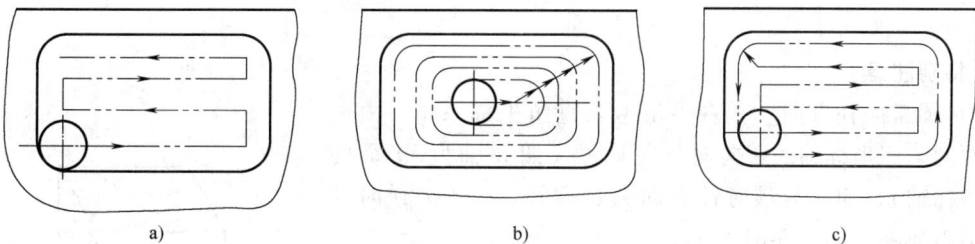

图 3-62　凹槽铣削加工进给路线
a）行切法　b）环切法　c）先行切后环切法

（4）确定曲面铣削的进给路线　铣削曲面时，常用球头铣刀进行加工。如图 3-63 所示，用球头铣刀加工边界敞开的直纹曲面时常用平面直纹和垂直直纹两种进给路线。

2. 轮廓铣削的切削参数

（1）铣刀每齿进给量　铣刀每齿进给量参考值见表 3-7。

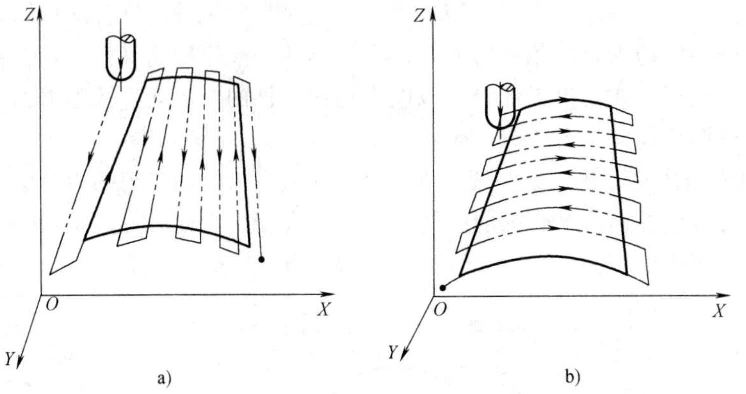

图 3-63　曲面铣削加工进给路线

a）平面直纹进给路线　b）垂直直纹进给路线

表 3-7　铣刀每齿进给量参考值

工件材料	f_z/mm			
	粗铣		精铣	
	高速钢铣刀	硬质合金铣刀	高速钢铣刀	硬质合金铣刀
钢	0.10~0.15	0.02~0.05	0.02~0.05	0.10~0.15
铸铁	0.12~0.20	0.15~0.30		

（2）切削速度 v_c　铣削加工的切削速度 v_c 可参考表 3-1 选取，也可参考有关切削用量手册中的经验公式，通过计算选取。

二、轮廓铣削常用的编程指令

1. G02/G03——顺时针圆弧插补/逆时针圆弧插补

半径编程格式：G17/G18/G19 G02/G03 X ＿ Y ＿/X ＿ Z ＿/Y ＿ Z ＿ R ＿ F ＿;

圆心坐标编程格式：G17/G18/G19 G02/G03 X ＿ Y ＿/X ＿ Z ＿/Y ＿ Z ＿ I ＿ J ＿/I ＿ K ＿/J ＿ K ＿ F ＿;

【特别注意】

1）圆弧插补方向。在右手笛卡儿直角坐标系中，由所在平面的第三坐标轴的正向向负向看时（如 Z 轴为 XY 面的第三坐标轴），G02 为顺时针方向圆弧插补、G03 为逆时针方向圆弧插补，如图 3-64 所示。

2）半径编程格式中，X、Y、Z 指定圆弧终点坐标，R 指定圆弧半径。

3）圆心坐标编程格式中，I、J、K 指定圆心相对于圆弧起点的偏移值（等于圆心的坐标减去圆弧起点的坐标），在 G90/G91 时都是以增量方式指定的。I、J、K 的选择如图 3-65 所示。

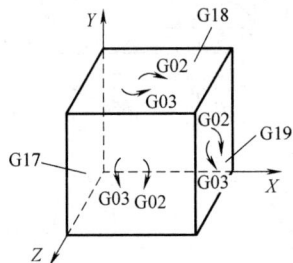

图 3-64　圆弧插补方向

整圆加工时，必须用圆心坐标编程，起点为 A，如图 3-66 所示，编程如下：

G90 G02/G03 X30 Y0 I−30 J0 F100;或

G91 G02/G03 X0 Y0 I-30 J0 F100;

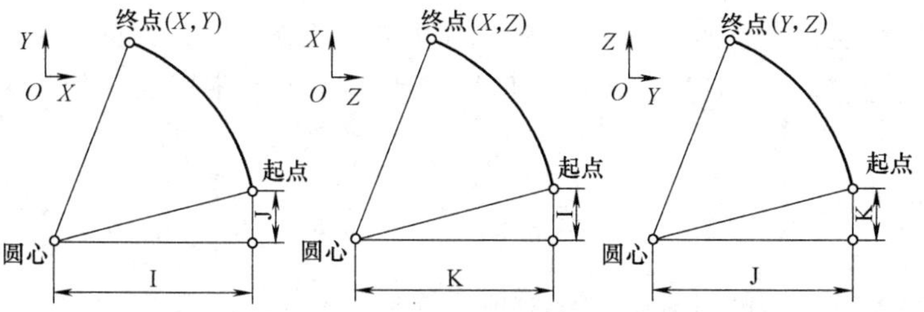

图 3-65 I、J、K 的选择

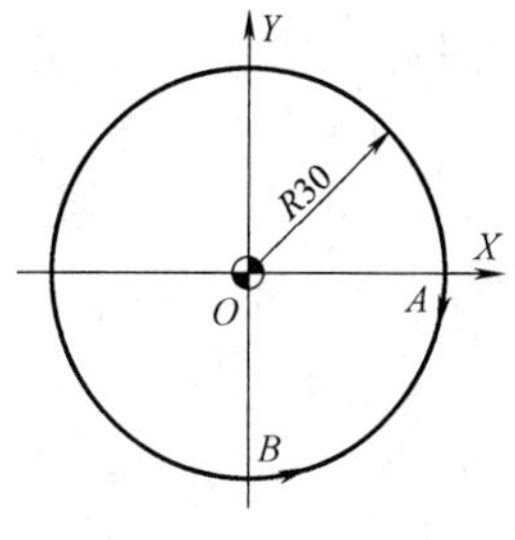

图 3-66 整圆编程

4）圆弧半径指定地址 R。采用半径方式编程时用 R 指定圆弧半径，可以替代 I、J 和 K。当圆弧圆心角大于 180°时，R 后为负值，等于 180°时可正、可负（一般为正值），小于 180°时 R 后为正值。如果 X、Y 和 Z 省略，即终点和起点位于相同位置，并且指定 R 时，加工出的圆弧圆心角为 0°。

5）如果同时指定地址 I、J、K 和 R 时，用地址 R 指定的圆弧优先，其他都被忽略。

6）数控铣床加工通常不需要编入坐标平面选择指令，如立式铣床通常默认为 G17，但对加工中心编程时需编入。

2. 参考点相关指令

如图 3-67 所示，刀具经过中间点 B 沿着指定轴自动地移动到参考点 R，或者刀具从参考点 R 经过中间点 B 沿着指定轴自动地移动到目标点 C。当返回参考点完成时，表示返回完成的指示灯亮。

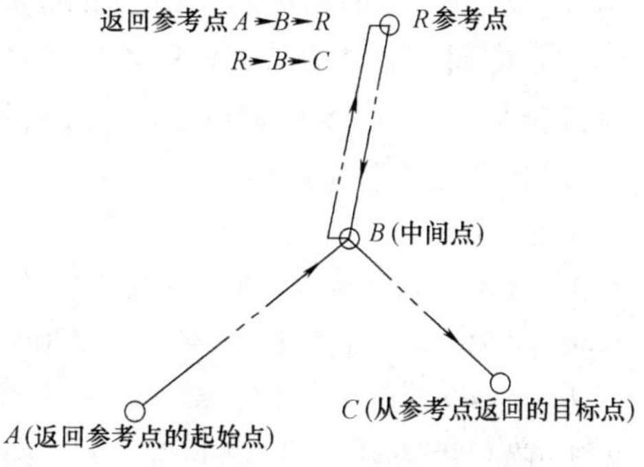

图 3-67 返回参考点和从参考点返回

（1）G27——返回参考点检测

编程格式：G27 X __ Y __；

式中 X、Y——指定的参考点（绝对值或增量值）。

执行 G27 指令，刀具以快速移动速度定位返回参考点，检查刀具是否已经正确返回到程序指定的参考点，如果刀具已经正确返回，该轴指示灯亮。使用 G27 返回参考点检测指令之后，将立即执行下一个程序段。如果不希望立即执行下一个程序段（如换刀时），可插入 M00 或 M01。由于返回参考点检查不是每个循环都需要的，故可以作为任选程序段。在返回参考点检测之前，需取消刀具补偿。

（2）G28/G30——返回参考点

编程格式：G28 X __ Y __ Z __；返回参考点

G30 P2 X __ Y __ Z __；返回第 2 参考点

G30 P3 X __ Y __ Z __；返回第 3 参考点

G30 P4 X __ Y __ Z __；返回第 4 参考点

式中 X、Y、Z——指定中间点位置（绝对值或增量值）。

G28 指令常用于自动换刀。执行 G28 指令，各轴以快速移动速度定位到中间点或参考点。因此，为了安全，在执行该指令之前，应该清除刀具半径补偿和刀具长度补偿。在没有绝对位置检测器的系统中，只有执行自动返回参考点或手动返回参考点之后，方可使用返回第 2、第 3、第 4 参考点功能。通常，当刀具自动交换位置与第 1 参考点不同时，使用 G30 指令。

（3）G29——从参考点返回

编程格式：G29 X __ Y __ Z __;

式中　X、Y、Z——指定从参考点返回的目标点（绝对值或增量值）。

一般情况下，在 G28 或 G30 指令后，应立即指定从参考点返回指令。使用增量值编程时，X、Y、Z 指令值指离开中间点的增量值。

【特别注意】

1）通常 G28 与 G29 指令配对使用。

2）G28 和 G29 指令都是非模态指令。

3）使用 G28 指令时，必须先取消刀具半径补偿，而不必先取消刀具长度补偿，因为 G28 指令包含刀具长度补偿取消、主轴停止、切削液关闭等功能。

4）G29 指令一般用于加工中心自动换刀。

5）在使用上经常将 X、Y 和 Z 分开来用。先用 "G28 Z __" 提刀并回 Z 轴参考点位置，然后再用 "G28 X __ Y __回到 X、Y 方向的参考点。

返回参考点编程应用如下：

G40;取消刀具半径补偿

G91 G28 Z0;基于当前点 Z 轴返回参考点

G91 G28 X0 Y0;基于当前点 X 轴、Y 轴返回参考点

G54 G29 G90 X50 Y40;由参考点返回 G54 坐标系下的绝对坐标(X50,Y40)位置

G54 G29 G90 Z20;由参考点返回 G54 坐标系下绝对坐标 Z20 位置

3. G04——刀具暂停

编程格式：G04 X __/P __;

式中　X——指定时间（s），可用十进制小数点，范围为 0.001~99999.999；

　　　P——指定时间（ms），不能用十进制小数点，范围为 1~99999999。

例如，暂停 2.5s 的程序为 "G04 X2.5;" 或 "G04 P2500;"。

4. G40/G41/G42——刀具半径补偿

（1）刀具半径补偿概念　对没有刀具半径补偿功能的数控系统，在进行轮廓铣削编程时，由于铣刀的刀位点在刀具中心，和切削刃不一致，为了确保铣削加工出的轮廓符合要求，编程时就必须在图纸要求轮廓的基础上，整个周边向外或向内预先偏离一个刀具半径值，做出一个刀具刀位点的行走轨迹，求出新的节点坐标，然后按这个新的轨迹进行编程，这就是人工预刀补编程。对有刀具半径补偿功能的数控系统，可不必求刀具中心的运动轨迹，直接按零件轮廓轨迹编程，同时在程序中给出刀具半径补偿指令，这就是机床自动刀补编程。

（2）编程格式

G41/G42 G00/G01 X __ Y __ D __;

G40 G00/G01 X __ Y __;

式中　　G40——取消刀具半径补偿；

G41——刀具半径左补偿（刀具在进给方向左侧）；

G42——刀具半径右补偿（刀具在进给方向右侧）；

　X、Y——目标点坐标；

D——G41/G42 的参数，即刀补号码（D00～D99）。

（3）刀具半径补偿过程　刀具半径补偿的过程分为三步，如图 3-68 所示，参考程序如下：

G41 G01 X20 Y10 D01;建立刀具半径补偿(O→A)

Y50;进行刀具半径补偿(A→B)

X50;进行刀具半径补偿(B→C)

Y20;进行刀具半径补偿(C→D)

X10;进行刀具半径补偿(D→E)

G40 G01 X0 Y0;取消刀具半径补偿(E→O)

1）建立刀具半径补偿。在刀具从起点接近工件时，刀心轨迹从与编程轨迹重合过渡到与编程轨迹偏离一个偏置量的过程（O→A）。

图 3-68　刀具半径补偿过程

2）进行刀具半径补偿。刀具中心始终与编程轨迹相距一个偏置量，直到刀具半径补偿取消（A→B→C→D→E）。

3）取消刀具半径补偿。刀具离开工件，刀心轨迹过渡到与编程轨迹重合的过程（E→O）。

【特别注意】

1）刀具补偿方向的判断。沿垂直于补偿所在平面（如 XY 平面）的坐标轴的负方向（-Z）看去，刀具中心位于编程前进方向的左侧，即为左补偿，（图 3-69a）；刀具中心位于编程前进方向的右侧，即为右补偿（图 3-69b）。在进行刀具半径补偿前，必须用 G17 或 G18、G19 指定刀具补偿是在哪个平面上进行的。

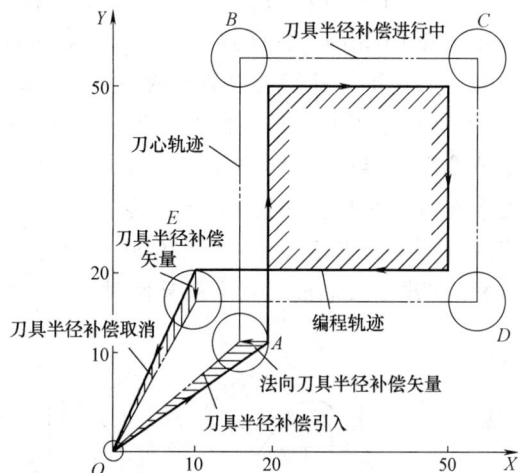

图 3-69　刀具半径补偿方向

a）刀具半径左补偿 G41　b）刀具半径右补偿 G42

2）刀具半径补偿值设定。在 MDI 面板上，把刀具半径补偿值赋给 D 代码。表 3-8 表示刀具半径补偿值的指定范围。

表 3-8　刀具半径补偿值的指定范围

米制/英制	米制输入/mm	英制输入/in
刀具半径补偿值	0~999.999	0~99.9999

3）刀具半径补偿的引入和取消。引入和取消刀具半径补偿要求必须在 G00 或 G01 程序段，不可在 G02/G03 程序段上进行。例如执行 "G41 G02 X20 Y0 R10 D01;" 通常会导致机床报警。刀具半径补偿的取消有两种方式，即 G40 或 D00。

4）在指定刀具半径补偿平面执行刀具半径补偿时，不能出现连续两个非坐标轴移动类指令或非刀具半径补偿平面坐标移动，否则将可能产生过切或少切现象。非坐标轴移动类指令大致有以下几种：M 指令；S 指令；暂停指令；某些 G 指令，如 G90，G91 X0 等。非刀具半径补偿平面坐标移动，如 "G00 Z-10"（刀具半径补偿平面为 XY 平面时）。

5）在建立或取消刀具半径补偿时，注意由于程序轨迹方向不当而发生过切，如图 3-70 所示。

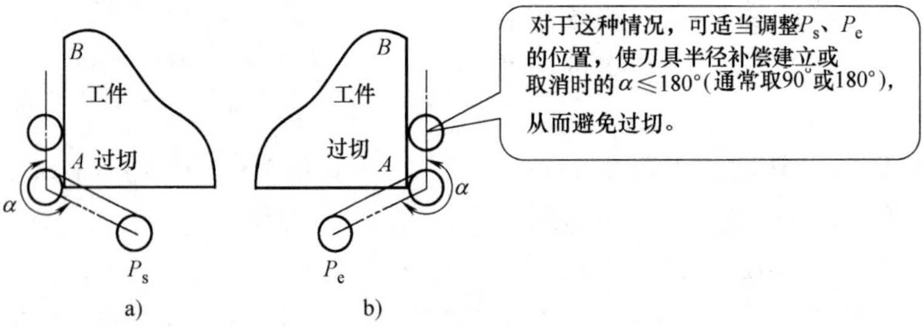

图 3-70　过切

6）当刀具半径补偿数据为负值时，则 G41、G42 功能互换。

7）G41、G42 指令不要重复规定，否则会产生一种特殊的补偿。

8）G40、G41、G42 都是模态指令，可相互注销。

（4）刀具半径补偿的应用　利用同一个程序、同一把刀具，通过设置不同大小的刀具半径补偿值而逐步减少切削余量，可以达到粗、精加工的目的。如图 3-71 所示，粗加工时，刀具半径补偿值为 $R+d$，精加工时，刀具半径补偿值为 R，即在刀具程序不变的情况下，达到完成粗、精分开加工的目的。

5. G43/G44/G49——刀具长度补偿

编程格式：G43/G44 G00/G01 Z __ H __;

G49 G00/G01 Z __;

式中　G43——刀具长度正补偿；

G44——刀具长度负补偿；

G49——取消刀具长度补偿；

H——指定刀具长度偏置值的地址号。

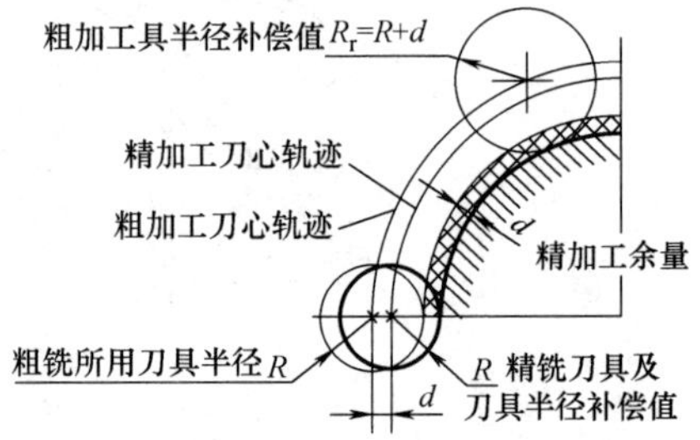

如图 3-72 所示，将编程时的刀具长度和实际使用的刀具长度之差设定于刀具偏置存储器

图 3-71　刀具半径补偿应用

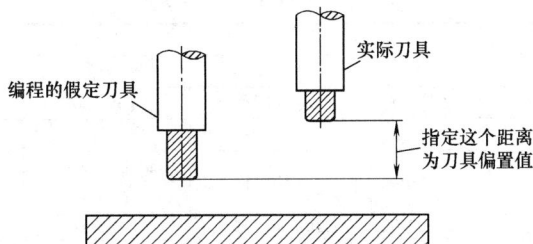

图 3-72 刀具长度偏置

中，用刀具长度功能补偿这个差值而不用修改程序。用 G43 或 G44 指定刀具长度补偿方向。系统根据输入的地址号（H 代码），从偏置存储器中选择刀具偏置值。

【特别注意】

1）无论是绝对坐标编程还是相对坐标编程，不影响补偿值的加减。

2）如果不指定轴的移动，系统假定指定了不引起移动的移动指令。当用 G43 对刀具长度偏置指定一个正值时，刀具按正向移动。当用 G44 对刀具长度补偿指定一个正值时，刀具按负向移动。当对刀具长度补偿指定负值时，刀具则向相反方向移动。

3）G43 和 G44 是模态指令，它们一直有效，直到指定同组的 G 代码为止，二者可相互注销。

4）刀具长度偏置值地址 H 为刀具长度偏置值地址，其范围为 H00 ～ H99，可由用户设定刀具长度偏置值，其中 H00 的长度偏置值恒为零。刀具长度偏置值的范围为 0 ～ ±999.999mm（米制），0 ～ ±99.9999in（英制）。

5）一般加工完一个工件后，应该撤销刀具长度补偿，用 G49 或 H00 指令可以取消刀具长度补偿。

6）在刀具长度偏置沿两个或更多轴执行后，用 G49 取消沿所有轴的长度补偿。如果用 H00 指令，仅取消沿垂直于指定平面的轴的长度补偿。

任务实施

一、工艺过程

1）粗铣高度为 3mm 凸台。

2）精铣轮廓 0.5mm 余量。

二、刀具与工艺参数

数控加工刀具卡和数控加工工序卡见表 3-9 和表 3-10。

表 3-9　数控加工刀具卡

单　位		数控加工刀具卡	产品名称				零件图号	
			零件名称		轮廓凸台		程序编号	
序号	刀具号	刀具名称	刀具		补偿值		备注	
			直径/mm	长度/mm	刀补号	刀补直径		
1	T01	立铣刀	$\phi20$		D01	$\phi20mm$		
2					D02	$\phi21mm$		

表 3-10　数控加工工序卡

单 位	数控加工工序卡		产品名称	零件名称	材 料	零件图号
				轮廓凸台	45 钢	
工序号	程序编号	夹具名称	夹具编号	设备名称	编制	审核
工步号	工步内容	刀具号	刀具规格	主轴转速 n/（r/min）	进给速度 v_{f}/（mm/min）	背吃刀量 a_{p}/mm
1	粗铣高度为 3mm 凸台	T01/D02	ϕ20mm 立铣刀	500	80	3
2	精铣轮廓 0.5mm 余量	T01/D01	ϕ20mm 立铣刀	600	70	0

三、装夹方案

零件毛坯用机用平口钳装夹，底部用垫铁支承。

四、程序编制

在凸台中心建立工件坐标系，Z 轴原点设在零件上表面上。

凸台轮廓的粗、精加工采用同一把刀具和同一加工程序，通过改变刀具半径补偿值的方法来实现。粗加工单边留精加工余量 0.5mm。

加工程序如下：

O0022;
G54 G0 Z50;建立工件坐标系,设置换刀点
X0 Y0;
M03 S500;
T01;调 1 号刀
G00 X-70 Y-60;
Z10;设置起刀点
G01 Z-3 F50; 下刀
G01 G41 X-40 D02 F80;建立 2 号刀补
Y0;粗加工开始
X0 Y30;
X30;
G02 X40 Y20 R10;
G01 Y-10;
G03 X20 Y-30 R20;
G01 X-70;
G40 G01 Y-60;取消 2 号刀补
M03 S600;

T01;调用 1 号刀
G00 X-70 Y-60;
Z10;设置起刀点
G01 Z-3 F50;下刀
G01 G41 X-40 D01 F70;建立 1 号刀补进行精加工
Y0;
X0 Y30;
X30;
G02 X40 Y20 R10;
G01 Y-10;
G03 X20 Y-30 R20;
G01 X-70;
G40 G01 Y-60;取消 1 号刀补
Z10; 抬刀
G00 Z50;返回换刀点
X0 Y0;
M05;主轴停
M30;程序结束返回

技能实训

1. 图 3-73 所示字母，用 ϕ4mm 的键槽铣刀完成数控仿真，深度为 2mm。

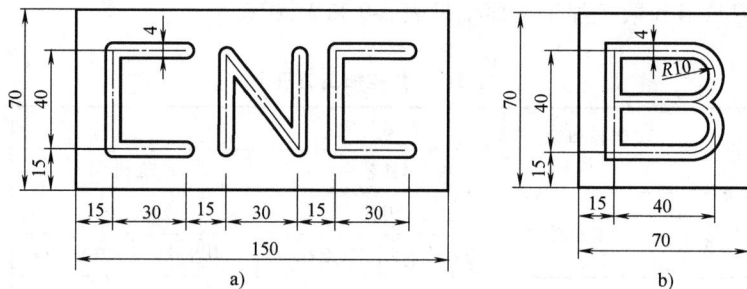

图 3-73　字母加工

a）"CNC"字母　b）"B"字母

2. 如图 3-74 所示轮廓凸台，编写其加工程序并且在仿真软件上进行仿真加工。材料为 08F 低碳钢，使用直径为 $\phi12mm$ 的面铣刀。

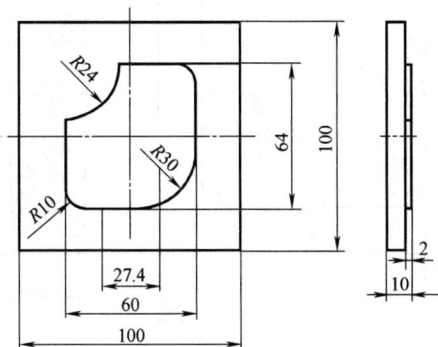

图 3-74 轮廓凸台零件

任务四 铣削加工型腔类零件

技能目标

（1）会设计零件型腔加工工艺
（2）会编制和调试数控程序
（3）会进行型腔类零件的仿真加工

知识目标

（1）掌握型腔零件的铣削加工工艺
（2）熟练掌握型腔铣削常用编程指令
（3）熟练掌握型腔铣削加工程序的编制

任务导入——加工矩形型腔

任务描述

完成图 3-75 所示矩形型腔的加工，并完成工序卡片的填写。零件上下表面、外轮廓已在前面工序（步）完成。零件材料为 45 钢，毛坯为 200mm×200mm×50mm 型材。

知识链接

一、型腔铣削的工艺知识

1. 型腔铣削的下刀方式

（1）斜插式下刀 如图 3-76a 所示。

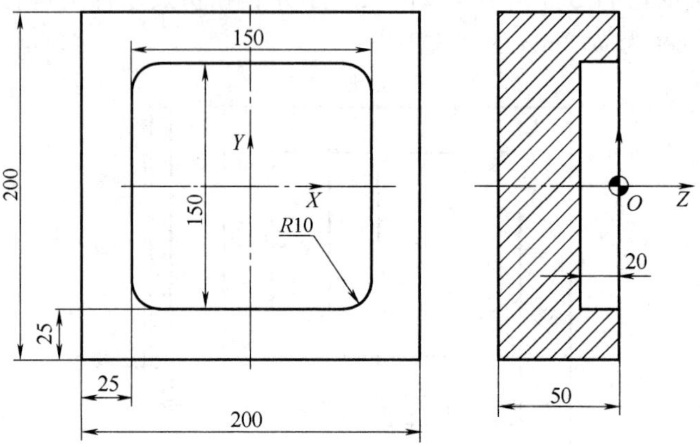

图 3-75　矩形型腔

（2）Z 向垂直下刀　如图 3-76b 所示。

（3）螺旋下刀　如图 3-76c 所示。

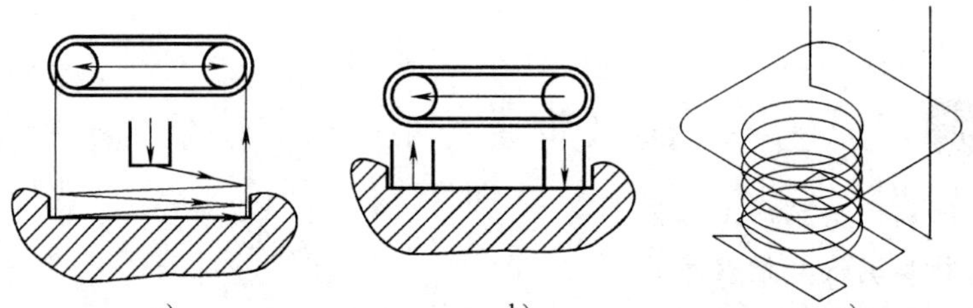

图 3-76　型腔铣削的下刀方式

a）斜插式下刀　b）Z 向垂直下刀　c）螺旋下刀

2. 矩形型腔编程的三要素

矩形型腔编程三要素为刀具直径、半精加工余量、精加工余量，如图 3-77所示。

二、子程序

子程序的构成、格式、调用与FANUC 系统数控车床基本相同。

（1）子程序的结构

O0010；子程序名

……；子程序内容

M99；子程序结束

子程序与主程序相似，由子程序名、程序内容和程序结束指令（M99）组成。一个子程序也可以调用下一级的子程序。子程序必须在主程序结束

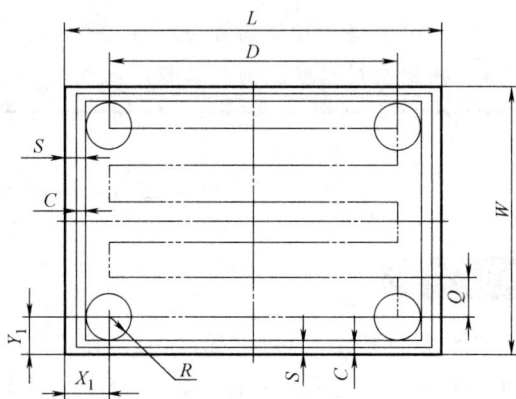

图 3-77　矩形型腔编程的三要素

X_1—刀具起点的 X 坐标　Y_1—刀具起点的 Y 坐标

L—型腔长度　D—实际切削长度

W—型腔宽度　S—精加工余量　R—刀

具半径　Q—切削间距　C—半精加工余量

指令后建立，其作用相当于一个固定循环。

（2）子程序常用调用格式

1）M98 P××××××××；

P 后边的数字有 8 位，前 4 位为调用次数（调用 1 次时可省略），后 4 位为子程序号。例如调用 O1002 子程序 7 次可用"M98 P71002"表示。

2）M98 P×××× L×；

P 后边的数字为子程序编号，L 后为调用次数（L1 可省略，最多为 9999 次）。例如"M98 P1002 L7"表示调用 O1002 子程序 7 次。

任务实施

一、工艺过程

1）型腔加工选择 φ16mm 立铣刀，采用垂直下刀方式，槽底不留加工余量。

2）内轮廓半精加工、精加工采用 φ16mm 立铣刀，采用垂直下刀方式，通过修改刀补值实现半精加工和精加工。

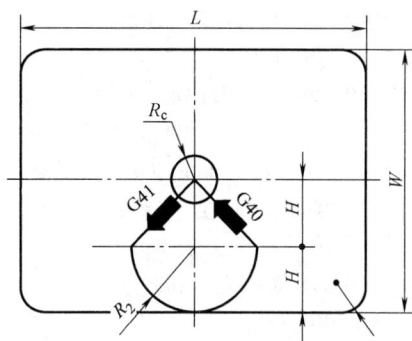

二、半精加工和精加工刀具路径

如图 3-78 所示，建立刀具半径补偿后，要圆弧切入与圆弧切出内部轮廓。

图 3-78　型腔的半精加工和精加工刀具路径

三、刀具与工艺参数

表 3-11 为数控加工刀具卡，表 3-12 为数控加工工序卡。

表 3-11　数控加工刀具卡

单　位		数控加工刀具卡	产品名称				零件图号	
			零件名称		矩形型腔		程序编号	
序号	刀具号	刀具名称	刀具		补偿值		备注	
			直径/mm	长度/mm	刀补号	刀补直径		
1	T01	立铣刀	φ16		D01	φ16mm		
2					D02	φ17mm		

表 3-12　数控加工工序卡

单　位		数控加工工序卡		产品名称	零件名称	材料	零件图号
					矩形型腔	45 钢	
工序号	程序编号	夹具名称	夹具编号	设备名称		编制	审核
工步号	工步内容	刀具号	刀具规格	主轴转速 n/（r/min）	进给速度 v_f/（mm/min）	背吃刀量 a_p/mm	
1	粗铣型腔	T01	φ16mm 立铣刀	1000	100	2	
2	半精铣型腔	T01	φ16mm 立铣刀	1500	80	4.5	
3	精铣型腔	T01	φ16mm 立铣刀	1500	80	0.5	

四、装夹方案

零件毛坯用机用平口钳装夹，底部用垫铁支承。

五、程序编制

在毛坯中心建立工件坐标系，Z 轴原点设在顶面上。

1. 主程序程序

```
O0020;                                              加工轮廓
N010 G54 G90 G40 G49 G00 Z50 T01;程序初    N080 D02;启用 2 号刀具半径补偿
                          始化              N090 M98 P0022;调用内轮廓加工子程序,进行
N020 X0 Y0;                                            半精加工
N030 M03 S1000;起动主轴                     N100 D01;启用 1 号刀具半径补偿
N040 G00 Z5;快进到工件顶面上方               N110 M98 P0022;调用内轮廓加工子程序,进行
N050 G01 Z0 F80;                                       精加工
N060 M98 P100021;调用子程序 O0021 共 10 次,粗加  N120 G00 Z100;抬刀
         工型腔,底面不留精加工余量             N130 M05;主轴停
N070 G90 G01 Z-20 S1500 F80;到槽底中心准备   N140 M30;程序结束
```

2. 型腔深度加工子程序

```
O0021;                        N170 Y-40;
N010 G91 G01 Z-2 F100;        N180 X40;
N020 G01 X10;                 N190 Y0;
N030 Y10;                     N200 X55;
N040 X-10;                    N210 Y55;
N050 Y-10;                    N220 X-55;
N060 X10;                     N230 Y-55;
N070 Y0;                      N240 X55;
N080 X25;                     N250 Y0;
N090 Y25;                     N260 X70;
N100 X-25;                    N270 Y70;
N110 Y-25;                    N280 X-70;
N120 X25;                     N290 Y-70;
N130 Y0;                      N300 X70;
N140 X40;                     N310 Y0;
N150 Y40;                     N320 X0;
N160 X-40;                    N330 M99;子程序结束
```

3. 型腔内轮廓加工子程序

```
O0022;                             N080 G03 X-75 Y65 R10;
N010 G01 G41 X-20 Y-55;建立刀具半径左补偿   N090 G01 Y-65;
N020 G03 X0 Y-75 R20;圆弧切线切入    N100 G03 X-65 Y-75 R10;
N030 G01 X65;                      N110 G01 X0;
N040 G03 X75 Y-65 R10;             N120 G03 X20 Y-55 R20;圆弧切线切出
N050 G01 Y65;                      N130 G40 G01 X0 Y0;取消刀具半径补偿
N060 G03 X65 Y75 R10;              N140 M99;子程序结束并返回主程序
N070 G01 X-65;
```

技能实训

1. 利用数控加工仿真软件，完成图 3-79 所示凸台零件上型腔的加工，制作完成刀具卡、工序卡片，并编写程序清单。零件上下表面、外轮廓已在前面工序（步）完成，零件材料为 45 钢。

2. 编写图 3-80 所示的双型腔圆形凸台数控铣削加工程序，制作完成刀具卡、工序卡片，并编写程序清单。

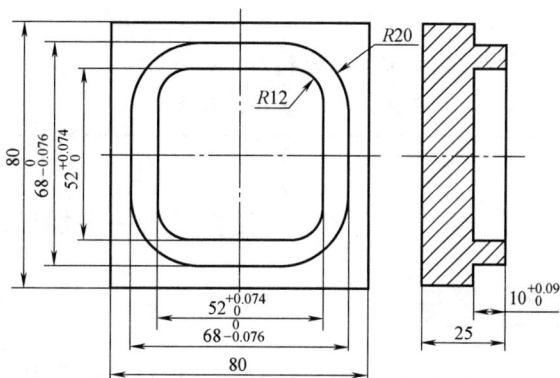

图 3-79　凸台零件

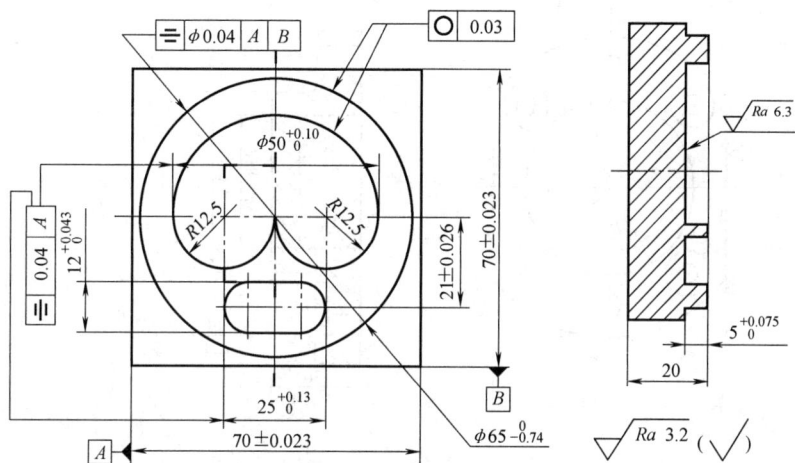

图 3-80　双型腔圆形凸台零件

任务五　铣削加工孔类零件

技能目标

（1）能分析和设计孔加工工艺
（2）能编制孔加工程序及测量工件
（3）能进行孔类零件的仿真加工

知识目标

（1）掌握孔加工工艺知识
（2）掌握攻螺纹与镗孔加工工艺
（3）掌握钻孔、扩孔及铰孔固定循环指令

（4）掌握攻螺纹与镗孔固定循环指令

（5）熟练掌握孔加工程序的编制

任务导入——加工端盖零件

任务描述

端盖如图 3-81 所示，底平面、两侧面和 $\phi40H8$ 型腔已在前面工序加工完成。本工序加工端盖的 4 个沉头螺钉孔和 2 个销孔，试编写其加工程序。零件材料为 HT150，加工数量为 5000 个/年。

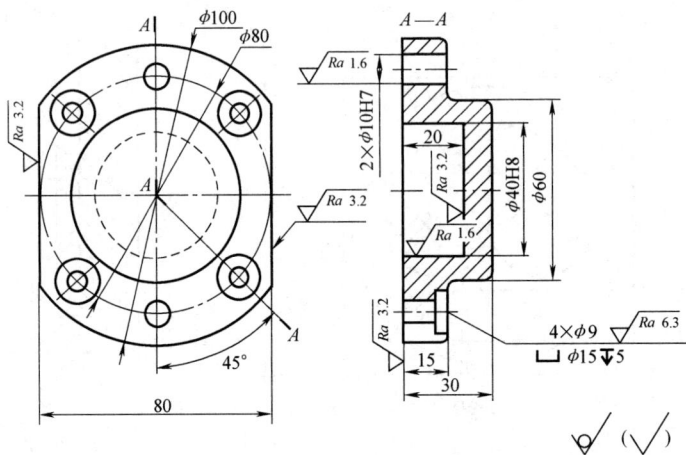

图 3-81　端盖

知识链接

一、孔加工工艺知识

1. 孔加工方法

在数控铣床/加工中心上加工孔的方法很多，根据孔的尺寸精度、位置精度及表面粗糙度等要求，一般有点孔、钻孔、扩孔、锪孔、铰孔、镗孔及铣孔等。常用孔加工方法见表 3-13。

表 3-13　常用孔加工方法

序号	加工方案	尺寸公差等级	表面粗糙度值 $Ra/\mu m$	适用范围
1	钻	IT11~IT13	12.5~50	加工未淬火钢及铸铁的实心毛坯，也可用于加工有色金属（但表面质量较差），孔径<15~20mm
2	钻→铰	IT9	1.6~3.2	
3	钻→粗铰（扩）→精铰	IT7~IT8	0.8~1.6	
4	钻→扩	IT11	3.2~6.3	同上，但孔径>15~20mm
5	钻→扩→铰	IT8~IT9	0.8~1.6	
6	钻→扩→粗铰→精铰	IT7	0.4~0.8	

（续）

序号	加工方案	尺寸公差等级	表面粗糙度值 $Ra/\mu m$	适用范围
7	粗镗（扩孔）	IT11~IT13	3.2~6.3	除淬火钢外各种材料，毛坯有铸出孔或锻出孔
8	粗镗（扩孔）→半精镗（精扩）	IT8~IT9	1.6~3.2	
9	粗镗（扩）→半精镗（精扩）→精镗	IT6~IT7	0.8~1.6	

2. 孔加工刀具

常用孔加工刀具有中心钻、麻花钻、锪孔钻、扩孔钻、机用铰刀、机用丝锥、各种镗孔刀等。

3. 孔加工类型和切削用量

（1）孔加工类型

1）钻孔。钻孔是用麻花钻加工孔。

2）扩孔。扩孔是对已有孔扩大，作为铰孔或磨孔前的预加工。留给扩孔的加工余量较小。扩孔钻容屑槽浅，刀体刚性好，可以用较大的切削量和切削速度。扩孔钻切削刃多，导向性好，切削平稳。

3）铰孔。铰孔是对直径 $\phi80mm$ 以下的已有孔进行半精加工和精加工。铰刀切削刃多，刚性和导向性好，铰孔尺寸公差等级可达 IT6~IT7，孔壁表面粗糙度值可达 $Ra0.4~Ra1.6\mu m$。铰孔可以改变孔的形状公差，但不能改变孔的位置公差。

4）镗孔。镗孔是对已有孔进行半精加工和精加工。镗孔可以改变孔的位置公差，孔壁表面粗糙度值可达 $Ra0.8~Ra6.3\mu m$。

5）螺纹孔的加工。小型螺纹孔用丝锥加工，大型螺纹孔用螺纹铣刀加工。

（2）切削用量

1）钻削速度 v_c。钻削速度是指钻头主切削刃外缘处的切线速度。钻削速度公式为

$$v_c=\frac{\pi dn}{1000}$$

式中　　d——钻头直径（mm）；

n——钻头转速（r/min）。

2）进给量。钻头旋转一周轴向往工件内进给的距离称为每转进给量；钻头旋转一个切削刃，轴向往工件内进给的距离称为每齿进给量；钻头每秒往工件内进给的距离称为每秒进给量。每秒进给量与钻头钻速、每转进给量、每齿进给量的关系为

$$v_f=\frac{nf}{60}=\frac{2nf_z}{60}$$

式中　　n——钻头钻速（r/min）；

f——每转进给量（mm/r）；

f_z——每齿进给量（mm）。

（3）孔加工切削用量取值　表3-14~表3-17给出了钻头切削用量经验值、铰刀切削用量经验值、镗刀切削用量经验值及孔加工余量。小型螺纹孔用丝锥加工，切削速度为1.5~5m/min。

表 3-14 高速钢钻头切削用量经验值

钻头直径 d/mm	45 钢		合金钢	
	v_c/(m/min)	f/(mm/r)	v_c/(m/min)	f/(mm/r)
1~5	8~25	0.05~0.1	8~15	0.03~0.08
5~12	8~25	0.1~0.2	8~15	0.08~0.15
12~22	8~25	0.2~0.3	8~15	0.15~0.25
22~50	8~25	0.3~0.45	8~15	0.25~0.35

表 3-15 高速钢铰刀切削用量经验值

铰刀直径 d/mm	45 钢和合金钢	
	v_c/(m/min)	f/(mm/r)
6~10	1.2~5	0.3~0.4
10~15	1.2~5	0.4~0.5
15~25	1.2~5	0.5~0.6
25~40	1.2~5	0.5~0.6
40~60	1.2~5	0.5~0.6

表 3-16 镗刀切削用量经验值

工序	镗刀材料	45 钢	
		v_c/(m/min)	f/(mm/r)
粗镗	高速工具钢	15~30	0.35~0.7
	硬质合金	50~70	
半精镗	高速工具钢	15~50	0.15~0.45
	硬质合金	95~135	
精镗	高速工具钢	100~135	0.12~0.15
	硬质合金		

表 3-17 孔加工余量   （单位：mm）

加工孔的直径	直径							
	钻		粗加工		半精加工		精加工（H7、H8）	
	第一次	第二次	粗镗	或扩孔	粗铰	或半精镗	精铰	或精镗
3	2.9	—	—	—	—	—	3	—
4	3.9	—	—	—	—	—	4	—
5	4.8	—	—	—	—	—	5	—
6	5.0	—	—	5.85	—	—	6	—
8	7.0	—	—	7.85	—	—	8	—
10	9.0	—	—	9.85	—	—	10	—
12	11.0	—	—	11.85	11.95	—	12	—
13	12.0	—	—	12.85	12.95	—	13	—
14	13.0	—	—	13.85	13.95	—	14	—
15	14.0	—	—	14.85	14.95	—	15	—
16	15.0	—	—	15.85	15.95	—	16	—
18	17.0	—	—	17.85	17.95	—	18	—
20	18.0	—	19.8	19.8	19.95	19.90	20	20
22	20.0	—	21.8	21.8	21.95	21.90	22	22
24	22.0	—	24.8	24.8	24.95	24.90	24	24
26	24.0	—	25.8	25.8	25.95	25.90	26	26
28	26.0	—	27.8	27.8	27.95	27.90	28	28
30	15.0	28.0	29.8	29.8	29.95	29.90	30	30
32	15.0	30.0	31.7	31.75	31.93	31.90	32	32

（续）

加工孔的直径	直径							
	钻		粗加工		半精加工		精加工（H7、H8）	
	第一次	第二次	粗镗	或扩孔	粗铰	或半精镗	精铰	或精镗
35	20.0	33.0	34.7	34.75	34.93	34.90	35	35
38	20.0	36.0	37.7	37.75	37.93	37.90	38	38
40	25.0	38.0	39.7	39.75	39.93	39.90	40	40
42	25.0	40.0	41.7	41.75	41.93	41.90	42	42
45	30.0	43.0	44.7	44.75	44.93	44.90	45	45
48	36.0	46.0	47.7	47.75	47.93	47.90	48	48
50	36.0	48.0	49.7	49.75	49.93	49.90	50	50

二、孔加工工艺

1. 攻螺纹

（1）普通螺纹简介　普通螺纹分粗牙普通螺纹和细牙普通螺纹，牙型角为 60°。普通螺纹的螺距是标准螺距。粗牙普通螺纹可用特征代号 "M" 及公称直径表示，如 M16、M12 等；细牙普通螺纹的标记包括特征代号 "M"、尺寸代号、公差带代号、旋合长度代号及旋向代号，如 M24×1.5、M16×Ph3P1.5 等。

（2）攻螺纹底孔直径的确定　底孔直径大小可根据螺纹的螺距查阅手册或按下面经验公式确定。

加工钢件等塑性材料时　　　　　$D_底 \approx d-P$

加工铸铁等脆性材料时　　　　　$D_底 \approx d-1.05P$

式中　$D_底$——底孔直径（mm）；

　　　d——螺纹公称直径（mm）；

　　　P——螺距（mm）。

（3）不通孔螺纹底孔深度的确定　攻不通孔螺纹时，由于丝锥切削部分有锥角，端部不能切出完整的牙型，所以钻孔深度要大于螺纹的有效深度，如图 3-82 所示。一般取钻孔深度为

$$H_钻 = h_{有效} + 0.7d$$

式中　$H_钻$——底孔深度（mm）；

　　　$h_{有效}$——螺纹有效深度（mm）；

　　　d——螺纹公称直径（mm）。

（4）螺纹轴向起点和终点尺寸　在数控机床上攻螺纹时，在安排其工艺时要尽可能考虑图 3-83 所示合理的导入距离 δ_1 和超越距离 δ_2。一般 $\delta_1 = (2 \sim 3)P$，对大螺距和高精度的螺纹则取较大值；$\delta_2 = (1 \sim 2)P$。此外，在加工通孔螺纹时，超越距离还要考虑丝锥前端切削锥角部位的长度。

2. 设计孔加工走刀路线

确定孔加工走刀路线时，要求定位迅速、准确。孔加工时，一般是首先将刀具在 XY 平面内快速定位运动到孔中心线的位置上，然后沿 Z 向运动进行加工。所以，孔加工走刀线的确定包括 XY 平面内和 Z 向的走刀路线。

（1）确定 XY 平面内的走刀路线　如图 3-84a、b 所示的同圆周式和交替式走刀路线，

原则是选择最短加工路线。

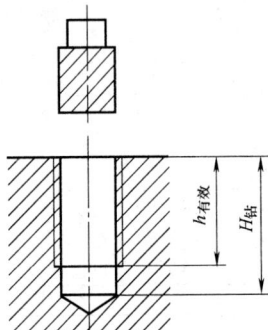

图 3-82 螺纹底孔深度

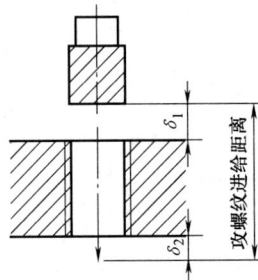

图 3-83 攻螺纹轴向起点与终点

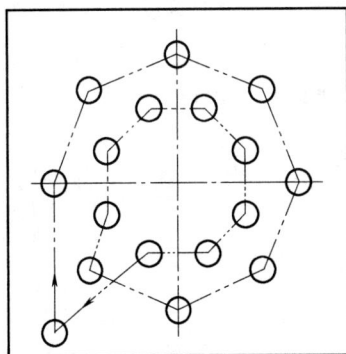

a)

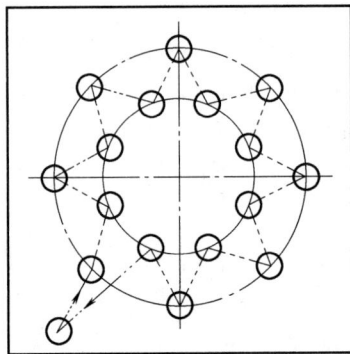

b)

图 3-84 选择最短加工路线

a）同圆周式 b）交替式

（2）确定 Z 向（轴向）的走刀路线 刀具在 Z 向的走刀路线分为快速移动走刀路线和工作进给走刀路线。刀具先从初始平面快速运动到距工件加工表面一定距离的 R 平面，然后按工作进给速度进行加工。图 3-85a 所示为加工单个孔时刀具的走刀路线。对多个孔加工而言，为减少刀具的空行程进给时间，加工中间孔时，刀具不必退回到初始平面，只要退回到 R 平面即可，其走刀路线如图 3-85b 所示。

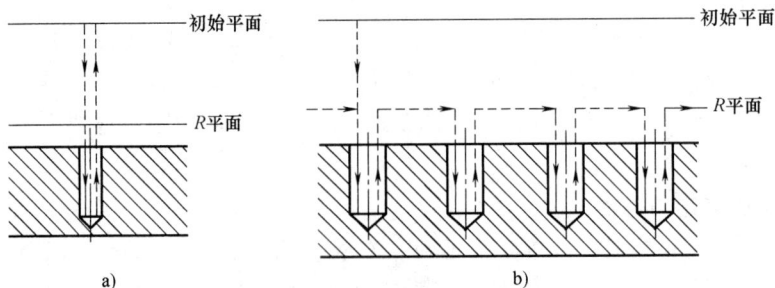

图 3-85 刀具 Z 向走刀路线

a）单个孔加工 b）多个孔加工

（3）孔加工的导入距离与超越距离 孔加工导入距离（图 3-86 中 ΔZ）是指在孔加工过程中，刀具自快进转为工进时，刀尖点位置与孔上表面间的距离，相当于图 3-85 中 R 平面与孔上表面的距离，通常取 2~5mm。超越距离如图 3-86 中的 $\Delta Z'$ 所示，当钻通孔时，超越距离通常取 Z_p +（1~3）mm，其中 Z_p 为钻尖高度（通常取 0.3 倍钻头直径）；铰通孔时，超越距离通常取 3~5mm；镗通孔时，超越距离通常取 1~3mm。

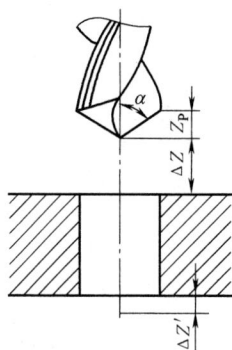

图 3-86 孔加工的导入距离与超越距离

三、孔加工固定循环指令

孔加工固定循环指令是包含了孔加工的孔位平面定位、快速引进、工作进给、快速退回等基本典型动作循环的 G 代码。这样一系列典型的加工动作已经预先编好程序，存储在内存中，加工中可用包含 G 代码的一个程序段调用，从而简化编程工作。

表 3-18 给出了孔加工固定循环代码及功能。

表 3-18 孔加工固定循环代码及功能

G 代码	钻孔方式	孔底操作	返回方式	应用
G73	间歇进给		快速移动	高速深孔钻削循环
G74	切削进给	停刀→主轴正转	切削进给	左旋刚性攻螺纹循环
G76	切削进给	主轴定向停止	快速移动	精镗循环
G80				取消固定循环
G81	切削进给		快速移动	钻孔循环、点镗孔循环
G82	切削进给	停刀	快速移动	钻孔循环、镗阶梯孔循环
G83	间歇进给		快速移动	深孔钻削循环
G84	切削进给	停刀→主轴反转	切削进给	右旋刚性攻螺纹循环
G85	切削进给		切削进给	镗孔循环
G86	切削进给	主轴停止	快速移动	镗孔循环
G87	切削进给	主轴正转		反镗循环
G88	切削进给	停刀→主轴停止	手动移动	镗孔循环
G89	切削进给	停刀	切削进给	镗孔循环

1. 固定循环组成

（1）动作组成 固定循环动作如图 3-87 所示。

1）动作 1 为刀具在 X、Y 平面快速定位到孔中心位置。

2）动作 2 为刀具沿 Z 轴快速运动到靠近孔上方的安全高度平面 R 点（参考点）。

3）动作 3 为进行孔加工（工作进给）。

4）动作 4 为在孔底做需要的动作。

5）动作 5 为刀具退回到安全平面高度或初始平面高度。

6）动作 6 为刀具快速返回到初始点位置。

（2）固定循环的平面

1）初始平面。初始平面是为安全下刀而规定的一个平面，如图 3-88 所示。

2）R 点平面。R 点平面又叫 R 参考平面，它是刀具下刀时，从快进转为工进的高度平面。

3）孔底平面。加工不通孔时，孔底平面就是孔底的 Z 轴高度。而加工通孔时，除要考虑孔底平面的位置外，还要考虑刀具的超越距离，如图 3-88 所示，以保证所有孔深都加工到尺寸。

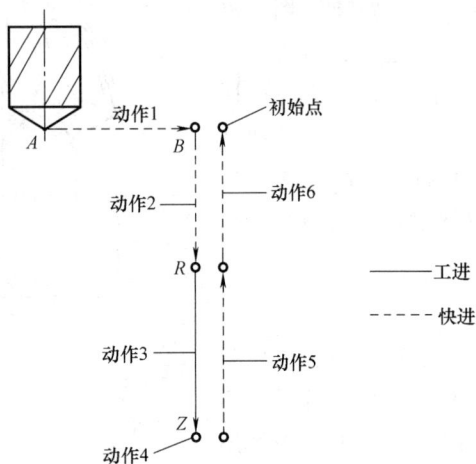

图 3-87　固定循环动作

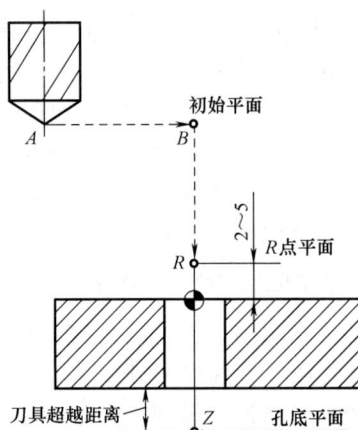

图 3-88　固定循环平面

2. 通用编程格式

编程格式：G90/G91 G98/G99 G73～G89 X __ Y __ Z __ R __ Q __ P __ F __ K __；

式中　G90/G91——绝对坐标编程或相对坐标编程；

G98——系统默认返回方式，返回起始平面，如图 3-89 所示；

G99——返回 R 点平面；

X、Y——孔在 XY 平面内的位置；

Z——孔底平面的位置；

R——R 点平面所在位置；

Q——G73 和 G83 深孔加工指令中刀具每次加工深度或 G76 和 G87 精镗孔指令中主轴准停后刀具沿准停反方向的让刀量；

P——刀具在孔底的暂停时间（ms），数字不加小数点；

F——孔加工切削进给时的进给速度；

K——孔加工循环的次数，该参数仅在增量编程中使用，范围是 1～6，当 K＝1 时，可以省略，当 K＝0 时，不执行孔加工。

（1）G90 与 G91 方式　如图 3-90 所示，固定循环中 R 值与 Z 值数据的指定与 G90 与

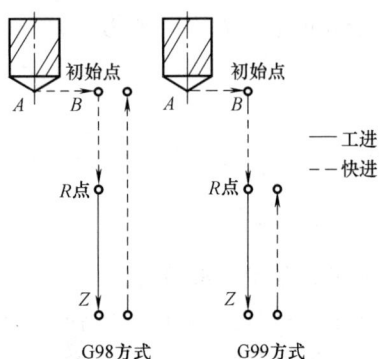

图 3-89　G98 与 G99 方式

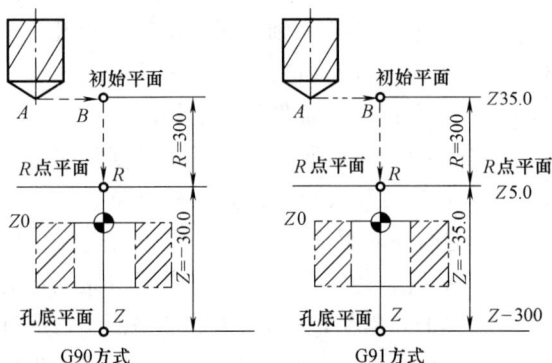

图 3-90　G90 与 G91 方式

G91 的方式选择有关（Q 值与 G90 与 G91 方式无关）。G90 方式下，X、Y、Z 和 R 的取值均指工件坐标系中的绝对坐标值；G91 方式下，R 值是指 R 点平面相对初始平面的 Z 坐标值，而 Z 值是指孔底平面相对 R 点平面的 Z 坐标值。X、Y 数据值也是相对前一个孔的 X、Y 方向的增量距离。

在实际编程时，并不是每一种孔加工循环的编程都要用到以上格式的所有代码。

（2）进行固定循环编程时的定位平面 由平面选择代码 G17、G18 或 G19 决定定位平面，定位轴是除钻孔轴以外的轴。钻孔轴根据 G 代码（G73～G89）程序段中指定的轴地址确定。如果没有对钻孔轴指定轴地址，则认为基本轴是钻孔轴。

如假定 U、V 和 W 轴分别平行于 X、Y 和 Z 轴，则：

G17 G81 Z __；Z 轴用作钻孔轴　　G17 G81 W __；W 轴用作钻孔轴

G18 G81 Y __；Y 轴用作钻孔轴　　G18 G81 V __；V 轴用作钻孔轴

G19 G81 X __；X 轴用作钻孔轴　　G19 G81 U __；U 轴用作钻孔轴

G17～G19 可以在 G73～G89 未指定的程序段中指定。只有在取消固定循环以后，才能切换钻孔轴。

3. 固定循环指令

（1）G73——高速深孔钻削循环/G83——深孔钻削循环

编程格式：G73/G83 X __ Y __ Z __ R __ Q __ F __ K __；

式中　X、Y——孔位数据；

　　　　Z——从 R 点到孔底的距离；

　　　　R——从初始平面到 R 点的距离；

　　　　Q——每次切削深度，增量值；

　　　　F——切削进给速度；

　　　　K——重复加工次数。

【特别注意】

1）G73 用于深孔高速排屑钻削，在钻孔时采取间断进给，有利于断屑和排屑，适合深孔加工。如图 3-91 所示，机床首先快速定位于 X、Y 坐标，并快速下刀到 R 点，然后以 F 指定的速度沿着 Z 轴执行间歇进给，进给一个深度 Q 后快速回退一个退刀量 d（该退刀量由系统参数设定），将切屑带出，再次进给。使用这个循环，切屑可以很容易地从孔中排出，并且能够设定较小的退刀量。

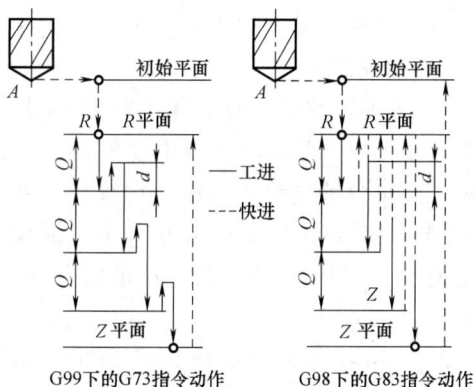

图 3-91　G73 与 G83 指令动作

2）G83 与 G73 的不同之处是前者每次进刀后都返回 R 点所在安全平面，这样更有利于钻深孔时的排屑。G73 和 G83 都用于深孔钻，G83 的排屑、冷却效果比 G73 好。

3）Q 后必须指定正值，若使用了负值则负号被忽略。

4）当固定循环中指定刀具长度偏置（G43、G44）时，在定位到 R 点的同时加偏置。

5）在改变钻孔轴之前必须取消固定循环。

6）在程序段中没有 X、Y、Z、R 或任何其他轴的指令时，钻孔不执行。

7）固定循环由 G80 或 01 组的 G 代码撤销。因此，不能在同一程序段中指定 01 组 G 代码和 G73 或 G83，否则 G73 或 G83 将被取消。

【应用实例 3-1】 孔加工

对图 3-92 中的 5×ϕ8mm 深为 50mm 的孔进行加工。

参考程序如下：

O0040;

N010 G54 G90;选择加工坐标系,绝对坐标编程

N015 G00 X0 Y0 Z60 F100;设置换刀点,设定进给率

N020 M03 S600;主轴起动

N030 G99 G73 X0 Y0 Z-50 R10 Q5 F50;选择高速深孔钻削方式加工 1 号孔,返回 R 点

N040 X40 Y0;加工 2 号孔

N050 X0 Y40;加工 3 号孔

N060 X-40 Y0;加工 4 号孔

N070 G98 X0 Y-40;加工 5 号孔,返回起始平面

N080 X0 Y0;返回 XY 平面换刀点

N090 M05;主轴停

N100 M30;程序结束并返回

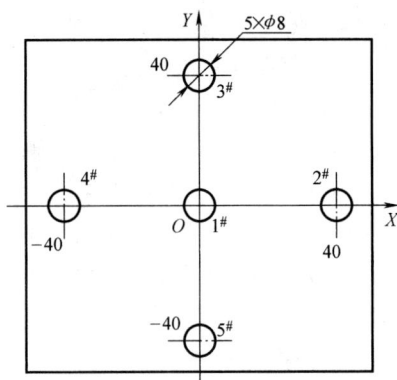

图 3-92 G73 孔加工应用实例

上述程序中，选择高速深孔钻削加工方式进行孔加工，并以 G99 确定每个孔加工完成后，刀具返回 R 点平面，钻最后一个孔时以 G99 返回初始平面 Z60。设定孔口表面的 Z 向坐标为 0，R 点平面的坐标为 Z10，每次切削深度为 Q5。

（2）G74——左旋刚性攻螺纹循环/G84——右旋刚性攻螺纹循环

编程格式：G74/G84 X __ Y __ Z __ R __ P __ F __ K __;

【特别注意】

1）F 指定螺纹导程，在 G84 切削螺纹期间速率修正无效，移动将不会中途停顿，直到循环结束。在每分钟进给方式中，螺纹导程 = 进给速度×主轴转速；在每转进给方式中，螺纹导程 = 进给速度。对于单线螺纹，F 指定的则为螺纹螺距。

2）G84 指令动作如图 3-93 所示。G84 指令用于加工右旋螺纹。执行该循环时，主轴正转，在 G17 平面快速定位后快速移动到 R 点，执行攻螺纹循环到达孔底后，主轴反转退回到 R 点，主轴恢复正转，完成攻螺纹动作。

图 3-93 G74、G84 指令动作

3）G74 指令动作与 G84 基本类似，只是 G74 指令用于加工左旋螺纹。执行该循环时，主轴反转，在 G17 平面快速定位后快速移动到 R 点，执行攻螺纹到达孔底后，主轴正转退

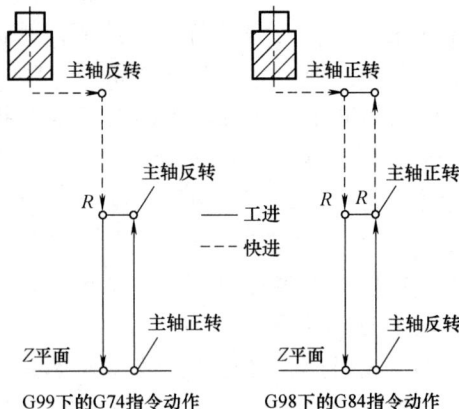

回到 R 点，主轴恢复反转，完成攻螺纹动作。程序举例如下：

　　O0001；

　　N010 M04 S1000；主轴开始反转

　　N020 G90 G99 G74 X300 Y-250 Z-150 R-100 P1000 F1；定位，攻螺纹 1，然后返回到 R 点

　　N030 Y-550；定位，攻螺纹 2，然后返回到 R 点

　　……

　　（3）G76——精镗循环/G87——反镗循环

　　编程格式：G76/G87 X __ Y __ Z __ R __ Q __ P __ F __ K __；

式中　　X、Y——孔位数据；

　　　　　　Z——从 R 点到孔底的距离；

　　　　　　R——从初始平面到 R 点的距离；

　　　　　　Q——孔底的刀尖偏移量，Q 指定为正值，移动方向由机床参数设定，如果 Q 指

　　　　　　　　 定为负值，负号被忽略；

　　　　　　P——在孔底的暂停时间（ms）；

　　　　　　F——切削进给速度；

　　　　　　K——重复加工次数。

　　镗孔是常用的加工方法，可获得较高的位置精度。精镗循环用于镗削精密孔，当到达孔底时，主轴停止，切削刀具离开工件的表面并返回。G76 指令用于精镗孔加工，加工过程包括以下几个步骤：在 XY 平面内快速定位；快速运动到 R 点平面；向下按指定的进给速度精镗孔；孔底主轴准停；镗刀偏移；从孔内快速退刀。

【特别注意】

1）如图 3-94 所示，执行 G76 循环时，刀具以切削进给方式加工到孔底，实现主轴准停，刀具向刀尖相反方向移动 Q，使刀具脱离工件表面，保证刀具不擦伤工件表面，然后快速退刀至 R 点平面，刀具正转。G76 指令主要用于精密镗孔加工。程序举例如下：

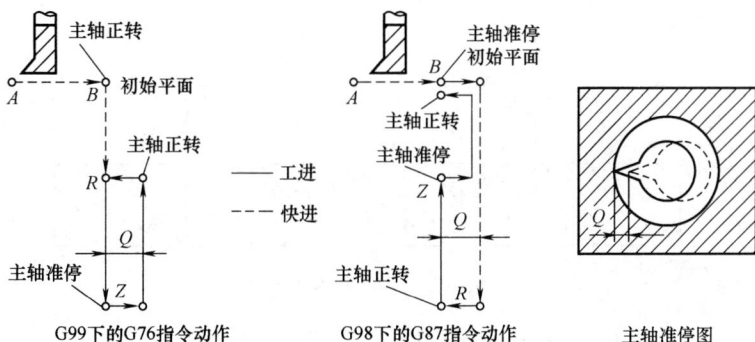

图 3-94　G76、G87 指令动作

　　N020 G90 G99 G76 X300 Y-250；定位，镗孔，然后返回到 R 点

　　N030 Z-150 R-100 Q5；孔底定向，然后移动 5mm

　　N040 P1000 F120；在孔底停止 1s

　　……

2）执行 G87 循环时，镗孔时由孔底向外镗削，此时刀杆受拉力，可防止振动。当刀杆

较长时使用该指令可提高孔的加工精度，此时 R 点为孔底位置。刀具在 G17 平面内快速定位后，主轴准停，刀具向刀尖相反方向偏移 Q，然后快速移动到孔底（R 点），在这个位置刀具按原偏移量反向移动相同的 Q 值，主轴正转并以切削进给方式加工到 Z 平面，主轴再次准停，并沿刀尖相反方向偏移 Q，快速提刀至初始平面并按原偏移量返回到 G17 平面的定位点，主轴开始正转，循环结束。

例如，执行 "N020 G90 G87 X300 Y−250 Z−150 R−120 Q5 P1000 F120;" 程序段时，刀具定位，镗孔，在初始位置定向，然后偏移 5mm，在 Z 点暂停 1s。

（4）G81——钻孔循环、点镗孔循环

编程格式：G81 X__ Y__ Z__ R__ F__ K__;

式中　X、Y——孔位数据；

Z——从 R 点到孔底的距离；

R——从初始平面到 R 点的距离；

F——切削进给速度；

K——重复加工次数。

执行 G81 循环，刀具以进给速度向下运动钻孔，到达孔底位置后，快速退回（无孔底动作）。G81 指令可用于一般定点钻。例如，执行 "G90 G99 G81 X300 Y−250 Z−150 R−100 F120;" 程序段时，刀具定位，钻孔 1，然后返回到 R 点。

【特别注意】

执行 G81 循环，如图 3-95 所示，机床在沿着 X 轴和 Y 轴定位后，快速移动到 R 点平面，从 R 点到 Z 点执行钻孔加工，然后刀具快速退回，其他规定参考 G73 指令。

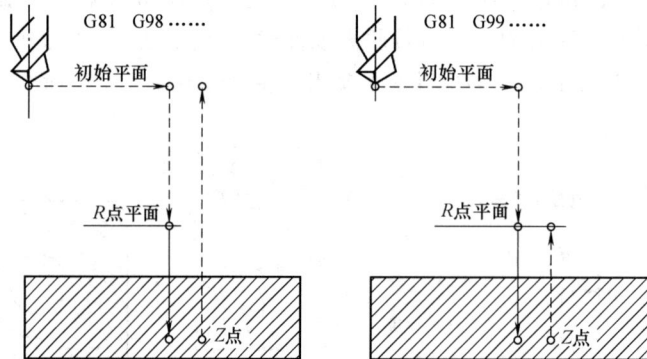

图 3-95　G81 指令动作

（5）G82——钻孔循环、镗阶梯孔循环

编程格式：G98/G99 G82 X__ Y__ Z__ R__ P__ F__ K__;

式中　X、Y——孔位数据；

Z——从 R 点到孔底的距离；

R——从初始平面到 R 点的距离；

P——在孔底的暂停时间（ms）；

F——切削进给速度；

K——重复加工次数。

【特别注意】

G82 指令与 G81 指令唯一的区别是有孔底暂停动作，暂停时间由 P 指定。执行 G82 循环，如图 3-96 所示，机床在沿着 X 轴和 Y 轴定位后，快速移动到 R 点，从 R 点到 Z 点执行钻孔加工，当到孔底时，执行暂停，然后刀具快速退回。

G81 指令与 G82 指令都是常用的钻孔指令，但是 G82 指令的孔加工精度比 G81 指令高。G81 指令可用于钻通孔或螺纹孔，G82 指令用于钻孔深要求较高的平底孔。执行 G82 指令，加工孔的表面更光滑，孔底平整。G82 指令常用于加工沉头台阶孔。使用时可根据实际情况和精度需要选择。其他规定参考 G73 指令。参考程序段如下：

G90 G99 G82 X300 Y-250 Z-150 R-100 P1000 F120;

（6）G85/G86——镗孔循环

编程格式：G99 G85 X ＿ Y ＿ Z ＿ R ＿ F ＿ K ＿;
　　　　　　G98 G86 X ＿ Y ＿ Z ＿ R ＿ P ＿ F ＿ K ＿;

式中　X、Y——孔位数据；

　　　Z——从 R 点到孔底的距离；

　　　R——从初始平面到 R 点的距离；

　　　P——在孔底的暂停时间（ms）；

　　　F——切削进给速度；

　　　K——重复加工次数。

如图 3-97 所示，G85 指令退刀前没有让刀动作，退回时可能划伤已加工表面，因此只用于粗镗。例如"执行 G90 G99 G85 X300 Y-250 Z-150 R-120 F120;"程序段，刀具定位，镗孔，然后返回到 R 点或初始点。

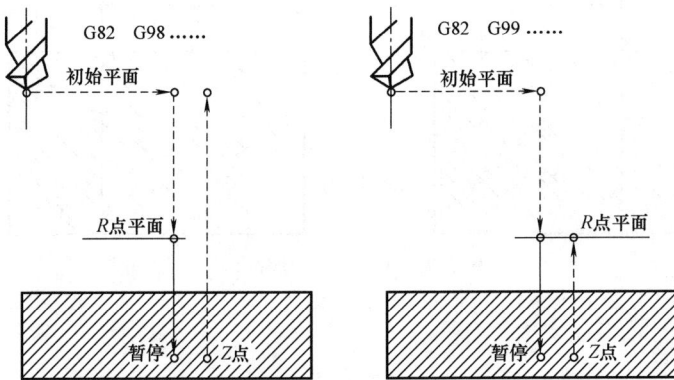

图 3-96　G82 指令动作　　　　图 3-97　G85 镗孔循环

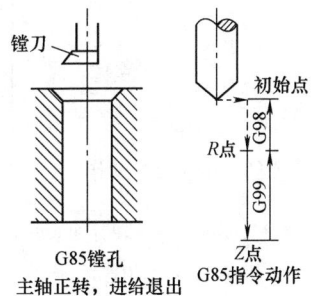

【特别注意】

1）G85 指令动作与 G81 指令相同，只是 G85 进刀和退刀都为工进速度，且回退时主轴不停转。

2）G86 指令动作与 G81 指令大体相同，但在孔底时主轴执行暂停，然后快速退回。

（7）G88——镗孔循环（手镗）

编程格式：G98/G99 G88 X __ Y __ Z __ R __ P __ F __ K __；

如图 3-98 所示，执行 G88 指令时，刀具在孔底暂停，主轴停止后，转换为手动状态，可用手动将刀具从孔中退出。到返回点平面后，主轴正转，再转入下一个程序段进行自动加工。镗孔手动回刀，不需主轴准停。如果 Z 向移动量为零，该指令不执行。例如执行 "G90 G99 G88 X300 Y−250 Z−150 R−100 P1000 F120;" 程序段，刀具定位，镗孔，然后返回到 R 点。

（8）G89——镗孔循环

编程格式：G89 X __ Y __ Z __ R __ P __ F __ K __；

式中　X、Y——孔位数据；

　　　　Z——从 R 点到孔底的距离；

　　　　R——从初始平面到 R 点的距离；

　　　　P——在孔底的暂停时间（ms）；

　　　　F——切削进给速度；

　　　　K——重复加工次数。

执行 G89 循环的指令动作如图 3-99 所示，机床在沿着 X 轴和 Y 轴定位后，快速移动到 R 点。从 R 点到 Z 点执行镗孔加工。当到达孔底时执行暂停，然后执行切削进给返回到 R 点平面或初始平面。G89 循环几乎和 G85 循环相同，区别在于 G89 在孔底执行暂停，而 G85 完成孔底切削进给即返回到 R 点平面。例如执行 "G90 G99 G89 X300 Y−250 Z−150 R−120 P1000 F120;" 程序段，刀具定位，镗孔，在孔底暂停 1s，然后返回到 R 点平面。

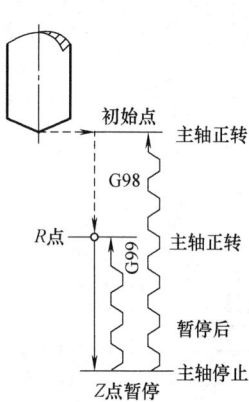

图 3-98　G88 指令动作　　　　　　　　图 3-99　G89 指令动作

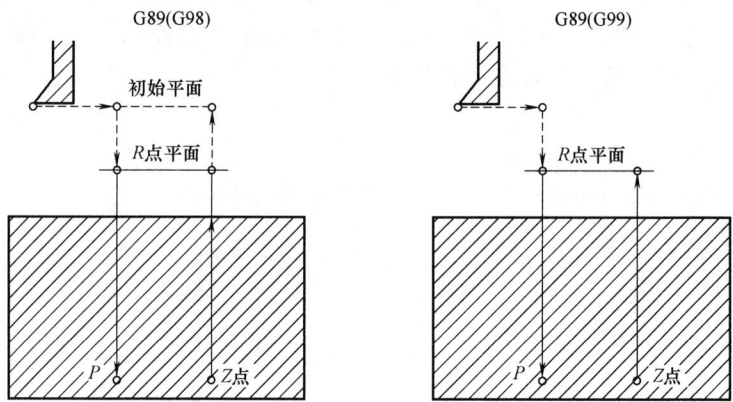

（9）G80——固定循环取消

编程格式：G80；

G80 指令的功能是取消所有固定循环，执行正常的操作，R 点和 Z 点也被取消。这意味着在增量方式中，R＝0 和 Z＝0。其他钻孔数据也被取消（消除）。例如执行 "G80 G28 G91 X0 Y0 Z0;" 程序段，取消循环，返回到参考点。

4. 使用循环指令注意事项

1）各固定循环指令均为模态指令。为了简化程序，若某些参数相同，则可不必重复。若为了程序看起来更清晰，不易出错，则每句指令的各项参数应写全。

2）固定循环中的定位方式取决于前面程序段中是 G00 还是 G01，因此如果希望快速定位，则在上一行程序段或本程序段开头加 G00。

3）在固定循环指令前应使用 M03 或 M04 指令，使主轴正转或反转。

4）在固定循环程序段中，X、Y、Z、R 数据应至少指令一个才能执行。

5）孔加工在使用控制主轴回转的固定循环（G74、G84、G76）中，如果连续加工一些孔间距比较小，或者初始平面到 R 点平面的距离比较短的孔时，会出现在进入孔的切削动作前主轴还没有达到正常转速的情况，此时应在各孔的加工动作之间插入 G04 指令，以获得时间。

6）用 G80 指令取消固定循环，同时 R 点和 Z 点也被取消。此外，G00、G01、G02、G03 等指令也起取消固定循环的作用。

任务实施

一、工艺过程

1）钻中心孔。所有孔都首先钻中心孔，以保证钻孔时不会产生斜歪现象。

2）钻孔。用 $\phi9$mm 钻头钻出 $4\times\phi9$mm 孔和 $2\times\phi10$H7 孔的底孔。

3）扩孔。用 $\phi9.8$mm 钻头扩 $2\times\phi10$H7 底孔。

4）锪孔。用 $\phi15$mm 锪钻锪出 $4\times\phi15$mm 沉孔。

5）铰孔。用 $\phi10$H7 铰刀加工出 $2\times\phi10$H7 孔。

二、刀具与工艺参数

数控加工刀具卡和数控加工工序卡见表 3-19 和表 3-20。

表 3-19　数控加工刀具卡

单　位		数控加工刀具卡	产品名称			零件图号	
			零件名称		端盖	程序编号	
序号	刀具号	刀具名称	刀具		刀具半径补偿值		备注
			直径/mm	长度	刀补号	刀补直径	
1	T01	中心钻	$\phi3$				
2	T02	麻花钻	$\phi9$				
3	T03	麻花钻	$\phi9.8$				
4	T04	锪钻	$\phi15$				
5	T05	铰刀	$\phi10$				

表 3-20　数控加工工序卡

单　位		数控加工工序卡		产品名称	零件名称	材　料	零件图号
					端盖		
工序号	程序编号		夹具名称	夹具编号	设备名称	编制	审核
工步号	工步内容		刀具号	刀具规格	主轴转速 n/ (r/min)	进给速度 v_f/ (mm/min)	背吃刀量 a_p/mm
1	钻所有孔的中心孔		T01	$\phi3$mm 中心钻	2000	80	
2	$4\times\phi9$mm 孔和 $2\times\phi10$H7 孔的底孔		T02	$\phi9$mm 麻花钻	600	100	
3	扩 $2\times\phi10$H7 底孔		T03	$\phi9.8$mm 麻花钻	800	100	
4	锪 $4\times\phi15$mm 沉孔		T04	$\phi15$mm 锪钻	500	100	
5	铰 $2\times\phi10$H7 孔		T05	$\phi10$mm 铰刀	200	50	

三、装夹方案

由于该零件为中大批量生产，可利用专用夹具进行装夹。由于底面和 ϕ40H8 内腔已在前面工序加工完毕，本工序可以 ϕ40H8 内腔和底面为定位面，侧面加防转销来限制 6 个自由度，用压板夹紧。

四、程序编制

在 ϕ40H8 内孔中心建立工件坐标系，Z 轴原点设在端盖底面上。参考程序如下：

O0001;

N10 G17 G21 G40 G54 G80 G90 G94 G00 Z80;程序初始化

N20 G00 X0 Y0 M08;

N30 M03 S2000;起动主轴

N40 G98 G81 X28.28 Y28.28 R20 Z12 F80;钻出 6 个孔的中心孔

N50 X0 Y40;

N60 X-28.28 Y28.28;

N70 Y-28.28;

N80 X0 Y-40;

N90 X28.28 Y-28.28;

N100 G00 Z180 M09;抬刀至手工换刀高度

N110 M05;

N120 M00;程序暂停,手工换 T02 刀

N130 M03 S600;

N140 G00 Z80 M08;刀具定位到安全平面

N150 G98 G81 X28.28 Y28.28 R20 Z-5.0 F100;钻出 6 个 ϕ9mm 孔

N160 X0 Y40;

N170 X-28.28 Y28.28;

N180 Y-28.28;

N190 X0 Y-40;

N200 X28.28 Y-28.28;

N210 G00 Z180 M09;抬刀至手工换刀高度

N220 M05;

N230 M00;程序暂停,手工换 T03 刀

N240 M03 S800;

N250 G00 Z80 M08;刀具定位到安全平面

N260 G98 G81 X0 Y40 R20 Z-5 F100;扩 2×ϕ10H7 的底孔至 ϕ9.8mm

N270 Y-40;

N280 G00 Z180 M09;抬刀到手工换刀高度

N290 M05;

N300 M00;程序暂停,手工换 T04 刀

N310 M03 S500;

N320 G00 Z80 M08;刀具定位到安全平面

N330 G98 G82 X28.28 Y28.28 R20 Z10 P2000 F100;锪出 4 个 ϕ15mm 沉头孔

N340 X-28.28;

N350 Y-28.28;

N360 X28.28;

N370 G00 Z180 M09;抬刀到手工换刀高度

N380 M05;

N390 M00;程序暂停,手工换 T05 刀

N400 M03 S200;

N410 G00 Z80 M08;刀具定位到安全平面

N420 G98 G85 X0 Y40 R20 Z-5 F50;铰 2×φ10H7 孔

N430 Y-40;

N440 M05;主轴停止

N450 M09 G00 Z200;

N460 M30;程序结束并返回

技能实训

1. 编写图 3-100 所示孔板的孔加工程序。毛坯尺寸：140mm×90mm×30mm，材料为 45 号钢，刀具为 φ12mm 麻花钻。

2. 编写图 3-101 所示带孔凸台的加工程序。毛坯尺寸：100mm×100mm×20mm，材料为 45 号钢，刀具为 φ20mm 立铣刀。

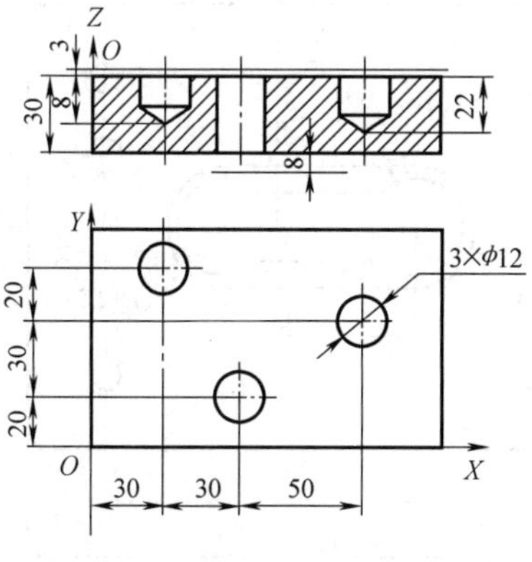

图 3-100 孔板

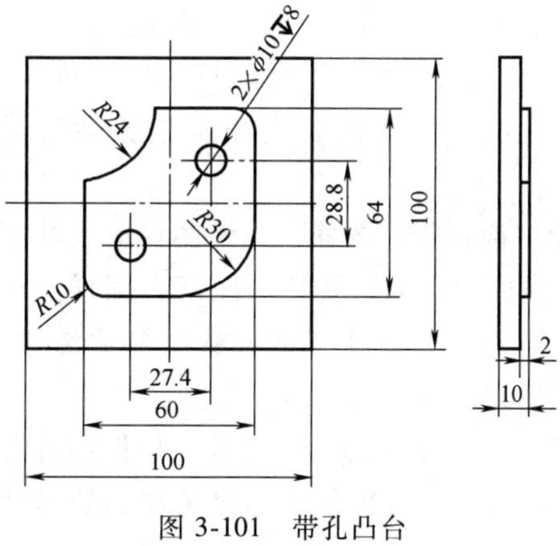

图 3-101 带孔凸台

任务六 铣削加工综合类零件

技能目标

(1) 会进行中等复杂程度的零件的加工工艺规划
(2) 会编制综合类零件数控加工程序并进行调试

任务导入——加工凹模

任务描述

凹模如图 3-102 所示，材料为 45 钢，厚度为 25mm，长×宽＝126mm×92mm。

知识链接

一、工艺设计内容

1. 工艺设计主要考虑的问题

工艺设计时，一般主要考虑以下几个方面：

（1）选择加工内容　加工中心最适合加工形状复杂、工序较多、要求较高的零件。一般这类零件需使用多种类型的通用机床、刀具和夹具，经多次装夹和调整才能完成加工。

（2）检查零件图样　零件图样应表达正确，标注齐全。同时要特别注意，图样上应尽量采用统一的设计基准，从而简化编程，保证零件的精度要求。

（3）分析零件的技术要求　根据零件在产品中的功能，分析各项几何精度和技术要求是否合理；考虑在加工中心上加工，能否保证其精度和技术要求；选择哪一种加工中心最为合理。

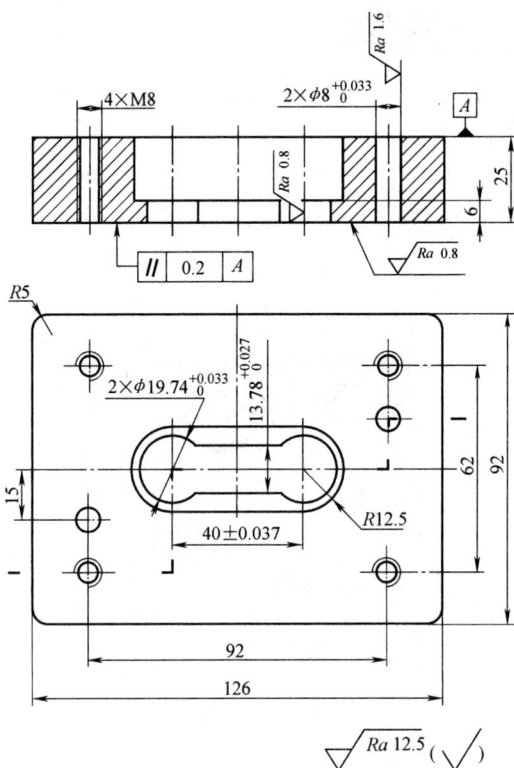

图 3-102　凹模

（4）审查零件的结构工艺性　分析零件的结构刚度是否足够，各加工部位的结构工艺性是否合理等。

2. 设计工艺路线

（1）选择加工方法

1）加工孔和内螺纹。加工孔的方法较多，有钻孔、扩孔、铰孔、铣孔和镗孔等。对于直径大于 φ30mm 的已铸出或锻造出毛坯孔的孔加工，一般采用粗镗→半精镗→孔口倒角→精镗的加工方案；对于孔径较大的孔，可采用粗铣→精铣的加工方案。

对于直径小于ϕ30mm且无底孔的孔加工，通常采用锪平端面→钻中心孔→钻孔→扩孔→孔口倒角→铰孔的加工方案；对有同轴度要求的小孔，需采用锪平端面→钻中心孔→钻孔→半精镗→孔口倒角→精镗（或铰孔）的加工方案。为提高孔的位置精度，在钻孔前需安排钻中心孔。孔口倒角一般安排在半精加工之后、精加工之前，以防止孔内产生毛刺。图3-103所示为孔加工方法与加工精度之间的关系。

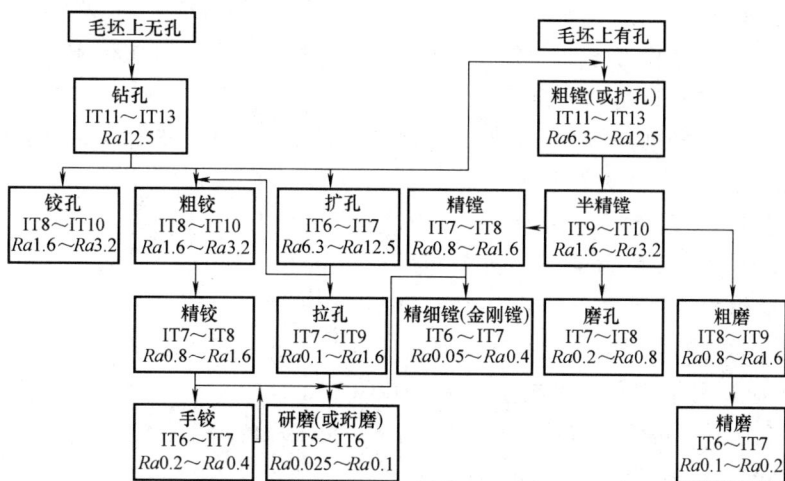

```
毛坯上无孔                                          毛坯上有孔
    │                                                  │
   钻孔                                            粗镗（或扩孔）
  IT11～IT13                                        IT11～IT13
  Ra12.5                                           Ra6.3～Ra12.5
    │                                                  │
 ┌──────┬──────┬──────┬──────┬──────┐
 铰孔   粗铰    扩孔    精镗    半精镗
IT8～IT10 IT8～IT10 IT6～IT7 IT7～IT8 IT9～IT10
Ra1.6～Ra3.2 Ra1.6～Ra3.2 Ra6.3～Ra12.5 Ra0.8～Ra1.6 Ra1.6～Ra3.2
    │       │       │       │       │
  精铰    拉孔   精细镗(金刚镗)  磨孔    粗磨
IT7～IT8 IT7～IT9 IT6～IT7    IT7～IT8  IT8～IT9
Ra0.8～Ra1.6 Ra0.1～Ra1.6 Ra0.05～Ra0.4 Ra0.2～Ra0.8 Ra0.8～Ra1.6
    │       │                            │
  手铰  研磨（或珩磨）                    精磨
IT6～IT7 IT5～IT6                        IT6～IT7
Ra0.2～Ra0.4 Ra0.025～Ra0.1            Ra0.1～Ra0.2
```

图 3-103　孔加工方法与加工精度之间的关系

2）加工表面轮廓。工件表面轮廓可分为平面和曲面两大类，其中平面类中的斜面轮廓又分为有固定斜角的外轮廓面和有变斜角的外轮廓面。工件表面的轮廓不同，选择的加工方法也不同。图3-104所示为常见平面的加工方法与加工精度之间的关系。

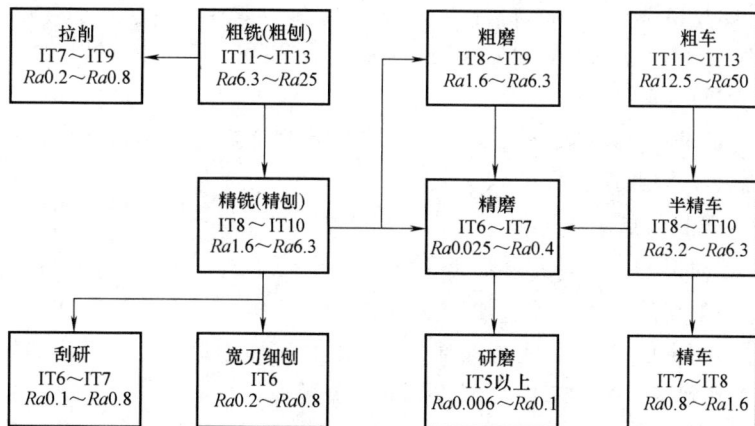

```
  拉削        粗铣(粗刨)      粗磨          粗车
IT7～IT9    IT11～IT13     IT8～IT9      IT11～IT13
Ra0.2～Ra0.8 Ra6.3～Ra25   Ra1.6～Ra6.3  Ra12.5～Ra50
    │            │             │             │
            精铣(精刨)      精磨          半精车
            IT8～IT10     IT6～IT7      IT8～IT10
            Ra1.6～Ra6.3  Ra0.025～Ra0.4 Ra3.2～Ra6.3
              │    │         │             │
           刮研  宽刀细刨    研磨          精车
          IT6～IT7 IT6      IT5以上       IT7～IT8
          Ra0.1～Ra0.8 Ra0.2～Ra0.8 Ra0.006～Ra0.1 Ra0.8～Ra1.6
```

图 3-104　常见平面的加工方法与加工精度之间的关系

（2）安排加工顺序　数控铣削常采用工序集中的方式，这时工步的顺序就是分散的工序顺序。通常按照从简单到复杂的原则，先加工平面、沟槽、孔，再加工外形、内腔，最后加工曲面；先加工精度要求低的表面，再加工精度要求高的部位等。具体原则如下：基面先行；先粗后精；先主后次；先面后孔；刀具集中。

设计工艺时，主要考虑精度和效率两个方面，一般遵循先面后孔、先基准后其他、先粗后精的原则。加工中心在一次装夹中，尽可能完成所有能够加工的表面。对位置精度要求较高的孔系加工，要特别注意安排孔的加工顺序，如果安排不当，就有可能将传动副的反向间隙带入，直接影响位置精度。加工过程中，为了减少换刀次数，可采用刀具集中工序，即用同一把刀具把零件上相应的部位都加工完，再换第二把刀具继续加工。但是，对于精度要求很高的孔系，如果是通过工作台回转确定相应的加工部位时，因存在重复定位误差，不能采取这种方法。

3. 辅助功能及应用

（1）M06——自动换刀指令　在下一把刀处于待换刀位置，机床各相关坐标到达换刀参考点后，执行该指令可以自动更换刀具。

（2）M19——主轴准停指令　M19指令将使主轴定向停止，确保主轴停止的方位和装刀标记方位一致。

4. 编写自动换刀程序

编写自动换刀程序时，应考虑如下问题：

1）换刀动作前必须使主轴准停（用M19指令）。

2）换刀点的位置应根据所用机床的要求安排，有的机床要求必须将换刀位置安排在参考点处或至少应在Z轴方向返回参考点（使用G28指令）。

3）换刀完毕后，可使用G29指令返回到下一道工序的加工起始位置。

4）换刀完毕后，安排重新起动主轴的指令。

5）换刀过程由选刀和换刀两部分动作组成，通常选刀动作和换刀动作可分开进行。为了节省自动换刀时间，可考虑将选刀动作与机床加工动作在时间上重合起来。

自动换刀参考程序如下：

```
M19;主轴准停
G40;取消刀具半径补偿
G28 G91 Z0;基于当前点沿Z轴返回参考点
G28 X0 Y0 T2;基于当前点沿X轴和Y轴返回参考点,选2号刀
M06;换2号刀
G29 G90 G54 X50 Y50;从参考点返回到(X50,Y50)
G29 Z50;从参考点返回到Z50
```

换刀时，首先取消刀具半径补偿，同时在主轴准停之前完成选刀动作，换刀时间不受选刀时间长短的影响，因此换刀最快。

5. 加工中心编程要点

1）进行合理的工艺分析，安排加工工序。

2）加工中心编程的一般流程。加工中心由于配有刀库，可装很多把刀，因此可实现工序集中，在一次装夹中可对零件进行大部分甚至全部工序的加工。其工序的划分一般也是按刀具集中的原则来划分。故加工中心编程的一般流程为：

① 创建程序名O××××。

② 建立工件坐标系。

③ 刀库旋转，第1把刀到达换刀位置做准备。

④ 机床各轴移动到换刀位置。

⑤ 进行换刀动作，第1把刀换到机床主轴。

⑥ 机床各轴移动到指定的工件坐标系中。

⑦ 主轴按照指定的速度和方向旋转。

⑧ 建立刀具长度补偿，沿 Z 轴到达加工起点，若要打开切削液，指定 M08 功能。

⑨ 第 1 把刀相对于工件运动的轨迹描述指令集。若是加工外轮廓，要指定 G41 或 G42 功能。其长短由第 1 把刀加工内容的复杂程度决定。

⑩ 第 1 把刀加工完毕，取消刀具补偿功能和各项辅助功能。

⑪ 第 2 把刀准备。

⑫ 机床各轴移动到换刀位置。

⑬ 进行换刀动作，第 2 把刀换到机床主轴。

⑭ 重复⑥~⑬的过程，第 2 把刀相对于工件运动的轨迹描述指令集。

⑮ 依此类推，进行其他刀具的加工内容描述。

⑯ 最后一把刀还回刀库，不再指令其他刀具做准备。

⑰ 程序结束，使用 M02 或 M30 指令。

3）对于加工内容较多的零件也可按这种格式编写，即把不同工序内容的程序分别做成子程序，主程序内容主要是完成换刀及子程序调用，以便于程序调试和调整。

4）自动换刀要留出足够的换刀空间。

5）尽可能地利用机床数控系统本身所提供的镜像、旋转、固定循环及宏指令编程处理的功能，以简化程序。

6）若要重复使用程序，注意第 1 把刀的编程处理。

二、缩放与旋转编程指令

1. G50、G51——比例缩放功能

G51 为比例编程；G50 为取消比例缩放。

比例缩放功能可使原编程尺寸按指定比例缩小或放大，也可使图形按指定规律产生镜像变换。G50、G51 均为模态指令。

（1）各轴按相同比例编程

编程格式：G51 X ＿ Y ＿ Z ＿ P ＿；

　　　　　……

　　　　　G50；

式中　X、Y、Z——比例中心坐标（绝对方式）；

　　　　　P——比例系数，范围为 0.001~999.999。

G51 指令以后的移动指令，从比例中心点开始，实际移动量为原数值乘以 P 指定的比例系数，比例系数对偏移量无影响。如图 3-105 所示，$P_1P_2P_3P_4$ 为原编程图形，$P'_1P'_2P'_3P'_4$ 为比例编程后的图形，P_0 为比例中心。

（2）各轴按不同比例编程

编程格式：G51 X ＿ Y ＿ Z ＿ I ＿ J ＿ K ＿；

　　　　　……；

　　　　　G50；

式中　X、Y、Z——比例中心坐标；

　　　　　I、J、K——X 轴、Y 轴、Z 轴的比例系数，在 ±0.001~±9.999 范围内。

【特别注意】

1) 系统设定 I、J、K 不带小数点。比例为 1 时，输入 1000，并在程序中都应输入，不能省略。从图 3-106 中可以看出比例系数与图形的关系。其中，b/a 为 X 轴的比例系数，d/c 为 Y 轴的比例系数，点 O 为比例中心。

2) 各个轴可以按不同的比例来缩小或放大，当给定的比例系数为-1时，可获得镜像加工功能。

3) 缩放不能用于补偿量，并且对于 A 轴、B 轴、C 轴、U 轴、V 轴、W 轴无效。

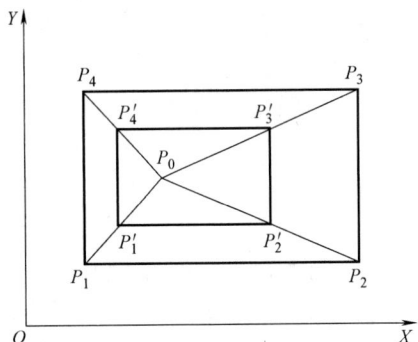

图 3-105　各轴按相同比例编程

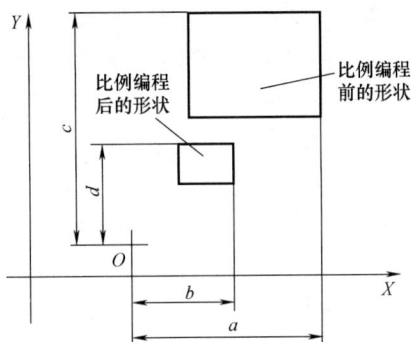

图 3-106　各轴按不同比例编程

【应用实例 3-2】　比例编程的镜像功能应用

加工图 3-107 所示 4 个形状、深度相同的三角形轮廓，其中槽深为 2mm，比例系数取 +1000 或 -1000。设刀具起始点在 O 点。

参考程序如下：

O1101;子程序名

N010 G00 X60 Y60;到三角形左顶点

N020 G01 Z-2 F100;切入工件

N030 G01 X100 Y60;切削三角形一边

N040 X100 Y100;切削三角形第二边

N050 X60 Y60;切削三角形第三边

N060 G00 Z4;向上抬刀

N070 M99;子程序结束并返回主程序

O1111;主程序名

N010 G54 G90 G00 Z100;建立加工坐标系,选择绝对方式,设置
　　　　　　　　换刀点

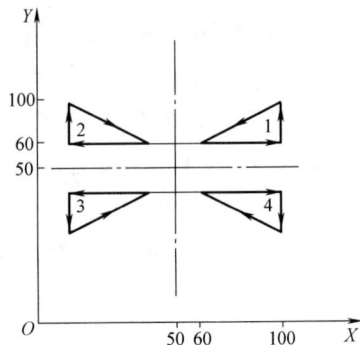

图 3-107　比例编程的镜像功能应用

N020 X0 Y0;

N030 M03 S1500 T01;起动主轴,选用 1 号刀

N040 G00 Z10;快速到安全高度

N050 M98 P1101;调用 1101 号子程序切削 1 号三角形

N060 G51 X50 Y50 I-1000 J1000;以(X50,Y50)为比例中心,以 X 轴比例系数为-1、Y 轴比例系数为+1
　　　　　　　　开始镜像

N070 M98 P1101;调用 1101 号子程序切削 2 号三角形

N080 G51 X50 Y50 I-1000 J-1000;以(X50,Y50)为比例中心,以 X 轴比例系数为-1、Y 轴比例系数为-1
　　　　　　　　开始镜像

N090 M98 P1101;调用 1101 号子程序切削 3 号三角形

N100 G51 X50 Y50 I1000 J−1000;以(X50,Y50)为比例中心,以 X 轴比例系数为+1、Y 轴比例系数为−1

        开始镜像

N110 M98 P1101;调用 1101 号子程序切削 4 号三角形

N120 G50;取消镜像

N130 M05;主轴停止

N140 M30;程序结束

2. G50.1、G51.1——镜像功能

编程格式:G51.1 IP ___; 镜像开启,IP 指定对称轴坐标

           G50.1 IP ___; 取消关于 IP 指定对称轴坐标的镜像

使用镜像后功能,圆弧插补指令 G02、G03 被互换,刀具半径补偿指令 G41、G42 被互换,坐标旋转角度指令的 CW、CCW 被互换。G50.1 和 G51.1 镜像指令对应的对称轴可在程序中随意指定。

【应用实例 3-3】 G50.1、G51.1 镜像指令的应用

应用镜像加工指令完成图 3-108 所示的图形加工程序编写。

编写程序如下:

O0066;程序名

G54 G90 G00 X0 Y0 Z100;建立工件坐标系,设置换刀点

M03 S1000 T01;主轴正转,转速 1000r/min,调用 1 号刀

G00 Z50;快速到 Z50 位置

M98 P0061;调用 O0061 子程序加工图形 1

G51.1 X55;以 X55 为对称轴,设置程序镜像

M98 P0061;调用 O0061 子程序加工图形 2

G51.1 X55 Y55;以 X=55,Y=55 为对称轴,设置程序镜像

M98 P0061;调用 O0061 子程序加工图形 3

G51.1 Y55;以 Y=55 为对称轴,设置程序镜像

M98 P0061;调用 O0061 子程序加工图形 4

G50.1 X55 Y55;取消 X=55,Y=55 对称轴

G00 Z50;快速抬刀

X0 Y0 Z100;快速返回换刀点

M05;主轴停

M30;程序结束返回

O0061;子程序名

G00 X65 Y65;快速到图形 1 左下角点

Z10;快速下刀

G01 Z−2 F40;切削下刀

X100;切削到图形 1 右下角点

Y100;切削到图形 1 右上角点

X65 Y65;切削回到图形 1 左下角点

G01 Z10;抬刀

M99;子程序结束并返回主程序

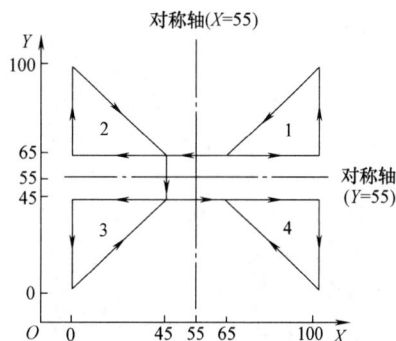

图 3-108 G50.1 和 G51.1 镜像指令的应用

3. G68、G69——坐标系旋转功能

G68 指令可使编程图形按照指定的旋转中心及旋转方向旋转一定的角度，G69 指令用于撤销旋转功能。

（1）基本编程方法

编程格式：G17/G18/G19 G68 α __ β __ R __ ；坐标旋转开始

　　　　　……坐标旋转

　　　　　G69；坐标旋转取消

式中　α、β——旋转中心的坐标值，可以是 X、Y、Z 中的任意两个绝对指令，当 X、Y、Z 省略时，G68 指令认为当前的位置即为旋转中心。

　　　　R——旋转角度，逆时针方向旋转定义为正方向，顺时针方向旋转定义为负方向。

当程序在绝对方式下时，G68 程序段后的第一个程序段必须使用绝对方式移动指令，才能确定旋转中心。如果这一程序段为增量方式移动指令，那么系统将以当前位置为旋转中心，按 G68 给定的角度旋转坐标。现以图 3-109 为例，应用旋转指令的程序为：

N010 G92 X-5 Y-5;建立图示的加工坐标系

N020 G68 G90 X7 Y3 R60;开始以点(7,3)为旋转中心,逆时针方向旋转 60°的旋转

N030 G90 G01 X0 Y0 F200;按原加工坐标系描述运动,到达(0,0)点

(G91 X5 Y5;)若按括号内程序段运行,将以当前点(-5,-5)为旋转中心旋转 60°

N040 G91 X10;X 向进给到(10,0)

N050 G02 Y10 R10;顺圆进给

N060 G03 X-10 I-5 J-5;逆圆进给

N070 G01 Y-10;回到(0,0)点

N080 G69 G90 X-5 Y-5;撤销旋转功能,回到(-5,-5)点

N090 M02;结束

（2）坐标系旋转功能与刀具半径补偿功能的关系　旋转平面一定要包含在刀具半径补偿平面内。以图 3-110 所示为例，参考程序如下：

N010 G92 X0 Y0;

N020 G68 X10 Y10 R-30;

N030 G90 G42 G00 X10 Y10 F100 H01;

N040 G91 X20;

N050 G03 Y10 I-10 J5;

N060 G01 X-20;

N070 Y-10;

N080 G40 G90 X0 Y0;

N090 G69;

N100 M30;

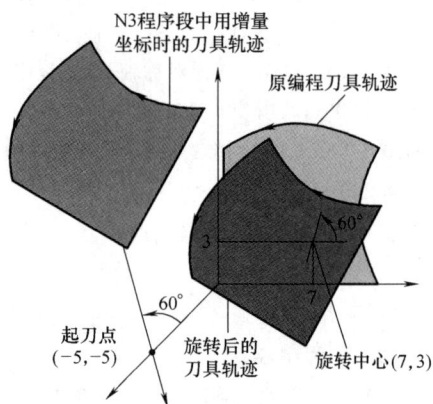

图 3-109　坐标系的旋转

当选用半径为 R5mm 的立铣刀时，设置 H01＝5。

（3）坐标系旋转与比例编程方式的关系　在比例编程模式下，再执行坐标系旋转指令，旋转中心坐标也执行比例操作，但旋转角度不受影响，这时各指令的排列顺序如下：

G51……

G68……

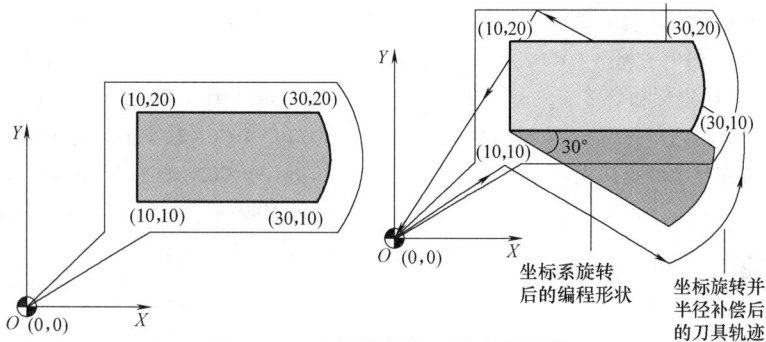

图 3-110 坐标旋转与刀具半径补偿

G41/G42……

G40……

G69……

G50……

【应用实例 3-4】 旋转程序应用

圆弧槽底板如图 3-111 所示,工件材料为 45 钢,已经调质处理。数控铣削加工零件上表面两平底偏心槽,槽深 10mm。

1. 分析工艺

1)设置工件坐标系原点。根据图 3-11 所示,两偏心槽设计基准在 $\phi106$mm 外圆的中心,所以工件坐标系原点设为工件上表面 $\phi106$mm 外圆中心。

2)工件装夹。采用自定心卡盘装夹外圆。

3)刀具选择。采用 $\phi12$mm 高速钢键槽铣刀。

4)切削用量。每层切削 1mm,主轴转速 n 为 800r/min,进给速度 v_f 为 50mm/min。

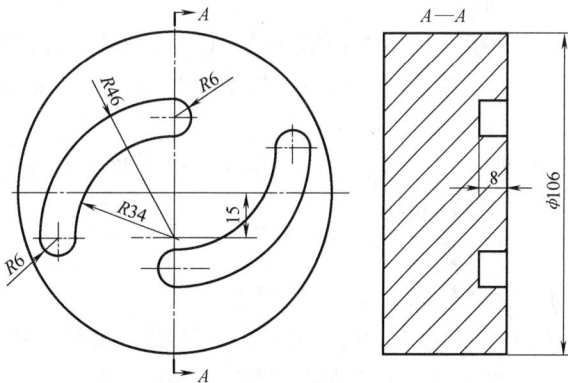

图 3-111 圆弧槽底板

5)确定工件加工方式和走刀路线。采用内廓分层环切方式。

2. 编写程序

O1068;

N010 G54 G90 G17 G00 Z60;程序初始化

N020 X0 Y0 T1 D1;

N030 M03 S800;起动主轴

N040 M98 P1006;调用子程序 O1006,执行 1 次

N050 G90 G68 X0 Y0 R180;坐标系旋转,旋转中
              心(0,0),旋转角度

为 180°

N060 M98 P1006;调用子程序 O1006,执行 1 次

N070 G00 Z60;快速回到起点

N080 G69;取消坐标系旋转

N090 X0 Y0;

N100 M05;主轴停

N110 M30;程序结束返回

O1006;子程序名

N010 G90 G00 X0 Y25;在初始平面上快速定位

于(0,25)

N020 Z2;快速下刀,到慢速下刀高度

N030 G01 Z0 F50;切入工件上表面

N040 G98 P41007;调用子程序 O1007,执行 4 次

N050 G90 G00 Z60;退回初始平面

N060 X0 Y0;回到起点

N070 M99;子程序结束并返回主程序

O1007;子程序名

N010 G91 G01 Z-2 F50;增量值编程,切入工件 2mm,进给速度 50mm/min

N020 G90 G03 X-39.686 Y-20 R40 F60;切削轮廓

N030 G91 G01 Z2 F30;切削轮廓

N040 G90 G02 X0 Y25 R40 F60;切削轮廓

N050 M99;子程序结束并返回主程序

任务实施

一、工艺分析

凹模上有 4 个对称分布的螺纹孔,起联接作用;有 2 个对称布置的销孔,起定位作用(本例销孔未加工)。零件的上表面以及 2 个 $\phi19.74^{+0.033}_{0}$ mm 的圆弧与 2 段直线所组成的型腔精度要求很高。内轮廓由平面、曲面组成,适合于数控铣床加工。其余表面要求较低,销孔在装配时配作。最后在磨床上对零件进行磨削精加工。

工件的中心是设计基准,下表面对上表面有平行度要求,加工定位时上表面为定位面,放于等高块上,找正后(通过拉表使坯料长边与机床 X 轴方向重合)用压板及螺钉压紧。装夹后对刀点选在上表面的中心,这样容易确定刀具中心与工件中心的相对位置。

(1)加工过程

1)凹模左侧用中心钻直径 $\phi12$mm 的孔,方便铣刀下刀。

2)粗、精铣削上型腔。批量生产时,粗、精加工刀具要分开,本例采用同一把刀具进行。粗加工单边留 0.4mm 余量。

3)粗、精铣削下型腔,粗加工单边留 0.4mm 余量。

4)钻螺纹底孔。

5)头攻螺纹。

6)二攻螺纹。

(2)走刀路线 由于立铣刀不能轴向进给,加工凹槽前应先用钻头在左侧圆弧中心钻一通孔,采用逆时针方向环切法,路线如图 3-112、图 3-113 所示。

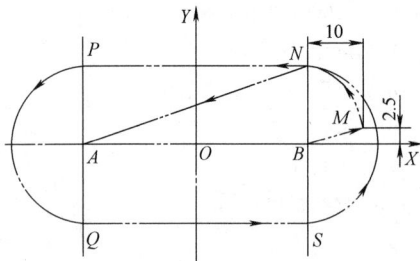

图 3-112 上型腔走刀路线

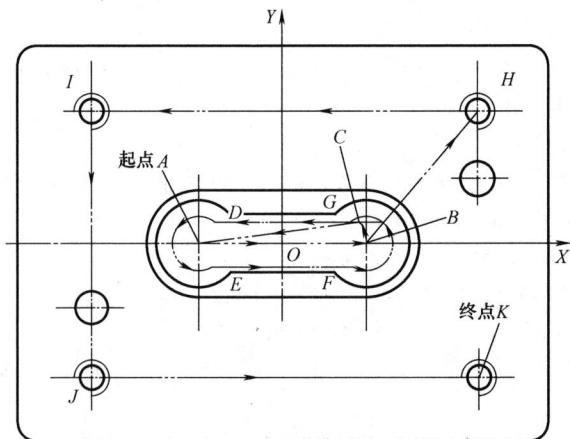

图 3-113 下型腔与螺纹孔走刀路线

（3）数值计算　利用软件绘图测知各点坐标如下：

$A(-20,0)$；$B(20,0)$；$C(15,6.89)$；$D(-12.93,6.89)$；$E(-12.93,-6.89)$；$F(12.93,-6.89)$；$G(12.93,6.89)$；$H(46,31)$；$I(-46,31)$；$J(-46,-31)$；$K(46,-31)$；$M(30,2.5)$；$N(20,12.5)$；$P(-20,12.5)$；$Q(-20,-12.5)$；$S(20,-12.5)$。

二、刀具与工艺参数

数控加工刀具卡和数控加工工序卡见表 3-21 和表 3-22。

表 3-21　数控加工刀具卡

单　　位		数控加工刀具卡	产品名称				零件图号
			零件名称		凹模		程序编号
序号	刀具号	刀具名称	刀具		刀具补偿值		备注
			直径/mm	长度	刀补号	刀补直径	
1	T01	麻花钻	$\phi12$				
2	T02	立铣刀	$\phi10$		粗 D01 精 D02	$\phi10.8$mm $\phi10$mm	
3	T03	麻花钻	$\phi6.7$				
4	T04	头攻丝锥	M7.8				
5	T05	二攻丝锥	M8				

表 3-22　数控加工工序卡

单　位		数控加工工序卡		产品名称	零件名称	材　料	零件图号
工序号	程序编号		夹具名称	夹具编号	设备名称	编制	审核
工步号	工步内容		刀具号	刀具规格/mm	主轴转速 n/ (r/min)	进给速度 v_f/ (mm/min)	背吃刀量 a_p/mm
1	钻孔(方便铣刀下刀)		T01	$\phi12$	1000	100	6
2	粗铣上型腔		T02	$\phi10$	1500	100	3
3	精铣上型腔		T02	$\phi10$mm	2000	80	0.4
4	粗铣下型腔		T02	$\phi10$	1500	100	3
5	精铣下型腔		T02	$\phi10$	2000	80	0.4
6	钻螺纹底孔		T03	$\phi6.7$	1000	100	3.35
7	头攻螺纹		T04	M7.8	200		
8	二攻螺纹		T05	M8	200		

三、装夹方案

用机用平口钳装夹工件，工件上表面高出钳口 8mm 左右。找正固定钳口的平行度以及工件上表面的平行度，确保精度要求。

四、程序编制

1. 数控铣床程序编写

（1）主程序

O0050;主程序名

G54 G90 G49 G80 G40 G94 G00 Z100;程序初始化

G00 X0 Y0;

M03 S1000;起动主轴

G43 T01 H1 G00 Z50;快速到起点,建立 1 号刀具
　　　　　　　长度补偿

G98 G83 X-20 Y0 Z-30 R5 Q2 F100;钻孔循环结
　　　　　　　束后回起点

G80 G49 G00 Z100;返回,取消钻孔循环及 1 号刀
　　　　　　　具长度补偿

X0 Y0;返回

M05;主轴停

M00;程序暂停

T02 D01;换 2 号刀具,1 号半径补偿

M03 S1500 F100;起动主轴

G43 H02 G00 Z50;2 号刀具长度补偿

G00 X-20 Y0;快速定位

Z2;到起刀点

M98 P70051;调子程序 O0051,共 7 次,粗加工上型腔

G00 X-20 Y0 Z-16;回起点

M05;主轴停

M00;程序暂停,准备精加工,可以换精铣刀,本例仍使用 2 号刀

T02 D02;2 号刀具及半径补偿

M03 S2000 F80;起动主轴,设置精车进给率

M98 P0051;调用子程序 O0051,精加工上型腔

G00 Z-17;下刀

M05;主轴停

M00;程序暂停,准备粗加工

T02 D01;1 号刀具半径补偿

M03 S1500 F100;

M98 P30052;调用子程序 O0052,共 3 次,粗加工下型腔

G00 Z-23;回精加工起点

M05;主轴停

M00;程序暂停,准备精加工,可以换精铣刀,本例仍使用 2 号刀

T02 D02;2 号刀具半径补偿

M03 S2000 F80;

M98 P0052;调用子程序 O0052,精加工下型腔

（2）子程序

O0051;上型腔铣削子程序名

G91 G01 Z-3;Z 轴增量进给

G90 X20;$A{\to}B$

G41 G01 X30 Y2.5;$B{\to}M$

G03 X20 Y12.5 R10;$M{\to}N$

G01 X-20;$N{\to}P$

G03 Y-12.5 R12.5;$P{\to}Q$

G01 X20;$Q{\to}S$

G03 Y12.5 R12.5;$S{\to}N$

G40 G01 X-20 Y0;$N{\to}A$

M99;子程序结束

O0052;下型腔铣削子程序名

G91 G01 Z-3;Z 轴增量进给

G49 G00 Z100;取消刀具长度补偿

T02 D00;取消刀具半径补偿

M05;主轴停

M00;程序暂停

T03;换 3 号刀具

G43 H03 G00 Z50;3 号刀具长度补偿

M03 S1000;起动主轴

G99 G83 X46 Y31 Z-30 R5 Q2 F100;钻孔循环

M98 P0053;调用钻孔子程序

G49 G00 Z100;取消长度补偿

M05;主轴停

M00;程序暂停

T04;换 4 号刀具

G43 H04 G00 Z50;4 号刀具长度补偿

M03 S200;起动主轴

G99 G84 X46 Y31 Z-27 R5 F1.25;头攻循环

M98 P0053;调用攻螺纹子程序 O0053

G00 G49 Z50;取消长度补偿

M05;主轴停

M00;程序暂停

T05;换 5 号刀具

G43 H05 G00 Z50;5 号刀具长度补偿

M3 S200;起动主轴

G99 G84 X46 Y31 Z-27 R5 F1.25;二攻循环

M98 P0053;调用攻螺纹子程序 O0053

G80 G49 G00 Z100;取消长度补偿,取消循环

X0 Y0;返回

M05;主轴停

M30;程序结束返

G90 G01 X20;$A{\to}B$

G41 G01 X15 Y6.89;$B{\to}C$

X-12.93;$C{\to}D$

G03 Y-6.89 R-9.87;$D{\to}E$

G01 X12.93;$E{\to}F$

G03 Y6.89 R-9.87;$F{\to}G$

G40 G01 X-20 Y0;$G{\to}A$

M99;子程序结束

O0053;螺纹孔加工子程序名

X-46;$H{\to}I$

Y-31;$I{\to}J$

X46;$J{\to}K$

M99;子程序结束

图 3-114 所示为仿真加工完成后的加工视窗。

2. 加工中心程序编写

（1）主程序

O0060;主程序名

G54 G90 G49 G80 G40 G94 G00 Z100;程序初始化

G00 X0 Y0;

M03 S1500;起动主轴

M19;主轴准停

G28 G91 Z0;基于当前点 Z 轴返回参考点

G28 X0 Y0 T01；基于当前点 X 轴、Y 轴返回参考点,选 1
号刀

图 3-114 仿真加工完成后的加工视窗

M06;换 1 号刀

G29 G90 G54 X0 Y0;从参考点返回到(X0,Y0)

G29 Z100;从参考点返回到 Z100

G43 G00 Z50 H01 T01;到起点,建立 1 号刀具长度补偿

M03 S1000;起动主轴

G98 G83 X-20 Y0 Z-30 R5 Q2 F100;钻孔循环结束后回起始点

G80 G49 G00 Z100;返回,取消钻孔循环及 1 号刀具长度补偿

X0 Y0;返回

M19;主轴准停

G28 G91 Z0;基于当前点 Z 轴返回参考点

G28 X0 Y0 T02;基于当前点 X 轴、Y 轴返回参考点,选 2 号刀

M06;换 2 号刀

G29 G90 G54 X-20 Y0;从参考点返回到(X-20,Y0)

G29 Z100;从参考点返回到 Z100

M03 S1500 F100;

G43 G00 Z2 T02 H02;调用 2 号刀具长度补偿

M98 P70051;调用子程序 O0051,共 7 次,粗加工上型腔

G00 X-20 Y0 Z-16;回精加工起点

T02 D02;调用 2 号半径补偿精加工

M03 S2000 F80;升速

M98 P0051;调用子程序 O0051,精加工上型腔

G00 Z-17;到下型腔粗加工起点

T02 D01;换 2 号刀具,1 号半径补偿,准备粗加工

M03 S1500 F100;

M98 P30052;调用子程序 O0052,共 3 次,粗加工下型腔

G00 Z-23;到精加工起点

T02 D02;使用 2 号刀及 2 号半径补偿精加工

M03 S2000 F80;

M98 P0052;调用子程序 O0052,精加工下型腔

G49 G00 Z50;取消刀具长度补偿

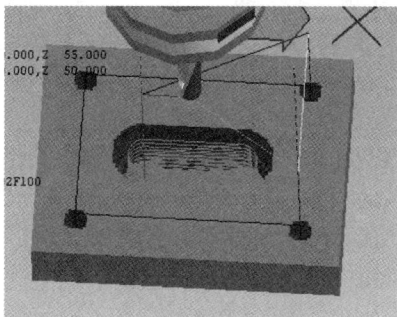

T02 D00;取消刀具半径补偿

M19;主轴准停

G28 G91 Z0;基于当前点 Z 轴返回参考点

G28 X0 Y0 T03;基于当前点 X 轴、Y 轴返回参考点,选 3 号刀

M06;换 3 号刀

G29 G90 G54 X0 Y0;从参考点返回到(X0,Y0)

G29 Z100;从参考点返回到 Z100

G43 G00 Z50 T03 H03;到起点,调用 3 号刀具长度补偿

M03 S1000 F100;起动主轴

G99 G83 X46 Y31 Z-30 R5 Q2 F100;钻孔循环

M98 P0053;钻孔子程序

G00 G80 G49 Z50;取消循环及刀具长度补偿

M19;主轴准停

G28 G91 Z0;基于当前点 Z 轴返回参考点

G28 X0 Y0 T04;基于当前点 X 轴、Y 轴返回参考点,选 4 号刀

M06;换 4 号刀

G29 G90 G54 X0 Y0;从参考点返回到(X0,Y0)

G29 Z100;从参考点返回到 Z100

G43 G00 Z50 T04 H04;到起点,调用 4 号刀具长度补偿

M03 S200;起动主轴

G99 G84 X46 Y31 Z-27 R5 F1.25;头攻循环

M98 P0053;调用攻螺纹子程序 O0053

G00 G49 Z50;取消长度补偿

M19;主轴准停

G28 G91 Z0;基于当前点 Z 轴返回参考点

G28 X0 Y0 T04;基于当前点 X 轴、Y 轴返回参考点,选 4 号刀

M06;换 4 号刀

G29 G90 G54 X-20 Y0;从参考点返回到(X-20,Y0)

G29 Z50;从参考点返回到 Z50

G43 Z50 T05 H05;调用 5 号刀具长度补偿

M3 S200;起动主轴

G99 G84 X46 Y31 Z-27 R5 F1.25;二攻循环

M98 P0053;调用攻螺纹子程序 O0053

G80 G49 G00 Z100;取消长度补偿,取消循环,Z 轴返回

X0 Y0;X 轴、Y 轴返回

M05;主轴停

M30;程序结束返回

（2）子程序

O0051;上型腔铣削子程序名

G91 G01 Z-3;Z 轴增量进给

G90 X20;A→B

G41 G01 X30 Y2.5;B→M

G03 X20 Y12.5 R10;M→N

G01 X-20;N→P

G03 Y-12.5 R12.5;P→Q

G01 X20;Q→S

G03 Y12.5 R12.5;S→N

G40 G01 X-20 Y0;N→A

M99;子程序结束

O0052;下型腔铣削子程序名

G91 G01 Z-3;Z 轴增量进给

G90 G01 X20;A→B

G41 G01 X15 Y6.89;B→C

X-12.93;C→D

G03 Y-6.89 R-9.87;D→E

G01 X12.93;E→F

G03 Y6.89 R-9.87;F→G

G40 G01 X-20 Y0;G→A

M99;子程序结束

O0053;螺纹孔加工子程序名

X-46;H→I

Y-31;I→J

X46;J→K

M99;子程序结束

技能实训

1. 编写图 3-115 所示的复杂凸台底座数控铣削加工程序。点 1~4 基点坐标见图中表。

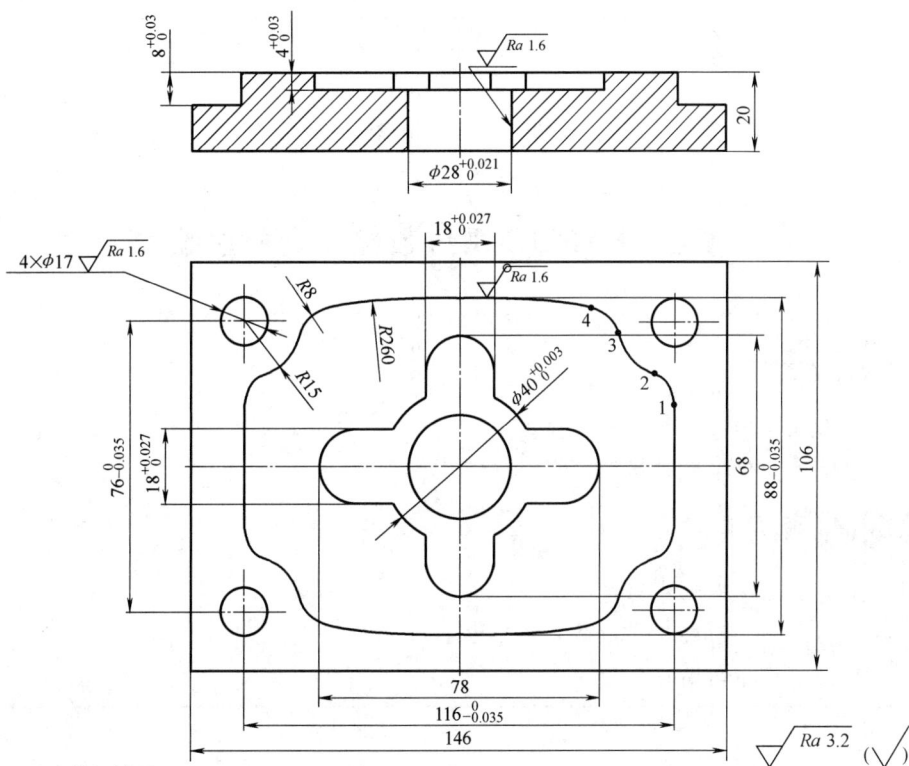

基点坐标:

1	(58.000,16.436)	3	(43.291,35.062)
2	(52.783,23.937)	4	(36.571,41.415)

技术要求:1. 未注尺寸公差按 GB/T 1804—m。

2. 锐边去毛刺。

3. 材料为 45 钢。

图 3-115 复杂凸台底座

2. 完成图 3-116 所示的带槽底座数控仿真加工,要求制订加工方案,选择刀具、夹具、切削用量、工艺路线,计算刀具轨迹,使用半径补偿功能、镜像加工功能、固定循环功能及子程序等。

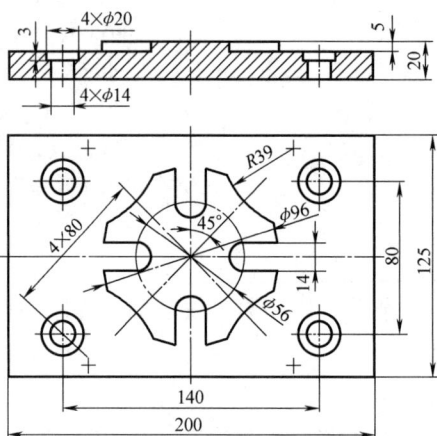

图 3-116　带槽底座

任务七　FANUC 系统数控铣宏程序编程

技能目标

（1）知道宏程序的特点及应用场合
（2）能运用宏程序编写程序，并进行仿真加工

知识目标

（1）了解数控铣宏程序的特点
（2）熟悉宏程序的变量、指令和调用方法
（3）掌握宏程序的编写

任务导入——加工环形点阵孔群

任务描述

用宏程序完成图 3-117 所示的环形点阵孔群零件的加工。

知识链接

宏程序的含义、变量、算数运算指令、控制指令及程序格式与宏程序调用等内容在项目二任务七中已经有详尽介绍，在 FANUC 数控铣削系统的编程时也一样适用，具体任务实施过程中的变量与指令参考项目二任务七有关内容。

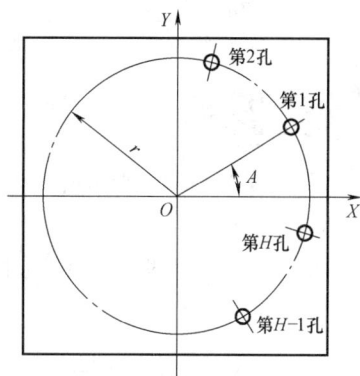

图 3-117　圆环点阵孔群零件

任务实施

一、工艺分析

图 3-117 所示的圆环点阵孔群零件中各孔的加工宏程序中将用到下列变量：

#1——第 1 个孔的起始角度 A，在主程序中用对应的地址 A 赋值；

#3——孔加工固定循环中 R 平面值，在主程序中用对应的地址 C 赋值；

#9——孔加工的进给量值，在主程序中用对应的地址 F 赋值；

#11——要加工孔的孔数 H，在主程序中用对应的地址 H 赋值；

#18——加工孔所处的圆环半径值 r，在主程序中用对应的地址 R 赋值；

#26——孔深坐标值 Z，在主程序中用对应的地址 Z 赋值；

#30——基准点，即圆环形中心的 X 坐标值 X_0；

#31——基准点，即圆环形中心的 Y 坐标值 Y_0；

#32——当前加工孔的序号 i；

#33——当前加工第 i 孔的角度；

#100——已加工孔的数量；

#101——当前加工孔的 X 坐标值，初值设置为圆环形中心的 X 坐标值 X_0；

#102——当前加工孔的 Y 坐标值，初值设置为圆环形中心的 Y 坐标值 Y_0。

二、宏程序编制

```
O8000;
N0010 #30＝#101;基准点保存
N0020 #31＝#102;基准点保存
N0030 #32＝1;计数值置 1
N0040 WHILE［#32 LE ABS［#11］］DO1;进入孔加工循环体
N0050 #33＝#1+360×［#32-1］/#11;计算第 i 孔的角度
N0060 #101＝#30+#18×COS［#33］;计算第 i 孔的 X 坐标值
N0070 #102＝#31+#18×SIN［#33］;计算第 i 孔的 Y 坐标值
N0080 G90 G81 G98 X#101 Y#102 Z#26 R#3 F#9;钻削第 i 孔
N0090 #32＝#32+1;计数器对孔序号 i 计数累加
N0100 #100＝#100+1;计算已加工孔数
N0110 END1;孔加工循环体结束
N0120 #101＝#30;返回 X 坐标初值 X₀
N0130 #102＝#31;返回 Y 坐标初值 Y₀
N0140 M99;宏程序结束
```

在主程序中调用上述宏程序的调用格式如下：

G65 P8000 A __ C __ F __ H __ R __ Z __;

上述程序段中各地址后的值均应按零件图样中给定值来赋值。

技能实训

1. 完成图 3-118 所示的凸模板外轮廓铣削加工编程，材料为硬铝，毛坯尺寸为 100mm× 60mm×25mm。

2. 完成图 3-119 所示的孔群零件上均布孔的加工编程，材料为 45 钢，毛坯尺寸为 100mm×80mm×16mm。

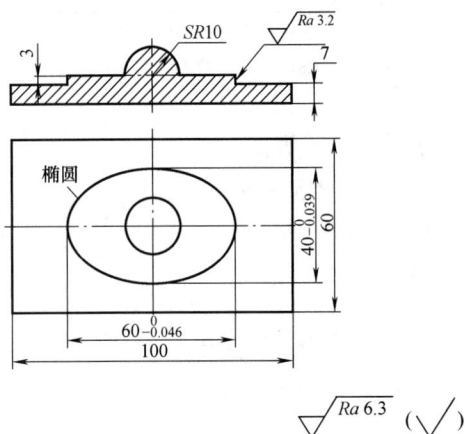

图 3-118 凸模板

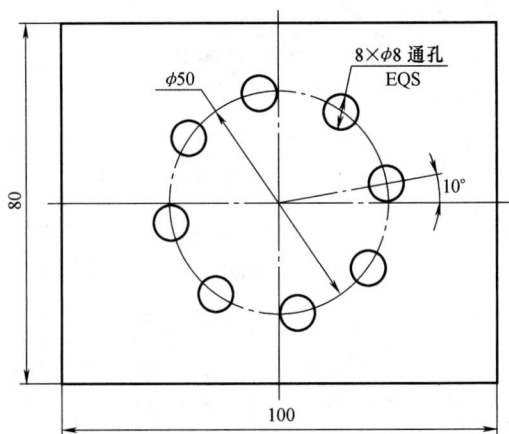

图 3-119 孔群零件

任务八 SIEMENS 系统数控铣削加工简介

技能目标

（1）能够分析零件加工工艺
（2）能够应用 SIEMENS 系统编写中等难度零件加工程序并进行调试
（3）会设置刀具补偿
（4）能在 SIEMENS 系统仿真软件中加工零件

知识目标

（1）了解 SIEMENS 系统编程特点
（2）掌握 SIEMENS 系统编程指令
（3）掌握 SIEMENS 系统循环指令的应用
（4）掌握制订加工工艺的方法
（5）掌握 SIEMENS 系统数控铣床仿真加工操作步骤

任务导入——铣削凹槽

任务描述

如图 3-120 所示，加工一个 60mm×40mm×17.5mm、圆角 R8mm 的凹槽，工件材料为 45 钢。凹槽轮廓的精加工余量为 0.75mm，深度精加工余量为 0.5mm，工件上表面为参考平面，设为 Z 轴原点，安全距离为 0.5mm。凹槽的中心点坐标为（X60，Y40），最大进刀深度为 4mm，加工分为粗加工和精加工。

知识链接

SIEMENS 系统数控铣的程序名及结构等格式、基本功能指令与循环指令等编程格式、辅助功能与刀具及刀补等指令格式等与 SIEMENS 系统数控车的规定基本相同，具体可参阅项目二任务八有关内容。在此不再重复，只介绍不同之处的有关指令的功能。

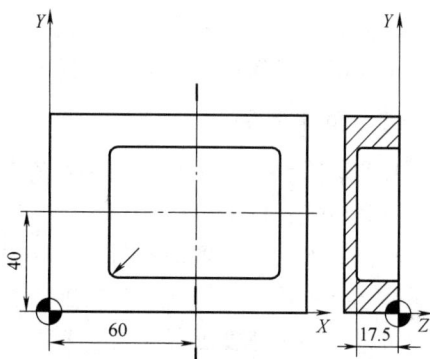

图 3-120 凹槽

一、基本编程指令

1. G02/G03——圆弧插补

编程格式：G02/G03 X __ Y __ I __ J __；圆心和终点编程

G02/G03 CR = __ X __ Y __；半径和终点编程

G02/G03 AR = __ I __ J __；张角和圆心编程

G02/G03 AR = __ X __ Y __；张角和终点编程

功能：G02 为顺时针方向圆弧插补指令；G03 为逆时针方向圆弧插补指令。执行 G02/G03 指令时，刀具沿圆弧轮廓从起点运动到终点。

【特别注意】

整圆编程只能用圆心和终点编程格式。在用半径定义的圆弧中，应正确选择 CR 指定圆弧半径的正负号。因为使用同样的起点、终点、半径和相同的方向，圆弧半径取正值和负值时，对应于两个不同的圆弧。CR 指定圆弧半径为负，说明圆弧段大于半圆；否则，圆弧段小于或等于半圆。

2. G54~G59/G500/G53/G153——可设定的零点偏置

编程格式：G54~G59；第 1~6 可设定零点偏置

G500；取消可设定零点偏置，模态有效

G53；取消可设定零点偏置，程序段方式有效

功能：利用可设定的零点偏置指令给出工件零点在机床坐标系中的位置。当工件装夹到机床上后求出偏移量，并通过操作面板输入到规定的数据区。编程时可以通过选择相应的 G 功能，如 G54~G59 来调用。

3. G17~G19——平面选择

编程格式：G17/G18/G19；

功能：G17、G18、G19 指令分别确定 *XY* 坐标平面、*XZ* 坐标平面、*YZ* 坐标平面。

4. G40/G41/G42——刀具半径补偿

编程格式：G41 G00/G01 X __ Y __；刀具在工件轮廓左边（沿着进给方向）刀补有效

G42 G00/G01 X __ Y __；刀具在工件轮廓右边（沿着进给方向）刀补有效

G40 G00/G01 X __ Y __；取消刀具半径补偿

功能：执行刀具补偿指令 G41、G42，刀具在用 G17/G18/G19 指定的平面中带刀具半径补偿工作，并且必须有相应的刀补号才能有效。执行刀具半径补偿时，控制器自动计算出当前刀具运行所产生的、与编程轮廓等距离的刀具轨迹。

二、数控程序的结构

SIEMENS 系统数控铣削程序的程序名、程序内容与结构等格式与 SIEMENS 系统数控车的规定相同，具体可参阅项目二任务八有关内容。

三、循环指令

1. LCYC84——不带补偿夹具的螺纹切削循环

编程格式：LCYC84；

功能：刀具以设置的主轴转速和方向钻削，直至给定的螺纹深度。与 LCYC840 相比，此循环运行更快、更精确。钻削轴的进给率由主轴转速导出。在循环中旋转方向自动转换，退刀可以另一个速度进行。

LCYC84 循环指令的参数说明见表 3-23。

表 3-23 LCYC84 循环指令的参数说明

参数	含义	说明
R101	返回平面(绝对坐标)	参见 LCYC82
R102	安全距离	
R103	参考平面(绝对坐标)	
R104	最后钻削深度(绝对坐标)	
R105	在螺纹终点处的停留时间	
R106	螺纹导程,范围为 ±0.001～±2000.000mm	用此数值设定螺纹间的距离,数值前的符号表示加工螺纹时主轴的旋转方向。正号表示顺时针方向旋转(同 M03),负号表示逆时针方向旋转(同 M04)
R112	攻螺纹速度	规定攻螺纹时的主轴转速
R113	退刀速度	在此参数下可以设置退刀时的主轴转速。如果此值设为零,则刀具以 R112 参数所设置的主轴转速退刀

【特别注意】

1）循环开始之前的位置是调用程序中最后返回的钻削位置。

2）循环的时序过程为：用 G00 回到参考平面加安全距离处→在 0°时主轴停止，主轴转换为坐标轴运行→用 G331 和 R112 参数设置的主轴转速加工螺纹，旋转方向由螺距（R106）的符号可以确定→用 G332 指令和 R113 参数设置的主轴转速退刀至参考平面处→用 G00 退回到返回平面，取消主轴坐标轴运行。

2. LCYC60——线性孔排列钻削循环

编程格式：LCYC60；

功能：此循环指令可用于线性排列的钻孔或攻螺纹孔，如图 3-121 所示。孔加工循环类型，即是钻孔还是攻螺纹孔，用参数 R115 指定。表 3-24 列出了 LCYC60 循环指令的参数，其使用如图 3-122 所示。

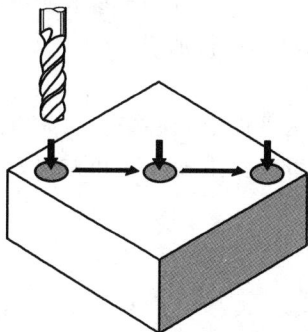

图 3-121　线性孔排列钻削功能

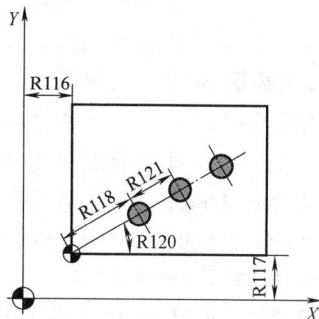

图 3-122　LCYC60 循环指令参数的使用

表 3-24　LCYC60 循环指令中使用的参数

参数	含义	说明
R115	钻孔或攻螺纹循环号数值：82（LCYC82），83（LCYC83），84（LCYC84），840（LCYC840），85（LCYC85）	选择待加工的钻孔或攻螺纹所需调用的钻孔循环号或攻螺纹循环号
R116	参考点横坐标	在孔排列直线上确定一个点作为参考点，用来确定两个孔之间的距离。从该点出发，定义到第一个钻孔的距离（R118）
R117	参考点纵坐标	
R118	第 1 孔到参考点的距离	确定第 1 个钻孔到参考点的距离
R119	孔数	确定孔的个数
R120	平面中孔排列直线的角度	确定孔排列直线与横坐标之间的角度
R121	孔间距离	确定两个孔之间的距离

【特别注意】

LCYC60 循环指令的动作时序过程是：出发点位置任意，但需保证从该位置出发可以无碰撞地回到第一个钻孔位。循环执行时首先回到第一个钻孔位，并按照 R115 参数所确定的循环加工孔，然后快速回到其他的钻削位，按照所设定的参数继续进行接加工。

3. LCYC61——圆弧排列孔循环

编程格式：LCYC61；

功能：LCYC61 循环指令可用于加工呈圆弧状排列的孔和螺纹，参数见表 3-25。

表 3-25　LCYC61 循环指令中使用的参数

参数	含义	说明
R115	钻孔或攻螺纹循环号数值：82（LCYC82），83（LCYC83），84（LCYC84），840（LCYC840），85（LCYC85）	参见 LCYC60
R116	圆弧圆心横坐标（绝对值）	加工平面中的圆弧孔位置通过圆心坐标（参数 R116/R117）和半径（R118）定义。在此，半径值只能为正
R117	圆弧圆心纵坐标（绝对值）	
R118	圆弧半径	
R119	孔数	参见 LCYC60
R120	起始角，数值范围为-180°~180°	这些参数确定圆弧上钻孔的排列位置。其中参数 R120 给出横坐标正方向与第一个钻孔之间的夹角，R121 规定孔与孔之间的夹角。如果 R121 等于零，则在循环内部将这些孔均匀地分布在圆弧上，从而根据钻孔数计算出孔与孔之间的夹角
R121	角度增量	

【特别注意】

LCYC61 循环指令的动作时序过程是：出发点位置任意，但需保证从该位置出发可以无碰撞地回到第一个钻孔位。循环执行时首先回到第一个钻孔位，并按 R115 参数所确定的循环加工孔，然后快速回到其他的钻削位，按照所设定的参数继续进行加工。

【应用实例 3-5】 使用循环 LCYC82 循环指令加工孔

使用循环 LCYC82 加工 4 个深度为 30mm 的孔。通过 XY 平面上圆心坐标（X70，Y60）和半径 42mm 确定孔，起始角为 33°。Z 轴上的安全距离为 2mm。主轴转速和方向以及进给率在调用循环中确定。加工程序如下：

N10 G00 G17 G90 F500 S400 M03 T3 D1;确定工艺参数

N20 X50 Y45 Z5;回到出发点

N30 R101 = 5 R102 = 2 R103 = 0 R104 = −30 R105 = 1;定义钻孔循环指令参数

N40 R115 = 82 R116 = 70 R117 = 60 R118 = 42 R119 = 4;定义圆弧排列孔循环指令参数

N50 R120 = 33 R121 = 0;定义圆弧排列孔循环指令参数

N60 LCYC61;调用圆弧排列孔循环指令

N70 M02;程序结束

4. LCYC75——矩形槽/键槽和圆形凹槽铣削循环

编程格式：LCYC75;

功能：利用此循环指令，通过设定相应的参数可以铣削一个与轴平行的矩形槽或者键槽，或者一个圆形凹槽。通过参数设定凹槽长度＝凹槽宽度＝两倍的圆角半径，可以铣削一个直径为凹槽长度或凹槽宽度的圆形凹槽。如果仅凹槽宽度等于两倍的圆角半径，则铣削一个键槽。加工时总是在第三轴方向从中心处开始进刀，这样在有导向孔的情况下就可以使用不能切中心孔的铣刀。通过设定相应的参数，利用此循环可以铣削矩形槽、键槽及圆形凹槽，且循环加工可分为粗加工和精加工，如图 3-123 所示。LCYC75 循环指令的参数使用如图 3-124 所示，参数说明见表 3-26。

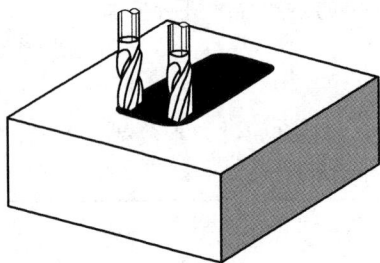

图 3-123 LCYC75 铣削循环

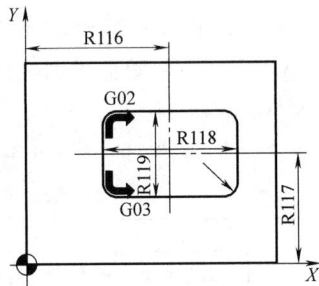

图 3-124 LCYC75 循环指令参数使用

表 3-26 LCYC75 循环指令的参数说明

参数	含义	说明
R101	返回平面(绝对坐标)	参见 LCYC82
R102	安全距离	
R103	参考平面(绝对坐标)	
R104	凹槽深度(绝对坐标)	在此参数下设置参考面和凹槽槽底之间的距离(深度)
R116	凹槽圆心 X 坐标	用参数 R116 和 R117 确定凹槽中心点的横坐标和纵坐标
R117	凹槽圆心 Y 坐标	

（续）

参数	含义	说明
R118	凹槽长度	用参数 R118 和 R119 确定平面上凹槽的形状。如果铣刀半径 R120 大于设置的角度半径，则所加工的凹槽圆角半径等于铣刀半径。如果
R119	凹槽宽度	刀具半径超过凹槽长度或宽度的一半，则循环中断，并发出报警"铣刀半径太大"。如果铣削一个圆形槽（R118 = R119 = R120），则拐角半径（R120）的值就是圆形槽的直径
R120	拐角半径	
R121	最大进刀深度	用此参数确定最大的进刀深度。循环运行时以同样的尺寸进刀。利用参数 R121 和 R104 循环计算出一个进刀量，其大小介于 0.5 倍最大进刀深度和最大进刀深度之间。如果 R121 = 0，则立即以凹槽深度进刀。进刀从提前了一个安全距离的参考平面处开始
R122	深度进刀进给率	进刀时的进给率，方向垂直于加工平面
R123	表面加工的进给率	用此参数确定平面上粗加工和精加工的进给率
R124	表面加工的精加工余量	设置粗加工时留出的轮廓精加工余量。在精加工时（R127 = 2），根据参数 R124 和 R125 选择"仅加工轮廓"或"同时加工轮廓和深度" 仅加工轮廓：R124>0，R125 = 0 同时加工轮廓和深度：R124>0，R125>0 　　　　　　　　　　　　R124 = 0，R125 = 0 　　　　　　　　　　　　R124 = 0，R125>0
R125	深度加工的精加工余量	参数给定的精加工余量在深度进给粗加工时起作用。其他同 R124
R126	铣削方向 G02 或 G03	用此参数规定加工方向：R126 = 2，G02；R126 = 3，G03
R127	铣削类型	此参数确定加工方式：1—粗加工，按照给定的参数加工凹槽至精加工余量；2—精加工。进行精加工的前提条件是：凹槽的粗加工过程已经结束，接下去对精加工余量进行加工，并且要求留出的精加工余量小于刀具直径

【特别注意】

LCYC75 循环指令的动作时序过程是：出发点位置任意，但需保证从该位置出发可以无碰撞地回到返回平面的凹槽中心点。

1）粗加工 R127 = 1。用 G00 回到返回平面的凹槽中心点，然后再同样以 G00 回到安全高度平面处。凹槽的加工分为以下几个步骤：以 R122 参数值确定的进给率和调用循环之前的主轴转速进刀到下一次加工的凹槽中心点处→按照 R123 参数值确定的进给率和调用循环之前的主轴转速在轮廓和深度方向进行铣削，直至最后精加工余量。如果铣刀直径大于凹槽/键槽宽度减去精加工余量，或者铣刀半径等于凹槽/键槽宽度，若有可能可降低精加工余量，加工过程为：通过摆动运动加工一个凹槽→加工方向由 R126 参数值确定→在凹槽加工结束之后，刀具回到返回平面凹槽中心，循环过程结束。

2）精加工 R127 = 2。如果要求分多次进刀，则只有最后一次进刀到达最后深度凹槽中心点（R122）。为了缩短返回的空行程，在此之前的所有进刀均快速返回，并根据凹槽和键槽的大小无须回到凹槽中心点才开始加工。加工过程为：通过参数 R124 和 R125 选择"仅加工轮廓"或者"同时加工轮廓和深度"，表面加工以 R123 参数值进行，深度进给则以 R122 参数值运行→加工方向由参数 R126 参数值确定→凹槽加工结束以后刀具运行到返回平面的凹槽中心点处，结束循环。

【应用实例3-6】 方槽铣削

应用槽循环加工指令编写图 3-125 所示方槽的加工程序。

编写程序如下：

```
CA01. MPF;
G56 G90 G00;工件坐标系选择
T1D1;刀具补偿(刀具半径为 5mm)
M06;
G0 Z50;
M03 S1200;
M08;
R101 = 50 R102 = 2 R103 = 0 R104 = -10;定义铣槽
```

```
                                       循环参数
R116 = 0 R117 = 0 R118 = 60 R119 = 40;
R120 = 6 R121 = 3 R122 = 200 R123 = 500;
R124 = 0 R125 = 0 R126 = 3 R127 = 1;
LCYC75;调用铣槽循环
G00 Z50;
M05 M09;
M02;
```

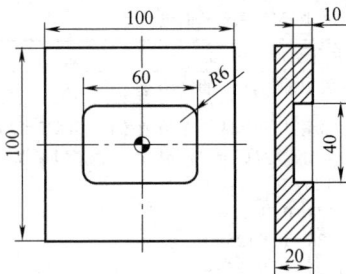

图 3-125 方槽铣削

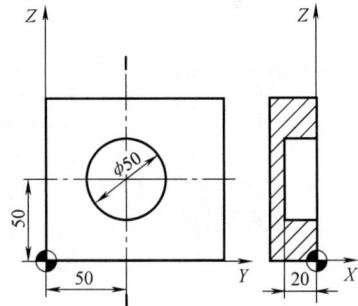

图 3-126 圆形槽铣削

【应用实例 3-7】 圆形槽铣削

如图 3-126 所示，在 YZ 平面上加工一个圆形凹槽，中心点坐标为（Y50，Z50），凹槽深为 20mm，深度方向进给轴为 X 轴，没有给出精加工余量，也就是说粗加工此凹槽。使用的铣刀带端面齿，可以切削中心。

编写程序如下：

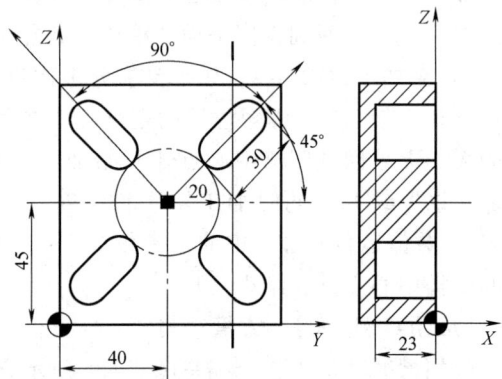

```
CA02. MPF;
N10 G00 G19 G90 S200 M03 T1 D1;设定工艺
                               参数
N20 Z60 X40 Y5;回到起始位
N30 R101 = 4 R102 = 2 R103 = 0 R104 = -20;
        设定凹槽铣削循环参数
    R116 = 50 R117 = 50;
```

```
N40 R118 = 50 R119 = 50 R120 = 50;
    R121 = 4 R122 = 100;
N50 R123 = 200 R124 = 0 R125 = 0;
    R126 = 2 R127 = 1;
N60 LCYC75;调用循环
N70 M02;循环结束
```

【应用实例 3-8】 键槽铣削

在图 3-127 中，YZ 平面有 4 个槽，沿弧形分布，相互间成 90°，起始角为 45°。在调用程序中，坐标系已经做了旋转和移动。键槽的尺寸如下：长度为 30mm，宽度为 15mm，深度为 23mm。安全间隙为 1mm，铣削方向用 G02，深度进给最大为 6mm。粗加工键槽（精加工余量为零），铣刀带断面齿，可以加工中心。

编写程序如下：

图 3-127 键槽铣削

CA03. MPF；

N10 G00 G19 G90 T10 D1 S400 M03；设定工艺参数

N20 Y20 Z50 X5；回到起始位

N30 R101 = 5 R102 = 1 R103 = 0；设定铣削循环参数

R104 = −23 R116 = 35 R117 = 0；

N40 R118 = 30 R119 = 15 R120 = 7.5；

R121 = 6 R122 = 200；

N50 R123 = 300 R124 = 0 R125 = 0；

R126 = 2 R127 = 1；

N60 G158 Y40 Z45；建立坐标系 Z_1Y_1，移动到 (Z45,Y40)

N70 G259 RP L45；旋转坐标系 45°

N80 LCYC75；调用循环，铣削第一个槽

N90 G259 RPL90；继续旋转 Z_1Y_1 坐标系 90°

N100 LCYC75；调用循环，铣削第二个槽

N110 G259 RPL90；继续旋转 Z_1Y_1 坐标系 90°

N120 LCYC75；铣削第三个槽

N130 G259 RPL90；继续旋转 Z_1Y_1 坐标系 90°

N140 LCYC75；铣削第四个槽

N150 G259 RPL45；恢复到原坐标系，角度为 0°

N160 G158 Y−40 Z−45；返回移动部分

N170 Y20 Z50 X5；回到出发位置

N180 M2；程序结束

任务实施

一、工艺分析

1）钻凹槽中心孔。

2）粗铣内轮廓。

3）精铣内轮廓与底面。

二、刀具与工艺参数

数控加工刀具卡和数控加工工序卡见表 3-27 和表 3-28。

表 3-27　数控加工刀具卡

单 位		数控加工刀具卡	产品名称				零件图号	
			零件名称		凹槽		程序编号	
序号	刀具号	刀具名称	刀具		刀具半径补偿值		序号	
			直径/mm	长度/mm	刀补号	刀补直径	半径	长度
1	T1	中心钻	$\phi6$		D1			
2	T2	立铣刀	$\phi12$		D2	$\phi12mm$		
3	T3	立铣刀	$\phi12$			$\phi12mm$		

表 3-28　数控加工工序卡

单 位		数控加工工序卡		产品名称	零件名称	材 料	零件图号
					凹槽	45 钢	
工序号	程序编号		夹具名称	夹具编号	设备名称	编制	审核
工步号	工步内容		刀具号	刀具名称及规格	主轴转速 n/(r/min)	进给速度 v_f/(mm/min)	背吃刀量 a_p/mm
1	钻凹槽中心孔		T1	$\phi6mm$ 中心钻	300	100	
2	粗铣内轮廓		T2	$\phi12mm$ 立铣刀	600	200	
3	精铣内槽轮廓与底面		T3	$\phi12mm$ 立铣刀	1000	150	

三、装夹方案

用机用平口钳装夹工件，找正工件的表面平行度，安装工件时保证工件底面与垫块接触良好，确保零件加工精度。工件上表面高出钳口 8mm 左右。

四、程序编制

ACXX321.MPF;程序名

N10 G00 G17 G90 F100 S300 M03 T1 D1;确定工艺参数

N20 X60 Y40 Z5;回到钻削位置

N30 R101=5 R102=2 R103=9;

    R104=-17.5 R105=2;设定钻削循环参数

N40 LCYC82;调用钻削循环

N50 T2 D2;更换刀具

N60 M03 S600 F200;粗加工切削用量参数

N70 R116=60 R117=40 R118=60;

    R119=40 R120=8;设定凹槽铣削循环加工参数

N80 R121=4 R122=120 R123=300;

    R124=0.75 R125=0.5;与钻削循环相比较 R101~R104 参数不变

N90 R126=2 R127=1;

N100 LCYC75;调用粗加工循环

N110 T3 D2;更换刀具

N120 M03 S1000 F150;精加工切削用量参数

N130 R127=2;凹槽铣削循环精加工设定参数(其他参数不变)

N140 LCYC75;调用精加工循环

N150 M02;程序结束

技能实训

编写图 3-128 所示双圆形模板的数控铣床/加工中心加工程序,并加工出该零件。

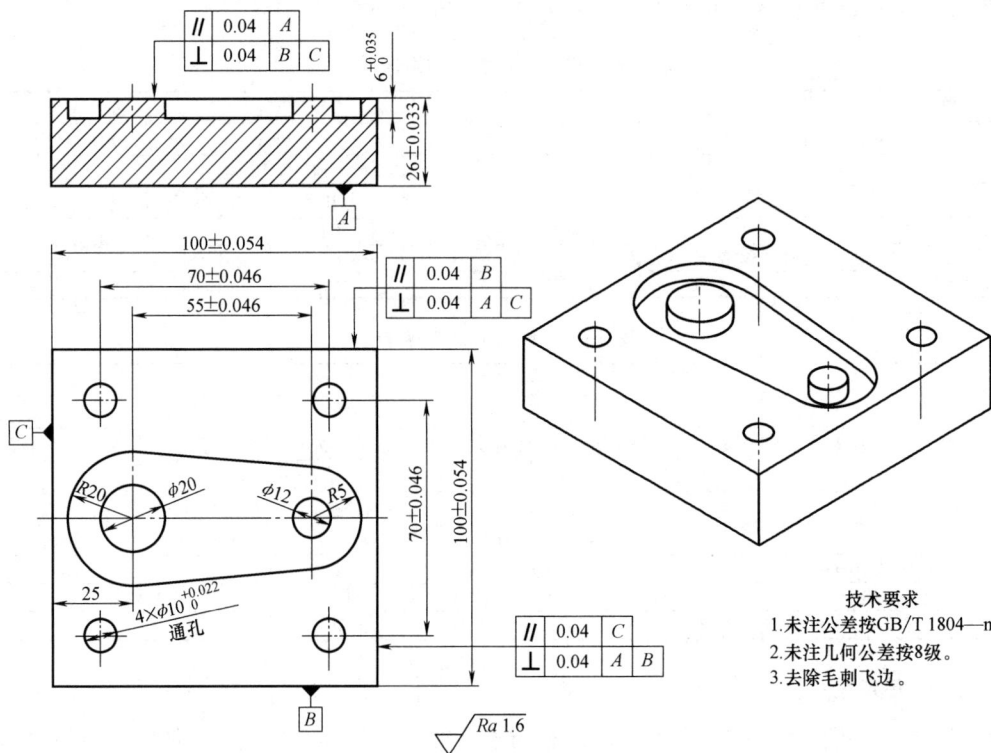

图 3-128 双圆形模板

任务九　数控铣床/加工中心操作

技能目标

（1）会分析数控铣床/加工中心结构、拟订铣削工艺，会装夹工件与刀具，合理选择切削用量

（2）能编制数控铣削/加工中心加工程序

（3）具备中级数控铣床/加工中心操作能力

（4）掌握测量工件的方法和具备控制质量的能力

（5）能安全操作与正确保养数控铣床/加工中心

知识目标

（1）掌握数控铣床/加工中心结构、工艺、工件装夹要求、刀具种类与装夹要求

（2）掌握数控铣床/加工中心编程坐标系、编程指令及编程方法

（3）掌握数控铣床/加工中心国家职业标准应知理论知识

（4）掌握数控铣床/加工中心的操作流程与方法

（5）数控铣床/加工中心的安全文明操作与维护保养知识

任务导入——加工凸台底座

任务描述

凸台底座如图 3-129 所示，零件毛坯尺寸为 80mm×80mm×20mm；六面已加工过，零件材料为硬铝。按单件生产安排其数控加工工艺，编写出加工程序。

知识链接

一、安全文明生产

数控铣床/加工中心的实训要求、安全教育、过程管理与实施、安全操作基本注意事项、工作前的准备等内容参照项目二任务九相关内容介绍。

1. 数控铣床/加工中心安全操作规程

（1）安全操作注意事项

1）工作时必须穿好工作服、安全鞋，戴好工作帽及防护镜等，不允许戴手套操作机床。

2）不要移动或损坏安装在机床上的警示牌。

3）注意不要在机床周围放置障碍物，工作空间应足够大。

4）某一项工作如需要两人或多人共同完成时，应注意相互间的协调一致。

5）不允许采用压缩空气清洗机床、电气柜及 AC 单元。

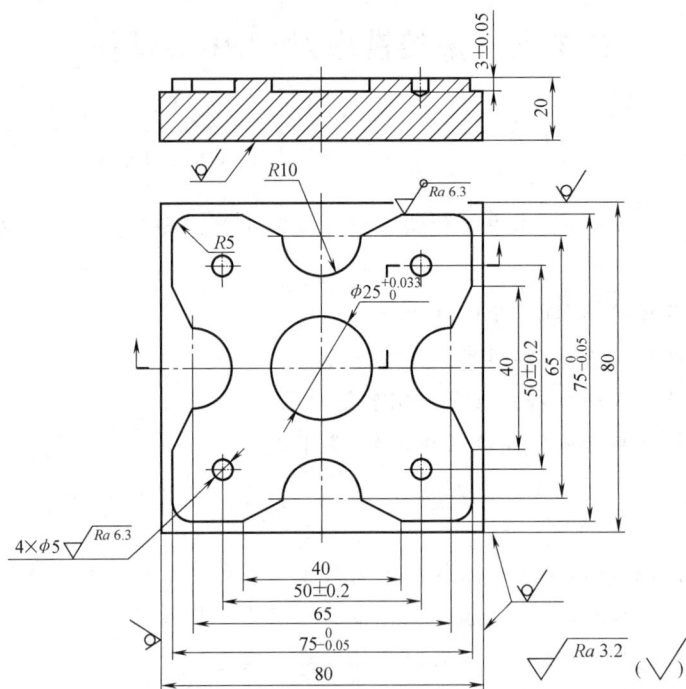

图 3-129 凸台底座

（2）工作前的准备

1）开始工作前要对机床进行预热，认真检查润滑系统工作是否正常，如机床长时间未开动，可先采用手动方式向各部分供油润滑。

2）使用的刀具应与机床允许的规格相符，刀具如有严重破损应及时更换。

3）调整刀具所用工具不要遗忘在机床内。

4）刀具安装好后应进行一两次试切削。

5）检查夹具夹紧工件的状态。

（3）开机和工作过程中的安全注意事项

1）按下数控铣床控制面板上的"ON"按钮，启动数控系统，等自检完毕后进行数控铣床的强电复位。

2）手动返回数控铣床参考点，首先返回+Z方向，然后返回+X和+Y方向。

3）手动操作时，在X轴、Y轴移动前，必须使Z轴处于较高位置，以免撞刀。

4）数控铣床出现报警时，要根据报警号查找原因，及时排除报警。

5）更换刀具时应注意操作安全。在装入刀具时应将刀柄和刀具擦拭干净。

6）在自动运行程序前，必须认真检查程序，确保程序的正确性。在操作过程中必须集中注意力，谨慎操作。在运行过程中，一旦发生问题，应及时按下复位按钮或紧急停止按钮。

7）实习学生在操作时，旁观的同学禁止按控制面板的任何按钮、旋钮，以免发生意外及事故。

8）严禁任意修改、删除机床参数。

9）禁止用手接触刀尖和切屑，必须用钩子或毛刷清理切屑。

10）禁止用手或其他任何方式接触正在旋转的主轴、工件或机床其他运动部位。

11）禁止在加工过程中测量工件、变速，更不能用棉纱擦拭工件和清扫机床。

12）铣床运转中操作人员不能离开岗位。

13）在加工过程中，不允许打开机床防护门。

14）严格遵守岗位责任制。

（4）工作完成后的注意事项

1）清除切屑，擦拭机床，使机床与环境保持清洁状态。

2）检查润滑油、切削液的状态，及时添加或更换。

3）依次关掉机床操作面板上的电源和总电源。

（5）高速加工注意事项　数控铣床/加工中心高速加工时（$n = 8000\mathrm{r/min}$ 以上，$v_\mathrm{f} = 300 \sim 3000\mathrm{mm/min}$），刀柄与刀具形式对于主轴寿命与工件精度有极大的影响，所需注意事项如下：

1）主轴运转前必须夹持刀具，以免损坏主轴。

2）必须使用做过功率平衡校正的 G2.5 级刀柄，因为离心力产生的振动会造成主轴轴承损坏和刀具的过早磨损。

3）刀柄与刀具结合后的平衡公差与刀具转速、主轴平衡公差及刀柄的重量 3 个因素有关，所以高速切削时使用小直径刀具。长度较短的刀具对降低主轴温升、热变形都有益，也有利于提高加工精度。

4）高速主轴刀具使用标准见表 3-29。

表 3-29　高速主轴刀具使用标准

平衡等级	$500 \sim 6000\mathrm{r/min}$		G6.3 级	DIN/ISO 1940
	$6000 \sim 18000\mathrm{r/min}$		G2.5 级	DIN/ISO 1940
主轴转速/(r/min)	刀具直径/mm		刀具长度/mm	
$2000 \sim 4000$	$\phi160$		350	
$4000 \sim 6000$	$\phi160$		250	
$6000 \sim 8000$	$\phi125$		250	
$8000 \sim 10000$	$\phi100$		250	
$10000 \sim 12000$	$\phi80$		250	
$12000 \sim 15000$	$\phi65$		200	
$15000 \sim 18000$	$\phi50$		200	

2. 加工中心的调整

加工中心是一种功能较多的数控加工机床，它具有铣削、镗削、钻削、螺纹加工等多种工艺功能。使用多把刀具时，尤其要注意准确地确定各把刀具的基本尺寸，即正确地对刀。对有回转工作台的加工中心，还应特别注意工作台回转中心的调整，以确保加工质量。

（1）加工中心的对刀方法　普通铣床对刀设置加工坐标系的方法也适用于加工中心。由于加工中心有多把刀具，并能实现自动换刀，因此需要测量所用各把刀具的基本尺寸，并存入数控系统，以便加工过程中进行调用，即进行加工中心的对刀。加工中心通常采用机外对刀仪进行对刀。

对刀仪的基本结构如图 3-130 所示。对刀仪平台上装有刀柄夹持轴，用于安装被测刀具，如图 3-131 所示的钻削刀具。通过快速移动单键按钮和微调旋钮 1 或微调旋钮 2（图中未画出），可调整刀柄夹持轴在对刀仪平台上的位置。当光源发射器发光，将刀具切削刃放大投影到显示屏幕上时，即可测得刀具在 X 向（径向）、Z 向（刀柄基准面到刀尖的长度方向）的尺寸。

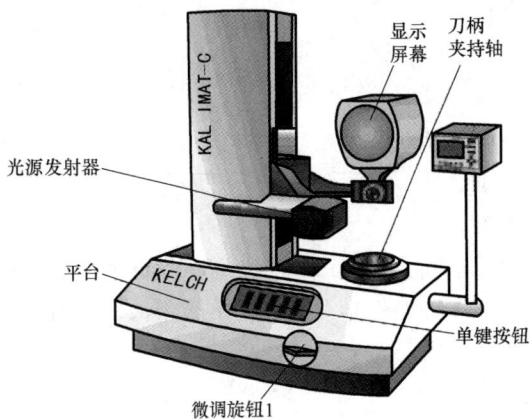

图 3-130　对刀仪的基本结构

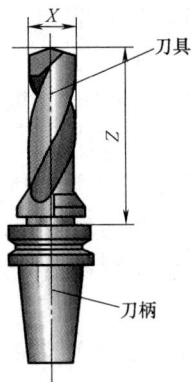

图 3-131　钻削刀具

钻削刀具的对刀操作过程如下：

1）将被测刀具与刀柄连接安装为一体。

2）将刀柄插入对刀仪上的刀柄夹持轴，并紧固。

3）打开光源发射器，观察切削刃在显示屏幕上的投影。

4）通过快速移动单键按钮和微调旋钮 1 或 2，可调整切削刃在显示屏幕上的投影位置，使刀具的刀尖对准显示屏幕上的十字线中心，如图 3-132 所示。

5）测得 $X = 20$，即刀具直径为 $\phi 20$mm，该尺寸可用作刀具半径补偿。

6）测得 $Z = 180.002$，即刀具长度尺寸为 180.002mm，该尺寸可用作刀具长度补偿。

7）将测得尺寸输入加工中心的刀具补偿页面。

8）将被测刀具从对刀仪上取下后，即可装上加工中心使用。

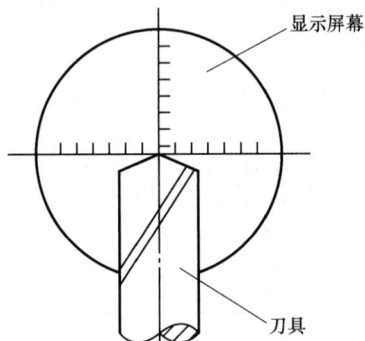

图 3-132　对刀

（2）调整加工中心回转工作台　多数加工中心都配有回转工作台，如图 3-133 所示，可实现在零件一次安装中加工多个面。如何准确地测量加工中心回转工作台的回转中心，对被加工零件的质量有着重要的影响。下面以卧式加工中心为例，说明回转工作台回转中心的测量方法。

回转工作台的回转中心在工作台上表面的中心点上，如图 3-133 所示。回转工作台回转中心的测量方法有多种，这里介绍一种较常用的方法，所用的工具包括一根标准心轴、百分表（千分表）、量块。

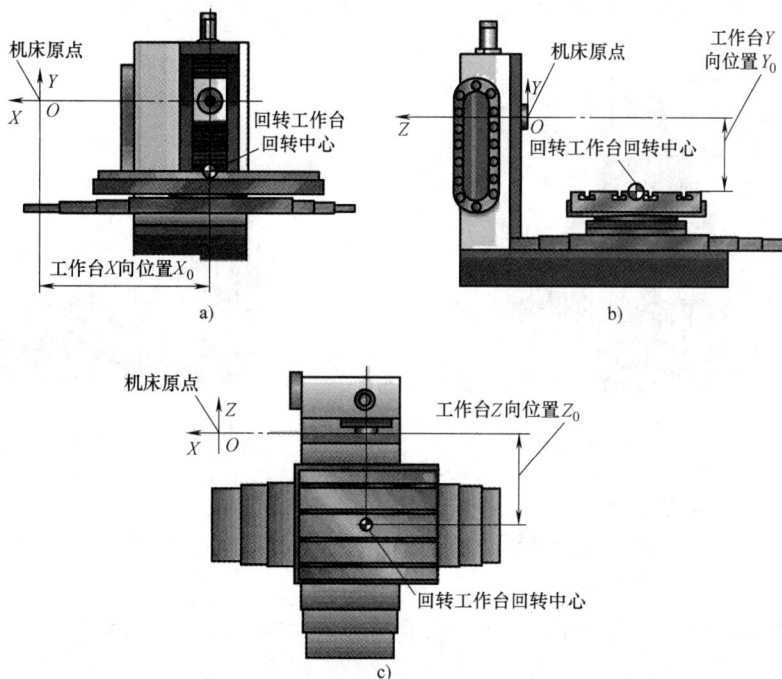

图 3-133　回转工作台回转中心的位置

a) X 向位置　b) Y 向位置　c) Z 向位置

1) X 向回转中心的测量。测量的原理是：使主轴中心线与回转工作台回转中心重合，这时主轴中心线所在的位置就是回转工作台回转中心的位置，则此时 X 坐标的显示值就是回转工作台回转中心到机床原点 X 向的距离 X_0。回转工作台回转中心 X 向的位置，如图 3-133a所示。

测量方法如下：

① 如图 3-134 所示，将标准轴装在机床主轴上，在工作台上固定百分表，调整百分表的位置，使指针在标准心轴最高点处指向零位。

② 将标准心轴沿 +Z 方向退出 Z 轴。

③ 将工作台旋转 180°，再将标准心轴沿 -Z 方向移回原位。观察百分表指示的偏差，然后调整 X 向机床坐标，反复测量，直到工作台旋转到 0° 和 180° 两个位置时百分表指针指示的读数完全一样，这时机床 CRT 显示器上显示的 X 向坐标值即为回转工作台回转中心的 X 向位置。

回转工作台回转中心的 X 向位置的准确性决定了调头加工工件上孔的 X 向同轴度精度。

2) Y 向回转中心的测量。

测量原理是：找出工作台上表面到机床原点的 Y 向距离 Y_0，即为回转工作台回转中心的 Y 向位置，如图 3-133b 所示。

测量方法是：如图 3-135 所示，先将主轴沿 Y 向移到预定位置附近，用手拿着量块轻轻塞入，调整主轴的 Y 向位置，直到量块刚好塞入为止。则有

回转中心的 Y 向坐标 = CRT 显示器显示的 Y 向坐标（为负值）- 量块高度尺寸 - 标准心轴半径

回转工作台回转中心的 Y 向影响工件上加工孔的中心高尺寸精度。

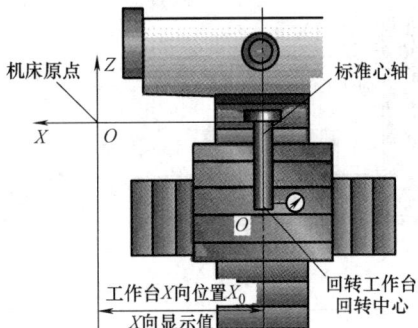

图 3-134　X 向回转中心的测量

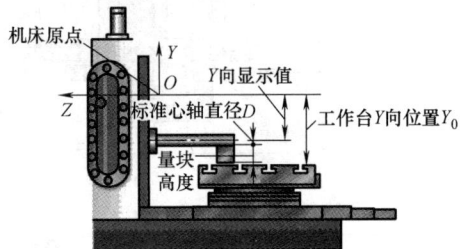

图 3-135　Y 向回转中心的测量

3）Z 向回转中心的测量。

测量原理是：找出工作台回转中心到 Z 向机床原点的距离 Z_0，即为回转工作台回转中心的 Z 向位置，如图 3-133c 所示。

测量方法是：如图 3-136 所示，当工作台分别在 0° 和 180° 时，移动工作台以调整 Z 向坐标，使百分表的读数相同，则有

回转工作台回转中心的 Z 向坐标＝CRT 显示器显示的 Z 向坐标值

Z 向回转中心的准确性影响机床调头加工工件时两端面之间的距离尺寸精度（在刀具长度测量准确的前提下）。反之，它也可修正刀具长度测量偏差。

机床回转中心在一次测量得出准确值以后，可以在一段时间内作为基准。但是，随着机床的使用，特别是在机床相关部分出现机械故障时，都有可能使机床回转中心出现变化，如机床在加工过程中出现撞车事故、机床丝杠螺母松动时等。因此，机床回转中心必须定期

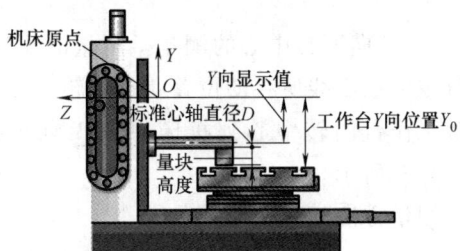

图 3-136　Z 向回转中心的测量

测量，特别是在加工相对精度较高的工件之前应重新测量，以校对机床回转中心，从而保证工件加工的精度。

3. 数控铣床/加工中心的保养

为保证数控机床的寿命和正常运转，要求每天对机床进行保养，每天的保养项目必须确实执行，检查完毕后才可以开机。数控铣床/加工中心的保养内容见表 3-30。

表 3-30　数控铣床/加工中心的保养内容

检 查 项 目	检查时间
检查循环润滑油泵油箱的油是否在规定的范围内，当油箱内的油只剩下一半时，必须立即补充，达到一定的标准，否则当油位降到 1/4 时，在计算机屏幕上将出现"LUBE ERROR"的警告。不要等到出现警告后再补充	定期检查
确定滑道润滑油充足后再开机，并且随时观察是否有润滑油出来，以保护滑道。当机床很久没有使用时，尤其要注意是否润滑良好	每日检查

（续）

检 查 项 目	检查时间
从表中观察空气压力，而且必须严格执行	每日检查
防止空压气体漏出，当有气体漏出时，可听到"嘶嘶"的声音，必须加以维护	每日随时检查
油雾润滑器在 ATC 换刀装置内，空气气缸必须随时保证有油在润滑，油雾润滑器喷油量的大小在制造厂已调整完毕，必须随时保持润滑油量标准	每日检查
当切削液不足时，必须适量加入切削液。切削液可由冷却液槽前端底座的油位计观察	定期检查
主轴内端孔斜度和刀柄必须随时保持清洁，以免灰尘或切屑附着影响精度，虽然主轴有自动清屑功能，但仍然必须随时用柔软的布料擦拭	每日擦拭
随时检查 Y 轴与 Z 轴的滑道面，是否有切屑和其他颗粒附着在上面，避免与滑道摩擦产生刮痕，维护滑道的寿命	随时检查
机器动作范围内必须没有障碍	随时检查
机器动作前，以低速运转，使三坐标轴行程跑到极限，每日操作前先试运转 10~20min	每日检查
定期检查 CNC 记忆体备份用的电池，若电池电压过低，将影响程序、补正值、参数等资料的稳定性	每 12 个月检查
定期检查绝对式电动机放大器电池，电池电压过低将影响电动机原点	每 12 个月检查

二、数控铣床/加工中心的操作

1. FANUC 0i 系统数控铣床/加工中心操作面板

FANUC 0i 系统数控铣床/加工中心操作面板位于机床控制面板的右下侧，如图 3-137 所示，主要用于控制机床运行状态，由模式选择按钮、运行控制开关等多个部分组成，其含义见表 3-31。

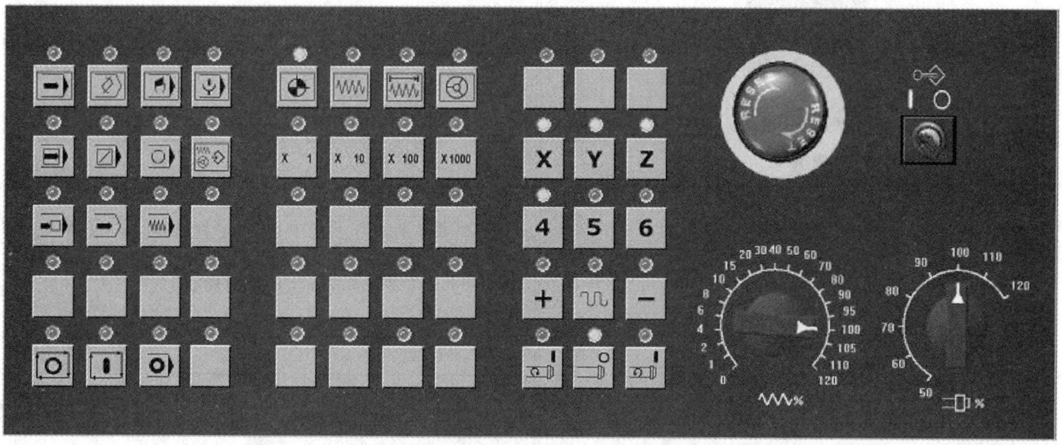

图 3-137　FANUC 0i 系统数控铣床/加工中心操作面板

表 3-31　数控铣床/加工中心操作面板按钮或开关的含义

按钮或开关	含义	按钮或开关	含义
	AUTO:自动加工模式		程序运行开始；模式选择按钮为"AUTO"和"MDI"模式下按下有效，其余模式下按下无效
	EDIT:编辑模式		程序运行停止：在程序运行中，按下此按钮，停止程序运行
	MDI:手动数据输入		手动主轴正转

（续）

按钮或开关	含义	按钮或开关	含义
	INC：增量进给		手动主轴反转
	HND：手轮模式移动机床		手动停止主轴
	JOG：手动模式，手动连续移动机床		REF：回参考点
	DNC：用 RS232 电缆连接计算机和数控机床，选择程序传输加工		
		手动移动机床各轴的按钮	
		增量进给倍率选择按钮：选择移动机床轴时，每一步的距离：×1 为 0.001mm，×10 为 0.01mm，×100 为 0.1mm，×1000 为 1mm。在示教器上，将光标置于按钮上，单击鼠标左键进行选择	
		进给率（F）调节旋钮：调节程序运行中的进给速度，调节范围为 0%～120%。在示教器上，将光标置于旋钮上，单击鼠标左键进行旋转	
		主轴转速倍率调节旋钮：调节主轴转速，调节范围为 0%～120%	
（示教器）		手脉：将光标置于手轮上，选择坐标轴，单击鼠标左键，移动鼠标，手轮顺时针方向旋转，相应轴往正方向移动；手轮逆时针方向旋转，相应轴往负方向移动	
	单步执行开关：每按一次，程序启动并执行一条程序指令		程序段跳读按钮：自动方式按下此按钮，跳过程序段开头带有"/"符号的程序段
	程序停：自动方式下，遇有 M00 程序停止		机床空运行按钮：按下此按钮，各轴以固定的速度运动
	手动示教	（示教器）	切削液开关：按下此开关，切削液开；再按一下，切削液关
（示教器）	在刀库中选刀：按下此按钮，刀库中选刀		程序编辑锁定开关：置于 位置，可编辑或修改程序
	程序重新启动按钮：由于刀具破损等原因程序自动停止后，可以从指定的程序段重新启动		机床锁定按钮：按下此按钮，机床各轴被锁住，只能程序运行
	M00 程序停止按钮：程序运行中，遇 M00 停止		紧急停止旋钮：按下该按钮后应重新进行回参考点操作

2. 按键介绍

系统操作键盘在控制面板的右上角，其左侧为显示屏，右侧是编程面板，如图 3-138 所示。

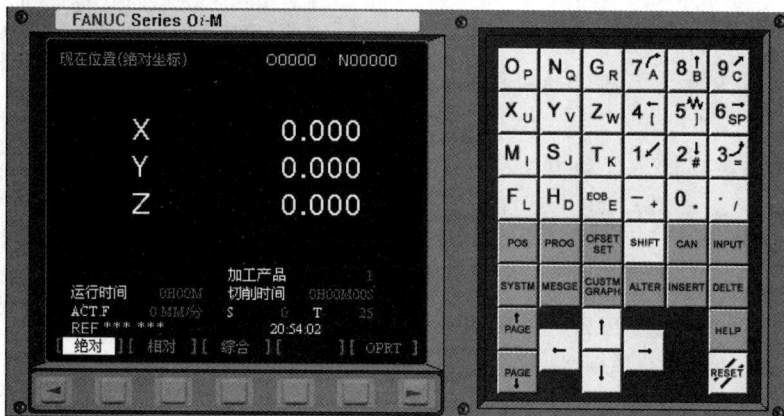

图 3-138　FANUC 0i 系统数控铣床的系统操作按键及显示屏

如图 3-139 所示，数字/字母键用于输入数据到输入区域，系统自动判别取字母还是取数字。字母/数字键通过 ^{SHIFT} 键切换输入档，如：O—P、7—A。数控铣床系统操作按键的含义见表 3-32。

表 3-32　数控铣床/加工中心系统操作按键的含义

按键	含义	按键	含义
数字/字母键盘区	数字/字母键	MESGE	信息页面键:如"报警"
ALTER	替换键:用输入的数据替换光标所在的数据	CUSTM GRAPH	按下此键,打开 图形参数设置页面
DELTE	删除键:删除光标所在的数据;删除一个程序,或者删除全部程序	HELP	按下此键,打开系统帮助页面
INSERT	插入键:把输入区域中的数据插入到当前光标之后的位置	RESET	复位键
CAN	取消键:消除输入区域内的数据	PAGE↑	向上翻页键
EOB E	回车换行键:结束一行程序的输入并且换行	PAGE↓	向下翻页键
SHIFT	上档键	↑	向上移动光标
PROG	按下此键,打开程序显示与编辑页面	←	向左移动光标
POS	按下此键,打开位置显示页面。位置显示有三种方式,用翻页键选择	↓	向下移动光标
OFSET SET	按下此键,打开参数输入页面。按第一次进入坐标系设置页面,按第二次进入刀具补偿参数页面。进入不同的页面以后,用翻页键切换	→	向右移动光标
SYSTM	按下此键,打开系统参数页面	INPUT	输入键:把输入区域内的数据输入参数页面

3. 手动操作机床

（1）回参考点　按下按钮 ⊕，按下按钮 X、
Y、Z 移动各轴，使其回参考点。

（2）移动机床轴　手动移动机床轴的方法有
以下三种：

方法一：快速移动。这种方法用于较长距离
的工作台移动。按下按钮 ⋙，置"JOG"模式，
选择各轴，单击方向键 ＋ －，机床各轴移动，
松开后停止移动；按下 ⌇ 按钮，各轴快速移动。

方法二：增量移动。这种方法用于微量调整，
如用在对基准操作中。按下按钮 ⋙，通过按钮
X1 X10 X100 X1000 选择步进量，选择各轴。每按一次，机床各轴移动一步。

图 3-139　FANUC 0i-M 系统
数控铣床上数字及符号的输入

方法三：操纵"手脉" ⊙。这种方法用于微量调整。在实际生产中，使用手脉可以使
操作者容易控制和观察机床移动。手脉按钮在软件界面右上角 《，单击即出现。

（3）开、关主轴　置模式为"JOG" ⋙；按 ⊡、⊡ 按钮，机床主轴正转或反转，按
⊡ 按钮主轴停转。

（4）启动程序加工零件　置模式为"AUTO" ⊟；选择一个程序（参照下面介绍选择
程序方法）；按程序启动按钮 ▯。

（5）试运行程序　试运行程序时，机床和刀具不切削零件，仅运行程序。置为 ⊟ 模式；
选择一个程序如"O0001"后按 ↓ 按钮调出程序；按程序启动按钮 ▯。

（6）单步运行　置单步开关 ⊟ 于"ON"位置；程序运行过程中，每按一次 ▯ 按钮，
执行一条指令。

（7）选择一个程序　有两种方法。

1）按程序号搜索。选择模式为"EDIT"；按 PROG 键输入字母"O"；按 7A 键输入数字
"7"，输入搜索的号码"O7"；按光标键 ↓ 开始搜索；找到后，"O7"显示在屏幕右上角程
序号位置，"O7"数控程序显示在屏幕上。

2）选择模式为"AUTO" ⊟；按 PROG 键入字母"O"；按 7A 键入数字"7"，键入搜索的
号码"O7"；按 操作 → O检索，"O7"显示在屏幕上；可
输入程序段号"N30"，按 N检索 搜索程序段。

（8）删除一个程序　选择模式为"EDIT"；按 PROG 键输入字母"O"；按 7A 键输入数字
"7"，输入要删除的程序的号码"O7"；按 DELTE 键，"O7" NC 程序被删除。

（9）删除全部程序　选择模式为"EDIT"；按 PROG 键输入字母"O"；输入"0-9999"；

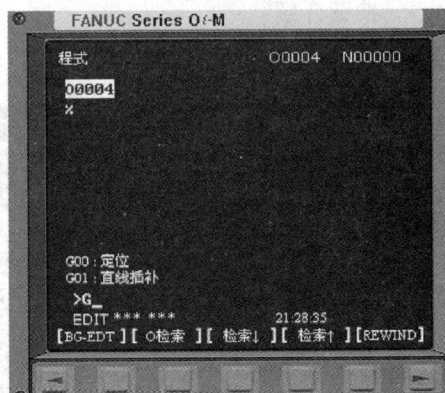

按[DELTE]键，全部程序被删除。

（10）搜索一个指定的代码　一个指定的代码可以是一个字母或一个完整的代码，如"N0010""M""F""G03"等。搜索应在当前程序内进行。操作步骤如下：

选择"AUTO"[→]或"EDIT"[◇]模式；按[PROG]键；选择一个数控程序；输入需要搜索的字母或代码，如"M""F""G03"；按【BG-EDT】【O检索】【检索↓】【检索↑】【REWIND】中的【检索↓】键，开始在当前程序中搜索。

（11）编辑数控程序（删除、插入、替换操作）　模式置于"EDIT"[◇]；按[PROG]键；输入被编辑的数控程序名，如"O7"，按[INSERT]键即可编辑；移动光标（按 PAGE [↑PAGE]/[PAGE↓]翻页，按 CURSOR [↓]/[↑]或者用搜索一个指定的代码的方法移动光标）；输入数据：用鼠标单击数字/字母键，数据被输入到输入域。[CAN]键用于删除输入域内的数据。自动生成程序段号的方法是：按[OFSET SET]键→【SETING】键，如图 3-140 所示，在参数页面顺序号中输入"1"，所编程序自动生成程序段号，如 N10、N20……

删除、插入、替代方法是：按[DELTE]键，删除光标所在的代码；按[INSERT]键，把输入域的内容插入到光标所在代码后面；按[ALTER]键，把输入域的内容替代光标所在的代码。

（12）通过操作面板手工输入数控程序　置模式为"EDIT"[◇]；按[PROG]键，再按【DIR】键进入程序页面；按[7A]键，输入"O7"程序名（输入的程序名不可以与已有程序名重复）；按[EOB E]键→[INSERT]键，开始程序输入，按[EOB E]键→[INSERT]键换行后再继续输入。

（13）从计算机输入一个程序　数控程序可通过在计算机上创建文本文件编写，文本文件（*.txt）扩展名必须改为"*.nc"或"*.cnc"。

选择"EDIT"模式，按[PROG]键切换到程序页面；新建程序名"Oxxxx"，按[INSERT]键进入编程页面；按[🗁]按钮打开计算机目录下的文本文件，程序显示在当前屏幕上。

（14）输入零件原点参数

1）按[OFSET SET]键进入参数设定页面，如图 3-141 所示，按"坐标系"软键。

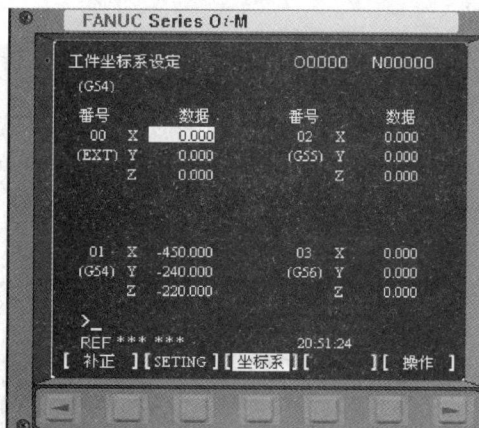

图 3-140　自动生成程序段号

图 3-141　FANUC 0i-M（铣床）工件坐标系页面

2）用 PAGE PAGE 键或 ↓ ↑ 键选择坐标系。输入地址字（X/Y/Z）和数值到输入域。方法参考"输入数据"操作。

3）按 INPUT 键，把输入域中的内容输入到所指定的位置。

（15）输入刀具补偿参数　按 OFSET SET 键进入参数设定页面，如图 3-142 所示，按 【 补正 】软键；用 PAGE 键和 PAGE 键选择长度补偿、半径补偿；用 ↓ 键和 ↑ 键选择补偿参数编号；输入补偿值到长度补偿 H 或半径补偿 D；按 INPUT 键，把输入的补偿值输入到所指定的位置。

（16）位置显示　按 POS 键切换到位置显示页面。用 PAGE 和 PAGE 键或者软键切换。

（17）MDI 手动数据输入　按 键，切换到"MDI"模式；按 PROG 键，再按 MDI 软键→ EOB E 键，输入程序段号"N10"，输入程序，如"G0 X50"；按 INSERT 键，"N10G0X50"程序段被输入；按程序启动按钮 。

（18）镜像功能　按 OFSET SET 键→ 【SETING】 软键→ PAGE 键，打开镜像功能参数页面，如图 3-143 所示，MIRROR IMAGE X、MIRROR IMAGE Y、MIRROR IMAGE Z 分别表示 X 轴、Y 轴和 Z 轴镜像功能，输入"1"，镜像功能启动。

图 3-142　FANUC 0i-M（铣床）刀具补正页面

（19）零件坐标系（绝对坐标系）位置　绝对坐标系显示机床在当前坐标系中的位置；相对坐标系显示机床坐标相对于前一位置的坐标；综合显示同时显示机床图 3-144 所示坐标系中的位置，即绝对坐标系中的位置（ABSOLUTE）、相对坐标系中的位置（RELATIVE）、机床坐标系中的位置（MACHINE）、当前运动指令的剩余移动量（DISTANCE TO GO）。

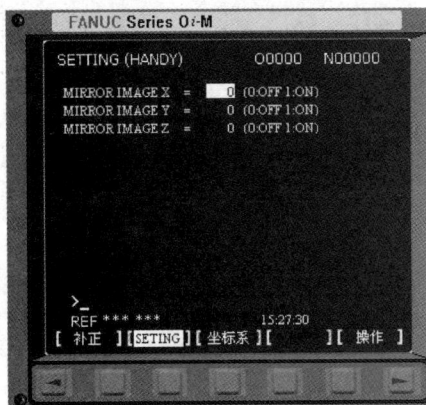

图 3-143　镜像功能参数页面

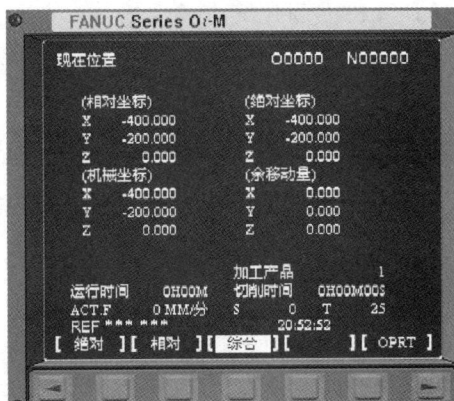

图 3-144　FANUC 0i-M 坐标系位置界面

三、机床加工

1. 开机、关机

（1）开机步骤 打开强电开关→检查机床风扇、机床导轨、油压及气压是否正常→开启机床系统电源→（待登录机床系统后）旋开机床面板上的"急停"按钮→机床回参考点操作。

（2）关机步骤 关闭机床连接外围设备（计算机）→按下机床面板上的"急停"按钮→关闭机床系统电源→关闭机床强电开关。

2. 装夹工件

工件的安装时，应当根据工件定位基准的形状和位置合理选择装夹定位方式，选择简单实用但安全可靠的夹具。图 3-145 所示为常用的机用平口钳的调整。

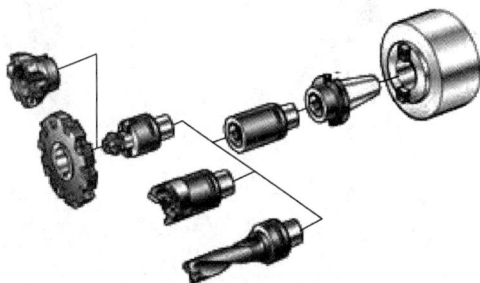

3. 安装刀具

刀具的安装如图 3-146 所示。图 3-147 所示为常用的刀柄。

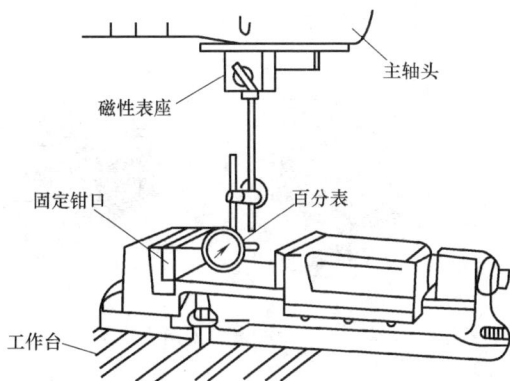

图 3-145 机用平口钳的调整

图 3-146 刀具的安装

圆柱铣刀刀柄　　　　　锥柄钻头刀柄　　　　　盘铣刀刀柄

直柄钻头刀柄　　　　　镗刀刀柄　　　　　丝锥刀柄

图 3-147 常用的刀柄

4. 对刀

对刀的目的是通过刀具或对刀工具确定工件坐标系与数控铣床坐标系之间的空间位置关

系，并将对刀数据输入到相应的存储位置。对刀是数控加工中最重要的操作内容，其准确性将直接影响零件的加工精度。对刀可以采用铣刀接触工件或通过塞尺接触工件对刀（即试切法对刀），但精度较低。

对刀操作分为 X 向对刀、Y 向对刀和 Z 向对刀。

（1）对刀方法　根据现有条件和加工精度要求，可以采用试切法对刀、寻边器对刀、机内对刀仪对刀、自动对刀等方法。其中，试切法对刀精度较低，加工中常用寻边器对刀和 Z 向设定器对刀，效率高，能保证对刀精度。

（2）对刀工具

1）寻边器。图 3-148 和图 3-149 所示分别为偏心式寻边器和光电式寻边器。

2）Z 向设定器。图 3-150 所示为 Z 向设定器，图 3-151 所示为用 Z 向设定器对刀时，它与刀具和工件的关系。

图 3-148　偏心式寻边器　　　图 3-149　光电式寻边器　　　图 3-150　Z 向设定器

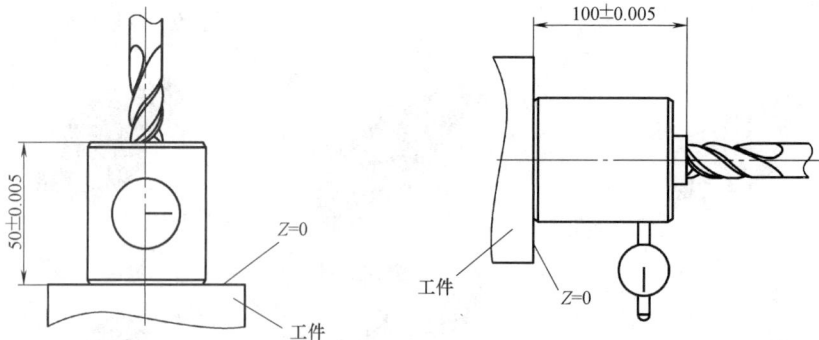

图 3-151　Z 向设定器与刀具和工件的关系

5. 传输程序与在线加工

在实际加工过程中，机床与计算机加工程序之间的传输可通过特定的加工或传输软件来实现。

（1）软件传输　打开系统传输软件，设置好传输参数，传送注意：传输软件传输参数必须与数控铣床上对应的传输参数一一对应）。机床准备接收：数据方式下→程序→开始接收，输入程序名称，单击"确定"按钮即可。

（2）在线加工 在线加工与一般程序传输方式类似，但在线加工更为便捷。首先，机床面板需置于"DNC"状态，连接的计算机打开发送软件，选取数控文件（记事本文件）后，直接发送即可，最后按下"循环启动"按钮即可接收程序，同时在线加工零件。

6. 执行加工

在程序经运行无误后，便可关闭机床门，在操作面板上按下"自动"按钮，再按下"循环启动"按钮即可。注意，为了安全起见，进给倍率按钮通常在开始加工时处于"0%"状态，操作人员应逐步增加倍率，观察加工没有问题后，加到100%即可。

7. 零件质量控制

（1）测量 当零件粗加工完成后，利用测量量具对粗加工尺寸进行测量，并与粗加工后的理论尺寸进行对比，找出两者的差距，即为加工过程中刀具的磨损量。

（2）计算 磨耗补正＝理论加工尺寸−实际测得尺寸。

（3）补正 在运行零件精加工程序时，将刀具的磨耗值输入到相应的半径补偿地址中，如图3-152所示，完成零件的整个加工。

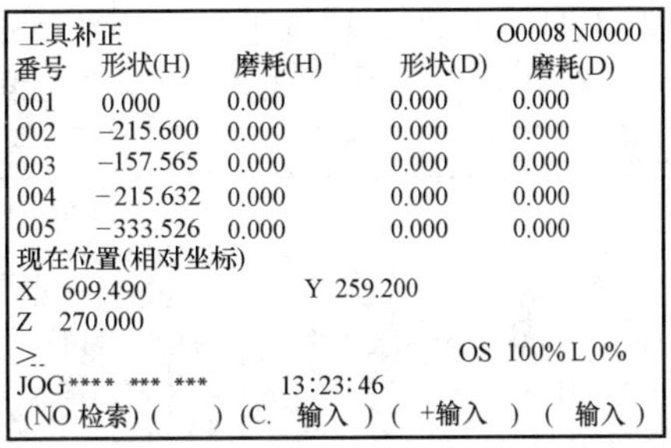

```
工具补正                                    O0008 N0000
番号    形状(H)    磨耗(H)      形状(D)    磨耗(D)
001    0.000      0.000        0.000      0.000
002   −215.600    0.000        0.000      0.000
003   −157.565    0.000        0.000      0.000
004   −215.632    0.000        0.000      0.000
005   −333.526    0.000        0.000      0.000
现在位置(相对坐标)
X  609.490              Y 259.200
Z  270.000
>.                                    OS 100% L 0%
JOG**** *** ***          13:23:46
 (NO 检索) (    ) (C. 输入) (+输入) (  输入)
```

图 3-152 工具补正数据设置界面

四、中级数控铣工国家职业标准

1. 基本要求

表3-33为中级数控铣工国家职业标准的基本要求。

表 3-33 中级数控铣工国家职业标准的基本要求

基本项目	项目内容	相关知识要求
职业道德	（1）职业道德基本知识	
	（2）职业守则	①遵守国家法律、法规和有关规定 ②具有高度的责任心、爱岗敬业、团结合作 ③严格执行相关标准、工作程序与规范、工艺文件和安全操作规程 ④学习新知识新技能，勇于开拓和创新 ⑤爱护设备、系统及工具、夹具、量具 ⑥着装整洁，符合规定；保持工作环境清洁有序，做到文明生产
基础知识	（1）基础理论知识	①机械制图 ②工程材料及金属热处理知识 ③机电控制知识 ④计算机基础知识 ⑤专业英语基础
	（2）机械加工基础知识	①机械原理 ②常用设备知识(分类、用途、基本结构及维护保养方法) ③常用金属切削刀具知识 ④典型零件加工工艺 ⑤设备润滑和切削液的使用方法 ⑥工具、夹具、量具的使用与维护知识 ⑦铣工、镗工基本操作知识

（续）

基本项目	项目内容	相关知识要求
基础知识	（3）安全文明生产与环境保护知识	①安全操作与劳动保护知识 ②文明生产知识 ③环境保护知识
	（4）质量管理知识	①企业的质量方针 ②岗位质量要求 ③岗位质量保证措施与责任
	（5）相关法律、法规知识	①劳动法相关知识 ②环境保护法相关知识 ③知识产权保护法相关知识

2. 工作要求

表 3-34 为中级数控铣工国家职业标准的工作要求。

表 3-34　中级数控铣工国家职业标准的工作要求

职业功能	工作内容	技能要求	相关知识
1. 加工准备	（1）读图与绘图	①能读懂中等复杂程度的零件图（如凸轮、壳体、板状零件、支架的零件图） ②能绘制有沟槽、台阶、斜面、曲面的简单零件图 ③能读懂分度头、尾座、弹簧夹头套筒、可转位铣刀结构等简单的机构装配图	①复杂零件的表达方法 ②简单零件图的画法 ③零件三视图、局部视图和剖视图的画法 ④装配图的画法
	（2）制订加工工艺	①能读懂复杂零件的铣削加工工艺文件 ②能编制由直线、圆弧等构成的二维轮廓零件的铣削加工工艺文件	①数控加工工艺知识 ②数控加工工艺文件的制订方法
	（3）零件定位与装夹	①能使用铣削加工常用夹具（如压板、机用平口钳等）装夹零件 ②能够选择定位基准，并找正零件	①常用夹具的使用方法 ②定位与夹紧的原理和方法 ③零件找正的方法
	（4）刀具准备	①能够根据数控加工工艺文件选择、安装和调整数控铣床常用刀具 ②能根据数控铣床特性、零件材料、加工精度、工作效率等选择刀具和刀具几何参数，并确定数控加工需要的切削参数和切削用量 ③能够利用数控铣床的功能，借助通用量具或对刀仪测量刀具的半径及长度 ④能选择、安装和使用刀柄 ⑤能够刃磨常用刀具	①金属切削与刀具磨损知识 ②数控铣床常用刀具的种类、结构、材料和特点 ③数控铣床、零件材料、加工精度和工作效率对刀具的要求 ④刀具长度补偿、半径补偿等刀具参数的设置知识 ⑤刀柄的分类和使用方法 ⑥刀具刃磨的方法
2. 数控编程	（1）手工编程	①能编制由直线、圆弧组成的二维轮廓数控加工程序 ②能够运用固定循环、子程序进行零件的加工程序编制	①数控编程知识 ②直线插补和圆弧插补的原理 ③节点的计算方法
	（2）计算机辅助编程	①能够使用 CAD/CAM 软件绘制简单零件图 ②能利用 CAD/CAM 软件完成简单平面轮廓的铣削程序	①CAD/CAM 软件的使用方法 ②平面轮廓的绘图与加工代码生成方法

（续）

职业功能	工作内容	技能要求	相关知识
3. 数控铣床操作	（1）操作面板	①能够按照操作规程起动及停止机床 ②能使用操作面板上的常用功能键（如回零、手动、MDI、修调等）	①数控铣床操作说明书 ②数控铣床操作面板的使用方法
	（2）程序输入与编辑	①能够通过各种途径（如 DNC、网络）输入加工程序 ②能够通过操作面板输入和编辑加工程序	①数控加工程序的输入方法 ②数控加工程序的编辑方法
	（3）对刀	①能进行对刀并确定相关坐标系 ②能设置刀具参数	①对刀的方法 ②坐标系的知识 ③建立刀具参数表或文件的方法
	（4）程序调试与运行	能够进行程序检验、单步执行、空运行并完成零件试切	程序调试的方法
	（5）参数设置	能够通过操作面板输入有关参数	数控系统中相关参数的输入方法
4. 零件加工	（1）平面加工	能够运用数控加工程序进行平面、垂直面、斜面、阶梯面等的铣削加工，并达到如下要求： ①尺寸公差等级达 IT7 ②几何公差等级达 IT8 ③表面粗糙度值达 $Ra3.2\mu m$	①平面铣削的基本知识 ②刀具端刃的切削特点
	（2）轮廓加工	能够运用数控加工程序进行由直线、圆弧组成的平面轮廓铣削加工，并达到如下要求： ①尺寸公差等级达 IT8 ②几何公差等级达 IT8 ③表面粗糙度值达 $Ra3.2\mu m$	①平面轮廓铣削的基本知识 ②刀具侧刃的切削特点
	（3）曲面加工	能够运用数控加工程序进行圆锥面、圆柱面等简单曲面的铣削加工，并达到如下要求： ①尺寸公差等级达 IT8 ②几何公差等级达 IT8 ③表面粗糙度值达 $Ra3.2\mu m$	①曲面铣削的基本知识 ②球头铣刀的切削特点
	（4）孔类加工	能够运用数控加工程序进行孔加工，并达到如下要求： ①尺寸公差等级达 IT7 ②几何公差等级达 IT8 ③表面粗糙度值达 $Ra3.2\mu m$	麻花钻、扩孔钻、丝锥、镗刀及铰刀的加工方法
	（5）槽类加工	能够运用数控加工程序进行槽、键槽的加工，并达到如下要求： ①尺寸公差等级达 IT8 ②几何公差等级达 IT8 ③表面粗糙度值达 $Ra3.2\mu m$	槽、键槽的加工方法
	（6）精度检验	能够使用常用量具进行零件的精度检验	①常用量具的使用方法 ②零件精度检验及测量方法
5. 维护与故障诊断	（1）机床日常维护	能够根据说明书完成数控铣床的定期及不定期维护保养，包括机械、电气、液压、数控系统检查和日常保养等	①数控铣床说明书 ②数控铣床日常保养方法 ③数控铣床操作规程 ④数控系统(进口、国产数控系统)说明书
	（2）机床故障诊断	①能读懂数控系统的报警信息 ②能发现数控铣床的一般故障	①数控系统的报警信息 ②机床的故障诊断方法
	（3）机床精度检查	能进行机床水平的检查	①水平仪的使用方法 ②机床垫铁的调整方法

五、中级加工中心操作工国家职业标准

1. 基本要求

表 3-35 为中级加工中心操作工国家职业标准的基本要求。

表 3-35　中级加工中心操作工国家职业标准的基本要求

基本项目	项目内容	相关知识要求
职业道德	(1)爱岗敬业,忠于职守 (2)努力钻研业务,刻苦学习,勤于思考,善于观察 (3)具有工作细心、一丝不苟、踏踏实实的良好工作作风 (4)严格按照操作规程进行工作,树立安全第一的思想,确保人身及设备安全 (5)团结同志,互相帮助,积极协同工作 (6)着装整洁,爱护设备,保持工作环境的清洁有序,做到文明生产	
基础知识	(1)数控应用技术基础	①数控机床工作原理(组成结构、插补原理、控制原理、伺服系统) ②编程方法(常用指令代码、程序格式、子程序、固定循环)
	(2)安全卫生、文明生产	①安全操作规程 ②事故防范、应变措施及记录 ③环境保护(车间粉尘、噪声、强光、有害气体的防范)

2. 工作要求

表 3-36 为中级加工中心操作工国家职业标准工作要求。

表 3-36　中级加工中心操作工国家职业标准工作要求

职业功能	工作内容	技能要求	相关知识
1. 工艺准备	(1)读图	①能够读懂机械制图中的各种线型和标注尺寸 ②能够读懂标准件和常用件的表示法 ③能够读懂一般零件的三视图、局部视图和剖视图 ④能够读懂零件的材料、加工部位、尺寸公差及技术要求	①机械制图国家标准 ②标准件和常用件的规定画法 ③零件三视图、局部视图和剖视图的表达方法 ④公差配合的基本概念 ⑤形状、位置公差与表面粗糙度的基本概念 ⑥金属材料的性质
	(2)编制简单加工工艺	①能够制订简单的加工工艺 ②能够合理选择切削用量	①加工工艺的基本概念 ②钻、铣、扩、铰、镗、攻螺纹等工艺特点 ③切削用量的选择原则 ④加工余量的选择方法
	(3)工件的定位和装夹	①能够正确使用台钳、压板等通用夹具 ②能够正确选择工件的定位基准 ③能够用量表找正工件 ④能够正确夹紧工件	①定位夹紧原理 ②台钳、压板等通用夹具的调整及使用方法 ③量表的使用方法
	(4)刀具准备	①能够依据加工工艺卡选取刀具 ②能够在主轴或刀库上正确装卸刀具 ③能够用刀具预调仪或在机内测量刀具的半径及长度 ④能够准确输入刀具有关参数	①刀具的种类及用途 ②刀具系统的种类及结构 ③刀具预调仪的使用方法 ④自动换刀装置及刀库的使用方法 ⑤刀具长度补偿值、半径补偿值及刀号等参数的输入方法

（续）

职业功能	工作内容	技能要求	相关知识
2. 编制程序	（1）编制孔类加工程序	①能够手工编制钻、扩、铰（镗）等孔类加工程序 ②能够使用固定循环及子程序	①常用数控指令（G代码、M代码）的含义 ②S指令、T指令和F指令的含义 ③数控指令的结构与格式 ④固定循环指令的含义 ⑤子程序的嵌套
	（2）编制二维轮廓程序	①能够手工编制平面铣削程序 ②能够手工编制含直线插补、圆弧插补二维轮廓的加工程序	①几何图形中直线与直线、直线与圆弧、圆弧与圆弧交点的计算方法 ②刀具半径补偿的作用
3. 基本操作及日常维护	（1）基本操作	①能够按照操作规程起动及停止机床 ②正确使用操作面板上的各种功能键 ③能够通过操作面板手动输入加工程序及有关参数 ④能够通过磁盘、优盘及计算机等输入加工程序 ⑤能够进行程序的编辑、修改 ⑥能够设定工件坐标系 ⑦能够正确调入、调出所选刀具 ⑧能够正确进行机内对刀 ⑨能够进行程序单步运行、空运行 ⑩能够进行加工程序试切削并做出正确判断 ⑪能够正确使用交换工作台	①加工中心机床操作手册 ②操作面板的使用方法 ③各种输入装置的使用方法 ④机床坐标系与工件坐标系的含义及其关系 ⑤相对坐标系、绝对坐标的含义 ⑥找正器（寻边器）的使用方法 ⑦机内对刀方法 ⑧程序试运行的操作方法
	（2）日常维护	①能够做到加工前电、气、液、开关等的常规检查 ②能够做到加工完毕后，清理机床及周围环境	①加工中心操作规程 ②日常保养的内容加工中心机床操作手册
4. 工件加工	（1）孔加工	能够对单孔进行钻、扩、铰加工	麻花钻、扩孔钻及铰刀的功用
	（2）平面铣削	能够铣削平面、垂直面、斜面、阶梯面等，尺寸公差等级达IT9，表面粗糙度值达$Ra6.3\mu m$	①铣刀的种类及功用 ②加工精度的影响因素 ③常用金属材料的切削性能
	（3）平面内、外轮廓铣削	能够铣削二维直线、圆弧轮廓的工件，且尺寸公差等级达IT9，表面粗糙度值达$Ra6.3\mu m$	
	（4）运行给定程序	能够检查及运行给定的三维加工程序	①三维坐标的概念 ②程序检查方法与运行
5. 精度检验	（1）内、外径检验	①能够使用游标卡尺测量工件内、外径 ②能够使用内径百（千）分表测量工件内径 ③能够使用外径千分尺测量工件外径	①游标卡尺的使用方法 ②内径百（千）分表的使用方法 ③外径千分尺的使用方法
	（2）长度检验	①能够使用游标卡尺测量工件长度 ②能够使用外径千分尺测量工件长度	
	（3）深（高）度检验	能够使用游标卡尺或深（高）度尺测量深（高）度	①深度尺的使用方法 ②高度尺的使用方法
	（4）角度检验	能够使用角度尺检验工件角度	角度尺的使用方法
	（5）机内检测	能够利用机床的位置显示功能自检工件的有关尺寸	机床坐标的位置显示功能

任务实施

一、工艺分析

具体加工过程如下：

（1）加工内圆轮廓

1）用机用平口钳装夹工件，工件上表面高出钳口 12mm 左右，用百分表找正。

2）安装寻边器，确定工件零点为坯料上表面的中心，设定零点偏置。

3）安装 T01 立铣刀并对刀，选择程序，应用子程序及不同刀具半径补偿粗、精加工内圆轮廓。

（2）粗、精铣 75mm×75mm 轮廓及 4 个 R5mm 圆角

1）装夹与刀具不变。

2）应用子程序及不同刀具半径补偿，粗、精铣 75mm×75mm 及 4 个 R5mm 圆角至要求尺寸。

（3）钻孔

1）手工更换 ϕ5mm 麻花钻。

2）重新对刀。

3）应用钻孔循环加工 4 个 ϕ5mm 小孔。

二、刀具与工艺参数

数控加工刀具卡和数控加工工序卡见表 3-37 和表 3-38。

表 3-37 数控加工刀具卡

单　位		数控加工刀具卡	产品名称				零件图号	
			零件名称		凸台底座		程序编号	
序号	刀具号	刀具名称	刀具		刀具半径补偿值		备注	
			直径/mm	长度/mm	刀补号	刀补直径		
1	T01	立铣刀	ϕ12		D01	ϕ12mm		
2	T02	麻花钻	ϕ5		D02	ϕ12.6mm		

表 3-38 数控加工工序卡

单　位		数控加工工序卡		产品名称	零件名称	材　料	零件图号
					凸台底座	硬铝	
工序号	程序编号		夹具名称	夹具编号	设备名称	编制	审核
工步号	工步内容		刀具号	刀具规格及名称	主轴转速 n/（r/min）	进给速度 v_f/（mm/min）	背吃刀量 a_p/mm
1	粗、精加工内圆轮廓		T01	ϕ12mm 立铣刀	1000/2000	20/15	
2	粗、精加工外轮廓		T01	ϕ12mm 立铣刀	1000/2000	20/15	
3	钻孔		T02	ϕ5mm 麻花钻	1000	15	

三、装夹方案

用机用平口钳装夹工件，由于工件反面要继续使用，在安装工件时必须底面垫实、夹紧，找正固定钳口的平行度以及工件上表面的平行度，确保几何公差要求。

四、程序编制

在工件中心建立工件坐标系，Z 轴原点设在工件上表面。

1. 数控铣削加工程序

O0080;主程序名

G54 G90 G94 G40 G49;

G00 Z100;程序初始化

G00 X0 Y0;

M03 S1000;起动主轴

T01;使用 1 号刀

G00 Z5;快速到安全高度

G01 Z0 F20 D02;下刀,调用 2 号刀补

M98 P60081;调用 6 次子程序 O0081,粗加工内
圆轮廓

G01 Z-2.5 F20;到精加工位置

M03 S2000 F15 D01;变速调用 1 号刀补

M98 P0081;调用 1 次子程序 O0081,精加工内圆轮廓

G00 Z5;快速到安全高度

X-50 Y-50;定位

G01 Z0 F20 D02;下刀,调用 2 号刀补

M98 P60082;调用 6 次子程序 O0082,粗加工外
轮廓

G01 Z-2.5 F20;到精加工位置

M03 S2000 F15 D01;变速调用 1 号刀补

M98 P0082;调用 1 次子程序 O0082,精加工外
轮廓

G00 Z5;快速到安全高度

X0 Y0 Z100;快速返回

M05;主轴停

M00;程序暂停

T02;手工换 2 号刀

M03 S1000;启动主轴

G00 Z20;快速到起始点

G99 G83 X-25 Y-25 Z-5 R10 Q2 F50;钻孔循环,结
束 后 返 回
R 点

X25;

Y25;

G98 X-25;钻孔,结束后返回起始点

G00 G80 X0 Y0 Z100;取消循环快速返回

M05;主轴停

M30;程序结束并返回

2. 子程序

O0081;内圆轮廓子程序名

G91 G01 Z-0.5 F20;增量下刀 0.5mm

G90 G42 G01 X2.5 Y10;建立刀补

G02 X12.5 Y0 R10;圆弧切入

G02 X12.5 Y0 I-12.5 J0;切内圆轮廓

G02 X2.5 Y-10 R10;圆弧切出

G40 G01 X0 Y0;取消刀补

M99;子程序结束并返回主程序

O0082;外轮廓子程序名

G91 G01 Z-0.5 F20;增量下刀 0.5mm

G90 G41 G01 X-37.5;建刀补

Y-20;

X-32.5 Y-10;

G03 Y10 R10;

G01 X-37.5 Y20;

Y32.5;

G02 X-32.5 Y37.5 R5;

G01 X-20;

X-10 Y32.5;

G03 X10 R10;

G01 X20 Y37.5;

X32.5;

G02 X37.5 Y32.5 R5;

G01 Y20;

X32.5 Y10;

G03 Y-10 R10;

G01 X37.5 Y-20;

Y-32.5;

G02 X32.5 Y-37.5 R5;

G01 X20;

X10 Y-32.5;

G03 X-10 R10;

G01 X-20 Y-37.5;

X-32.5;

G02 X-37.5 Y-32.5 R5;

G01 Y0;

G40 X-50 Y-50;取消刀补　　　　　　　　M99;子程序结束并返回主程序

五、机床加工

凸台底座实际加工结果如图 3-153 所示。

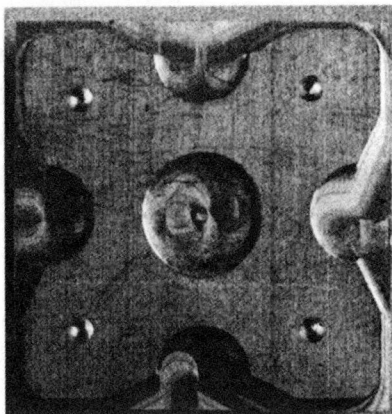

图 3-153　凸台底座实际加工结果

技能实训

1. 加工完成图 3-154 所示的定位凸台，时间：180min。数控铣床/加工中心操作中级工定位凸台加工评分表见表 3-39。

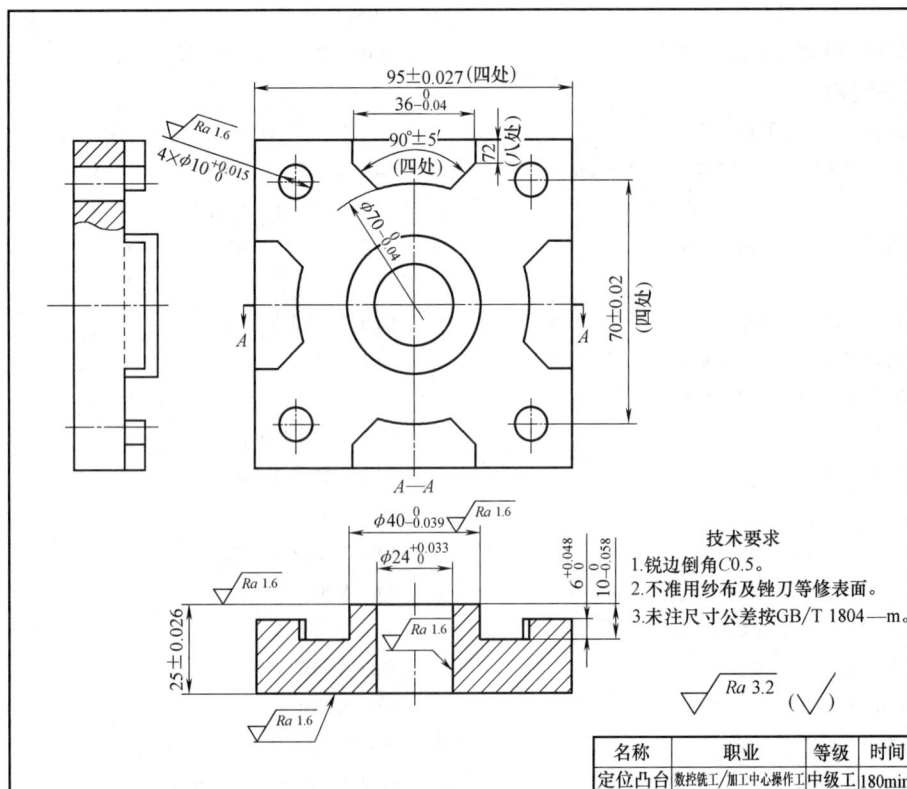

技术要求

1. 锐边倒角C0.5。
2. 不准用纱布及锉刀等修表面。
3. 未注尺寸公差按GB/T 1804—m。

名称	职业	等级	时间
定位凸台	数控铣工/加工中心操作工	中级工	180min

图 3-154　定位凸台

表 3-39 数控铣床/加工中心操作中级工定位凸台加工评分表

考件编号：_____ 姓名：_____ 准考证号：_____ 单位：_____

考核项目	考核要求	配分	评分标准	检测结果		扣分	得分
				尺寸精度	表面粗糙度		
内孔	$\phi 24^{+0.033}_{0}$ mm	14 分	超差无分				
外圆	$\phi 40^{0}_{-0.039}$ mm	10 分	超差无分				
深度	$6^{+0.048}_{0}$ mm	4 分	超差无分				
	$10^{0}_{-0.058}$ mm	4 分	超差无分				
凸台	$36^{0}_{-0.04}$ mm（四处）	12 分	超差无分				
	$90° \pm 5'$（四处）	12 分	超差无分				
	$\phi 70^{0}_{-0.04}$ mm	9 分	超差无分				
定位孔	$\phi 10^{+0.015}_{0}$ mm（四处）	8 分	超差无分				
孔距	70mm±0.02mm	6 分	超差无分				
外形	25mm±0.026mm、95mm±0.027mm（四处）	9 分	超差无分				
表面粗糙度	$Ra1.6\mu m$（八处）	4 分	升高一级无分				
表面	$Ra3.2\mu m$（四处）	4 分	升高一级无分				
工艺、程序	工艺与程序有关规定		违反规定扣总分 1~5 分				
规范操作	数控机床规范操作的有关规定		违反规定扣总分 1~5 分				
安全文明生产	安全文明生产的有关规定		违反规定扣总分 1~50 分				
备注	每处尺寸超差≥1mm，酌情扣考件总分 5~10 分；未注公差按 GB/T 1804—m						

2. 加工完成图 3-155 所示端盖，时间：180min。数控铣床/加工中心操作中级工端盖加工评分表见表 3-40。

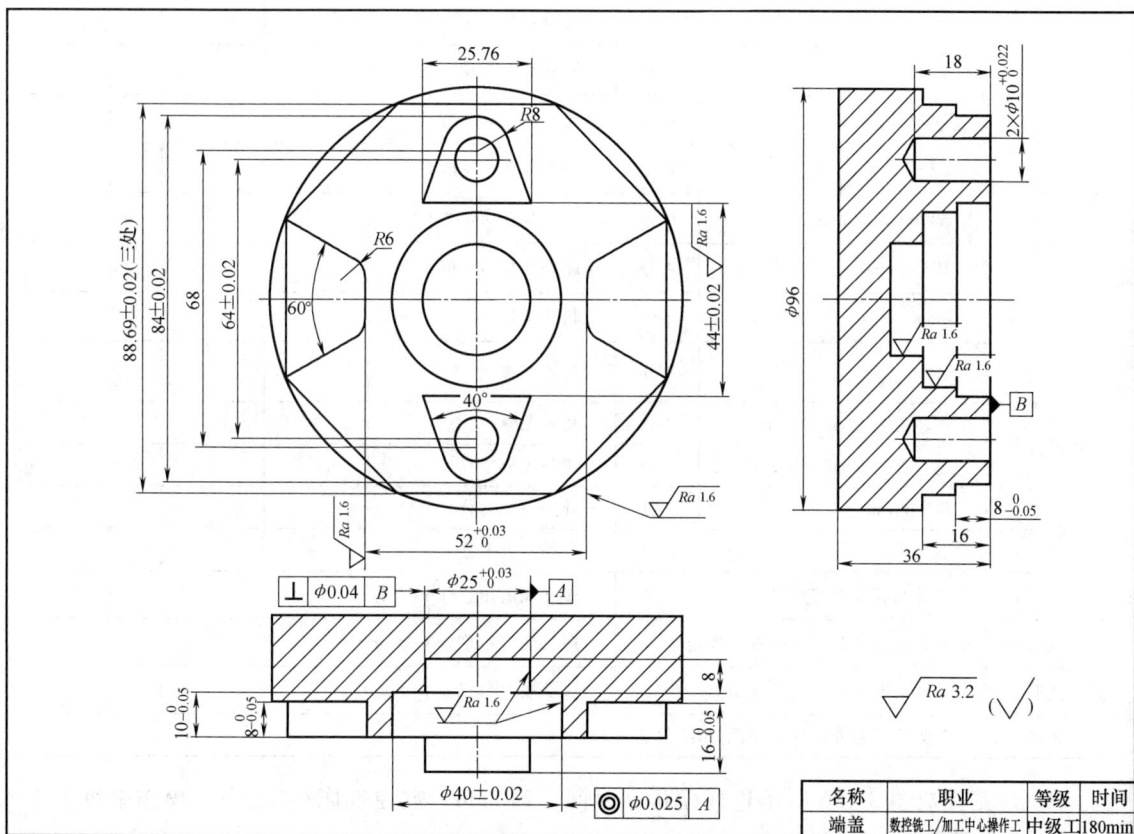

图 3-155 端盖

表 3-40 数控铣床/加工中心操作中级工端盖加工评分表

考件编号：＿＿＿＿　姓名：＿＿＿＿　准考证号：＿＿＿＿　单位：＿＿＿＿

考核项目	考核要求	配分	评分标准	检测结果		扣分	得分
				尺寸精度	表面粗糙度		
尺寸	44mm±0.02mm	6分	超差0.01mm扣2分				
	84mm±0.02mm	6分	超差0.01mm扣2分				
	88.69mm±0.02mm（三处）	8分	超差0.01mm扣2分				
	$52^{+0.03}_{0}$mm	4分	超差0.01mm扣2分				
	68mm	2分	超差全扣				
	R6mm（四处）	4分	超差全扣				
	R8mm（二处）	2分	超差全扣				
	25.76mm（二处）	2分	超差全扣				
	$8^{0}_{-0.05}$mm（二处）	6分	超差0.01mm扣2分				
	$16^{0}_{-0.05}$mm	6分	超差0.01mm扣2分				
	16mm	3分	超差全扣				
	40°	3分	超差全扣				
	60°	3分	超差全扣				
	圆弧连接光滑	4分	不光滑每处扣1分				
	$2×\phi10^{+0.02}_{0}$mm	6分	超差0.01mm扣1分				
	$\phi25^{+0.03}_{0}$mm	6分	超差0.01mm扣1分				
	$\phi40$mm±0.02mm	6分	超差0.01mm扣1分				
	$10^{0}_{-0.05}$mm	4分	超差0.01mm扣1分				
	8mm	2分	超差全扣				
	18mm	2分	超差全扣				
几何公差	同轴度公差ϕ0.025mm	2分	超差无分				
	垂直度公差ϕ0.04mm	2分	超差无分				
表面粗糙度	Ra1.6μm（六处）	6分	升高一级无分				
	其余Ra3.2μm	5分	升高一级无分				
工艺、程序	工艺与程序有关规定		违反规定扣总分1~5分				
规范操作	数控机床规范操作的有关规定		违反规定扣总分1~5分				
安全文明生产	安全文明生产的有关规定		违反规定扣总分1~50分				
备注	每处尺寸超差≥1mm,酌情扣考件总分5~10分						

3. 加工完成图3-156所示连杆模板，时间：240min。数控铣床/加工中心操作中级工连杆模板加工评分表见表3-41。

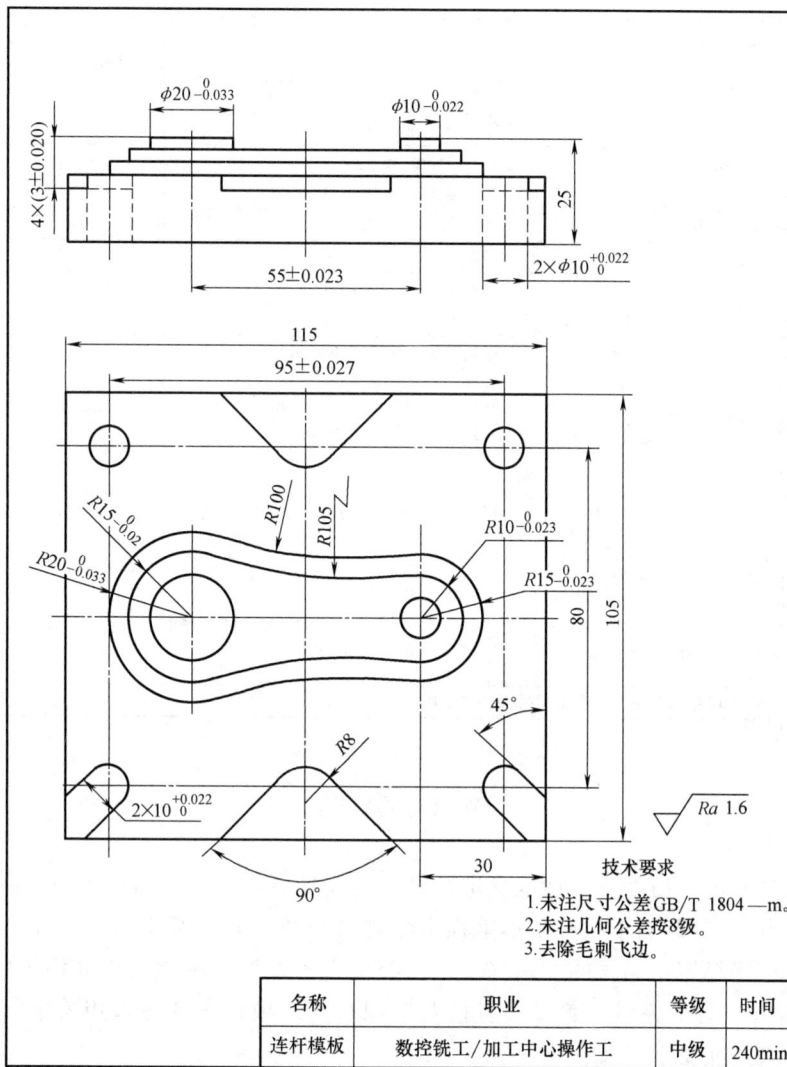

图 3-156　连杆模板

表 3-41　数控铣床/加工中心操作中级工连杆模板加工评分表

考件编号：_____　姓名：_____　准考证号：_____　单位：_____

序号	考核项目	配分	评分标准	检测结果		扣分	得分
				尺寸精度	表面粗糙度		
1	工艺路线	20 分	①工序划分合理、工艺路线正确 5 分,制订不合理适当扣分;②刀具类型及规格选择合理 4 分,对加工影响较大的工序中使用的刀具选择错误,每处扣 1 分;③定位及装夹合理 3 分,每处不当扣 1 分;④量具选择合理 4 分,每处不当扣 1 分;⑤切削用量选择基本合理 4 分,不当且对加工精度影响较大的,每处扣 1 分				
2	$2 \times \phi 10^{+0.022}_{0}$	8 分	每处 4 分,每超 0.01mm 扣 2 分				

（续）

序号	考核项目	配分	评分标准	检测结果		扣分	得分
				尺寸精度	表面粗糙度		
3	4×(3±0.020)	8分	每处2分，每超0.01mm扣2分				
4	55mm±0.023mm	3分	超差0.01mm扣1分				
5	$\phi 20^{\ 0}_{-0.033}$mm	4分	超差0.01mm扣1分				
7	$\phi 10^{\ 0}_{-0.022}$mm	4分	超差0.01mm扣1分				
7	95mm±0.027mm	3分	超差0.01mm扣1分				
8	$R10(^{\ 0}_{-0.022})$mm	4分	超差0.01mm扣1分				
10	$R15^{\ 0}_{-0.023}$mm	8分	每处3分，每超0.01mm扣1分				
10	$R20^{\ 0}_{-0.033}$mm	4分	超差0.01mm扣1分				
12	R8mm（二处）	8分	每处2分，不合格不得分				
12	自由尺寸 25、30、80、105、115、R100、R105、45°（二处）、90°（二处）	11分	每处1分，不合格不得分				
13	表面粗糙度	10分	每处不合格扣1分，扣分最多不超过10分				
14	数控机床规范操作的有关规定	5分	违反规定扣总分1~5分				
安全文明生产	安全文明生产的有关规定		违反规定扣总分1~50分				
备注	每处尺寸超差≥1mm，酌情扣考件总分5~10分						

项目小结

数控铣床具有加工精度高、精度稳定性好、适应性强等优点；加工中心是高效、高精度的数控机床。数控铣床/加工中心基本编程指令含义与数控车床基本指令相同，应用时有一定的区别。宏程序是用户编写的专用程序，它类似于子程序。本项目以介绍FANUC系统为主，辅助介绍SIEMENS系统，为学习者拓宽知识视野。项目内容融入相关中级国家职业标准，并按照中级技能要求进行训练。

数控铣床/加工中心操作是培养实践技能的重要途径，本项目主要从安全文明操作、机床维护保养、机床调整等方面入手，通过简单件到综合件的加工训练，逐步提高学生的综合实践技能。

项目四 数控电火花加工技术

技能目标

（1）会分析数控电火花线切割工艺与成形加工工艺

（2）会操作数控电火花线切割机床与成形加工机床，会使用数控电火花机床自动编程软件

素养目标

（1）培养学生良好的道德品质、沟通协调能力和团队合作及敬业精神

（2）培养学生具有一定的计划、决策、组织、实施和总结的能力

课后网上学习《创新中国》等案例资源：光明网（https://www.gmw.cn/）；人民网（http://www.people.com.cn/）等

知识目标

（1）掌握数控电火花线切割与成形加工工艺

（2）了解数控电火花线切割与成形机床结构

（3）掌握 3B 格式、ISO 格式的数控电火花线切割加工程序的编写

（4）了解数控电火花线切割机床自动编程软件

项目导读

本项目以数控电火花线切割与成形加工为切入点，详细介绍了电火花线切割与成形机床的基本操作，同时结合企业典型实例，详尽介绍数控电火花线切割机床自动化编程加工的操作过程，最后对在实际中应用较为广泛的小孔成形机也进行了分析介绍，让学生直接体验了电火花操作的真实过程。本项目按照"分析工艺→确定编程路线→确定编程工艺参数→操作自动编控软件→自动编写程序→实际操作加工"的学习过程展开。

任务一　数控电火花线切割加工技术

技能目标

（1）能分析数控电火花线切割机床的结构和原理

（2）能分析数控电火花线切割加工工艺，确定基本工艺参数及掌握零件尺寸精度控制方法

（3）能手工编写 3B 格式、ISO 格式电火花线切割加工程序

（4）会用自动编程软件进行编程加工

（5）能操作并维护中走丝数控线切割机床

任务导入——典型凸模零件的数控电火花线切割自动编程与加工

任务描述

完成图 4-1 所示凸模的数控电火花线切割自动编程与加工。零件材料为 Cr12。

知识链接

一、数控电火花线切割机床简介

1. 数控电火花线切割加工原理

数控电火花线切割的基本工作原理是利用连续移动的细金属丝（称为线切割的电极丝，常用钼丝）作为电极，对工件进行脉冲火花放电以蚀除金属，由计算机控制，配合一定的水基乳化液进行冷却排屑，将工件切割加工成形。

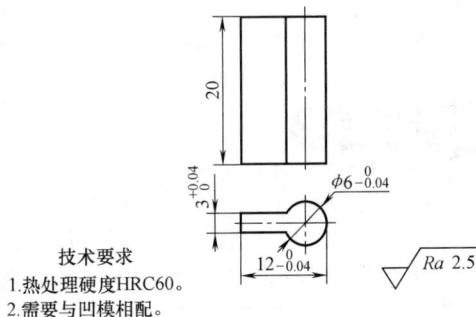

技术要求
1. 热处理硬度HRC60。
2. 需要与凹模相配。

图 4-1　凸模零件

线切割主要用于加工各种形状复杂和精密细小的零件，如线切割可以加工冲裁模的凸模、凹模、凸凹模、固定板、卸料板、成形刀具、样板等，还可以用于加工各种微细孔槽、窄缝、任意曲线等。线切割具有加工余量小、加工精度高、生产周期短、制造成本低等突出优点，已在生产中获得广泛的应用。

图 4-2a、b 所示为高速走丝电火花线切割工艺及装置结构。它是利用钼丝 4 作为工具电

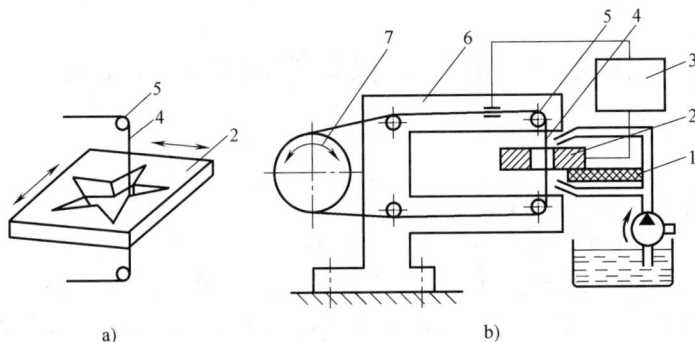

a)   b)

图 4-2　高速走丝电火花线切割加工

a) 线切割工艺　b) 装置结构

1—绝缘底板　2—工件　3—脉冲电源　4—钼丝　5—导向轮　6—支架　7—储丝筒

极进行切割的，钼丝穿过工件 2 上预钻好的小孔，经导向轮 5 由储丝筒 7 带动钼丝做正反向交替移动，加工能源由脉冲电源 3 供给。工件安装在工作台上，由数控装置按加工要求发出指令，控制两台步进电动机带动工作台在水平 X、Y 两个坐标方向移动，从而合成各种曲线轨迹，把工件切割成形。在加工时，由喷嘴将工作液以一定的压力喷向加工区，当脉冲电压击穿电极丝和工件之间的放电间隙时，两极之间即产生火花放电而蚀除工件。

这类机床的电极丝运行速度快，而且是双向往返循环地运行，即成千上万次地反复通过加工间隙，一直使用到断线为止。电极丝主要是钼丝（$\phi 0.1 \sim \phi 0.2 \text{mm}$），工作液通常采用乳化液，也可采用矿物油（切割速度低，易产生火灾）、去离子水等。相对来说，高速走丝电火花线切割机床结构比较简单，价格比低速走丝电火花线切割机床便宜。但是由于它的运丝速度快、机床的振动较大，电极丝的振动也大，导向轮损耗也大，给提高加工精度带来较大的困难。另外，电极丝在加工反复运行中的放电损耗也是不能忽视的，目前能达到的加工精度为 0.01mm，表面粗糙度值 Ra 为 $0.63 \sim 1.25 \mu\text{m}$，但一般的加工精度为 $0.015 \sim 0.02\text{mm}$，表面粗糙度值 Ra 为 $1.25 \sim 2.5 \mu\text{m}$，可满足一般模具的要求。

低速走丝电火花线切割机床的运丝速度慢，可使用纯铜、黄铜、钨、钼和各种合金以及金属涂覆线作为电极丝，其直径为 $\phi 0.03 \sim \phi 0.35\text{mm}$。这种机床电极丝只是单方向通过加工间隙，不重复使用，可避免电极丝损耗给加工精度带来的影响。工作液主要是去离子水和煤油。使用去离子水工作效率高，没有火灾的危险。这类机床的切割速度目前已达到 $350 \sim 400\text{mm}^2/\text{min}$，最佳表面粗糙度值 Ra 可达 $0.05 \mu\text{m}$，尺寸精度大为提高，加工精度能达到 $\pm 0.001\text{mm}$，但一般的加工精度值为 $0.002 \sim 0.005\text{mm}$，表面粗糙度值 Ra 为 $0.03 \mu\text{m}$。低速走丝电火花线切割加工机床由于应用了自动卸除加工废料、自动搬运工件、自动穿电极丝和自适应控制技术，已能实现无人操作的加工。但低速走丝电火花线切割机床目前的造价和加工成本均要比高速走丝电火花线切割机床高得多。

2. 电火花线切割加工的特点

1）加工范围宽，只要工件是导体或半导体材料，无论其硬度如何，均可进行加工。

2）由于线切割加工中线电极损耗极小，所以加工精度高。

3）除了电极丝直径决定内侧角部的最小半径（电极丝半径+放电间隙）的限制外，任何复杂形状的零件，只要能编制加工程序就可以进行加工。因此，电火花线切割加工特别适用于小批量和试制品的加工。

4）能方便调节加工工件之间的间隙，如依靠线径自动偏移补偿功能，可以保证冲模加工中凸凹模间隙。

5）采用四轴联动可加工上、下面异形体、扭曲曲面体、变锥度体等零件。

3. 电火花线切割机床的分类

根据电极丝的运行速度，电火花线切割机床主要分为三大类：高速走丝（快走丝）电火花线切割机床（WEDM-HS）、低速走丝（慢走丝）电火花线切割机床（WEDM-LS）和中速走丝（中走丝）电火花线切割机床。

（1）高速走丝电火花线切割机床 其电极丝做高速往复运动，一般走丝速度为 $8 \sim 10\text{m/s}$，电极丝可重复使用，加工速度较高，但高速走丝容易造成电极丝抖动和反向时停顿，使加工质量下降，是我国生产和使用的主要机种。

（2）低速走丝电火花线切割机床 其电极丝做低速单向运动，一般走丝速度低于

0.2m/s，电极丝放电后不再使用，工作平稳、均匀、抖动小、加工质量较好，但加工速度较低，是国外生产和使用的主要机种。

（3）中速走丝电火花线切割机床　中速走丝电火花线切割机床属于往复高速走丝电火花线切割机床范畴，它是在高速往复走丝电火花线切割机床的基础上吸收了低速走丝电火花线切割机床多次切割的特点，对数控柜、主机加工工艺进行较大改进，性能趋近于慢走丝，又有快走丝特性的新型往复走丝电火花线切割机床，俗称为中走丝线切割机床。其原理是对工件做多次反复的切割，开头用较快走丝速度、较强高频电流来切割，最后一刀则用较慢走丝速度、较弱高频电流来修光，从而提高了加工表面质量。

二、数控电火花线切割加工的基本工艺

1. 装夹工件

图 4-3 所示为工件支承方式。

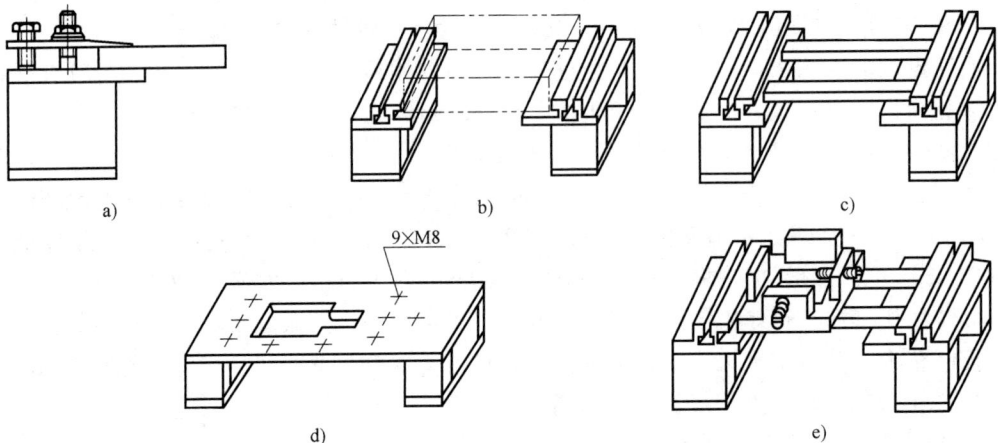

图 4-3　工件的支承方式

a）悬臂支承方式　b）两端支承方式　c）桥式支承方式　d）板式支承方式　e）复式支承方式

2. 选择电极丝

常用电极丝种类及其特点见表 4-1。

表 4-1　常用电极丝种类及其特点

材　料	线径 ϕ/mm	特　　点
纯铜	0.1~0.25	适合于切割速度要求不高或精加工时用，电极丝不易卷曲，抗拉强度低，容易断丝
黄铜	0.1~0.30	适合于高速加工，加工面的蚀屑附着少，表面粗糙度和加工面的平面度也比较好
专用黄铜	0.05~0.35	适合于高速、高精度和理想的表面粗糙度加工以及自动穿丝，但价格高
钼丝	0.06~0.25	由于它的抗拉强度高，一般用于快走丝，在进行微细、窄缝加工时，也可用于慢走丝
钨丝	0.03~0.10	由于抗拉强度高，可用于各种窄缝的微细加工，但价格昂贵

3. 选择与配制工作液

线切割工作液的种类、特点及应用见表 4-2。

4. 确定切割路线

确定切割路线，即是确定线切割加工的起点和走向。一般情况下，应将切割起点安排在靠近夹持端，然后转向远离夹具的方向进行加工，最后转向零件夹具的方向。例如图 4-4 中，图 4-4b 所示的切割路线正确，图 4-4a、c 所示的切割路线都不好。

表 4-2　线切割工作液的种类、特点及应用

种　　类	特点及应用
水类工作液 （自来水、蒸馏水、去离子水）	冷却性能好，但洗涤性能差，易断丝，切割表面易黑脏。适用于厚度较大的零件加工
煤油工作液	介电强度高，润滑性能好，但切割速度低，易着火，只有在特殊情况下才采用
皂化液	洗涤性能好，切割速度较高，适用于加工精度及表面质量较低的零件
乳化型工作液	介电强度比水高，比煤油低；冷却能力比水弱，比煤油好；洗涤性比水和煤油都好。切割速度较高，是普通使用的工作液

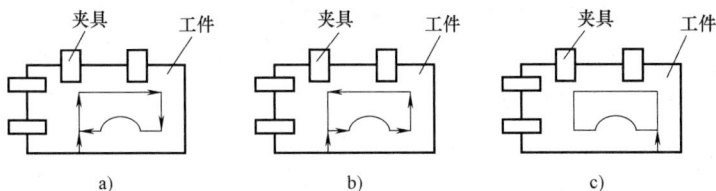

图 4-4　线切割加工路线的选择

5. 确定间隙补偿量

所加工图形与电极丝中心轨迹间的距离，在圆弧的半径方向和线段的垂直方向都相等，此距离称为间隙补偿量。间隙补偿量 t 的计算公式为

$$t = r_{丝} + \delta_{电}$$

式中　$r_{丝}$——电极丝半径；

　　　$\delta_{电}$——单边放电间隙。

三、数控电火花线切割加工编程

数控电火花线切割加工编程与数控车床、铣床、加工中心的编程过程一样，也是按要加工的零件编制出控制系统能接受的指令。

1. 3B 格式编程

3B 格式只能用于快走丝线切割，功能少、兼容性差，只能用相对坐标编程而不能用绝对坐标编程，但其针对性强，通俗易懂，且被我国绝大多数快走丝线切割机床生产厂采用。

（1）程序格式　3B 格式的程序没有间隙补偿功能，其程序格式见表 4-3。表中的 B 为分隔符号，它在程序单上起着把 X、Y 和 J 数值分隔开的作用。当程序输入控制器时，读入第一个 B 后的数值表示 X 相对坐标值，读入第二个 B 后的数值表示 Y 相对坐标值，读入第三个 B 后的数值表示计数长度 J 的值。

表 4-3　3B 程序格式

B	X	B	Y	B	J	G	Z
B	X 坐标值	B	Y 坐标值	B	计数长度	计数方向	加工指令

加工圆弧时，程序中的 X、Y 必须是圆弧起点对圆心的坐标值。加工斜线时，程序中的 X、Y 必须是该斜线段终点对其起点的坐标值。在斜线段程序中，允许把 X、Y 值同时缩小相同的倍数，只要其比值保持不变即可，这是因为 X、Y 值只用来确定斜线的斜率，但 J 值不能缩小。对于与坐标轴重合的线段，在其程序中的 X 或 Y 值可不必写或全写为零。X、Y 值只取其数值，不管正负，且均是增量坐标数值。X、Y 值都以 μm 为单位，1μm 以下的按四舍五入计。

（2）计数方向 G 和计数长度 J

1）计数方向 G 及其选择。加工斜线段时，必须用进给距离比较大的一个方向作为进给长度控制。若线段的终点为 $A(X, Y)$，当 $|Y| > |X|$ 时，计数方向取 GY；当 $|Y| < |X|$ 时，计数方向取 GX。如图 4-5 所示，当确定计数方向时，可以 45°线为分界线，斜线在阴影区内时，取 GY，反之取 GX。若斜线正好在 45°线上时，可任意选取 GX、GY。

加工圆弧时，其计数方向的选取应视圆弧终点的情况而定。从理论上来分析，应该是当加工圆弧达到终点时，走最后一步的是哪个坐标，就应选哪个坐标作为计数方向，这很麻烦。因此以 45°线为界，如图 4-6 所示，若圆弧坐标终点为 $B(X, Y)$，当 $|X| < |Y|$ 时，即终点在阴影区内，计数方向取 GX；当 $|X| > |Y|$ 时，计数方向取 GY；当终点在 45°线上时，可任意取 GX、GY。

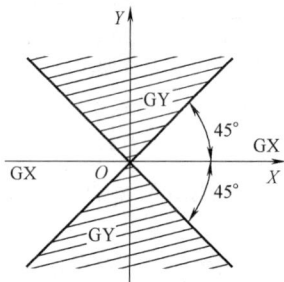

图 4-5　斜线段计数方向的选择

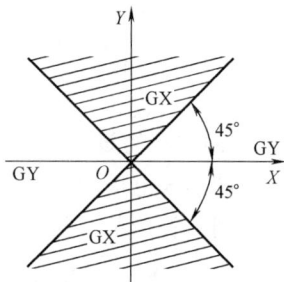

图 4-6　圆弧计数方向的选择

2）计数长度 J 的确定。计数长度以 μm 为单位。对于斜线，如图 4-7a 所示，取 $J = X_e$；如图 4-7b 所示，取 $J = Y_e$。

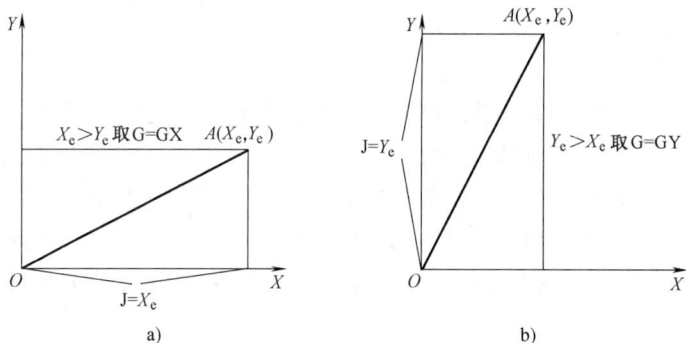

图 4-7　直线计数长度 J 的确定

对于圆弧，它可能跨越几个象限，如图 4-8 所示的圆弧 AB。在图 4-8a 中，计数方向为 GX，$J = J_{X1} + J_{X2}$；在图 4-8b 中，计数方向为 GY，$J = J_{Y1} + J_{Y2} + J_{Y3}$。

（3）加工指令 Z　加工指令 Z 包括直线插补指令（L）和圆弧插补指令（R）两类。直线插补指令（L1、L2、L3、L4）表示加工的直线终点分别在坐标系的第一、第二、第三、第四象限。如果加工的直线与坐标轴重合，根据进给方向来确定指令（L1、L2、L3、L4），坐标系的原点是直线的起点，如图 4-9a、b 所示。

圆弧插补指令（R）根据加工方向又可分为顺时针方向圆弧插补（SR1、SR2、SR3、

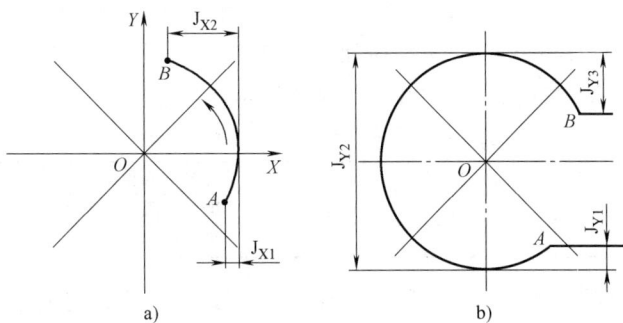

图 4-8　圆弧计数长度 J 的确定

SR4）和逆时针方向圆弧插补（NSR1、NSR2、NSR3、NSR4）。字母后面的数字表示该圆弧的起点所在象限。SR 表示顺时针方向圆弧插补，如图 4-9c 所示；NSR 表示逆时针方向圆弧插补，如图 4-9d 所示。坐标系的原点是圆弧的圆心，圆弧坐标的计算是基于圆心的。

（4）程序的输入方式　将编制好的线切割加工程序输入机床时有以下方式：①手工键盘输入，直观，但费时麻烦，且容易出现输入错误，适合简单程序的输入；②由通信接口直接传输到线切割控制器，应用更方便，且不容易出现输入错误，是最理想的输入方式。

【应用实例 4-1】

用 3B 代码编制图 4-10a 所示凸模的线切割加工程序。已知线切割加工用的

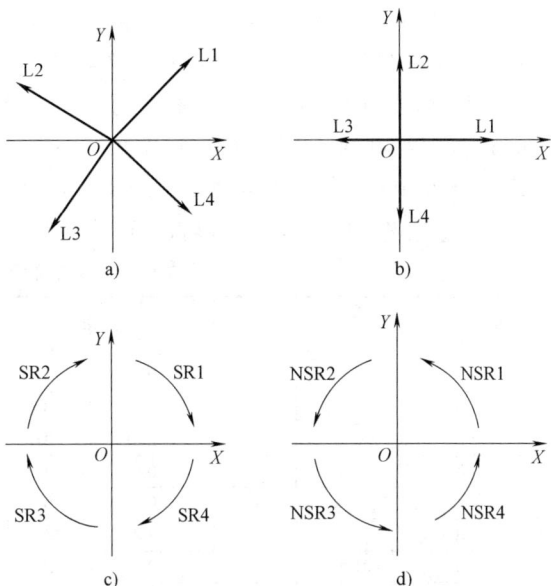

图 4-9　加工指令 Z

电极丝直径为 $\phi0.18mm$，单边放电间隙为 $0.01mm$，图中 A 点为穿丝孔，加工方向沿 $A \rightarrow B \rightarrow C \rightarrow D \rightarrow E \rightarrow F \rightarrow G \rightarrow H \rightarrow B \rightarrow A$ 进行。

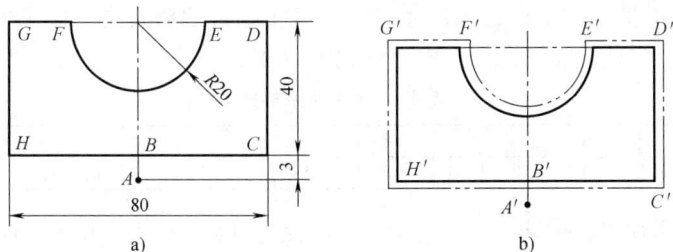

图 4-10　凸模零件及钼丝中心轨迹

a）凸模　b）钼丝中心轨迹

解： 1）分析工艺。用线切割加工凸模时，实际加工中由于钼丝半径和放电间隙的影响，

钼丝中心轨迹如图 4-10b 中细双点画线所示，即加工轨迹与零件图相差一个补偿量，补偿量 $t = r_{丝} + \delta_{电} = 0.09\text{mm} + 0.01\text{mm} = 0.1\text{mm}$。在加工中需要注意的是 $E'F'$ 圆弧的编程。圆弧 EF（见图 4-10a）与圆弧 $E'F'$（见图 4-10b）有较多不同点，它们的特点比较见表 4-4。

表 4-4　圆弧 EF 和 $E'F'$ 的特点比较

圆弧	起点	起点所在象限	圆弧首先进入象限	圆弧经历象限
EF	E	X 轴上	第四象限	第二、三象限
$E'F'$	E'	第一象限	第一象限	第一、二、三、四象限

2）计算并编制圆弧 $E'F'$ 的 3B 代码。在图 4-10b 中，最难编制的是圆弧 $E'F'$ 的加工程序，其具体计算过程如下：

以圆弧 EF 的圆心为坐标原点，建立直角坐标系，则点 E' 的坐标为：$Y_{E'} = 0.1\text{mm}$，$X_{E'} = 20\text{mm} - 0.1\text{mm} = 19.9\text{mm}$。根据对称原理可得点 F' 的坐标为（-19.9，0.1）。根据上述计算可知圆弧 $E'F'$ 的终点坐标的 Y 的绝对值小，所以计数方向为 GY。圆弧 $E'F'$ 在第一、二、三、四象限分别向 Y 轴投影得到长度的绝对值分别为 0.1mm、0.1mm、19.9mm、19.9mm，故 J=40000。圆弧 $E'F'$ 首先在第一象限顺时针方向切割，故加工指令为 SR1。

由上分析计算可知，圆弧 $E'F'$ 的 3B 代码为：B199000　B100　B40000　GY　SR1。

3）经过上述分析计算，可得轨迹形状的 3B 程序单，见表 4-5。

表 4-5　切割轨迹 3B 程序单

程序	B	X	B	Y	B	J	G	Z	备注
1	B	0	B	2900	B	2900	GY	L2	加工 $A'B'$ 线段
2	B	40100	B	0	B	40100	GX	L1	加工 $B'C'$ 线段
3	B	0	B	40200	B	40200	GY	L2	加工 $C'D'$ 线段
4	B	0	B	20200	B	20200	GX	L3	加工 $D'E'$ 线段
5	B	19900	B	100	B	40000	GY	SR1	加工 $E'F'$ 圆弧线段
6	B	20200	B	0	B	20200	GX	L3	加工 $F'G'$ 线段
7	B	0	B	40200	B	40200	GY	L4	加工 $G'H'$ 线段
8	B	40100	B	0	B	40100	GX	L1	加工 $H'B'$ 线段
9	B	0	B	2900	B	2900	GY	L4	加工 $B'A'$ 线段
10	停 机 代 码						DD		

2. 4B 格式编程

4B 格式程序具有间隙补偿功能。先将补偿量（计算方法下面介绍）输入计算机控制装置，按零件平均尺寸编制加工程序，计算机控制系统自动进行间隙补偿计算，然后去控制机床的运动，也就是说虽然按工件轮廓尺寸编程，但实际走的路线是电极丝中心轨迹，因此可保证加工出符合尺寸要求的零件。4B 程序格式见表 4-6。

表 4-6　4B 程序格式

B	X	B	Y	B	J	B	R	G	Z
B	X 坐标值	B	Y 坐标值	B	计数长度	B	圆弧半径	计数方向	加工指令

表 4-6 中，R 为加工圆弧半径，对于加工图纸各尖角，一般取 R=0.1mm 的过渡圆弧来过渡，这样在加工直线时，程序不变；加工圆弧时，计算机控制系统自动做补偿计算。

3. ISO 格式编程

国际通用的为 ISO（G）代码，其优点是功能齐全、通用性强。我国的数控线切割系统使用的指令代码与 ISO（G）代码基本一致。表 4-7 为数控电火花线切割机床常用的指令代码。

表 4-7　数控电火花线切割机床常用的指令代码

代码	功　能	代码	功　能
G00	快速定位	G10	Y 轴镜像，X 轴、Y 轴变换
G01	直线插补	G11	Y 轴镜像，X 轴镜像，X 轴、Y 轴交换
G02	顺时针方向圆弧插补	G12	消除镜像
G03	逆时针方向圆弧插补	G40	取消间隙补偿
G05	X 轴镜像	G41	左偏间隙补偿，D 偏移量
G06	Y 轴镜像	G42	右偏间隙补偿，D 偏移量
G07	X 轴、Y 轴交换	G50	消除锥度
G08	X 轴镜像，Y 轴镜像	G51	锥度左偏 A 角度值
G09	X 轴镜像，X 轴、Y 轴交换	G52	锥度右偏 A 角度值
G54	加工坐标系 1	G91	相对坐标
G55	加工坐标系 2	G92	建立工件坐标系
G56	加工坐标系 3	M00	程序暂停
G57	加工坐标系 4	M02	程序结束
G58	加工坐标系 5	M05	接触感知解除
G59	加工坐标系 6	M96	主程序调用文件程序
G80	接触感知	M97	主程序调用文件结束
G82	半程移动	W	下导轮中心到工作台面高度
G84	微弱放电找正	H	工件厚度
G90	绝对坐标	S	工作台面到上导轮中心高度

（1）G92——建立工件坐标系

编程格式：G92 X ＿ Y ＿；

式中　X、Y——切割起点在工件坐标系中的坐标值。

（2）G00——快速定位

编程格式：G00 X ＿ Y ＿；

式中　X、Y——目标点坐标。

（3）G01——直线插补

编程格式：G01 X ＿ Y ＿ U ＿ V ＿；

式中　X、Y——直线目标点坐标值；

　　　U、V——坐标轴，在加工锥度时使用。

线切割机床一般有 X、Y、U、V 四轴联动功能，即四坐标，其加工速度由电参数决定。

（4）G02/G03——圆弧插补

编程格式：G02/G03 X ＿ Y ＿ I ＿ J ＿；

式中　G02——顺时针方向圆弧插补；

　　　G03——逆时针方向圆弧插补；

　　X、Y——圆弧终点坐标；

　　I、J——圆心相对圆弧起点的增量值，其中 I 是 X 方向增量坐标值，J 是 Y 方向增量坐标值，其值不得省略。有正、负之分，与正方向相同，取正值；反之取负值。

（5）G41/G42/G40——间隙补偿

编程格式：G41/G42 D ＿；

　　　　　G40；

式中　G41——左偏间隙补偿；

　　　　G42——右偏间隙补偿；

　　　　　D——间隙补偿值（μm）；

　　　　G40——取消间隙补偿。

【特别注意】

1）左偏间隙补偿（G41）是沿着电极丝前进的方向看，电极丝在工件的左边（图 4-11）；右偏间隙补偿（G42）是沿着电极丝前进的方向看，电极丝在工件的右边（图 4-11）。G40 为取消间隙补偿指令。

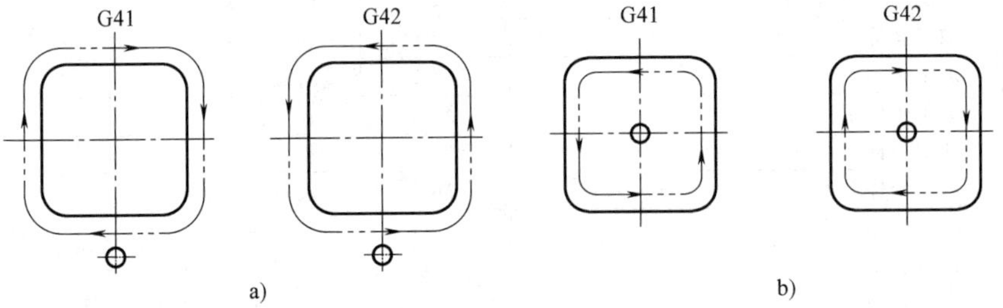

图 4-11　G41 与 G42 的判别方法

a）凸模加工　b）凹模加工

2）左偏间隙补偿 G41、右偏间隙补偿 G42 程序段必须放在进刀之前。

3）D 为电极丝半径与放电间隙之和。

4）取消间隙补偿指令 G40 必须放在退刀之前。

（6）G05/G06/G07/G08/G09/G10/G11/G12——镜像和交换加工

编程格式：G05/G06/G07/G08/G09/G10/G11/G12；

镜像、交换加工指令单独成一个程序段，在该程序段以后的程序段中，X、Y 坐标按照指定的关系式发生变化，直到出现取消镜像加工指令为止。各指令含义如下：

G05：X 轴镜像，即 $X = -X$。

G06：Y 轴镜像，即 $Y = -Y$。

G08：X 轴镜像，Y 轴镜像，即 $X = -X$，$Y = -Y$。执行 G08 指令相当于执行 G05 指令和 G06 指令。

G07：X 轴、Y 轴交换，即 $X = Y$，$Y = X$。

G09：X 轴镜像，X 轴、Y 轴交换，即执行 G09 指令相当于执行 G05 指令和 G07 指令。

G10：Y 轴镜像，X 轴、Y 轴交换，即执行 G10 指令相当于执行 G06 指令和 G07 指令。

G11：X 轴镜像，Y 轴镜像，X 轴、Y 轴交换，即执行 G11 指令相当于执行 G05 指令、G06 指令和 G07 指令。

G12：取消镜像，每个程序镜像后都要加上此指令。取消镜像后程序段的含义与原程序相同。

（7）G50/G51/G52——锥度加工

编程格式：G51/ G52 A ＿；

　　　　　　G50；

【特别注意】

1）G51、G52 指令程序段都必须放在进刀之前。

2）G51：锥度左偏，沿着电极丝前进的方向看，电极丝上段在底平面加工轨迹的左边。

3）G52：锥度右偏，沿着电极丝前进的方向看，电极丝上段在底平面加工轨迹的右边。

4）A：工件的锥度，用角度表示（°）。

5）G50：取消锥度加工，必须放在退刀之前。

6）下导轮中心到工作台面的高度 W、工件的厚度 H、工作台面到上导轮中心的高度 S 需在使用 G51、G52 之前输入。

【应用实例 4-2】

如图 4-12 所示锥孔零件，工件厚度 $H=8\text{mm}$，刃口锥度 $A=15°$，下导轮中心到工作台面的高度 $W=60\text{mm}$，工作台面到上导轮中心的高度 $S=100\text{mm}$。用直径为 $\phi0.13\text{mm}$ 的电极丝加工，取单边放电间隙为 0.01mm。编制锥孔零件加工程序（图中标注尺寸为平均尺寸）。

建立图 4-12 所示的坐标系，各基点的坐标值为：$A(-11.000, 11.619)$、$B(-11.000, -11.619)$。取点 O 为穿丝点，加工顺序为 $O{\rightarrow}A{\rightarrow}B{\rightarrow}A{\rightarrow}O$。若锥孔零件作为凹模使用，考虑凹模间隙补偿 $R=0.13\text{mm}/2+0.01\text{mm}=0.075\text{mm}$。同时要注意 G41 与 G42、G51 与 G52 之间的区别。加工程序如下：

```
O0002;                          N070 G01 X-11000 Y11619;
N010 G90 G92 X0 Y0;             N080 G02 X-11000 Y-11619 I11000 J-11619;
N020 W60000;                    N090 G01 X-11000 Y11619;
N030 H8000;                     N100 G50;
N040 S100000;                   N110 G40;
N050 G51 A15;                   N120 G01 X0 Y0;
N060 G42 D75;                   N130 M02;
```

（8）G80/G82/G84——手工操作

编程格式：G80/G82/G84；

G80：接触感知，使电极丝从现在的位置移动到接触工件，然后停止。

G82：半程移动，使加工位置沿指定坐标轴返回一半的距离，即当前坐标系坐标值的一半。

G84：微弱放电找正，通过微弱放电找正电极丝与工作台面垂直，在加工前一般要先进行找正。

四、中走丝数控电火花线切割机床的应用和操作

图 4-13 所示为 DK-M 系列中走丝数控电火花线切割机床实体图与其机械部分平面图。中走丝数控电火花线切割机床是一种新型线切割机床。可以进行多次切割，也可以根据需要调整电极丝的运行速度，使零件达到与慢走丝数控电火花线切割加工相近的精度及表面粗糙度。

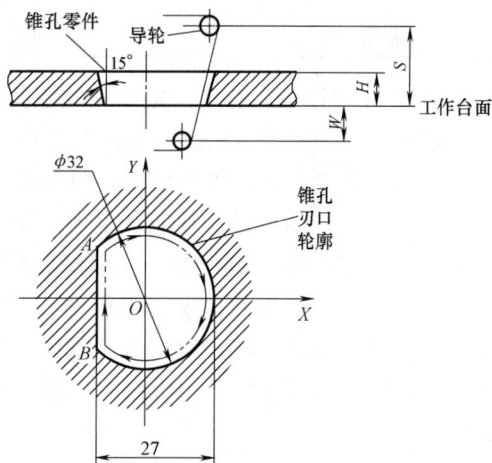

图 4-12　锥孔零件

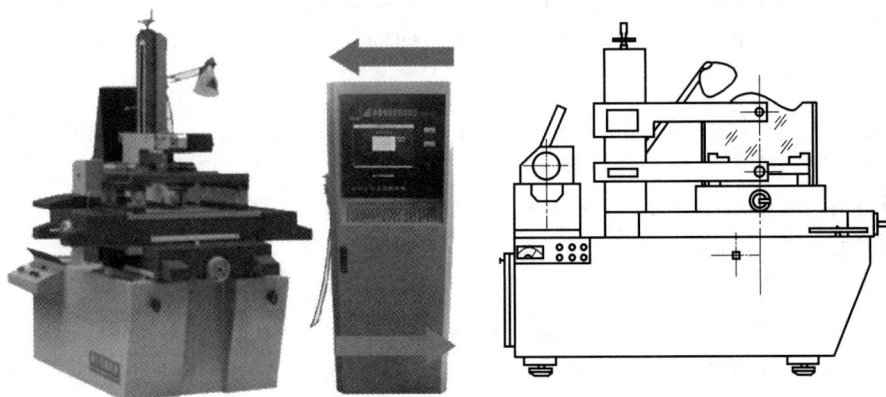

图 4-13　DK-M 系列中走丝数控电火花线切割机床实体图与其机械部分平面图

1. 中走丝数控电火花线切割机床的应用范围

中走丝数控电火花线切割机庆广泛应用于加工各种冲模、粉末冶金模、镶拼型腔模、拉丝模、波纹板成形模，以及样板、成形刀具、凸轮、特殊齿轮、微细异形孔、窄缝、复杂形状零件等，还可以用于加工硬质材料、切割薄片、切割贵重金属材料等，它适合于中小批量、多品种零件的加工，可减少模具制作费用，缩短生产周期。表 4-8 为不同类型线切割机床的特点比较。

表 4-8　不同类型线切割机床的特点比较

比较项目	快（中）走丝线切割机床	慢走丝线切割机床
走丝速度/（m/s）	1～11	0.001～0.25
电极丝工作状态	往复供丝，反复使用	单向运行，一次性使用
运丝系统结构	简单	复杂
电极丝振动	较大	较小
加工精度/mm	0.01～0.04	0.002～0.01

2. 中走丝数控电火花线切割机床的主要结构

数控电火花线切割机床的机械部分由床身、工作台、运丝装置、线架、工作液装置及冷却系统、恒张紧力装置、挡丝机构、润滑系统、防护罩及附件等部分组成。

（1）床身　床身是箱形结构的铸件，其上安装工作台、线架及储丝筒、照明灯等，周边有流水槽。它有较好的刚性，是保证机床精度的基础。

（2）工作台　工作台主要由工作台上拖板（工作台面）、中拖板、滚珠丝杠及变速齿轮箱等组成。拖板的纵、横运动是采用滚珠滚动导轨结构，分别由步进电动机经两对消隙齿轮及滚珠丝杠传动来实现的。由于控制系统采用开环控制，因此工作台的运动精度直接影响加工精度。

（3）运丝装置　运丝装置由储丝筒、储丝筒拖板、拖板座及传动系统组成。储丝筒由薄壁不锈钢管制成，具有重量轻、惯性小、耐腐蚀等优点。排丝间距小于 0.2mm，故选用钼丝直径一般以 $\phi0.12\sim\phi0.18$mm 为佳。

（4）线架　线架由立柱、上下悬臂构成，其中下悬臂固定。线架的刚性对加工精度有很大影响，故采用铸件结构。线架安装在储丝筒与工作台之间，为了满足不同厚度工件的加工要求，采用可变跨距结构。导轮置于线架悬臂的前端，采用密封式结构，组装在悬臂上。

（5）工作液装置及冷却系统 在切割过程中，液压泵把工作液送至加工区域。由于钼丝与工件间的加工区域需要不断地供给充分的工作液，以便不断地冷却加工间隙，恢复放电间隙的绝缘及将蚀除物排出加工区，因此要求工作液自喷嘴强而有力地沿着钼丝喷出，其流量可由线架上的进水阀旋钮控制。工作液将蚀除物带入箱内，因此为保证高效加工，需定期更换工作液。工作液可选用 DX-1、DX-2 乳化液或南光一号乳化皂。

（6）恒张紧力装置 钼丝张紧力因丝径不同而不同，$\phi 0.18$mm 钼丝张紧力宜为 9.8N。用户在加工前可通过不同重量的重锤来实现不同的张紧力。张紧钼丝时需将储丝筒放在最左边，以便有足够的张丝余地，如图 4-14 所示，并按图示顺序上丝。

（7）挡丝机构 挡丝有利于提高零件表面质量。可通过调整偏心轴使其压紧钼丝，压紧量建议为 0.05mm，零件如有锥度或表面质量要求不高时，不宜使用该机构。

（8）附件 主要附件有专用夹具、摇把、上丝机构、检具、紧丝轮等。

（9）机床润滑系统 机床各运动机构的润滑均采用人工定期润滑方式，润滑方式见表4-9。

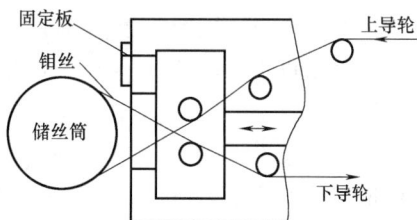

图 4-14 上丝示意图

表 4-9 机床润滑方式

编号	加油部位	加油时间	加油方法	润滑油
1	X 向丝杠、导轨副	每班一次	油枪	L-AN32
2	Y 向丝杠、导轨副	每班一次	油枪	L-AN32
3	U 向丝杠、导轨副	每班一次	油枪	L-AN32
4	V 向丝杠、导轨副	每班一次	油枪	L-AN32
5	储丝筒各传动齿轮	每班一次	油枪	L-AN32
6	运丝丝杠螺母副	每班一次	油枪	L-AN32
7	储丝筒拖动油槽	每班一次	注满	L-AN32
8	线架导轮、排丝轮	每周一次	填充	高速润滑油

3. 数控电火花线切割机床的操作

（1）正确使用数控电火花线切割机床的必备条件

1）人员要求。熟悉线切割机床的操作技术、设备润滑要求、切割加工工艺，能够正确地选取电加工参数，按顺序操作加工。

2）钼丝的保存条件。钼丝应放在不含酸碱性有害气体和相对湿度不高于 65% 的室内，正常真空包装的产品保质期为 6 个月。

3）机床使用环境要求。机床运行的环境温度为 10~40℃，相对湿度为 30%~75%，机床周围无压力机、剪床、龙门刨床等存在冲击性振源的设备，不得有激光、焊接等存在磁场源的设备。

4）工作液的要求。数控电火花线切割机床应使用专用工作液，切勿使用磨床加工液。工作液配比比例根据加工工艺指标确定，一般乳化油的质量分数为 5%~20%，水的质量分数为 95%~80%。

（2）使用前的准备工作

1）起动电源开关，使机床空运行，观察其工作状态是否正常。

2）数控柜要运行10min以上。

3）机床各部件运动应正常。

4）脉冲电源和机床电器工作正常无误。

5）各个行程开关触点动作灵敏。

6）工作液各个进出管路、阀门畅通无阻，压力正常，扬程符合要求。

（3）添加或更换工作液 一般每个星期换一次为宜。

（4）调整线架跨距 根据工件的厚度不同来调整线架跨距，一般以上悬臂喷嘴到零件表面距离10mm左右为宜。

（5）检查工作台 按下数控柜键盘上控制步进电动机的键，手摇工作台纵、横向手轮，检查步进电动机是否吸住。输入一定位移量，使刻度盘正转、反转各一次，检查刻度是否回零位。

（6）装夹工件 将专用夹具固定在工作台面上，再将工件放在专用夹具上，根据加工范围确定工件的恰当位置，用压板及螺钉固定工件。对加工余量较小或有特别要求的工件，必需精确调整工件与工作台纵、横向移动的平行性，记下纵、横坐标值。

（7）穿丝及张紧丝 将张紧的钼丝整齐地绕在储丝筒上。因钼丝具有一定的张力时，可使上、下导轮间的钼丝具有良好的平直度，确保加工精度和表面粗糙度，所以加工前应检查钼丝的张紧程度。

对加工内封闭型孔，如凹模、卸料板、固定板等，应选择合理的切入部位，一般应在工件上预置穿丝孔，钼丝应通过上导轮经过穿丝孔，再经过下导轮后固定在储丝筒上。此时应记下工作台纵、横向（X、Y的坐标）起点的刻度值。

（8）找正钼丝的垂直度

1）一般找正方法。在找正器与工作台面之间放一张平整的白纸，将找正器在X、Y方向采用光透，如果X、Y方向上下光透一致即垂直。

2）放电找正方法。将工件正极接至找正器上，起动高频电源及运丝机构，分别用手摇X、Y方向上的拖板，使钼丝靠近找正器产生放电，如上、下放电火花一致即垂直。

（9）机床加工 接通电源→输入程序→起动运丝电动机→启动液压泵电动机→开启高频电源→开启控制器进给开关→检查步进电动机是否锁住→检查工作台刻度值有无变化→控制机高频置自动状态→开启变频开关调整速度→开始加工。

（10）机床加工结束顺序 关变频开关→关高频电源开关→关液压泵电动机→关运丝电动机→检查工作台的X、U、V（终点与起点坐标值应一致）→拆下工件。

（11）锥度切割注意事项

1）钼丝必须垂直于工件。

2）上下导轮中心尺寸、下导轮与基准面尺寸、工件厚度尺寸必须正确设定。

3）切割大锥度时必须使用导轮补偿功能。

4）按工件厚薄尺寸正确选用导柱（四连杆机构中近立柱部分的连杆）。

5）U、V坐标行程应在-15~15mm范围内。

4. 中走丝数控电火花线切割机床的加工工艺

（1）电气部分加工工艺特点

1）当使用矩形波加工时，脉冲宽度一般为 5~80μs，脉冲间隔一般不小于脉宽的 4 倍。脉冲宽度加大可以提高加工速度，但表面粗糙度值增加；减小脉冲间隔，一般不影响加工表面粗糙度，可以提高加工效率，但是过小的脉冲间隔使加工不稳定，严重时烧断钼丝；对于大厚度工件，一般采用大脉冲宽度（60~80μs）与大脉冲间隔（脉冲宽度的 8~12 倍）加工；短路电流为 45A 以上，电压最好为 2H，加工电流一般不大于 4A。

2）当采用分组脉冲加工时，一般脉冲宽度为 2~10μs，脉冲间隔也为 2~10μs，分组宽设为脉冲宽度与脉冲间隔和的 5~15 倍，分组间隔应使总脉冲间隔大于总脉冲宽度的 4 倍。这种加工方法可以在提高效率的同时兼顾表面质量，但不适合加工大厚度工件，同时钼丝损耗有所增加。加工电流一般不大于 3A。

3）加工电压一般采用第 1H 或第 2H，当加工大厚度工件及导电性不好的材料时，应适当提高加工电压。

4）多次切割。一般采用 3 次切割即可，第 1 次切割的偏移量一般为 0.06~0.08mm，第 2 次切割的偏移量一般为 0.05~0.015mm，最后一次切割的偏移量必须为 0mm。

5）采用前阶梯波可以降低钼丝损耗，一般选用 F 档。

6）机床的电控柜采用了全数字化高频电源，是多次切割的理想电源。

中速走丝 DK-M 系列机床可以实习多次切割，多次切割基本工艺选择原则如下：

① 根据工件表面粗糙度要求来决定切割次数和电参数。

② 根据切割次数选择变频频率大小。

③ 根据钼丝直径和放电间隙决定工件补偿量。

④ 根据切割工件厚度和偏移量选择电流大小。

（2）线切割机床加工工艺注意事项

为了更好地发挥线切割机床的使用效能，请操作人员在使用线切割机床时注意以下几点：

1）根据图样尺寸及工件的实际情况计算坐标点，编制程序，但要考虑工件的装夹方法和电极丝直径，并选择合理的切入部位。

2）将已编制好的程序正确输入数控装置。

3）装夹工件时注意位置、工作台移动范围，使加工型腔与图样相符。对于加工余量较小或有特殊要求的工件，调整工件在工作台中间的位置，并精确调整工件与工作台纵、横向的平行度，避免余量不够而报废工件，并记下工作台起始纵、横向坐标值。

4）加工凹模、卸料板、固定板及某些特殊型腔时，均需先把电极丝穿入工件的预加工孔中。

5）必须熟悉线切割加工工艺中一些特性、影响电火花线切割加工精度的主要因素和提高加工精度的具体措施。在线切割加工中，除了机床的运动精度直接影响加工精度外，电极丝与工件间的火花间隙的变化和工件的变形对加工精度亦有不可忽视的影响。

6）机床精度。在机床加工精密工件之前，须对机床进行必要的精度检查和调整。仔细检查导轮的 V 形槽是否损伤，并除去堆积在 V 形槽中的电蚀物；检查工作台纵、横向丝丝螺母副的传动间隙；电极丝与工件之间的火花间隙的大小随工件材质、切割厚度的不同而变化，材料的化学、物理、力学性能的不同以及切割时排屑、消电离能力的不同也会影响火花间隙大小。

火花间隙的大小与切割速度（加工电流）的关系是：在有效的加工范围内，切割速度快，火花间隙小，切割速度慢，火花间隙大，但切割速度绝不能超过电腐蚀速度，否则就产生短路。在切割过程中保持一定的加工电流，那么工件与电极丝之间的电压也就一定，则火花间隙大小一定。因此，要想提高加工速度，在切割过程中应尽量做到变频均匀，加工电流也基本稳定，切割速度也就能保持匀速。

火花间隙的大小与切削液的关系是：切削液成分不同，其电阻率不同，排屑和消电离能力不同，从而影响火花间歇的大小。因此，在加工高精度工件时，一定要根据实测火花间隙大小而进行编程或选定间隙补偿量。

7）减少工件材料变形的措施

① 合理的工艺路线。以线切割加工为主要工序时，钢件的加工路线应为：下料、锻造、退火、机械粗加工、淬火与回火、磨加工、线切割加工、钳工修整。

② 工件材料的选择。应选择变形量小、渗透性好、屈服极限高的材料，如用作凹凸模具的材料应尽量选用 CrWMn、Cr12Mn、GCr15 等合金工具钢。

③ 提高锻造毛坯的质量。锻造时要严格按规范进行，掌握好始锻温度和终锻温度，特别是高合金工具钢还应该注意碳化物的偏析程度。锻造后需要进行球化退火，以细化晶粒，尽可能降低热处理的残余应力。

④ 注意热处理的质量。热处理淬火、回火时应合理选择工艺参数，严格控制规范，操作要正确。淬火加热温度尽可能采用下限，冷却要均匀；回火要及时，回火温度尽可能采用上限；时间要充分，尽量消除热处理后产生的残余应力。

⑤ 合理的工艺措施。正确安排冷热工艺顺序，以消除机加工产生的应力。

⑥ 从坯料切割凸模时，不能从外部切割进去，要在离凸模轮廓较近处做穿丝孔，同时要注意切割部位不能离毛坯周边的距离太近，要保证坯料还有足够的强度，否则会造成切割工件变形。

⑦ 切割起点最好在图形重量平衡处，并处于二段轮廓的相交处，这样开口变形小。

⑧ 切割较大工件时，应边切割边加夹板或用垫铁垫起，以减少因已加工部分下垂引起的变形。

⑨ 对于尺寸很小或细长的工件，影响变形的因素复杂，切割时应采用试探法，边切边测量，边修正程序，直到满足图纸要求为止。

5. 中走丝数控电火花线切割机床的维护和保养

对机床进行正确和合理的调整、使用及维护保养，不但可以保证机床的精度，而且可以延长机床的使用寿命。为此提出要求如下：

（1）定期维修　当机床累计工作 5000h 以上（两年时间），应进行一次必要的检查维修。

（2）日常保养

1）机床应保持清洁，飞溅出来的工作液应及时擦除。停机后，应将工作台面上的蚀物清理干净，特别是运丝系统的导轮、导电块、排丝轮等部位，应经常用煤油清理干净，使其保持良好的工作状态。

2）防锈。当停机 8h 以上时，除应将机床擦净外，对加工区域部分应涂油防护。

6. 中走丝数控电火花线切割机床的电气操作

图 4-15 所示为电气部分整体结构组成。

（1）操作面板布局与说明 以图 4-16 所示的 DK77-M 系列精密中走丝数控电火花线切割机床操作面板为例进行介绍。

1）电压表。指示整流直流电压。

2）电流表。指示加工电流。

3）电参数传输指示灯。当传数据时及传数出错时，指示灯亮。

4）电源指示灯。当电控柜送上电时，指示灯亮。

5）USB 接口。外部文件由此接口输入计算机。

6）急停按钮。按下此按钮，电控柜总电源断电。

7）蜂鸣器。当钼丝断丝、运丝机构超程、加工结束时，蜂鸣器报警。

8）丝筒开/丝筒关。这两个开关用来控制运丝机构电动机的起动与停止。

9）液压泵开/液压泵关。这两个开关用来控制液压泵电动机的起动与停止。

10）复位键。当按液压泵开/液压泵关与丝筒开/丝筒关及手控盒上的按钮没反应时，单片机可能死机，按下此键，单片机复位。

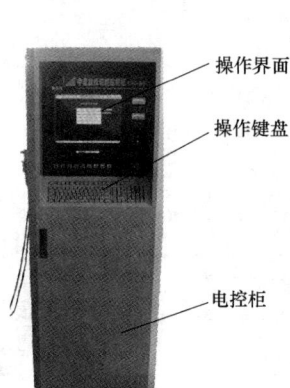

图 4-15 电气部分整体结构组成

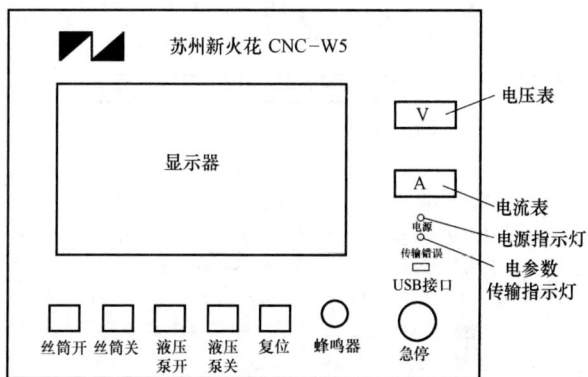

图 4-16 DK77-M 系列精密中走丝数控电火花线切割机床操作面板

（2）开机说明

1）在确定输入电源准确无误的情况下，关上电控柜的前后门及两个急停按钮弹出（否则会因电控柜开门断电功能而合不上开关），合上电控柜左侧的断路器，电控柜即通电，风机运转，面板上绿色电源指示灯亮。

2）启动计算机主机。本电控柜计算机可通过键盘软开机，当电控柜接通电源后，按下键盘上的"P"键或计算机电源开关，主机开启。

3）电控柜所有的工作软件出厂时，均安装在 C 盘，并在 E 盘有备份，以便于计算机数据的恢复。在 D 盘装有说明书的电子文件与培训教材等。

4）该电控柜采用 HF 编控一体化软件，具有类似慢走丝电火花线切割机床的多次切割功能，每次切割的加工参数可以在编程时设定，使用前请仔细、认真地阅读软件的使用说明书及机床说明书。

（3）安装 HF 软件　由于一些未知原因，当高频电源打开后，钼丝与工件相碰有火花，CMOS 设置也正常，但是加工时软件不执行切割，总是提示短路，重新读取加工的图形后仍不能切割，这种情况下就需要重新安装 HF 软件。安装方法如下：

1）打开安装 HF 软件的文件夹，双击可执行文件"FHGD-C（重庆华明）"，然后输入"A"，再单击<Enter>键，执行完后关闭。双击此文件夹中的"install"文件，当显示器上提示"install ok"后软件即安装好。

2）在安装好的文件中找到 FHGD 可执行文件，在桌面上创建快捷方式，运行此文件后进入 HF 软件主界面、单击"系统参数"标签，界面如图 4-17 所示。将"手控盒通信口"改为串口 2；单击"不可随意改变的参数"，检查其中的"内置卡跳线"项的"ISA 跳线"是否与 CMOS 设置的 IRQ 号相一致（一般为 10），设置好后返回主菜单，记下软件序列号。

3）单击"加工"标签，进入"加工"界面，再单击"参数"，进入加工参数界面，如图 4-18 所示。将其中的"回退步数"设为 1000~2000 步，"回退速度"设为 20~100 步/s，"切割时最快速度"设为 300 步/s 及一般方式，将"导轮参数"根据实际情况设定（注意在锥度加工时这个参数必须设置正确）。单击"其它参数"→"高频组号与参数（多次切割用）"→"送组号或参数"后，输入软件主界面右上角序列号的后 4 位数。到此，软件就可正常工作。

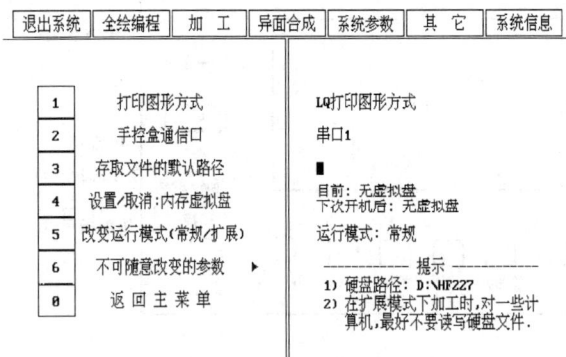

图 4-17　"系统参数"界面

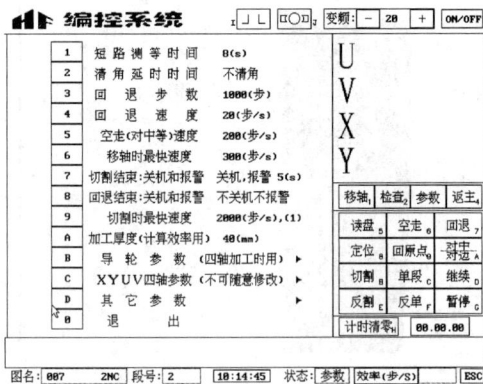

图 4-18　加工参数界面

（4）HF 软件的操作使用

1）基本术语。HF 线切割数控自动编程软件系统是一个高智能化的图形交互式软件系统。用户通过简单、直观的绘图工具，将所要进行切割的零件形状描绘出来，再通过 HF 软件系统处理成一定格式的加工程序。软件中的基本术语介绍如下：

① 辅助线。辅助线用于求解和生成轨迹线（也称切割线）几何元素。它包括辅助点、辅助直线、辅助圆——统称辅助线，在软件中点用红色表示，直线用白色表示，圆用高亮度白色表示。

② 轨迹线。轨迹线是具有起点和终点的曲线段，它包括轨迹线、轨迹圆弧（包含圆）——统称轨迹线。在软件中，直线段用淡蓝色表示，圆弧用绿色表示。

③ 切割线方向。切割线方向指切割线的起点到终点方向。

④ 引入线和引出线。引入线和引出线是一种特殊的切割线，用黄色表示。它们应该是

成对出现的。

2）界面及功能模块。在主菜单下，单击"全绘编程"标签，弹出图 4-19 所示的界面。在功能选择框中选择，不同的功能，所显示的内容也不同，如图 4-20 所示。

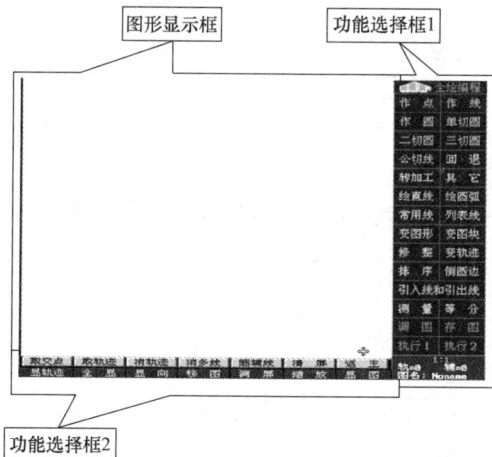

图 4-19　HF 软件界面

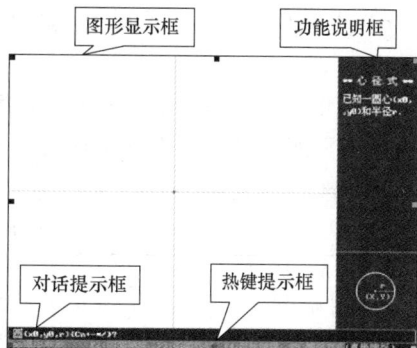

图 4-20　HF 软件功能区

3）功能选择框 2 中各功能的介绍

① 取交点。在图形显示区域内，定义两条线的相交点。

② 取轨迹。在某一曲线上两个点之间选取该曲线的这一部分作为切割路径。取轨迹时这两个点必须同时出现在绘图区域内。

③ 消轨迹。消轨迹是上一步的反操作，也就是删除轨迹线。

④ 消多线。消多线是对首尾相接的多条轨迹线进行删除。

⑤ 删辅线。删除辅助的点、线、圆。

⑥ 清屏。对图形显示区域的所有集合元素进行清除。

⑦ 返主。返回主菜单。

⑧ 显轨迹。在图形显示区域内只显示轨迹线，将辅助自动线隐藏起来。

⑨ 全显。显示全部几何元素（辅助线、轨迹线）。

⑩ 显向。预览轨迹线的方向。

⑪ 移图。移动图形显示区域内的图形。

⑫ 满屏。将图形自动充满整个屏幕。

⑬ 缩放。将图形的某一部分进行放大或缩小。

⑭ 显图。此功能模块由一些子功能组成，其中包含上述一些功能，具体请参阅说明书。

【特别注意】

1）HF 软件的有关参数已由厂方设置好，用户切记不要随意设置，以免造成机床无法正常工作；当计算机 COMS 掉电后，可能会造成 HF 软件无法正常工作，此时要按照 HF 软件说明书中的说明重新设置 COMS 并保存。

2）加工对中对边时，必须将工件表面清理干净，无锈、无油污、无毛刺等，可多对几次，以减小误差。

3）电控柜所有的工作软件出厂时，均安装在 C 盘，并在 E 盘有备份。HF 软件的安装方法请参阅使用说明书，安装完成后，需要进行相关的参数设置，设置时请与厂家联系。

4）移机或换外电源开关时，请注意检查液压泵电动机与丝筒电动机的运转方向是否正确。

5）机床与电控柜一定要接地。电控柜要注意防尘、防潮；机床必须按时由专业人员进行保养、维护。

6）电控柜断电后，前后板上的大电容上留有残余高压，要预防电击，必要时需对其进行放电。

（5）设置加工电参数　打开 HF 编控一体化软件后，可通过按键、命令，打开高频电源参数编辑页面（具体操作方法详见后面内容），共有 13 个参数，各项参数可通过键盘选择设置和修改，见表 4-10。

表 4-10　高频电源参数

代码 组号	A 脉冲宽度	B 脉冲间隔	C 分组宽	D 分组间隔	E 短路电流	F 分组状态	G 高压状态	H 等宽状态	I 梳状脉冲状态	J 前阶梯波	K 后阶梯波	L 走丝速度	M 电源电压
M10	XX	XX	XX	XX	XX	XX	XX	XX	XX	XX	XX	X	XX
M11	XX	XX	XX	XX	XX	XX	XX	XX	XX	XX	XX	X	XX
M12	XX	XX	XX	XX	XX	XX	XX	XX	XX	XX	XX	X	XX
M13	XX	XX	XX	XX	XX	XX	XX	XX	XX	XX	XX	X	XX
M14	XX	XX	XX	XX	XX	XX	XX	XX	XX	XX	XX	X	XX
M15	XX	XX	XX	XX	XX	XX	XX	XX	XX	XX	XX	X	XX
M16	XX	XX	XX	XX	XX	XX	XX	XX	XX	XX	XX	X	XX
M17	XX	XX	XX	XX	XX	XX	XX	XX	XX	XX	XX	X	XX

【特别注意】

A：脉冲宽度，设置范围为 $1\sim250\mu s$，通过键盘设置。

B：脉冲间隔，设置范围为 $1\sim2000\mu s$，通过键盘设置。

C：分组宽，设置范围为 $1\sim250$（脉冲个数），通过键盘设置。

D：分组间隔，设置范围为 $1\sim250$（脉冲个数），通过键盘设置。

E：短路电流，固定为 3.7A、7.5A、11A、15A、22.5A、30A、37.5A、45A、52.5A、56A。

F：分组状态，ON/OFF。当为"ON"时，加工波形为分组脉冲，此时 A、B 两项的设置是小脉冲宽度小脉冲间隔，C、D 两项的设置是大脉冲宽度、大脉冲间隔，都为 A、B 两项值产生的脉冲个数。

G：高压状态，ON/OFF。当为"ON"时，加工波形的脉冲间隔自适应保持设定值或拉宽。

H：等宽状态，ON/OFF。当为"ON"时，加工波形为等宽脉冲。

I：梳状脉冲状态：ON/OFF。当为"ON"且高压状态为"ON"时，加工波形的脉冲间隔自适应拉宽或缩窄。

J：前阶梯波，共有 0H、8H、9H、AH、BH、CH、DH、EH、FH 九档。

K：后阶梯波，共有 0H、8H、9H、AH、BH、CH、DH、EH、FH 九档。

L：走丝速度，共有 0H、1H、2H、3H、4H、5H、6H、7H 八档。

0H：不定值设定走丝速度，走丝速度通手控盒上电位器调整，范围为 0~50Hz。

1H：设定的丝速为 3Hz（可通过变频器的参数 Pr-16 进行修改）。

2H：设定的丝速为 5Hz（可通过变频器的参数 Pr-17 进行修改）。

3H：设定的丝速为 10Hz（可通过变频器的参数 Pr-18 进行修改）。

4H：设定的丝速为 20Hz（可通过变频器的参数 Pr-19 进行修改）。

5H：设定的丝速为 30Hz（可通过变频器的参数 Pr-20 进行修改）。

6H：设定的丝速为 40Hz（可通过变频器的参数 Pr-21 进行修改）。

7H：设定的丝速为 50Hz（可通过变频器的参数 Pr-22 进行修改）。

M：电源电压，共有 01H、02H、04H、08H、10H 五档。

01H：交流电压 50V（相当于直流约 70V）。

02H：交流电压 60V（相当于直流约 85V）。

04H：交流电压 70V（相当于直流约 100V）。

08H：厂家预留，不可使用。

10H：厂家预留，不可使用。

1）调用方式。

① 手动方式。编辑好当前加工的高频电源各项参数后返回，选择好参数的文件名，单击送高频组号，输入组号后单击<Enter>键，当前组的 13 个参数即从端口送出。

② 自动方式。对于多次切割，可以根据加工图形的电参数组号代码，在加工过程自动调用，在调用该组号的参数时，这组号内的 13 个参数值通过端口送出。

2）编辑、存储和调用参数

① 在桌面单击 FHGD 快捷方式，打开 HF 软件的主界面，如图 4-21 所示。

② 单击"加工"标签，打开"加工"界面，如图 4-22 所示。

图 4-21　HF 软件主界面

图 4-22　HF 软件"加工"界面

③ 用鼠标单击"参数"按钮，打开"参数"界面，如图 4-23 所示。

④ 用鼠标单击"其它参数"菜单，打开"其它参数"界面，如图 4-24 所示。

⑤ 用鼠标单击"高频组号和参数"菜单，打开"高频组号和参数"界面，如图 4-25 所示。

⑥ 用鼠标单击"编辑高频参数"菜单，输入密码（主界面右上角 HF 软件的序列号后 4 位反输），按提示输入一个文件名（如"007"），单击<Enter>键（或是直接单击<Enter>键，选择一个已有的高频参数文件名），打开"编辑高频参数"界面，如图 4-26 所示。

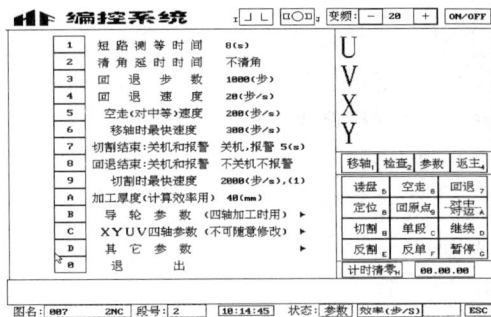
图 4-23 "参数"界面

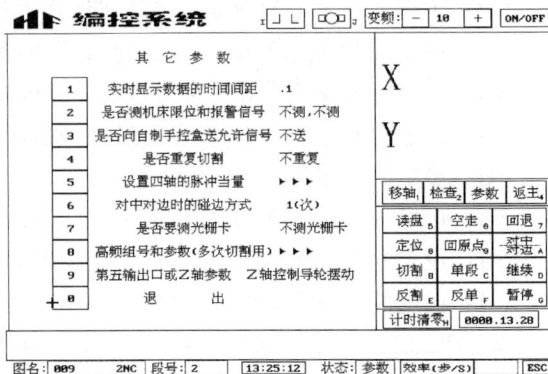
图 4-24 "其它参数"界面

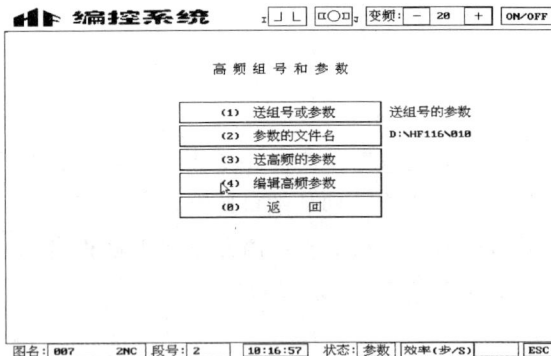
图 4-25 "高频组号和参数"界面

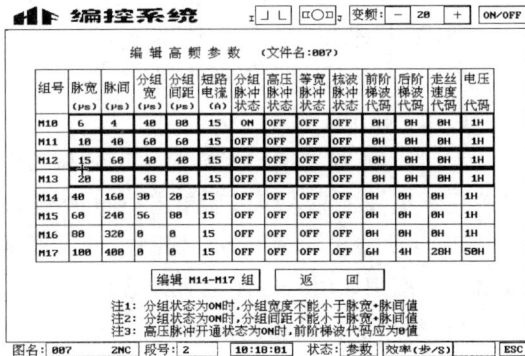
图 4-26 "编辑高频参数"界面

⑦ 在此界面可以编辑所需加工参数。在图示状态下，只能编辑组号为 M10~M13 的参数。单击"编辑 M14~M17"按钮，可编辑余下的 4 组参数（新建文件时，系统默认的短路电流 56 需重新设定，否则短路电流参数将按 0 送出）。编辑完成后，单击"返回"按钮，进入图 4-25 所示界面，将编好的高频参数发送到电控柜的控制芯片中。

⑧ 单击图 4-25 中"参数的文件名"菜单，打开"参数的文件名"界面，如图 4-27 所示，选择加工参数的文件名（如"007"）。每次修改文件名中的参数后，均需要重新选择参数的文件名，即使是同一参数文件名也需如此。

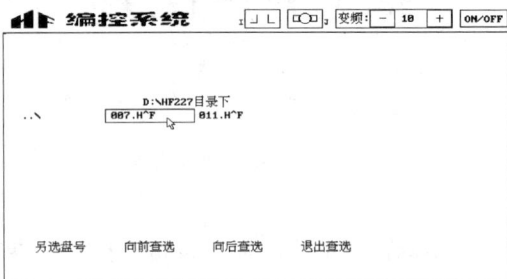
图 4-27 "参数的文件名"界面

⑨ 用鼠标左键单击"007.H^F 后，自动返回到参数文件的"编辑、调用、发送"界面，如图 4-28 所示，此时参数文件名变为"007.H^F。

⑩ 如果是多次切割，则加工电参数的设置完成，单击"返回"按钮回到"加工"界面；如果是一次切割，用鼠标左键单击"送高频的参数"菜单，弹出图 4-29 所示界面。键入所需加工参数的组号（0~7，对应于 M10~M17）后单击<Enter>键，高频参数开始向外传

送（在传数过程中，面板上的传输错误指示灯亮，传输结束且正确，指示灯灭；如果指示灯常亮，则说明加工电参数传输不成功，需重新传送，直到成功为止），单击"返回"按钮，回到"加工"界面。

图 4-28 "编辑、调用、发送"界面

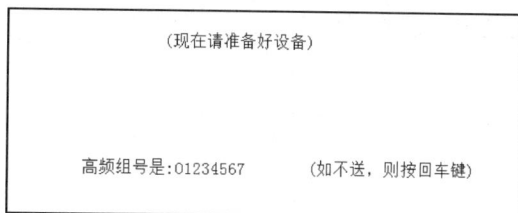

图 4-29 完成加工电参数设置

（6）编制、存储和调用加工图形

1）在 HF 软件的主界面单击"全绘编程"标签，打开图 4-30 所示的界面。

2）绘制出所需加工的工件图形（例为圆角四方形），绘制引入线和引出线，选择加工方向（具体绘制方法见 HF 编控软件的说明书），然后单击"执行 1"按钮或"执行 2"按钮，打开图 4-31 所示的界面。

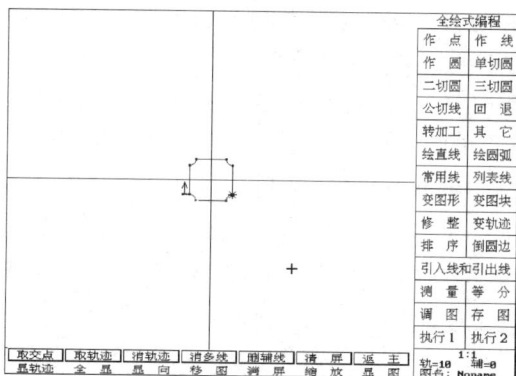

图 4-30 HF 编控软件"全绘式编程"界面

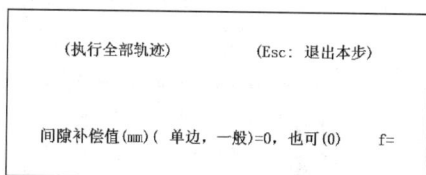

图 4-31 "输入补偿值"界面

3）输入补偿值（补偿值＝钼丝半径＋单边放电间隙），然后单击<Enter>键，打开图 4-32 所示的界面。

4）单击"后置"按钮，打开图 4-33 所示的界面。

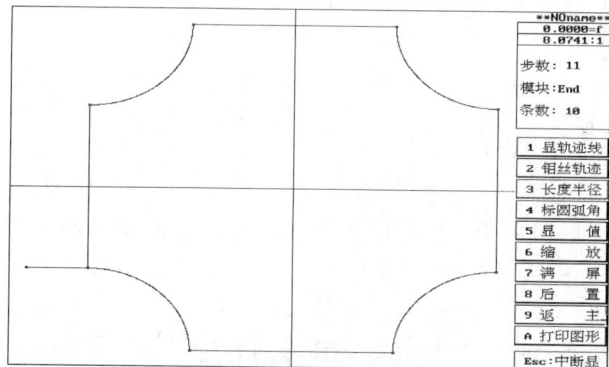

图 4-32 "绘图"界面

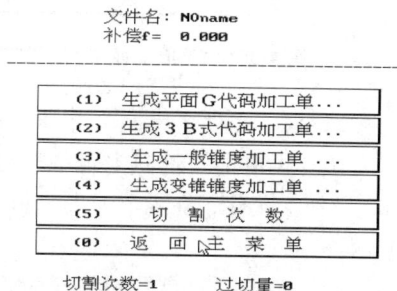

图 4-33 "后置"界面

5）单击"切割次数"菜单，打开图 4-34 所示的界面。

6）单击"过切量（mm）"按钮，可输入过切量值，以消除工件接缝；单击"切割次数（1-7）按钮"，输入切割次数，再单击<Enter>键，如果切割次数为 1，则直接单击<Enter>键确定，返回到上一界面；否则进入下一界面。图 4-35 所示为 3 次切割的界面，过切量为 0.3mm。

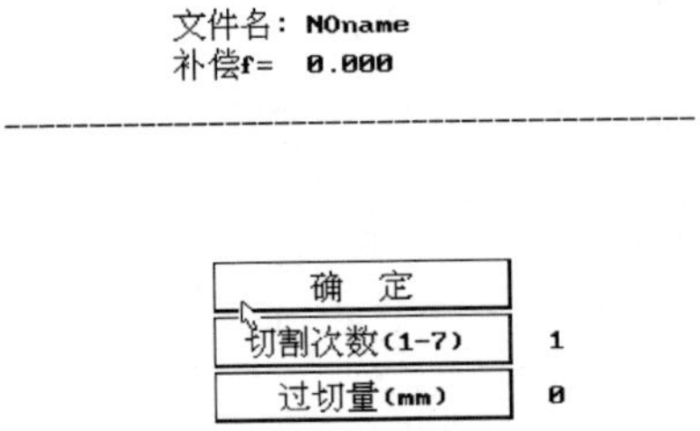

图 4-34 设置"切割次数"界面

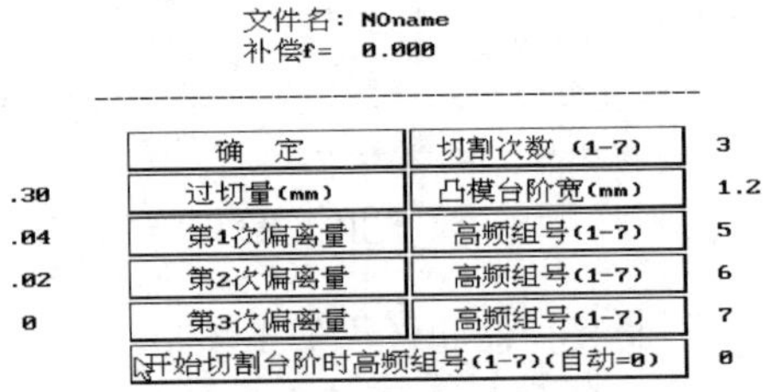

图 4-35 输入"过切量值"界面

7）图 4-35 中，"凸模台阶宽（mm）"是加工凸模时，为防止工件脱落，将工件分为两段加工时，第二段加工的长度，大小以防止第一段加工完成时加工缝隙不变形为准；"偏离量"为每次切割出的工件实际尺寸与目标尺寸的差值，其大小与放电参数有关，太大则影响下次切割的效率，太小又不能消除前次放电的凹痕；"高频组号 0-7"的对应于电参数文件中的组号 M10~M17；"开始切割台阶时高频组号（1-7）"指的是工件引入线和引出线的加工参数组号。根据加工工艺，设定好相应的值，单击"确定"按钮返回到图 4-34 所示界面。根据加工需要，可单击选择（1）~（4）选项，如单击（1）选项，则打开图 4-36 所示的界面。

8）单击"G 代码加工单存盘（平面）"按钮，提示输入文件名（如"002"），如图 4-37 所示。

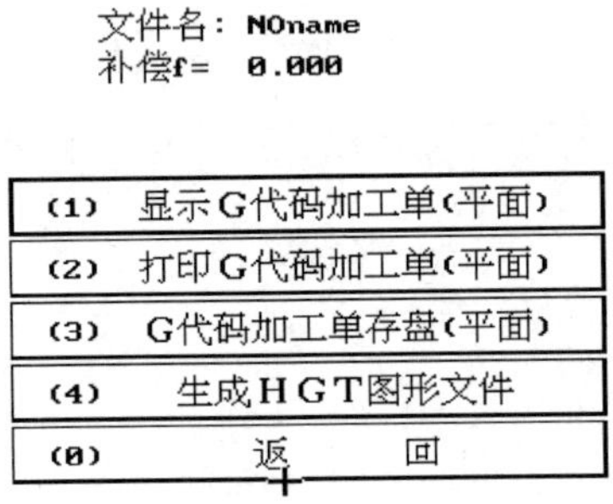

图 4-36 "生成平面 G 代码加工单"界面

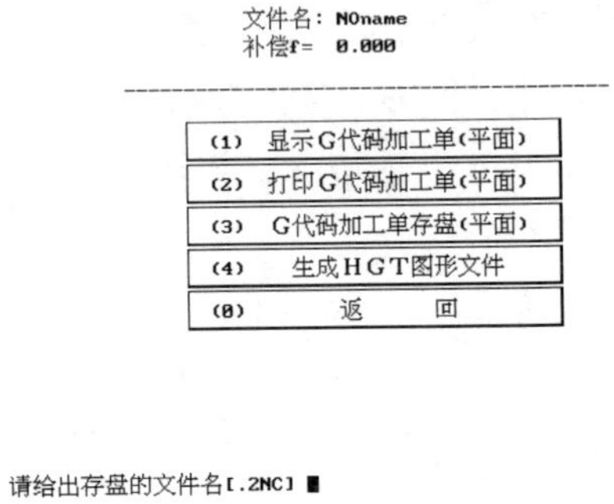

图 4-37 输入文件名

9）输入文件名后，单击<Enter>键，然后单击"返回"按钮，返回到图 4-33 的界面。

10）再单击"返回主菜单"按钮，则返回到 HF 软件的主界面。如果要调用编辑好的 002 号加工文件，在主界面中单击"加工"标签，打开 HF 软件的"加工"界面，如图 4-22 所示。

11）单击"读盘"按钮或输入快捷方式"5"，打开图 4-38 所示的界面。

12）单击"读 G 代码程序"按钮或"读 G 代码程序（变换）"按钮，打开图 4-39 所示的界面。

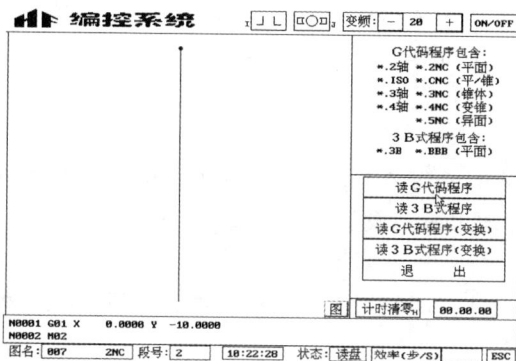

图 4-38 "读盘"界面

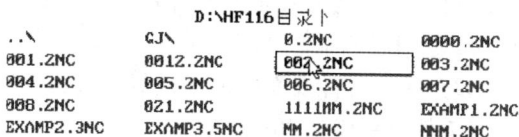

图 4-39 "读 G 代码程序"界面

13）选择"002.2NC"，如果上一步选择的是"读 G 代码程序（变换）"，则可以为加工的图形进行旋转，且选好后程序自动将图形调入加工界面，如图 4-40 所示。

14）加工参数文件与加工工件文件存储路径的修改（系统默认为 HF 软件安装路径）。先在计算机硬盘中建立相应的文件夹，然后单击主界面中的"系统参数"标签，打开图 4-41 所示的界面，单击"3"按钮并输入路径后再单击<Enter>键即可，再单击"0"按钮，返回到主菜单。

本软件里面的其他所有参数不得任意更改，否则可能会导致软件不能正常工作。

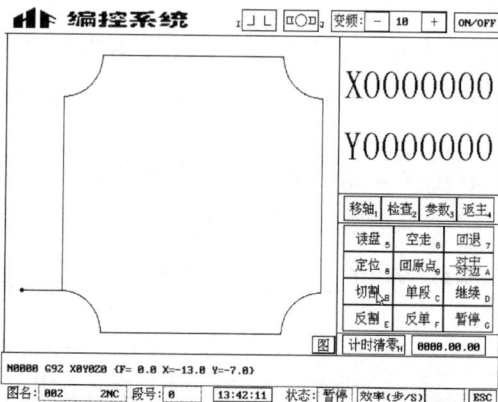

图 4-40 将加工工件图形调入"加工"界面

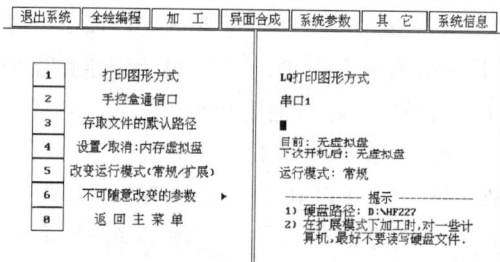

图 4-41 修改存储路径

（7）手控盒

1）本机床手控盒包括两部分。一部分是可以直接使用的液压泵开关、储丝筒开关及断丝保护；其余部分的功能必须在 HF 软件"手控盒移轴"状态下才有效，同时须将手控盒的传输线插在计算机的串口 COM2（COM1 为 HF 系统默认，但易造成 HF 软件不能正常工作，故前面图中"手控盒通信口"都设为串口 2）上，手控盒向计算机发送数据时，W508 板上的"SEND"发光管会闪亮发光。

2）使用手控盒移轴时，需在加工界面的参数设置中设定移轴时的最大速度，以保证步进电动机不掉步，一般 X、Y、U、V 四轴的移动速度均不得大于 300 步/s。同时，在加工界面的"移轴"设置中选择"手控盒移轴"，将移轴方式设为手控盒移轴。

3）"XY/UV"键为移轴切换键，指示灯不亮时为 X、Y 轴，指示灯亮时为 U、V 轴；"速度"键为移轴速度切换键，指示灯不亮时为慢速，指示灯亮时为快速；"断丝"键为断丝保护键，指示灯不亮，当钼丝断时自动停储丝筒，指示灯亮，当钼丝断时储丝筒不停，正常工作时此灯应不亮。

（8）工件加工流程

1）水箱内准备好工作液，配比浓度以工作液的说明为准，一般需加工精度及表面质量要求较高时，配比浓度需适当大一些，要求高的加工效率及加工大厚度（200mm 以上）工件时，配比浓度需适当小一些。

2）除去工件表面的油污或氧化层，装夹好工件，调整好上丝架的高度，一般上、下水嘴到工件的距离为 10mm 左右。

3）机床穿好钼丝，将钼丝放在导电块与导轮上，调好钼丝张紧力，并在 X、Y 两个方向找正垂直度。

4）打开 HF 软件，按图纸要求编制加工程序；按工件的材质、厚度和精度要求，编辑加工电参数。

5）打开 HF "加工"界面，调入所要加工工件的文件，再单击加工界面中"检查"，可进行轨迹模拟，检查加工轨迹是否正确，显示加工数据，检查加工工件是否超出机床行程等，正确无误后单击"退出"，返回"加工"界面。

6）移动拖板，将钼丝调整到工件的起割点，电锁紧拖板；开储丝筒，开液压泵，调节好上、下水嘴的出水，以上、下水包裹住钼丝为佳。

7）调用加工电参数。对于多次切割，只需将所需加工的电参数文件名设为当前文件名即可，在切割过程中，软件根加工程序自动调用该文件下对应组号的加工电参数；而一次切割时，需手动将该文件所需组号的加工电参数送出。

8）单击"切割"标签，进行加工，根据面板电流表指针的摆动情况来合理调节变频（加工界面的右上角，"−"表示进给速度加快，"+"表示进给速度减慢），使电流表指针摆动相对最小，稳定地进行加工。

9）如在加工过程中发现加工电参数不适合，可以在加工态下单击"参数"→"其它参数"→"高频组号和参数"→"发送高频参数"，打开图 4-42所示的界面，对当前的加工电参数进行修改、存储。

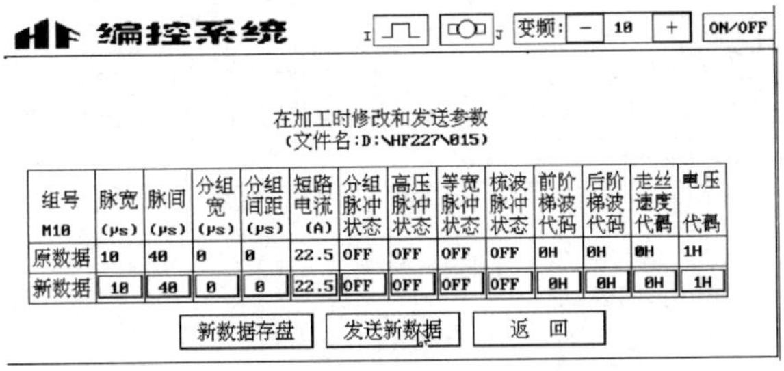

图 4-42　修改电参数

（9）电气部分

1）步进部分。

① X 轴、Y 轴采用五相十拍反应式步进电动机驱动，最大步进速度不得大于 300 步/s。W503B 板为这两轴电动机的驱动电路板，"POWER"指示灯为主电源的指示灯，"XA""XB""XC""XD""XE"指示灯为 X 轴电动机每相的指示灯，"YA""YB""YC""YD""YE"指示灯为 Y 轴电动机每相的指示灯，这 10 只指示灯用于指示驱动电路的好坏及步进指示，在不锁电动机的情况下，有灯亮则说明此电路有故障，需更换。

② U 轴、V 轴采用三相六拍反应式步进电动机驱动，最大步进速度不得大于 300 步/s。

W503A 板为这两轴电动机的驱动电路板,该板提供四轴电动机的 DC 12V 驱动电源及 HF 软件接口电路板的 DC 12V 隔离电源,"12V"指示灯为此电源的指示灯,"PW"指示灯为主电源的指示灯;"U1""U2""U3"指示灯为 U 轴电动机每相的指示灯,"V1""V2""V3"指示灯为 V 轴电动机每相的指示灯,这 6 只指示灯用于指示驱动电路的好坏及步进指示,在不锁电动机的情况下,有灯亮则说明此电路有故障,需更换。

2)脉冲电源部分。

① W506 板为信号发生板,产生脉冲信号、电压控制信号、运丝速度控制信号。其中"CLK"指示灯为晶振信号灯,此灯不亮,脉冲信号将不能产生;"D0""D1""STB"指示灯为 HF 软件的电参数数据传输指示灯,在传送数据过程中,这 3 只指示灯将闪烁。

② W505 板为光电隔离板,对 W506 板的输出信号及外部输入信号进行隔离,"24V""VCC1""+12V""−12V""VCC""+5"指示灯为电源指示灯;"KGJ"指示灯为脉冲信号允许输出信号指示灯,此灯亮才会有脉冲信号输出,换向时该灯应灭。W505 光电隔离板如

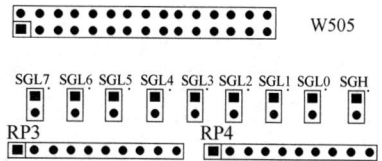

图 4-43　W505 光电隔离板

图 4-43 所示,共有 9 路脉冲信号输出,用于选通 W501 板的功放管,指示灯亮表示有脉冲信号输出,指示灯与短路电流的对应关系见表 4-11。

表 4-11　指示灯与短路电流的对应关系

电流 指示灯	3.7A	7.5A	11A	15A	22.5A	30A	37.5A	45A	52.5A	56A
SGL0				亮	亮	亮	亮	亮	亮	亮
SGL1				亮	亮	亮	亮	亮	亮	亮
SGL2					亮	亮	亮	亮	亮	亮
SGL3	亮		亮							亮
SGL4		亮	亮			亮	亮	亮	亮	亮
SGL5							亮	亮	亮	亮
SGL6								亮	亮	亮
SGL7									亮	亮

③ W501 板为脉冲电源功放板。"12V""5V"指示灯为电源指示灯;"PL0"~"PL7"指示灯为功放管的开关指示灯,它们分别与 SGL0~SGL7 相对应,测试时需将板上接插件 J3 与 J6 的接线拔下,按下按钮"S1"即可。这种方法也可以测试功放电路的好坏,在不开脉冲(即"KJG"指示灯不亮)的情况下,按下"S1"按钮,如果"PL0"~"PL7"指示灯有灯亮,对应的 P0~P7 功放电路有故障,必须维修好,否则加工时会引起烧丝。

3)辅助电路。

① 变频器。变频器的使用及维护方法详见其使用说明书,有关参数在出厂前已设定好,不要随意更改;运行速度共有 8 档,由 HF 软件进行控制,其中 0 档,为手动档;运行频率可以通过变频器面板上的调节旋钮调节,范围是 0~50Hz,严禁修改变频器的参数(如使电动机的运行频率超过 50Hz);从 1 档到 7 档,电动机的运行频率逐渐变大,丝速逐渐变快,

这 7 档为自动档，不可像 0 档那样调节；减小丝速，可以减小钼丝的振动，有利于提高切割表面质量与加工精度，但速度太小，会造成排屑困难，影响加工速度或是烧断钼丝。

② W504 继电器板。W504 继电器板用于产生换向信号、开始加工信号、最终电压控制信号及速度控制信号；"POWER"指示灯为电源指示灯，"SQ1""SQ2"指示灯为换向限位开关压下指示灯，"HX"为运丝方向指示灯，"V1"~"V3"指示灯为电压信号指示灯，分别对应于电压参数的 01H、02H、04H，灯亮表示设为该档电压，且"V1"~"V3"指示灯对应的电压逐级变大；"S1"~"S3"指示灯为速度信号指示灯。参数设置与指示灯的对应关系见表 4-12。

表 4-12　参数设置与指示灯的对应关系

参数 指示灯	0H	1H	2H	3H	4H	5H	6H	7H
S1		亮		亮		亮		亮
S2			亮	亮			亮	亮
S3					亮	亮	亮	亮

（10）CMOS 的设置　当 CMOS 掉电时，应重设计算机的 CMOS 的用户中断（一般为中断 10，有时可能是中断 9，由 HF 软件接口卡左下方跳线帽位置决定），否则 HF 软件将无法进行切割。设置方法如下（不同的计算机可能有所不同，设置时请灵活运用）：

1）开机后单击键盘上的 <DEL> 键，打开 BIOS 设置界面。

2）用方向键选中"PNP/PCI CONFIGURATION"选项后单击 <Enter> 键。

3）将光标移到"RESOURCE CONTROLLED BY [ ]"选项，并将其改为"MANUAL"，然后移到"IRQ RESOURCES"，单击 <Enter> 键，在弹出的界面中将"IRQ-10 assigned to"按提示改为"Legacy ISA"（有时为"IRQ-9"）。

4）然后单击 <ESC> 键返回到 BIOS 设置界面，单击 <F10> 键，保存 CMOS 设置，重启计算机后即可。

任务实施

一、线切割加工基本步骤

线切割加工基本步骤如图 4-44 所示。

二、工艺分析

1. 分析图样并确定设备类型

1）分析图 4-1 所示凸模工艺参数如下：①热处理硬度为 60HRC；②尺寸公差为 0.04mm；③表面粗糙度值要求为 $Ra2.5\mu m$；④没有较小的内尖角及圆角。

2）选择设备和加工次数如下：①中走丝数控电火花线切割机床；使用钼丝直径为

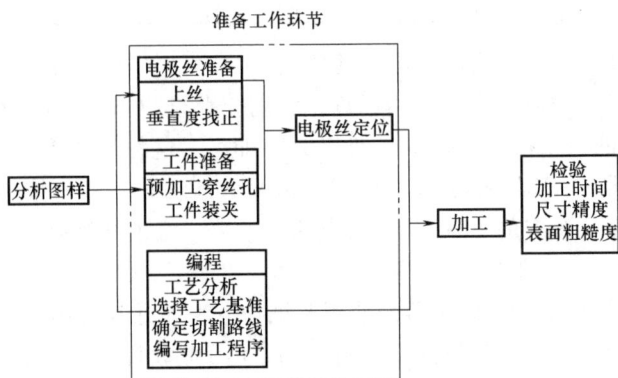

图 4-44　线切割加工基本步骤

$\phi0.18$mm；②3 次切割。

2. 选择工艺基准

选择工件的左端面为工艺基准面，以左端面 B 点处为零件编程的起点，如图 4-45 所示。

3. 确定编程路线

如图 4-46 所示，点 A 为穿丝孔（起丝点）的位置，加工方向沿 $A \rightarrow B \rightarrow C \rightarrow D \rightarrow E \rightarrow B \rightarrow A$ 进行。切记不要沿 $A \rightarrow B \rightarrow E \rightarrow D \rightarrow C \rightarrow B \rightarrow A$ 进行切割，因为零件与坯料的主要连接部位被过早地割离，余下的材料被夹持部分少，工件刚度大大降低，容易产生变形，从而影响加工精度。

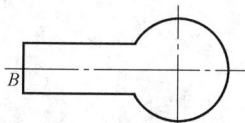

图 4-45　选择凸模工艺基准

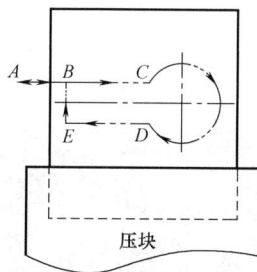

图 4-46　凸模编程路线

4. 确定编程工艺参数

（1）间隙补偿值的确定

进行一刀切割：间隙补偿值 $t = 0.09$mm + 0.01mm = 0.1mm。

进行多刀切割，间隙补偿值略小，按经验值一般为 $0.075 \sim 0.08$mm。

（2）主要高频参数的选择　选择原则是：根据零件厚度和偏移量选择短路电流；根据切割零件表面粗糙度要求和切割次数选择脉宽和脉间。高频参数选择结果见表 4-13。

表 4-13　高频参数选择结果

参数	脉宽/μs	脉间/μs	短路电流/A
引导段程序	40	200	45
第 1 刀切割	30	150	37.5
第 2 刀切割	8	48	15
第 3 刀切割	3	21	11

（3）选择偏移量（加工余量）　第 1 刀切割的偏移量为 0.065mm；第 2 刀切割的偏移量为 0.003mm；第 3 刀切割的偏移量为 0mm。确定偏移量后的图形预览如图 4-47 所示。

（4）设置凸模台阶宽（残留宽）　如图 4-48 所示，凸模左侧台阶宽 = 3mm + 2×0.078mm = 3.156mm。

三、HF 软件自动编程

1. 打开 HF 软件主界面

打开软件主界面后，如图 4-49 所示，单击"全绘编程"标签。

2. 绘制零件图形

绘制凸模零件图形，如图 4-50 所示。

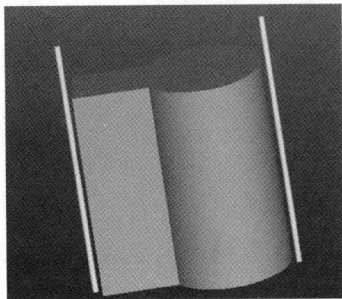

图 4-47　确定偏移量后的图形预览

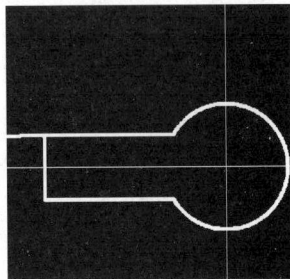

图 4-48　设置凸模台阶宽

图 4-49　HF 自动编控软件主界面

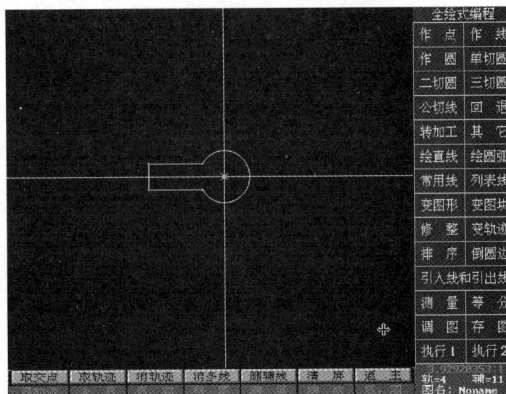

图 4-50　绘制凸模零件图形

3. 绘制引入线和引出线并确定加工方向

绘制引入线和引出线并确定加工方向，如图 4-51 所示。

4. 输入间隙补偿值

在"全绘式编程"界面中单击"执行 1"按钮，打开补偿值输入界面，输入间隙补偿值，如图 4-52 所示，单击<Enter>键。

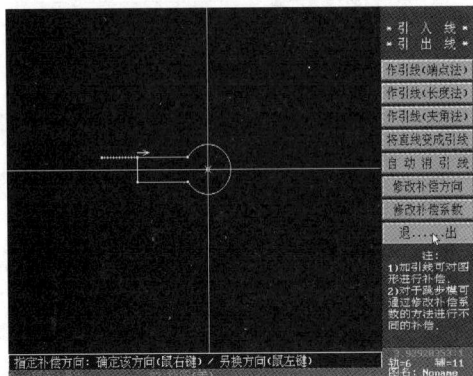

图 4-51　绘制引入线和引出线段并确定加工方向

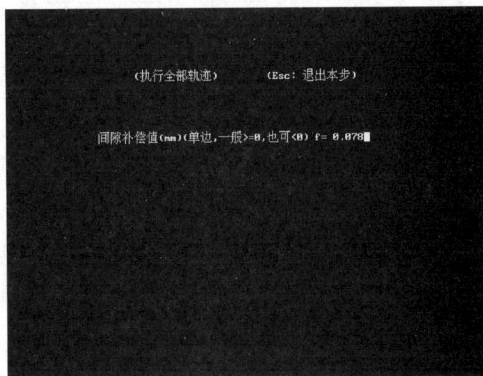

图 4-52　输入间隙补偿值

5. 显示钼丝轨迹

单击该界面"2 钼丝轨迹"按钮，显示钼丝轨迹，如图 4-53 所示，然后单击"8 后置"

按钮。

6. 确定切割次数

在图 4-54 所示界面单击"（5）切割次数"按钮，确定切割次数。

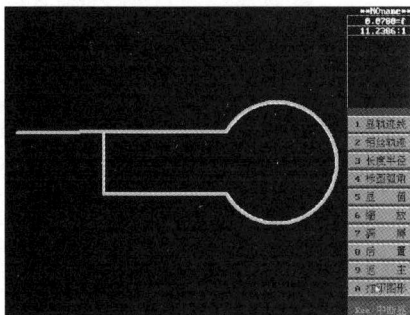

图 4-53　显示钼丝轨迹

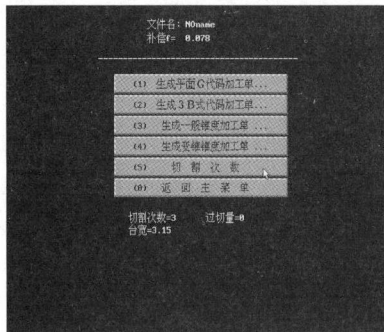

图 4-54　"后置"界面

7. 设定切割次数

设定切割次数，如图 4-55 所示，单击"确定"按钮，返回图 4-54 所示界面。

8. 生成平面 G 代码加工单

在"后置"界面单击"（1）生成平面 G 代码加工单"按钮，进入图 4-56 所示界面，单击"（3）生成 G 代码加工单存盘（平面）"按钮即可。

9. 调出保存的 G 代码图形文件

打开"加工"界面，单击"读盘"按钮，调出保存的 G 代码图形文件，如图 4-57 所示。

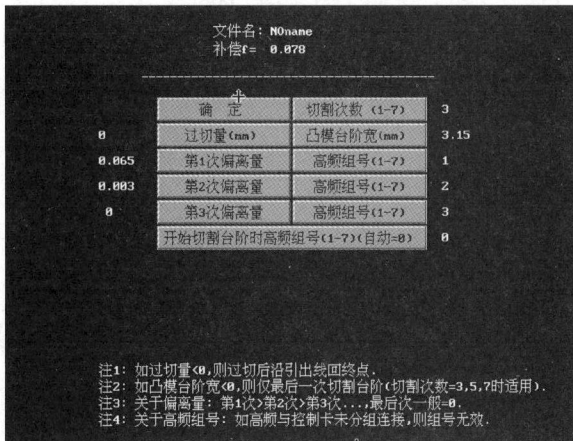

图 4-55　设定切割次数

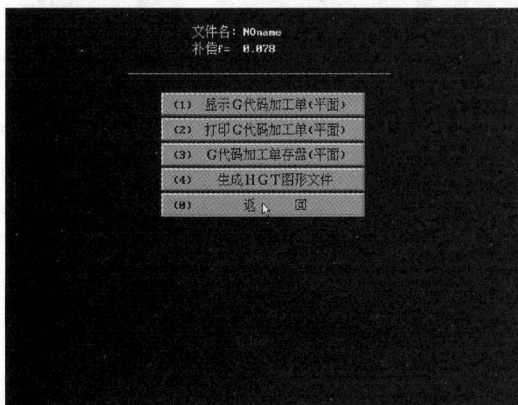

图 4-56　生成 G 代码

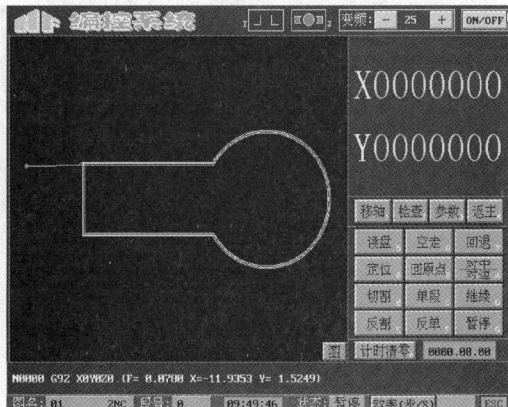

图 4-57　调出 G 代码图形文件

10. 显示 G 代码加工程序

在图 4-57 中，单击"检查"按钮，进行 G 代码加工程序的显示。

G 代码加工程序如下：

N0000 G92 X0 Y0 Z0；定义电极丝初始位置为原点

N0001 G01 X4.1656 Y0.0433；引线加工

N0002 G01 X4.4005 Y0.1115；

N0003 M11；第 1 次切割参数

N0004 G01 X 10.8642 Y0.1115；除凸模台阶宽外零件的第 1 次切割

N0005 G02 X10.8642 Y−3.1745 I13.5435 J −1.5315；

N0006 G01 X4.4005 Y−3.1745；

N0007 G01 X4.4625 Y−3.1125；

N0008 M12；第 2 次切割参数

N0009 X10.8991 Y−3.1125；除凸模台阶宽外零件的第 2 次切割

N0010 G03 X10.8991 Y0.0495 I13.5435 J−1.5315；

N0011 G01 X4.4625 Y0.0495；

N0012 G01 X4.4655 Y0.0465；

N0013 M13；第 3 次切割参数

N0014 G01 X10.9008 Y0.0465；除凸模台阶宽外零件的第 3 次切割

N0015 G02 X10.9008 Y−3.1095 I13.5435 J−1.5315；

N0016 G01 X4.4655 Y−3.1095；

N0017 G01 X4.4005 Y−3.1745；

N0018 M11；第 1 次切割参数

N0019 G01 X4.4005 Y0.1115；凸模台阶宽加工

N0020 G01 X4.4625 Y0.0495；

N0021 M12；第 2 次切割参数

N0022 G01 X4.4625 Y−3.1125；凸模台阶宽加工

N0023 G01 X4.4655 Y−3.1095

N0024 M13；第 3 次切割参数

N0025 G01 X4.4655 Y0.0465；凸模台阶宽加工

N0026 G01 X4.1656 Y0.0433；

N0027 M10；引线切割参数

N0028 G01 X0.0000 Y0.0000｛LEAD OUT｝；引线退出

N0029 M02；程序结束

11. 加工界面的定位

单击"加工"界面的"定位"按钮，如图 4-58 所示。

12. 设置凸模台阶宽

单击"设置结束点"按钮，设置凸模台阶宽，如图 4-59 所示。

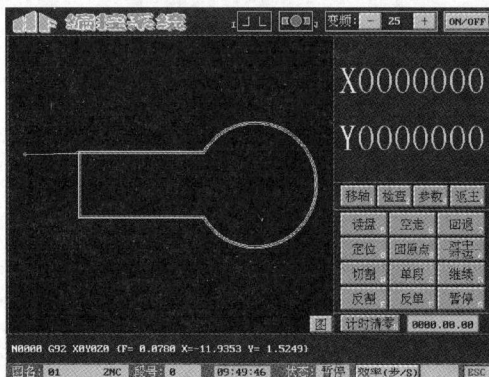

图 4-58 "加工"界面的定位

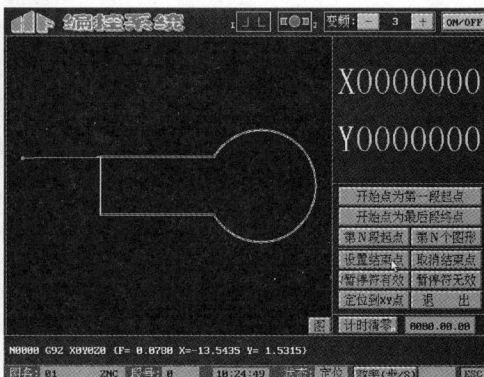

图 4-59 设置凸模台阶宽

13. 其它参数设置

在"加工"界面下单击"参数"按钮，在打开的界面下单击"其它参数"菜单，如图 4-60 所示。

14. 设置高频参数

设置高频参数，如图 4-61 所示。

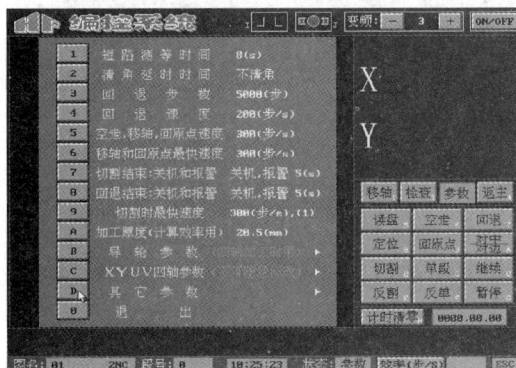

图 4-60 设置其他参数

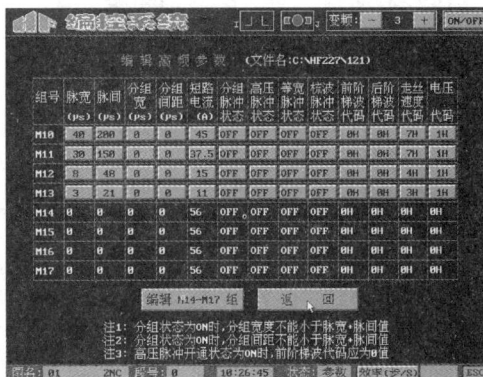

图 4-61 设置高频参数

15. 高频参数的存盘

单击"编辑高频参数"界面的"返回"按钮，进行高频参数的存盘，返回界面如图 4-62 所示。

16. 发送高频参数

单击"（3）送高频的参数"按钮，发送高频参数，如图 4-63 所示。

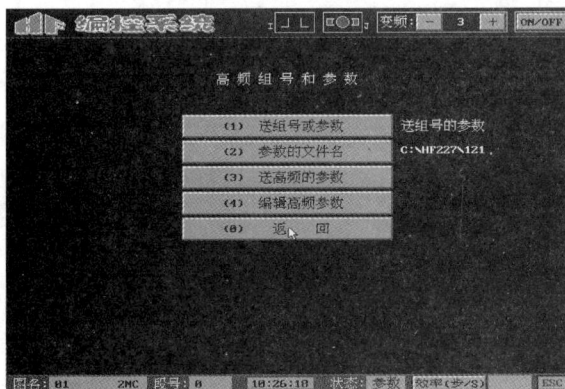

图 4-62 高频参数存盘后返回的界面

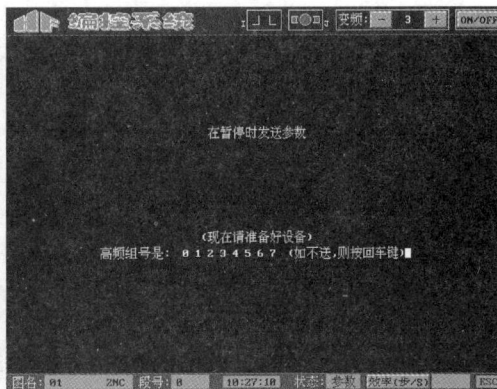

图 4-63 发送高频参数

17. 机床准备开始加工

机床准备开始加工，如图 4-64 所示。

四、零件加工过程

零件加工路径可参考图 4-46 所示的凸块编程路线。

1）首先引入段 $A \to B$ 的切割。

2）零件轮廓 $B \to C \to D \to E$ 的第 1 次切割。

3）零件轮廓 $E \to D \to C \to B$ 的第 2 次切割。

4）零件轮廓 $B \to C \to D \to E$ 的第 3 次切割。

5）机床暂停，发出蜂鸣报警声。

6）进行凸模台阶宽的切割准备。

① 一刀切割，用磨床进行修磨。

② 使用磁铁吸附。

③ 插钼丝，粘胶水。

7）进行凸模台阶宽 $E \to B$ 的第 1 次切割。

8）进行凸模台阶宽 $B \to E$ 的第 2 次切割。

9）进行凸模台阶宽 $E \to B$ 的第 3 次切割。

10）进行引出段程序 $B \to A$ 的切割。

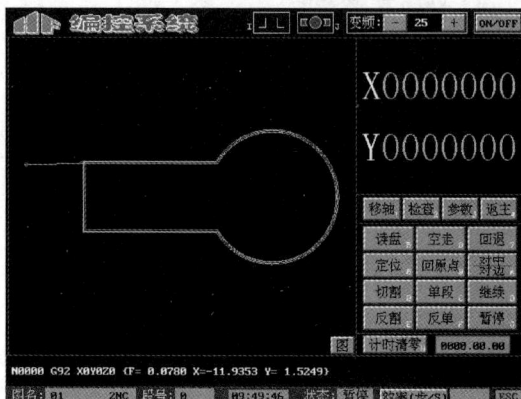

图 4-64　开始加工

习　题

一、判断题

1. 中速走丝数控电火花线切割机床是在高速往复走丝数控电火花线切割机床的基础上吸收了慢走丝数控电火花线切割机床多次切割的特点发展而成的，因此属于往复高速走丝数控电火花线切割机床范畴。

（　　）

2. 高速走丝数控电火花线切割机床，其电极丝做高速往复运动，一般走丝速度为 $8 \sim 10 \text{m/s}$。　（　　）

3. 钼丝的保存条件应放在不含酸碱性有害气体和相对湿度不高于 65% 的室内。　（　　）

4. 数控电火花线切割机床工作液可以使用磨床加工液。　（　　）

二、填空题

1. 根据电极丝的运行速度，数控电火花线切割机床主要分为_____、_____、_____三大类。

2. 线切割机床的机械部分由_____、_____、_____、_____、_____、防护罩及附件等部分组成。

3. 线切割工作液种类有_____、_____、_____、_____等。

4. 线切割机床的日常保养主要包括_____、_____等。

三、选择题

1. 快走丝电火花线切割中电极丝主要选用（　　）。

A. 铜丝　　　　　B. 钼丝　　　　　C. 铝丝　　　　　D. 铁丝

2. 快走丝电火花线切割工作液不能采用的是（　　）。

A. 乳化液　　　　B. 矿物油　　　　C. 汽油　　　　　D. 去离子水

3. 低速走丝电火花线切割机床的运丝速度慢，可使用（　　）作为电极丝。

A. 纯铜或黄铜丝　　B. 铝丝　　　　　C. 钨丝　　　　　D. 钼丝

4. 线切割不能加工的材料是（　　）。

A. 导体材料　　　　B. 塑料板　　　　C. 超硬材料　　　D. 半导体材料

四、简答题

1. 介绍高速走丝数控电火花线切割机床、低速走丝数控电火花线切割机床和中走丝数控电火花线切割机床的主要特点。

2. 简述电火花线切割的基本工作原理。

3. 简述电火花线切割加工的特点。

4. 简述中走丝数控电火花线切割机床应用范围。

5. 简述电火花线切割机床的操作步骤。

6. 介绍电火花线切割机床的保养。

五、编程题

1. 请分别编制图 4-65 所示板类零件的数控电火花线切割加工 3B 代码和 ISO 代码并进行加工。已知线切割加工用的电极丝直径为 $\phi0.18mm$，单边放电间隙为 $0.01mm$，点 O 为穿丝孔，加工方向为 $O\to A\to B\cdots\cdots$。

2. 完成图 4-66 所示连接件的数控电火花线切割自动编程与加工。工件材料为 45 钢，经淬火处理，厚度为 40mm，工件毛坯尺寸为 120mm×50mm，选用钼丝直径为 $\phi0.2mm$，单边放电间隙为 $0.01mm$。

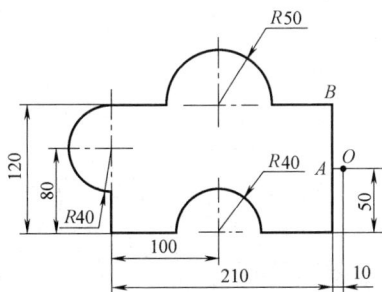

图 4-65　板类零件

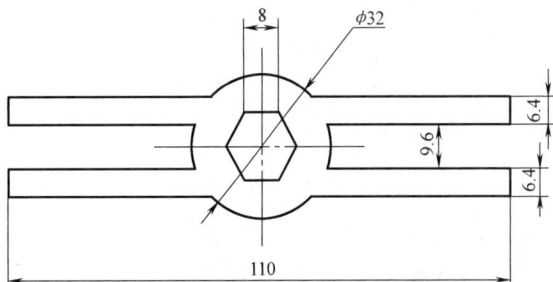

图 4-66　连接件

任务二　数控电火花成形加工技术

技能目标

（1）会分析数控电火花成形加工原理

（2）能分析数控电火花成形加工基本工艺

（3）能操作、维护数控电火花成形机床

知识目标

（1）掌握数控电火花成形加工原理与基本工艺

（2）懂得数控电火花成形机床的结构、工艺特点

（3）知道数控电火花成形机床的操作应用与维护

任务导入——数控电火花成形机床的操作

任务描述

正确操作数控电火花成形机床。

一、数控电火花成形加工简介

电火花成形加工又称为放电加工（EDM），是一种利用电能、热能的加工方法。加工时，工件与加工所用的工具为极性不同的电极对，电极对之间多充满工作液，主要起恢复电极间的绝缘状态及带走放电时产生的热量的作用，以维持电火花成形加工的持续放电。日本、美国、英国等国家通常称其为放电加工。

电火花成形加工机床主要由床身、脉冲电源、自动进给调节系统和工作液过滤和循环系统等部分组成，如图 4-67a 所示。图 4-67b 所示为立柱式电火花成形加工机床的外观。

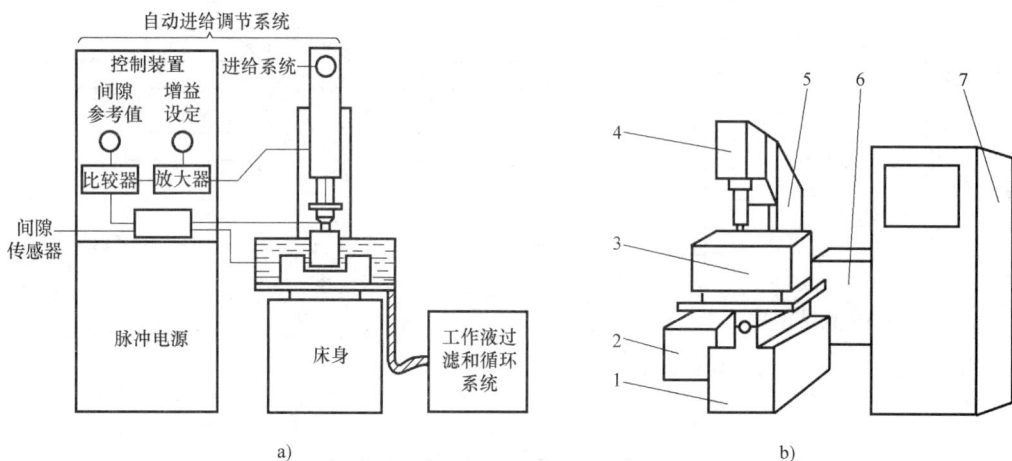

图 4-67　立柱式数控电火花成形加工机床的结构和外观

a）组成　b）外观

1—床身　2—液压油箱　3—工作液槽　4—主轴头　5—立柱　6—工作液箱　7—电控柜

1. 电火花成形加工的基本原理

如图 4-68 所示，脉冲电源 1 的两个输出端分别与工件 2 和工具 4 连接。自动进给调节装置 3（此处为液压缸及活塞）使工件与工具之间经常保持一个很小的放电间隙。微观下两极表面是粗糙的，距离最近点处液体介质被电离、击穿，形成一个微小的放电通道，如图 4-69 所示。因为通道半径极小，但通道内电流密度极大，使通道内形成瞬时高温，将电极材料融化、汽化，使通道产生热膨胀，如图 4-70 所示；膨胀到达极限时，通道爆炸使电极材料抛出，如图 4-71 所示；当加在两极间的脉冲电压足够大时，便使两极放电间隙最小处或绝缘强度最低处的介质被击穿，在该处形成火花放

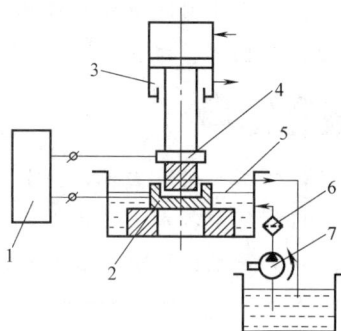

图 4-68　电火花成形加工原理图

1—脉冲电源　2—工件　3—自动进给调节装置
4—工具　5—工作液　6—过滤器　7—工作液泵

电，瞬时达到高温，使工具和工件表面都蚀掉一小部分金属。脉冲放电结束后，经过一段时间间隔（即脉冲间隔），液体介质消除电离状态，恢复绝缘，通道消失，电极表面各自形成一个小凹坑，如图 4-72a 所示，表示单个脉冲放电后的电极表面。下一个脉冲到来，放电在另一些高点上再次进行，这样随着相当高的频率，连续不断地重复放电，在伺服系统控制下，工具电极不断地向工件进给，从而保持一定的放电间隙，就可将工具端面和横截面的形状复制在工件上，加工出具有所需形状的零件，整个加工表面将由无数个小凹坑所形成。图 4-72b 所示为多次脉冲放电后的电极表面。

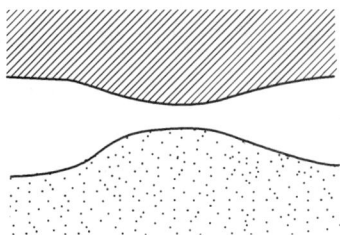

图 4-69 放电通道

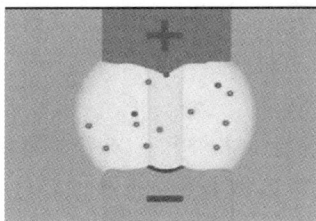

图 4-70 放电通道产生热膨胀

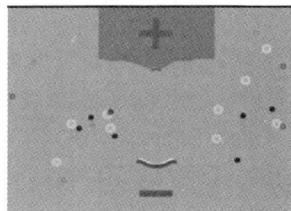

图 4-71 放电通道爆炸

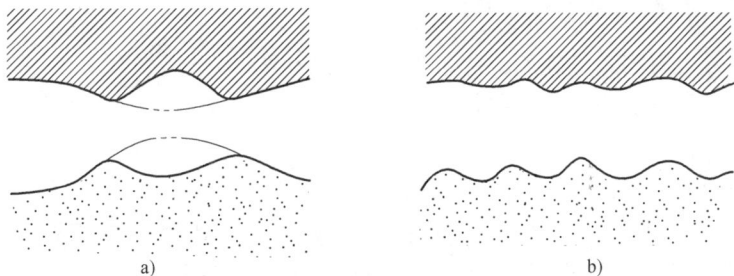

a)

b)

图 4-72 脉冲放电痕
a) 单脉冲放电痕 b) 多脉冲放电痕

综合所述，电火花成形加工的基本条件主要有：

1) 合理的放电间隙 放电间隙是指利用火花放电进行加工时，工具表面和工件表面之间的距离。放电间隙一般在几微米到几百微米之间合理选用。放电间隙过大，会使工作电压不能击穿绝缘介质；而放电间隙过小，则形成短路，导致电极间电流为零，不能产生火花放电，从而不能对工件进行加工。

2) 火花放电为瞬时的脉冲性放电，并且脉冲性放电的波形基本是单向的。放电延续一段时间后（$1 \sim 1000 \mu s$），需停歇一段时间（$50 \sim 100 \mu s$），这样才能使放电所产生的热量来不及传导扩散到其余部分，把每一次的放电蚀除点分别局限在很小的范围内；否则，会形成电弧放电，使工件表面烧伤而无法用作尺寸加工。为此，电火花成形加工必须采用脉冲电源。

3) 合适的脉中放电电流密度。也就是说放电通道要有很大的电流密度，这样可以保证在火花放电时产生较高的温度，将工件表面的金属熔化或汽化，以达到加工的目的。

4) 绝缘介质。绝缘介质的作用是：一是绝缘作用；二是在达到击穿电压后，绝缘介质要尽可能地压缩放电通道的横截面积，从而提高单位面积上的电流强度；三是在放电完成后，迅速熄灭火花，使放电间隙消除电离从而恢复绝缘；四是对电极和工件表面具有较好的冷却作用，并能将电蚀产物从放电间隙中带走。

目前大多数电火花成形加工机床均采用煤油作为工作液。但是对大型复杂零件进行加工时，由于功率较大，可能会引起煤油着火，这时可以采用燃点较高的机油或者是煤油与机油的混合物等作为工作液。另外，新开发的水基工作液也逐渐应用在电火花成形加工中，这种工作液可使粗加工效率大幅度提高，并且降低了因加工功率大而引起着火的隐患。

2. 电火花成形加工的特点

（1）电火花成形加工的优点

1）能加工用切削方法难以加工或无法加工的高硬度导电材料。工件的加工不受工具硬度、强度的限制，实现了用软质材料（如石墨、铜等）加工硬质材料（如淬火钢、硬质合金和超硬材料等）。

2）便于加工细长、薄、脆性的零件和形状复杂的零件。工具与工件之间没有机械加工的切削力，机械变形小，因此可以加工复杂形状的零件并进行微细加工。

3）工件变形小，加工精度高。电火花成形加工的精度可达 $0.01 \sim 0.05$mm，在精密光整加工时精度小于 0.005mm。

4）易于实现加工过程的自动化。

（2）电火花成形加工的缺点

1）只能对导电材料进行加工。

2）加工精度受到电极损耗的限制。

3）加工速度慢。

4）最小圆角半径受到放电间隙的限制。

目前电火花成形加工已广泛应用于机械（特别是模具制造）、航空航天、电子、电器和仪器仪表等行业，用来解决难加工材料及复杂形状零件的加工问题。

3. 数控电火花成形加工工艺

（1）电火花成形的加工过程　由于数控电火花成形加工过程中须综合考虑各方面的因素对加工的影响，不同的加工对象，其工艺过程有一定的差异。现以常用的型腔加工工艺为例说明。

1）工艺分析。对零件图进行分析，了解零件的结构特点、材料，明确加工要求。

2）选择加工方法。根据加工对象、精度及表面粗糙度等要求和机床功能选择采用单电极加工、多电极加工、单电极平动加工、分解电极加工、二次电极法加工或是单电极轨迹加工。

3）选择与放电脉冲有关的参数。根据加工的表面粗糙度及精度要求，选择与放电脉冲有关的参数。

4）选择电极材料。常用电极材料可分为石墨和铜，一般精密电极、小电极用铜加工，而大的电极用石墨加工。

5）设计电极。按照图样要求，并根据加工方法和与放电脉冲设定有关的参数等，设计电极纵、横截面尺寸及公差。

6）制造电极。根据电极材料、制造精度、尺寸大小、加工批量、生产周期等选择电极制造方法。

7）加工前的准备。对工件进行电火花成形加工前的钻孔、攻螺纹、磨平面、去磁、去锈等准备工作。

8）热处理安排。对需要淬火处理的型腔，根据精度要求安排热处理工序。

9）编制并输入加工程序。一般采用国际标准 ISO 代码。

10）装夹与定位。

① 根据工件的尺寸和外形选择安装或制造的定位基准。

② 准备电极装夹夹具。

③ 装夹和找正电极。

④ 调整电极的角度和轴线。

⑤ 对工件进行定位和夹紧。

11）开机加工。选择加工极性，调整机床，保持适当的液面高度，调节加工参数，保持适当的电流，调节进给速度、充油压力等。随时检查工件稳定情况，正确操作。

12）加工结束。检查零件是否符合加工要求，进行清理。

（2）电火花成形机床的安全操作规程

1）检查机床各部位的润滑状况，显示页面是否正确，行程限位开关是否可靠。

2）检查空压过滤器是否良好可靠。

3）工作液面高于工件 40cm 才能加工。

4）操作人员应随时观察加工情况，以免出现短路。

5）若机床出现故障应停机，及时维修。

二、电火花成形加工工艺

数控电火花成形加工是用工具电极对工件进行复制加工的工艺方法，主要分为电火花穿孔加工和电火花加工型腔两大类。

1. 电火花穿孔加工

用电火花方法加工通孔称为电火花穿孔加工，主要用于加工那些用机械方法难以加工或无法加工的零件，如硬质合金、淬火钢等硬度较大的金属材料和具有复杂形状的零件的通孔加工等。

冲裁模具在生产中应用较为广泛，但是由于冲裁模具具有形状复杂、硬度高和尺寸精度要求高等特点，所以用一般的机械加工方法加工是非常困难的，有时甚至无法用通用机床进行加工，而只能靠钳工进行加工，这样将增大劳动量，加工精度难以保证。电火花成形加工能很好地解决上述困难，主要应用于冲压模具零件（包括凸凹模、卸料板和固定板等）、粉末冶金模具零件、挤压模具零件和各种型腔模具（包括锻模、压铸模和塑料模等）零件的制造上。

（1）分析电火花穿孔加工工艺　对于冲裁模具来说，冲裁凸模与凹模配合间隙的大小和均匀性直接影响冲裁产品的质量和模具的寿命。在电火花成形加工过程中，为了满足这一要求，常用的加工工艺方法有直接电极法、混合电极法、修配凸模法和二次电极法。

由于电火花线切割加工技术的发展，加工冲模已主要采用线切割加工，但用电火花穿孔加工冲模比用电火花线切割更容易达到好的配合间隙、表面粗糙度和刃口斜度，因此一些要求较高的冲模仍采用电火花穿孔加工工艺。

（2）设计电极　电极的精度直接影响电火花穿孔加工的精度，所以合理选择电极材料和确定电极尺寸就显得尤为重要。

1）电极材料的选择。电极材料必须具有导电性能好、损耗小、造型容易、加工过程稳定、生产率高、来源丰富和价格低廉等特点。生产中常用电极材料（石墨、黄铜、纯铜、铸铁、钢和铜钨合金）的性能见表4-14。选择时应根据加工对象、工艺方法和脉冲电源的类型等因素综合考虑。

表4-14 常用电极材料的性能

电极材料	电火花成形加工性能	机械加工性能	说明
石墨	加工稳定性较好,电极损耗较小,耐高温、变形小、质量轻;但精加工时电极损耗大,加工表面粗糙度低于纯铜电极,并且容易脱落、掉渣,易拉弧烧伤	机械强度差,制造电极时粉尘较大,易崩	适用于穿孔加工和大型型腔模具加工
黄铜	加工稳定性较好,加工速度低于纯铜,电极损耗大	难以采用磨削加工,很少用机械方法加工	适用于简单形状的穿孔加工
纯铜	加工性能优异,电极损耗小,但密度大,所以不宜做大、中型电极	因材质软,易产生瑕疵,所以磨削加工困难	适用于穿孔加工和小型型腔模具加工
铜	加工稳定性差,电极损耗一般	机械加工性能优异	适用于穿孔加工
铸铁	加工稳定性一般,电极损耗中等	机械加工性能优异	适用于穿孔加工
铜钨合金	加工稳定性好,电极损耗小	切削或磨削时工具磨损较大,有一定的弯曲变形,价格昂贵	适用于精密穿孔加工和精密型腔模具加工
银钨合金	加工稳定性好,电极损耗小	切削或磨削时工具磨损较大,但弯曲变形较小,价格昂贵	适用于精密穿孔加工和精密型腔模具加工

2）电极结构。电火花成形加工用的工具电极一般可以分为整体式电极、镶拼式电极和组合式电极三种类型。

3）电极尺寸。电极的尺寸包括电极横截面尺寸和电极长度。

① 电极横截面尺寸的计算。在加工凹模型孔时，电极横截面的轮廓 2 一般应比型孔轮廓 1 均匀地缩小一个放电间隙值，如图 4-73 所示。A、B、C、R_1、R_2 为电极横截面的基本尺寸，a、b、c、r_1、r_2 为型孔基本尺寸，δ 为单边放电间隙。

由图 4-73 可知，尺寸可分为以下三类：尺寸增大，$R_1 = r_1 + \delta$，$B = b + 2\delta$；尺寸减小，$R_2 = r_2 - \delta$，$A = a - 2\delta$；尺寸不变，$C = c$。

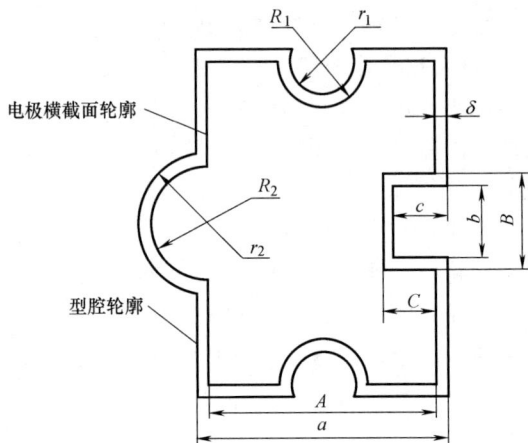

图 4-73 电极横截面尺寸的计算

② 电极长度的计算。工具电极的长度 L 一般与加工深度、电极材料、加工方式和型孔复杂程度等因素有关，可以用下面的公式进行估算：

$$L = KH + H_1 + H_2 + (0.4 \sim 0.8)(n-1)KH$$

式中　H——电火花成形加工深度（mm）；

H_1——当凹模下部挖空时，电极需要加长的长度（mm）；

H_2——电极夹持部分长度（mm）；

n——电极的使用次数；

K——与电极材料、加工方式和型孔复杂程度等因素有关的系数。对于不同材料 K 值的经验数据为：纯铜，2~2.5；黄铜，3~3.5；石墨，1.7~2；铸铁，2.5~3；钢，3~3.5。电极材料损耗小、型孔简单、电极轮廓无尖角时，K 取小值；反之取大值。

当电极损耗较大时，如加工硬质合金时，电极长度可以适当加长。

（3）制造电极　对电火花穿孔加工用电极的长度一般无严格要求，而对其横截面尺寸要求则较高。对这类电极，一般先经过普通机械加工，然后再进行成形磨削。不宜用磨削加工的材料，可在机械加工后采用钳工精修的方法达到要求。

对于整体式电极（一般采用钢作为电极），如果模具的配合间隙较小，可用化学溶液侵蚀作为电极的部分，使电极部分的端面轮廓均匀地缩小，在加工时就可以选用较大的放电间隙；如果模具的配合间隙较大，可用镀铜或镀锌的方法，均匀地增大，满足电极部分的尺寸。

对于镶拼式电极，一般采用环氧树脂或聚乙烯醇缩醛胶粘结；当粘结面积小，不易粘牢时，可采用钎焊的方法进行固定。

随着电火花线切割技术的发展，目前，电火花成形加工用的电极一般都采用数控电火花线切割的方法制造。

（4）选择电参数　数控电火花成形加工中的电参数主要包括电流峰值、脉冲宽度和脉冲间隔等，这些参数大小不仅影响电火花成形加工精度，还直接影响加工的生产率和经济性。电参数的确定，主要取决于工件的加工精度要求、加工表面要求、工件和工具电极材料以及生产率等因素。由于影响电参数的因素较多，实际判断困难，所以在生产中主要是通过工艺试验的方法来确定的。

加工速度与加工精度和表面质量是相互制约的，即提高加工速度的同时，必然会降低加工精度和表面质量。为了解决这一矛盾，电火花成形加工过程一般分为粗加工、半精加工和精加工 3 个阶段，每一个阶段电参数选择的原则都不同。3 个阶段的加工电参数见表 4-15。

表 4-15　加工电参数

工序名称	脉冲宽度	电流峰值	加工精度	表面质量	生产率
粗加工	长（一般取 20~60μs）	大	低	差（一般 $Ra=3.2~6.3\mu m$）	高
半精加工	较长（一般取 6~20μs）	较大	较高	较好（一般 $Ra=1.6~3.2\mu m$）	较低
精加工	短（一般取 2~6μs）	小	高	好（一般 $Ra\leq1.6\mu m$）	低

由表 4-15 可知，粗加工时，在留有一定加工余量的前提下，应尽量加大单个脉冲能量，以提高生产率；在半精加工和精加工时，则以保证精度和表面质量为目的，采用小的电流峰值、高的频率和短的脉冲宽度。这样既加快了加工速度、提高了生产率，又能获得较好的精度。

注意：在整个加工过程中，工具电极损耗对加工精度有影响。特别是粗加工时，脉冲能量大，工具电极损耗同样也会较大。这时就应该在加工之前很好地利用极性效应，或者在精加工时更换工具电极，以提高加工精度。

2. 电火花成形加工型腔

用电火花成形加工方法加工型腔与用机械加工法加工型腔相比，前者具有加工质量好、表面粗糙度值小、操作简单、劳动强度低、生产周期短、适合各种硬质材料和复杂形状型腔加工的优点。随着数控电火花成形加工机床和工艺的日趋完善，电火花成形加工已经成为型腔加工的主要方法之一。

电火花成形加工型腔要比加工型孔困难得多，主要表现为：型腔加工属于不通孔加工，金属蚀除量大，工作液循环困难，生成的电蚀产物不易排出，较易产生二次放电；电极损耗不能像型孔加工一样，用增加电极长度和进给来补偿；加工面积大，加工过程中要求电参数的调节范围大，型腔形状复杂，电极损耗不均匀等。因此，在实际生产中，应在保证加工表面质量的前提下，提高工件电极的蚀除量，从而提高生产率，同时通过降低工件电极的损耗和改善工作液的循环条件来提高加工精度。

（1）电火花成形加工型腔的方法　型腔数控电火花成形加工方法主要有单电极平动法、多电极更换法和分解电极法等。

1）单电极加工法。单电极加工法是指在电火花成形加工过程中，不更换电极，用一个电极完成整个型腔加工的一种工艺方法。单电极加工法只需要制造一个电极，进行一次装夹定位，适用于加工形状简单、精度要求不高的型腔；对于加工量较大的型腔模具，可以先用其他加工方法（如机械加工方法）去除大量的加工余量，再用电火花成形加工方法加工到精度要求，这样可以大大提高加工效率。为了解决工具电极损耗对加工精度的影响以及提高加工效率，在生产中通常采用下面几种单电极加工法。

① 单电极平动法。单电极平动法在型腔电火花成形加工中应用最广泛。它是采用一个电极完成型腔的粗加工、半精加工和精加工的，如图 4-74 所示，其中每个质点运动轨迹的半径就称为平动量，其大小可以由零逐渐调大，以补偿粗加工、半精加工和精加工的电火花放电间隙之差，从而达到修光型腔的目的。

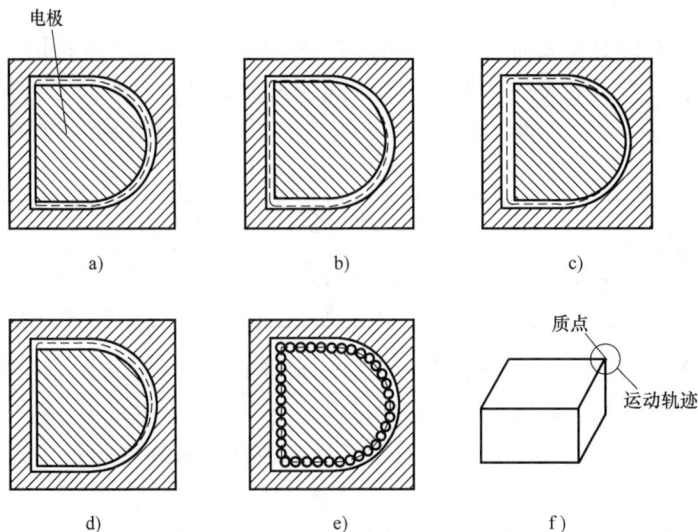

图 4-74　电极平动扩大间隙原理

a）电极在最左　b）电极在最上　c）电极在最右　d）电极在最下　e）电极平动后的轨迹　f）质点运动

单电极平动法的最大优点是只需一个电极、一次装夹定位，便可达到±0.05mm的加工精度，并利于排出电蚀产物。它的缺点是难以获得高精度的型腔，特别是难以加工出清棱、清角的型腔。

② 单电极摇动法。采用三轴联动的数控电火花成形加工机床时，可以利用工作台按一定轨迹做微量移动来修光侧面，这种方法称为单电极摇动法。由于摇动轨迹是由数控系统产生的，所以具有灵活多样的形式，除了沿小圆轨迹运动外，还有方形运动、十字形运动等，因此更能适应复杂形状的侧面修光需要，尤其可以做到尖角处的清根，这是平动电极所无法做到的。图4-75a所示为基本摇动模式，图4-75b所示为工作台变半径圆形摇动的锥变摇动模式，主轴上下数控联动，可以修光或加工锥面、球面。图4-75c所示为数控联动加工模式，利用数控功能加工出普通电加工机床难以加工的零件。例如利用简单电极配合（X向、Y向）移动、转动、分度等进行多轴控制，可加工复杂曲面、螺旋面、坐标孔、侧向孔、分度槽等。

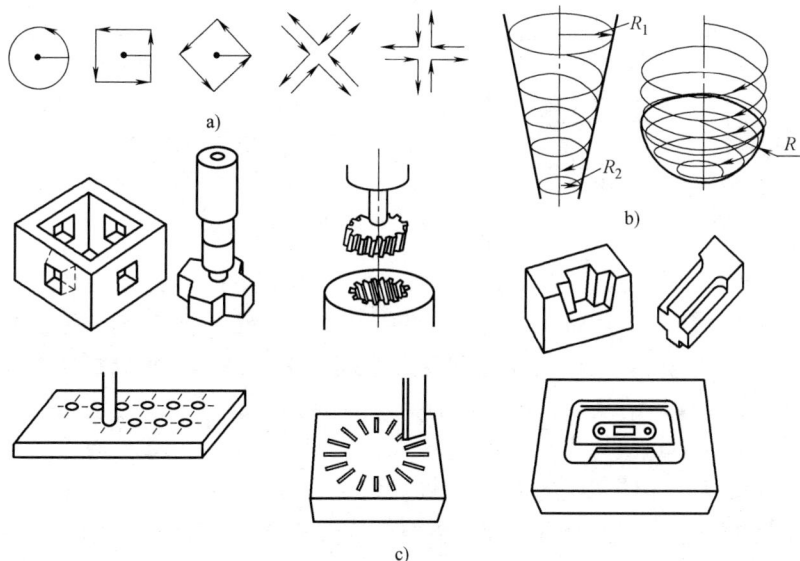

图4-75 几种典型的摇动加工实例

2）多电极更换法。多电极更换法是指在整个电火花成形加工过程中，采用多个形状相同、尺寸不同的电极依次更换加工同一个型腔，通过调节不同的电参数来实现型腔的粗加工、半精加工和精加工的一种加工方法。每一个电极都要对型腔的整个被加工表面进行加工，这样就可以将上一个电极的放电痕迹去

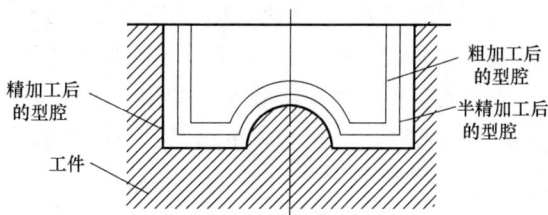

图4-76 多电极加工原理

掉。电极的多少主要取决于加工精度和表面质量要求，如采用粗加工、半精加工、精加工工序，就可以选用3个电极进行加工。多电极加工原理如图4-76所示，3个电极分别负责件的粗加工、半精加工、精加工，其使用的电参数不同，放电间隙也不同，故电极的尺寸也

不同。

多电极更换法的优点是仿形精度高，特别适合带有尖角、窄缝多的型腔模具的加工。缺点是需要制造多个电极，并且对各个电极的一致性和制造精度都有很高的要求。另外，因为需要更换电极，所以必须确保更换工具电极时的重复定位精度，对机床的装夹、定位精度要求较高。因此，多电极更换法主要适用于没有平动和摇动加工条件或多型腔模具和相同零件的加工场合。一般用 2 个电极进行粗加工、精加工就可满足要求，而当型腔模具的精度和表面质量要求很高时，采用 3 个或更多个工具电极进行加工。一般精密型腔的加工，如显示器、电视机等机壳的模具，都是用多个电极加工出来的。

3）分解电极法。分解电极法是根据型腔的几何形状，把工具电极分解为主型腔电极和副型腔电极进行加工的方法，主、副型腔电极要分别制造和使用。这种方法是单电极平动法和多电极更换法的综合应用。图 4-77 所示即为分解电极法加工示意。

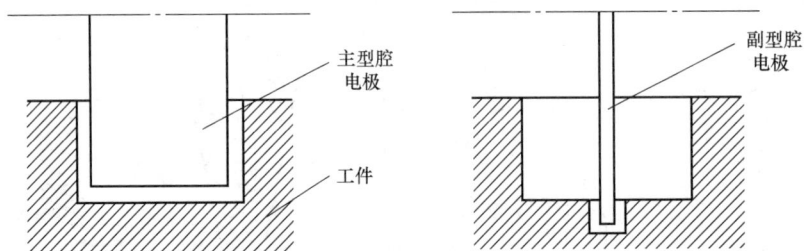

图 4-77　分解电极法加工示意

分解电极法的优点是可以根据主、副型腔的不同加工要求，选择不同的电参数，有利于提高加工速度和加工质量，从而便于工具电极的制造和修整。缺点是同多电极加工法一样，需要制造多个电极，并且对电极的制造和定位精度要求很高。分解电极法主要适用于有尖角、窄缝、沉孔、深槽多的复杂型腔模具加工。

（2）设计型腔工具电极

1）选择电极材料。用于型腔加工的电极材料有纯铜、石墨、铜钨合金和银钨合金。其性能和应用见表 4-14。由于铜钨合金和银钨合金价格昂贵，电极成形加工比较困难，所以只用在精密模具的制造上。生产中广泛应用的是纯铜电极和石墨电极，这两种材料的共同特点是在宽脉冲粗加工时都能实现低损耗。

2）电极结构。电火花成形加工型腔的电极与电火花穿孔加工的电极一样，也分为整体式、镶拼式和组合式三种类型。其中整体式电极适用于尺寸不大和复杂程度一般的型腔加工；镶拼式电极适用于型腔尺寸较大、单块电极坯料尺寸不够，或型腔形状复杂、电极易分块制作的型腔加工；组合式电极适用于一模多腔的条件，可简化型腔的定位工序、提高定位精度。

3）电极尺寸的确定。电火花成形加工型腔的电极尺寸包括水平尺寸、垂直尺寸和电极总高度。

① 计算水平尺寸。与主轴头进给方向垂直的电极尺寸称为水平尺寸，可用下式确定：

$$a = A \pm K\delta$$

式中　a——电极水平方向的尺寸（mm）；

　　　A——型腔图样的名义尺寸（mm）；

δ——电极的单面缩放量（mm）；

K——与型腔尺寸注法有关的系数。

在公式中，与型腔凸出部分相对应的电极凹入部分的尺寸应放大，如图 4-78 中的 r_1、a_1 计算时应取 "+" 号；反之，与型腔凹入部分相对应的电极凸出部分的尺寸应缩小，如图 4-78 中的 r_2、a_2 计算时应取 "–" 号。

K 值的选取原则是：当型腔尺寸以两加工表面为尺寸界限标注时，若蚀除方向相反，取 $K=2$（如图 4-78 中的 A_2）；若蚀除方向相同，取 $K=0$（如图 4-78 中的 C）。当型腔尺寸以中心或非加工面为基准标注时，取 $K=1$（如图 4-78 中的 A_1）；凡与型腔中心线之间的位置尺寸及角度尺寸相对应的电极尺寸不缩放，取 $K=0$。电极的单面缩放量 δ 与电极的平动量、精加工最后一档的单边放电间隙和精加工时电极侧面损耗有关，一般取 $0.7\sim0.9$。也可用下式估算：

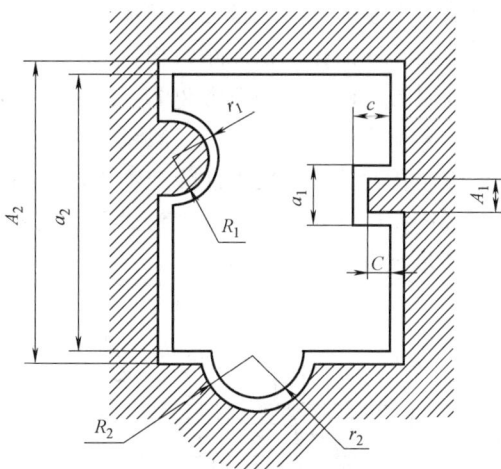

图 4-78　电极水平尺寸缩放示意

$$\delta = e + \delta_d - \delta_s$$

式中　e——工具电极平动量（mm），一般取 $0.5\sim0.6$mm；

δ_d——精加工最后一档的单边放电间隙（mm），一般取 $0.02\sim0.03$mm；

δ_s——精加工（平动）时电极侧面损耗（mm）单边量，一般不超过 0.1mm，通常忽略不计。

② 计算垂直尺寸。与主轴头进给方向平行的电极尺寸称为垂直尺寸。一般情况下，型腔底部的抛光量很小，所以在计算垂直尺寸时可以忽略不计。电极的垂直尺寸可用下式确定：

$$b = B \pm K_S$$

式中　b——电极垂直方向的有效加工尺寸（mm）；

B——型腔深度方向的尺寸（mm）；

K_S——放电间隙与电极损耗要求电极端面的修正量之和（mm）。

③ 确定电极总高度。当确定电极在垂直方向总高度 H 时，要考虑电火花成形加工工艺需要、同一电极使用的次数和装夹要求等因素。图 4-79 所示为电极总高度的确定示意。一般用下式确定

$$H = b + L$$

式中　H——电极在垂直方向的总高度（mm）；

b——电极在垂直方向的有效加工尺寸（mm）；

L——考虑加工结束时，为避免电极固定板和工件电极相碰，考虑同一电极

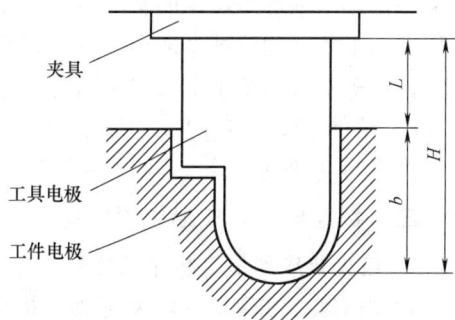

图 4-79　电极总高度的确定示意

能多次使用等因素而增加的高度，一般取 5～20mm。

4）冲油孔和排气孔。由于电火花成形加工型腔属于不通孔加工，不易排气、排屑，直接影响加工速度、加工稳定性和加工质量，所以在一般情况下，要在不易排气、排屑的拐角和窄缝处开冲油孔；在蚀除面积较大和电极端部有凹入的位置设置排气孔。

采用的冲油压力一般为 20kPa 左右，可随深度的增加而有所增加。冲油孔和排气孔的直径应不大于缩放量的 2 倍，一般设计为 $\phi1～\phi2mm$。孔径太大则加工后残留的凸起太大，不易清除。孔的数量一般以蚀除产物不产生堆积为宜。各孔间距离一般取 20～40mm。孔的位置尽量错开，这样可以减少"波纹"的形成。常用的有图 4-80 所示的有冲油孔的电极和图 4-81 所示的有排气孔的电极。

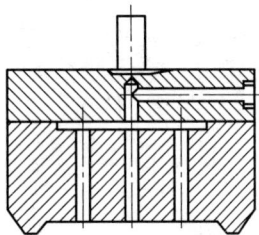

图 4-80　有冲油孔的电极

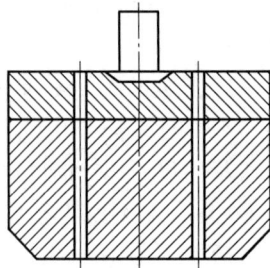

图 4-81　有排气孔的电极

3. 选择电规准、分配平动量

在粗加工时，要求生产率高和工具电极损耗小，应优先选择较宽的脉冲宽度（例如在 $400\mu s$ 以上），然后选择较大的脉冲峰值电流，并应注意加工面积和加工电流之间的配合关系。加工初期接触面积小，电流不宜过大，随着加工面积增大，可逐步加大电流。通常，用石墨电极加工钢时，最高电流密度为 $3～5A/cm^2$，用纯铜电极加工钢时可稍大些。

中规准与粗规准之间并没有明显的界限，应按具体加工对象划分。一般选用脉冲宽度 $t_i = 20～400\mu s$、电流峰值为 10～25A 进行半精加工。

精加工通常是指表面粗糙度值 $Ra < 1.6\mu m$ 的加工，一般选择窄脉冲宽度（$t_i = 2～20\mu s$）、小峰值电流（<10A）进行加工。此时，电极损耗率较大，一般为 10%～20%，加工预留量很小，单边不超过 0.1～0.2mm。

分配平动量主要取决于被加工表面由粗变细的修光量，此外还和电极损耗、平动电极原始偏心量、主轴进给运动的精度等有关。一般中规准加工平动量为总平动量的 75%～80%，中规准加工后，型腔基本成形，只留很少余量用于精规准修光。原则上每次平动或摇动的扩大量，应等于或稍小于上次加工后遗留下来的最大表面粗糙度值 Ra_{max}，至少应修去上次留下 Ra_{max} 值的 1/2。本次平动（摇动）修光后，又残留下一个新的最大表面粗糙度值，有待于下次平动（摇动）修去其 1/2～1/3。具体电规准、参数的选择，可查阅相关资料。

三、数控电火花成形加工机床

1. 电火花成形加工机床的型号

我国国家标准规定，电火花成形机床均用 D71 加上机床工作台台面宽度的 1/10 表示。例如 D7132 中，D 表示电加工成形机床（若该机床为数控电加工机床，则在 D 后加 K，即 DK）；71 表示电火花成形机床；32 表示机床工作台台面的宽度为 320mm。

2. 电火花成形加工机床的分类

电火花成形加工机床和其他加工机床一样，有很多分类方法，具体介绍如下：

1）按照机床的数控程度可分为非数控（手动型）电火花成形加工机床、单轴数控电火花成形加工机床及多轴数控电火花成形加工机床等。随着科学技术的进步，我国已经能大批生产三坐标数控电火花成形加工机床，以及带有工具电极库、能按程序自动更换电极的电火花成形加工中心。

2）按照机床的规格大小可分为小型电火花成形加工机床（D7125 以下，工作台宽度小于 250mm）、中型电火花成形加工机床（D7125～D7163，工作台宽度为 250～630mm）和大型电火花成形加工机床（D7163 以上，工作台宽度大于 630mm）。

3）按精度等级可分为标准电火花成形加工机床、精密电火花成形加工机床和高精度电火花成形加工机床。

4）按工具电极的伺服进给系统的类型可分为液压进给驱动、步进电动机进给驱动、直流或交流伺服电动机进给驱动等类型的电火花成形加工机床。

5）按应用范围可分为通用电火花成形加工机床和专用电火花成形加工机床。

6）根据机床结构可分为龙门式、滑枕式、悬臂式、框形立柱式和台式的电火花成形加工机床，其中框形立柱式电火花成形加工机床应用最为广泛。

随着机床工业的发展，模具行业对电火花成形加工机床的需求不断增加，它将朝着高精度、高稳定性和高自动化程度等方向发展。

3. 电火花成形加工机床的主要结构

图 4-82 所示为电火花成形加工机床的主要结构。

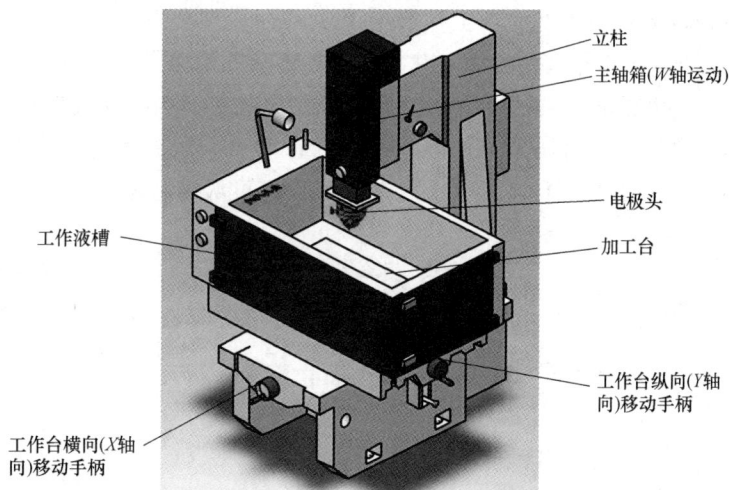

图 4-82 电火花成形加工机床的主要结构

X 轴运动：实现工作台横向移动（手动）。

Y 轴运动：实现工作台纵向移动（手动）。

Z 轴运动：实现主轴（电极）上下移动，由伺服电动机驱动。

工作液槽：作为工作液的存储容器。

加工台：加工工件放置台。

电极头：能实现电极固定和位置调整。

主轴箱（W轴）运动（二次行程）：实现主轴箱进给运动，由电动机驱动。

立柱：起支承主轴箱的作用等。

（1）主轴箱立柱部分　该部分由主轴箱体、主轴、滑板等组成。主轴的运动由直流伺服电动机驱动，采用精密丝杠副传动方式。主轴移动导轨采用直线滚动导轨。主轴箱通过交流电动机驱动，经链轮传动，带动丝杠转动，从而实现滑板的移动（二次行程）。主轴箱体的正面装有百分表，操作人员可以观察加工状态是否稳定及正常。

（2）X轴、Y轴工作台部分　该部分由托板和工作台组成。导轨表面采用耐磨贴塑材料，具有耐磨、负载能力强和摩擦因数小的优点。采用滚珠丝杠传动实现工作台的水平移动，定位精度高。手轮刻盘每等分（刻度）为0.02mm。机床在X轴、Y轴、Z轴上均留有安装数显尺的位置，用户可根据需要进行配置。

（3）工作液循环过滤系统

1）工作液循环过滤系统的组成。工作液循环过滤系统主要由工作液槽（包括液面保护、液面调节、冲抽油调节等）和工作液箱（包括供液、过滤油等）组成。工作液槽采用钢板焊接结构，其正面和右侧面门可开合，采用耐油橡胶密封。工作液槽内左侧装有液位调节机构、泄油拉杆、冲抽油快换接头等。工作液箱即储油箱，其内装工业煤油或专用油。液压泵为涡流泵。油路中设有特制纸质滤芯，径向过滤，采用两个过滤器分两路同时过滤，以满足过滤要求。

2）工作液循环过滤系统油路。工作液循环过滤系统油路如图4-83所示，它既能实现冲油，又能实现抽油。其工作过程是：工作液箱17的工作液首先经过铜过滤网（粗过滤器1）进行粗过滤，经单向阀2吸入液压泵4，这时高压油经过精过滤器5输向机床。件6为快速进油阀，通过此阀油液以最快的速度注入工作液槽14。待油注满工作液槽时，可及时调节冲油选择阀7，通过喷油管8给工作液槽喷油，其冲油压力可从冲油压力表9中读得。当冲油选择阀7在冲油位置时，这时油杯中油的压力由压力调节阀13控制；当抽油选择阀10在抽油位置时，补油和抽油两路都通，这时压力工作液穿过抽油管11，利用流体速度产生负压，达到实现抽油的目的，压力也由压力调节阀13控制，抽油真空度可从抽油真空表12中读得。

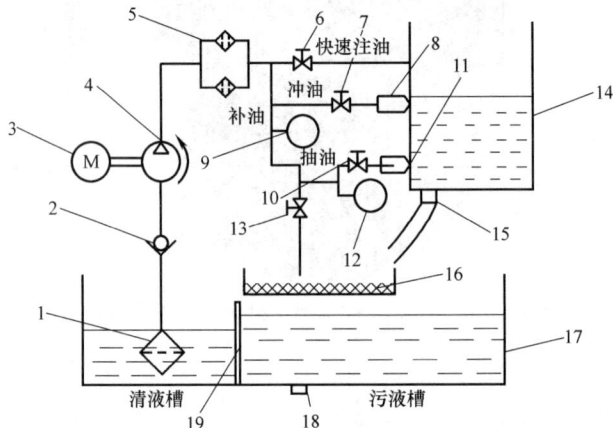

图4-83　工作液循环过滤系统油路

1—粗过滤器　2—单向阀　3—电动机　4—液压泵　5—精过滤器（两并联）　6-快速进油阀
7—冲油选择阀　8—喷油管　9—冲油压力表　10—抽油选择阀　11—抽油管　12—抽油真空表
13—压力调节阀　14—工作液槽　15—回油口　16—过滤网　17—工作液箱　18—工作液箱泄油口　19—隔板

（4）电极头部分　主轴头下面装夹的电极头是自动调节系统的执行机构，其质量的好坏影响进给系统的灵敏度及加工过程的稳定性，进而影响工件的加工精度，如图 4-84 所示。

（5）工作液箱　工作液箱外观结构示意图（单泵系统）如图 4-85 所示。

图 4-84　电极头

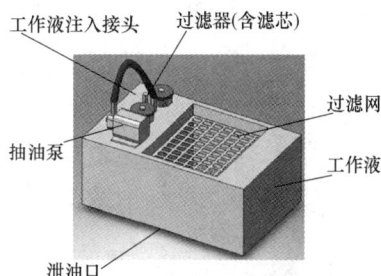

图 4-85　工作液箱外观及结构示意图（单泵系统）

1）外观。图 4-86 所示工作液箱外观示意图。

储液槽过滤网：回流的工作液从此处进入工作液箱。

储液槽：工作液储存容器。

过滤器（含滤芯）：通过两个过滤器并联实现精过滤。

工作液注入接头：通过管子与工作液箱连接。

工作液箱泄油口：（在油箱下部）去到泄油塞，可将油箱中的工作液泄掉。

2）内部部件。

单向阀：以防工作液回流。

铜过滤网：达到粗过滤的目的。

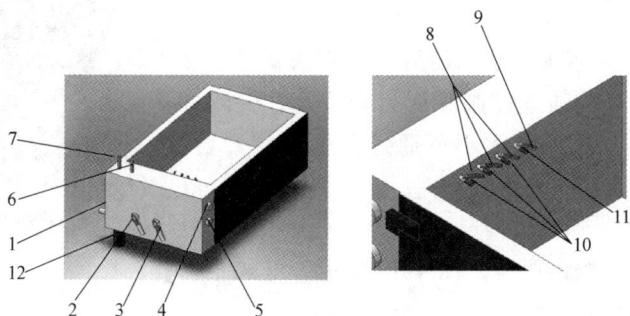

图 4-86　工作液箱外观示意图

1—油箱进油接头　2—快速进油阀　3—压力调节阀　4—冲油压力表
5—抽油真空表　6—液位调节手柄　7—快速泄油手柄　8—冲油选择阀
9—抽油选择阀　10—喷油管　11—抽油管　12—回油口

4. 操作与调整电火花成形加工机床

（1）横向（X 轴向）、纵向（Y 轴向）的移动操作及调整　纵、横向移动前，首先松开纵、横向锁紧手柄，插入手轮上插销，然后摇动手轮。手轮刻度每格为 0.02mm，每转 5mm。根据工作台需要移动的距离，计算手轮需要摇动的转数。工作台到位后，扳动锁紧手柄将工作台锁紧，同时拉出手轮上的插销，使手轮摇动无效。图 4-87 所示为手轮结构。

（2）主轴箱滑板的操作及调整（有二次行程的机床适用） 立柱侧面有滑板电动开关，如图 4-88 所示，将它打到"UP"位置，滑板上升；打到"DOWN"位置，滑板下降。放开即停止。

图 4-87　手轮结构

图 4-88　滑板电动开关

（3）工作液循环系统的操作及调整

1）工作液槽的注油、泄油。起动涡流泵，开启快速进油阀，便可向工作液槽内注油。提起液位调节手柄，达到需要的液位。为保持一定的液位，也需要向工作液槽中补充部分工作液，调整快速进油阀的位置可控制工作液流量。当加工结束后，关闭液压泵，拉起快速泄油手柄，即可泄完工作液槽中的工作液。

2）加工区冲油。为改善加工状态，通常需要直接向加工区冲油。打开冲油选择阀，关闭抽油选择阀，旋小快速进油阀，以保证充足的工作液进入冲油区。通过改变压力调节阀可调节冲油压力，同时调节冲油量大小，其压力值可通过冲油压力表读出。

3）加工区抽油。改善加工状态的另一种方法就是将加工区的电蚀物抽走。打开抽油选择阀和压力调节阀，关闭冲油选择阀和快速进油阀，抽油量大小可通过调整各阀开合度。抽油真空度可通过抽油真空表读取。

5. 电气操作使用

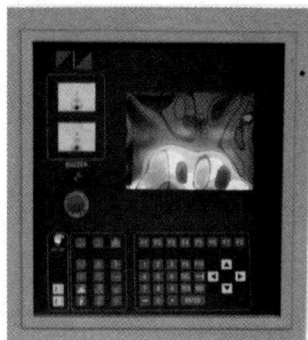

图 4-89　电控柜操作面板

（1）电控柜面板及按钮功能 图 4-89 所示为电控柜操作面板，各按钮的含义见表 4-16。

（2）计算机操作界面功能 图 4-90 所示为计算机操作界面，ZNC 按键含义见表 4-17。

（3）电火花成形加工电参数选择的一般规律

在电火花成形加工中，电参数的选择对加工的工艺指标起着重要作用，只有正确地选择电参数才能加工出品质优良的产品。影响电参数选择的因素主要有电极材料、工件材料、电极体积、表面粗糙度要求、放电间隙、电极损耗、加工速度等。

（4）电参数选择的一般规律

1）脉冲宽度（TA）。一般来说，在峰值电流一定的条件下，脉冲宽度越大，表面粗糙度越差，但电极损耗越小。

表 4-16　电控柜操作面板的各按钮含义

按钮	含义	按钮	含义
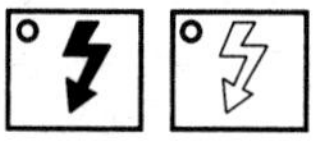	放电开关按钮		液位控制按钮
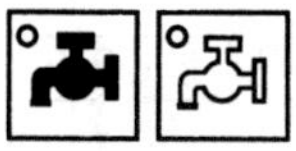	工作液进油开关		睡眠控制按钮
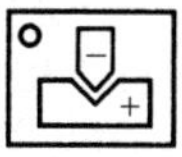	电极转换按钮	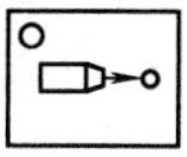	喷油控制按钮
	紧急停止开关		电源开关
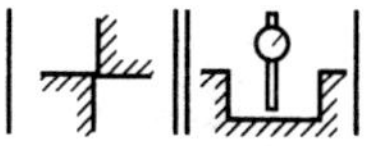	①灯亮表示进到深度定位，也可打开蜂鸣器警告 ②灯亮表示正、负极接触，也可打开蜂鸣器警告		警告用蜂鸣器
	打开旋钮开关，即表示进行自动侦测，调整理想波形，可以依情况加以适当调整		电极测垂直
	放电计时器		

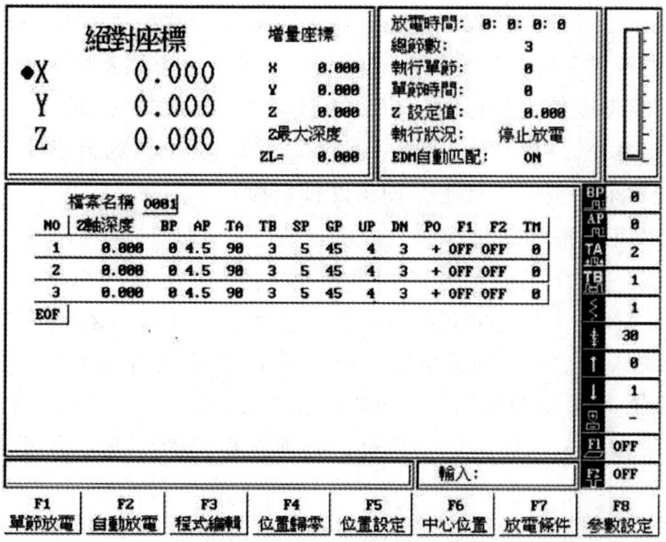

图 4-90　计算机操作界面

2）脉冲间隔（TB）。脉冲间隔增大时，电极损耗会增大，但有利于排渣。本机设有 EDM 自动匹配功能，一般情况下，脉冲间隔由系统自动匹配而定，若发现积炭严重时可自将自动匹配后的脉冲间隔再加大一档。

表 4-17　ZNC 按键含义

F1	手动放电设定	F6	找中心点
F2	自动放电设定	F7	EDM 参数
F3	程序编辑	F8	机械参数
F4	位置归零	F9	放电计时归零
F5	位置设定	F10	放电参数自动匹配移动游标指向轴向

3）高压电流（BP）。高压脉冲的主要作用是形成先导击穿，有利于加工稳定和提高加工效率。一般加工时高压电流选为 0~2A，在加工大面积或深孔时可适当加大高压电流，以利于防积炭。

4）低压电流（AP）。在脉冲宽度和脉冲间隔一定时，低压电流增大，加工速度提高，电极损耗增大。低压电流的选择应根据电极放电面积而确定，若电流密度过大，则容易产生拉弧烧伤。

5）间隙电压。粗加工时选取较低值，以利于提高加工效率；精加工时选取较高值，以利于排渣。一般情况下由 EDM 自动匹配即可。

6）伺服敏感度。机头上升、下降时间一般由 EDM 自动匹配而定，在积炭严重时，可通过减少下降时间或加大上升时间来解决。

6. 电火花成形加工技巧

1）适宜的排屑是保证加工稳定顺利进行的关键。一般排屑常采用在电极或工件上进行冲油（喷流）、抽油（吸流），电极与工件间冲油，以及利用抬刀过程进行挤压排屑等方式进行。对排屑条件不良的情况，如在不通孔和在电极或工件上没有冲油孔的型腔加工中，应采用定时抬刀或自适应抬刀以利于排屑。若要求表面粗糙度值越小，则每分钟抬刀次数也应越多。

2）实现无损耗加工或低损耗加工。在开始加工时由于接触面积较小，应设定小电流进行加工，以保护电极不致受损，待电极与工件完全接触后，再逐步增加加工电流。

3）以降低表面粗糙度值为目标时，应采用分段加工的方法，即每一段一组加工参数，后一段的加工参数使得表面粗糙度值比前一段降低 1/2，直至达到最终要求。

4）加工极性一般采用负极性加工，即工件接负极。

7. 维护保养电火花成形加工机床

（1）机床的润滑　机床主轴丝杠副润滑采用 L-AN40 全损耗系统用油，每班 1 次。X 向、Y 向导轨也用 L-AN40 全损耗系统用油润滑，使用润滑手泵（在机床右下侧）全行程压 10 次，每班 1 次。机床内轴承采用锂基润滑脂，每 1~2 年更新涂 1 次。机床主轴导轨和 X 向、Y 向、W 向滚珠丝杠采用锂基润滑。每年更换 1 次。

（2）工作场地安全　工作场地严禁烟火，必须有妥善的防火、通风设施。经常检查外露接头，防止渗漏。

（3）检查过滤器　在正常使用下，过滤器纸芯使用寿命 3~6 个月。如果开泵后 2h，喷嘴冲出的油很黑或者冲油压力不足，必须更换过滤器。更换纸质滤芯的程序如下：打开上盖→取出脏滤芯→清洗内壁→上盖→换上新滤芯→拧紧上盖。

（4）主轴头的维护保养　主轴头是保证机床具有较高的几何精度、加工精度及加工灵敏度的主要部件，因此在使用时必须注意维护和保养。主轴头正常使用时，其同步带应松紧合适。如果出现主轴进给动作不均匀或放电加工时主轴反应不灵敏，此时可将主轴头罩取下，检查同步带的松紧程度，是否出现爬齿现象或轮与带的齿间出现间隙，如有，通过调整支架调节螺钉，移动电动机座，保证同步带适当的松紧程度。主轴带轮传动机构和拆卸视图分别如图 4-91、图 4-92 所示。

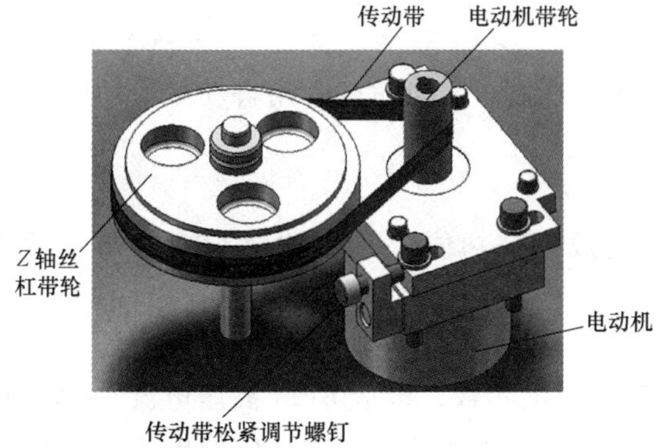

图 4-91　主轴带轮传动机构

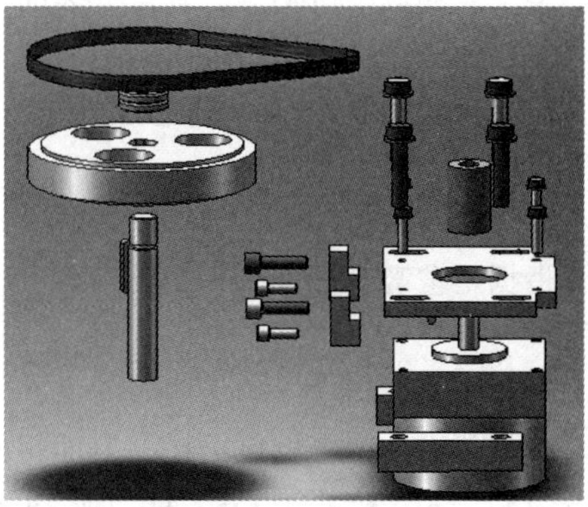

图 4-92　主轴带轮传动机构拆卸视图

（5）维护保养工作台　工作台是机床几何精度的基准面，对加工质量影响很大。每次工作完毕后应清洗干净工作台台面，并涂润滑油。

（6）检查工作液槽　工作液槽在出厂前已检查渗漏，如发现工作液槽与工作台台面的结合部出现渗漏，可将压紧螺钉均匀地紧一遍；如果还有渗漏，可松开螺钉，更换 3mm 耐油橡胶密封垫并涂硅铜耐油密封胶。如果正门密封渗漏，可换密封条，密封条为 12mm×16mm 软耐油橡胶。

（7）检查工作液质量　如果加工性能下降，应更换工作液。如图 4-93 所示，更换程序如下：拆卸工作液槽上油管→拉起工作液槽泄油手柄，卸掉工作液槽中的工作液→接好工作液槽上工作液管→拧开工作液箱下部的放油塞，将工作液完全放干净→清理工作液箱内残渣→拧紧放油塞→注入清洁的工作液。

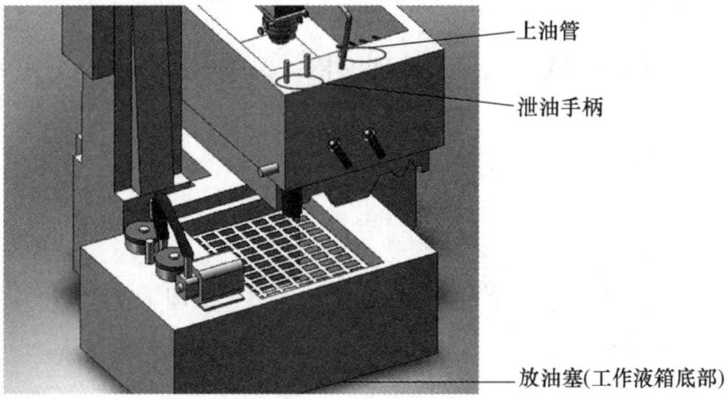

图 4-93　更换工作液

任务实施

电火花成形加工机床的基本操作如下：

1. 准备工作

依据要求选择量具（直角尺、百分表、千分表等）和夹具（压板、千斤顶、紧固螺钉、电极夹头、钻夹头、磁性表座等）。

2. 找正

找正包括工件的找正和电极的找正。方法：移动 X 轴、Y 轴及碰边功能找正工件；用主轴头上下移动调节电夹头，看百分表的读数找正电极。

3. 定位

用碰边功能及按<F4>键进行位置清零，定下 X 轴、Y 轴位置，用自动碰边功能确定 Z 轴零点。

4. 选择放电方式

根据工艺要求选择<F1>单节放电（手动放电）功能，<F2>自动放电（多节放电）功能。

5. 设定放电参数

根据要求效率、电极损耗、表面粗糙度设定放电参数，包括 BP（高压电流）、AP（低压电流）、TA（脉冲宽度）、TB（脉冲间隔）、SP（伺服速度）、GP（间隙电压）、UP（抬刀时间）、DN（加工时间）、PO（极性）以及 F1（大面积加工），F2（深孔加工）。依据由电极正面放电面积和效率设定电流，依据电极损耗的大小，以及其他辅助参数（BP、SP、GP、UP、DN、F1、F2）设定脉冲宽度、脉冲间隔。

6. 开液压泵（ON）

依据工件的高低设定液位高度（液位安全高度为 50~100mm），打开液压泵，工作液上升至液位设定高度。

7. 放电加工

开高频（ON），开始放电，直到加工完毕。在加工过程中应经常看：火花的颜色（蓝白、大红色）且放电点细小，经常转移、分散为正常，冒白烟、大气泡为不正常；听：火花清脆而连续者为正常，火花发闷沉者为不正常等。此外，应观察机床的运转情况，发现问题要及时修改参数直至正常，或停机清洗积炭、调整参数，重新放电直到完成。

8. 加工完毕

关掉液压泵（OFF），卸掉电极、工件，清理油槽，关掉电源，收拾好工具、夹具、量具等。

习　题

一、填空题

1. 火花放电必须在_____中进行。

2. 电火花成形加工又称_____，是一种_____、_____能加工方法。

3. 电火花成形加工机床主要由_____、_____、_____和_____和循环系统几部分组成。

4. 型腔电火花成形加工主要有_____法、_____法和_____法等。

5. 电火花成形加工机床 D7132 型号，D 表示_____，71 表示_____，32 表示_____。

6. 电火花成形加工机床工作液循环过滤系统主要由_____和_____组成。

二、简答题

1. 简述电火花放电加工须具备的基本条件。

2. 简述电火花成形加工的特点。

3. 简述电火花成形加工过程。

4. 简述电火花成形加工机床维护保养的主要内容。

项 目 小 结

数控电火花线切割与成形加工技术在难加工材料及模具制造中应用极为广泛，本项目结合企业实践，以典型工作任务为突破口，主要介绍数控电火花线切割机床与成形加工机床的种类、结构、工作原理及应用范围，数控线切割程序的 3 种编写方式，分析了电火花线切割加工工艺、电火花穿孔加工与成形加工的工艺过程，以中走丝数控线切割机床为例，详细分析了线切割机床的操作应用，同时根据典型实例详细介绍了数控电火花线切割机床自动化编程加工操作全过程，对电火花成形加工机床的操作和应用也做了详尽的介绍。

参 考 文 献

［1］　蒋丽. 数控原理与系统［M］. 北京：国防工业出版社，2011.

［2］　李东君. 数控加工技术项目教程［M］. 北京：北京大学出版社，2010.

［3］　刘宏军. 模具数控加工技术［M］. 3版. 大连：大连理工大学出版社，2014.

［4］　李东君. 数控编程与操作项目教程［M］. 北京：海洋出版社，2013.

［5］　缪德建，顾雪艳. 数控加工工艺与编程［M］. 南京：东南大学出版社，2013.

［6］　朱晓春. 数控技术［M］. 2版. 北京：机械工业出版社，2006.

［7］　王令其. 数控加工技术［M］. 2版. 北京：机械工业出版社，2014.

［8］　杜国臣. 机床数控技术［M］. 北京：机械工业出版社，2015.

［9］　陈俊龙. 数控技术与数控机床［M］. 2版. 杭州：浙江大学出版社，2007.

［10］　李东君. 数控车削加工技术与技能［M］. 北京：外语教学与研究出版社，2015.

［11］　李东君. 数控铣削加工技术与技能［M］. 北京：外语教学与研究出版社，2015.

［12］　李晓晖. 数控铣床及加工中心的编程与操作［M］. 北京：机械工业出版社，2005.

［13］　郭培全，王红岩. 数控机床编程与应用［M］. 北京：机械工业出版社，2000.